우리가 초록을 내일이라 부를 때

THE ARBORNAUT
: A Life Discovering the Eighth Continent in the Trees Above Us by Meg Lowman

우리가 초록을 내일이라 부를 때

The Arbornaut

마거릿 D. 로우먼
김주희 옮김

40년 동안 숲우듬지에 오른
여성 과학자 이야기

흐름출판

일러두기

1. 본문 중 '옮긴이 주'라고 표시된 주 외의 부연 설명은 모두 지은이 주이다.
2. 한자 병기는 일반 표기 원칙에 따르면 최초 노출 뒤 반복하지 않으나 문맥의 이해를 위해 필요한 곳에는 반복해 병기했다.
3. 본문에 언급된 책, 작품, 프로그램이 우리말로 번역된 경우 그 제목을 따랐으며 그렇지 않은 경우 원문에 가깝게 옮겼다.

평생 행성을 지키는 영웅, 나무에게 이 책을 바친다.

나뭇잎투성이 거인을 열렬히 사랑하는 내 마음이 널리 퍼져

독자들도 여덟 번째 대륙이 얼마나 경이로운지 깨닫고

그것을 지켜나가는 활동에 동참하기를 바란다.

모두 숲에서 엄마를 따라 즐겁게 나무 위로 올라와준

에디와 제임스 덕분이다.

차례

서문 8

들어가며 | 지구의 여덟 번째 대륙 12

1장 혼자 있는 시간을 좋아하는 아이 19

미국느릅나무 45

2장 익숙한 온대에서 낯선 열대로 49

종이자작나무 80

3장 나무 30미터 위의 생활 84

코치우드 138

4장 숲우듬지의 초식곤충들 143

거인가시나무 176

5장 아내, 엄마 그리고 연구자 180

뉴잉글랜드페퍼민트 220

6장 과학계에서 여성으로 살아간다는 것 225

무화과나무 265

7장 나무 위에 길을 만들다 274
케이폭나무 311

8장 호랑이가 사는 숲 316
베디팔라 350

9장 모두를 위한 지구, 지구를 위한 모두 355
적나왕나무 377

10장 숲을 지키는 사제 381
아프리카벚나무 411

11장 자연은 모든 생명에게 공평하다 415
미국삼나무 437

12장 한 사람의 힘 443

용어 설명 455

서문

나를 비롯한 전 세계인은 이 책의 작가 덕분에 더는 기존과 같은 관점에서 나무를 바라보지 않을 것이다. 나무는 물론 숲을 구성하는 요소 대부분이 인간의 눈높이 위에 있다는 사실이 이제는 분명해 보이지만, 메그 로우먼이 넘치는 호기심으로 나무를 위에서 아래로 내려다보기 전까지 사람들은 대개 나무를 아래에서 위로 올려다보았다. 그러면서 나무 꼭대기가 숲은 물론 지구에 사는 다른 모든 생물에게 서식지와 먹이를 제공하는 기적의 장소라는 사실을 간과하기도 했다. 로우먼이 영장류로서 타고난 솜씨로 나무를 타고, 독창적인 기술을 개발해 전보다 높은 나무에 오르게 되었으며, 나아가 울창한 나무 수관 사이를 걷는 공중 보행 통로를 개발했다는 소식을 동료 식물학자에게서 들었을 때 나는 흥분을 감출 수 없었다. 이 흥미진진한 책에서 작가는 독자도 알 법한 사례를 곁들여 자신의 견해를 이야기한다. '자신의 이야기가 너무 놀라워서 믿기 힘들기' 때문이다!

과학자와 탐험가는 새로운 사실을 발견하고, 이전에 여성(또는 남성)이 가보지 못한 곳에 도달하고, 다른 사람에게 보이지 않는 대상을 관찰하고, 독특한 지구 생명체에게서 여전히 풀리지 않은 커다란 수수께끼를 해결할 의미 있는 단서 한 조각을 찾을 때면 뿌듯함을 느낀다. 메그 로우먼은 과학자들에게 숫자와 그래프라는 난해한 언어로 자신의 연구 성과를 전하는 동시에, 비과학자들에게 눈높이에 맞는 어휘와 유머로 명확한 근거를 들어 나무가 왜 중요한지, 그리고 나무와 우리의 존재를 왜 떼놓을 수 없는지 열정적으로 설명한다. 또한 학교 교실, 임원 회의실, 높은 건물이라곤 찾아볼 수 없는 마을, 정부 관계자 집무실 등 전 세계 곳곳에서 연설하거나 온·오프라인으로 저작물을 배포하면서, 강화된 환경 기준에 맞춰 지구에 남아 있는 숲을 지키는 활동이 얼마나 절박한지 조심스럽게 강조한다.

인류는 역사를 통틀어 필요하거나 원하는 것이 생길 때마다 지구의 토양과 물에서 얻어냈다. 인간 개체 수가 적고 자연계가 대체로 온전히 유지되었을 당시에는 인류 활동의 영향이 미미했지만 자연과 인류가 다소 평화적인 관계를 유지한 10만 년이 끝나고 최근 500년간, 특히 지난 50년 동안 지구 생명체들은 변곡점을 맞이했으며 다가올 미래는 그리 낙관적이지 않다. 자연을 소비하고 변화시키는 인간의 능력은 생물 다양성, 토양과 물의 활용, 기후변화, 오염 문제를 임계점까지 몰아갔고, 지구에서 발생하는 모든 현상과 생명 친화적인 환경에 변화를 일으켰다. 다행히도 우리에게는 지식이라는 또 다른 임계점이 있다. 21세기 아이들은(물론 성인도) 우주에서 보는 지구의 형태를 알고, 새로운 관점에서 지질학을 이해하며, 전 세계에서 일어나는 사건을 실시간으로 보고 듣고, 우주에서 지구가 어느 위치에 있는지 인지하며, 살아 있는 세포 내부부터 가장 깊은 바다와 가장 높은 나무 꼭대기까지 간접 체험하는 등 놀라운 지식으로 무장하고 있다. 반세기 전까지만 해도 사람들은 지구가 너무 거대해서 파괴되지 않을 거라 믿었다. 그러나 이제 우리는 안다. 앞으로도 인류가 거주할 수 있도록 지구를 유지하려면, 45억 년이 걸려 형성되었으나 45년 만에 망가진 자연 생태계를 돌보면서 파괴된 지역을 건강하게 복구하는 데 최선을 다해야 한다. 인간이 생존하는 데 꼭 필요한 놀라운 생명체인 나무들이 태고의 모습을 간직하고 살아가는 마지막 남은 안식처를 구할 시간은 아직 남아 있다.

일명 '높이 오르는 자'Your Highness 메그 로우먼이 이 책에 인생의 여정을 공유하고, 미션 그린을 시작한 덕분에 수많은 사람이 자연을 자기 목숨이 걸린 일처럼 돌봐야 하는 이유를 깨달았다. 그곳에는 실제로 우리 목숨이 걸려 있다.

해양학자이자 식물학자,
내셔널 지오그래픽 탐험가, 미션 블루 설립자
그리고 일명 '깊이 뛰어드는 자'Her Deepness 실비아 A. 얼

현장 생물학을 연구하는 나무탐험가를 위한 10가지 팁

1. 숲속은 물론 어디에서든 항상 헤드램프를 가지고 다닌다. 심지어 비행기나 차를 탈 때도.
2. 나무 뒤에서 긴급히 볼일을 보는 상황을 대비해 주머니에 휴지를 조금 넣어둔다!
3. 주머니가 많이 달린 조끼를 입는다.
4. 물을 마실 때 남은 물을 반 이상 마시지 않도록 조심하면 물이 바닥나는 경우가 없으며, 타인에게 탐사 일정을 알려두면 구조받아야 하는 상황에 처했을 때 도움이 된다.
5. 놀라운 발견의 순간을 포착하기 위해 휴대전화 카메라여도 괜찮으니 카메라를 늘 손 닿는 위치에 둔다.
6. 판초를 가지고 다닌다. 비옷은 물론 바닥 깔개로도 사용할 수 있다.
7. 오레오 쿠키는 탁월한 에너지 공급원이다!
8. 부모라면 자녀 사진을 몇 장 들고 다닌다. 특히 언어 장벽이 있는 지역에서 다른 문화권 사람들과 가볍게 대화를 나누며 어색한 분위기를 깰 때 효과적이다.
9. 오감을 총동원한다.
10. 놀라운 이야기, 다양한 생물, 관찰한 사항 등을 기억해낼 수 있도록 일기를 쓴다.

들어가며

지구의 여덟 번째 대륙

건강 검진을 받으러 병원에 갔더니 의사가 내내 엄지발가락만 들여다봤다고 상상해보자. 체온, 심전도, 시력 등 다른 신체 부위는 전혀 검사하지 않은 채 엄지발가락만 관찰한 의사가 건강에 이상이 없다고 결론짓는다. 팔이 부러졌거나 고혈압으로 두통이 심해 병원에 갔지만 의사가 발끝만 검진하고 몸에 어떤 문제가 있는지 발견하지 못한다면 어떤 생각이 들까? 적어도 다른 병원을 찾을 것이다.

수 세기 동안 나무들, 심지어 키가 100미터가 넘어 꼭대기에 구름이 걸리는 아주 오래된 키다리 나무들도 그 같은 방식으로 건강을 평가받았다. 과학자들은 눈높이에서 나무줄기를 관찰하는 식으로 환자의 '엄지발가락'만 측정하고, 머리 위로 자라나 나무의 대부분을 차지하는 우듬지는 조금도 쳐다보지 않은 채 숲 건강을 포괄적으로 추론했다. 수목 관리자가 나무를 완전히 베어낼 때 온전히 관찰할 기회가 유일하게 주어졌지만 이는 화장하고 남은 유골로 사람의 병력을 평가하는 셈이다. 특히 열대림에서는 나무의 상층부와 하층부가 낮과 밤만큼 판이하다. 숲 바닥에는 나무 수관을 비추는 햇빛의 1퍼센트만 도달한다. 그래서 하목층understory은 어둡고 바람이 불지 않으며 습도가 높은 반면, 우듬지는 햇빛이 쨍쨍하고 바람이 거세게 불며 비가 오지 않을 때는 공기가 무척 건조하다. 어두컴컴한 숲 바닥에는 그늘을 좋아하는 몇몇 생물이 살지만, 우듬지에는 상상할 수 있는 모든 색과 형태와 크기를 보이는 생물 수백만 종이 서식하면서 꽃가루를 옮기고 나뭇잎을 먹거나 서로 잡아먹는다.

1980년대 이전까지 삼림학자는 나무의 95퍼센트를 그냥 지나쳤고, 누구도 나무 꼭대기에 눈길 한 번 주지 않았다. 그러던 중 1978년 젊은 식물학자가 호주에 도착해 열대림을 연구하기 시작했고, 일평생 녹색 거인과 나뭇잎에 열정을 바쳤다. 이 풋내기 식물학자는 온대 지역 출신으로, 열대 지역에 관해서는 거의 아무것도 몰랐다. 그래서 호주 우림에 처음 도착해 그동안 만났던 나무들에 비해 어지러울 만큼 키가 큰 나무를 올려다보면서 '어머나, 꼭대기가 안 보이잖아!'라고 생각했다. 이처럼 깜짝 놀라 어리둥절해한 식물학자는 바로 나였다.

마음이 늘 나무에 대한 사랑으로 가득했기에 나는 나무에 얽힌 수수께끼를 밝히는 연구에 평생을 바치기로 마음먹었다. 그리고 일하면서 쓴맛을 몇 차례 보고 난 뒤 숲을 온전히 이해하려면 가장 높은 지점까지 올라가야 한다는 점을 깨달았다. 처음에는 간편하게 쌍안경을 사용하면 나무 꼭대기가 나를 향해 내려와주리라 생각했다.

그러나 골똘히 고민하고 시행착오를 몇 번 겪은 끝에 아직 베일에 싸인 신비롭고 이상한 세계로 내가 다가가는 방법을 떠올렸다. 그곳은 내가 상상할 수 있는 수준보다 더 녹색으로 가득하며 다리 6개 달린 곤충들로 혼란한 세계였다. 나는 이 놀라운 신세계에 '여덟 번째 대륙'이라는 별명을 붙였다. 동굴을 탐사하는 사람들은 밧줄을 움켜쥐고 아래로 내려가지만, 나는 올라갔다. 레크리에이션 산악인은 암벽에 볼트를 박지만, 나는 나뭇가지를 부러뜨리거나 다른 생물을 놀래지 않으려 조심하면서 키 큰 나무에 장비를 설치했다. 그리고 금속 막대를 용접해 슬링샷(slingshot, 무게 추를 쏘는 장비로 새총과 형태는 유사하지만 크기가 훨씬 크다—옮긴이)을 만들어 나무 상층부 가지에 밧줄을 고정했다. 나는 간단하고 비용이 적게 드는 우듬지 접근 기술을 기반으로 생물 다양성이 풍부한 핵심지이자, 해저나 우주처럼 수백 수천 킬로미터 밖이 아닌 머리가 닿을 듯 말 듯한 높이에 자리한 '여덟 번째 대륙'을 탐험하기 시작했다. 그리고 나 자신에게 '나무탐험가'arbornaut라고 별명을 붙였다.

처음으로 우듬지에 오르는 동안 나는 감격스럽게도 상상조차 못했던 생물들과 눈이 마주쳤다. 그들은 아직 세상에 알려진 적 없는 생물이었다. 검은 주둥이로 나뭇잎에서 즙액을 빨아 먹는 바구미, 덩굴에 피어난 꽃들 사이를 날아다니는 알록달록하고 우아한 꽃가루 매개자, 개미에게 서식지를 내어주는 거대한 새둥지고사리 그리고 내가 무엇보다 아끼는, 헤아릴 수 없을 정도로 많은 나뭇잎을 보며 경탄했다. 나무 아래에서 위로 올라갈수록 변화하는 풍경에 입을 다물지 못했다. 그늘진 하목층에 돋아난 나뭇잎은 거무스레한 녹색으로 형태가 넓고 얇았으며, 바람이 불지 않는 안전하고 어두운 숲 바닥 근처의 환경 덕분에 수명이 길었다. 그러나 강렬한 햇살을 받는 우듬지 나뭇잎은 황록색으로 면적이 좁고 가죽처럼 딱딱하고 질겼다. 우듬지에서는 시선이 향하는 곳마다 지상에서 보이지 않던 비밀이 눈에 띄었다. 반짝거리는 딱정벌레가 어린잎을 먹고, 애벌레 무리가 나뭇가지에 돋은 어린잎부터 늙은 잎까지 가리지 않고 갉아 먹고, 새들은 그런 나뭇가지로 날아와 아무 낌새도 눈치채지 못하는 애벌레들을 콕콕 쪼아 먹으며 축제를 즐기고, 그러다 갑자기 폭우가 쏟아지면 모든 생물이 가까운 나뭇잎이나 나무껍질 틈새로 비집고 들어가 비를 피했다. 나무 꼭대기 탐사가 시작된 지 몇 년이 지나자, 지구 생물 중 절반 이상은 이전에 과학자들이 추정한 것처럼 지표면이 아니라 우리 머리 위 최소 30미터 높은 지점에서 살아간다는 사실이 밝혀졌다. 내가 나무에 올라 이내 발견했듯 나무 수관 상층부에 서식하는 생물종 대부분은 과학계에 보고된 적이 없었다. 6만 종이 넘는 나무 곳곳에서 거의 모든 생물은 독특한 공동체를 형성한다.

미지의 영역과 마주할 때면 과학자는 안전한 탐사를 가능하게 하는 새로운 기술과 장치를 개발한다. 1950년대에 발명된 수중 자가 호흡 장치selfcontained underwater breathing apparatus, 스쿠버SCUBA는 산호초에 서식하는 다양한 생물을 과학적으로 연구하는 놀라운 세계를 열었다. 1960년대에 우주 비행사는 나사가 우주 비행을 목적으로 개발한 로켓 덕분에 달에 착륙했다. 우주 비행사에게 고체 로켓 연료란 나무탐험가가 직접 만들어 쓰는 어설픈 슬링샷과 같다. 두 도구 모두 새롭게 발명한 것이 아니라 기존 도구를 참신하고 혁신적인 방법으로 사용하는 것이기 때문이다. 우주 비행이 시작되면서 우주 비행사의 시대가 도래했듯 우듬지에 접근하기 시작하면서 나무탐험가가 나아갈 새로운 길이 열렸다. 나무 오르기를 즐기는 독자가 있다면 주목하라. 여러분에게 알맞은 직업이 있다! 나는 나무 위로 올라가 탐험하는 초기 연구자 중 한 명이었고, 단언하건대 유일하게 모든 대륙에서 연구를 수행한 정신 나간 나무 등반가였다.(남극 대륙에 자생하는 이끼와 지의류는 꼭대기 높이가 고작 5센티미터여서 줄을 타고 오르는 대신 무릎을 꿇고 우듬지에 접근했다.) 지난 40년간 나는 나뭇잎 수천 장에 표시를 남기고 잎의 생애를 추적했다. 다른 생물(대부분 곤충)이 잎을 갉아 먹고, 찢고, 굴을 파고, 훼손하는 등 끊임없이 위협했는데도 일부 나뭇잎은 20년 넘게 살아남았다. 삼림학에 접근하는 관점이 지면에서 공중으로 이동하자 담수 순환, 탄소 저장, 기후변화 등 지구 순환에 관한 지식이 발전했다.

지구 건강이 숲과 직접적으로 연결되었다는 사실은 새삼스럽지 않다. 숲우듬지는 산소를 생산하고, 담수를 여과하고, 햇빛을 당분으로 전환하고, 이산화탄소를 흡수해 공기를 정화하며, 무엇보다 이곳에는 지구에 발을 딛고 사는 모든 생물의 유전자 도서관이 자리한다. 전기 배전망이나 정수장과 달리 지구 건강을 지키는 이 복잡한 삼림 기계를 유지하는 과정에는 막대한 세금이나 자금이 소요되지 않는다. 다만 이 기계가 제대로 작동하려면 인간의 파괴 행위가 철저히 배제되어야 한다. 내가 살아온 지난 60여 년 동안 아마존 우림의 황폐화는 변곡점을 지나 급격히 진행되었으며, 파괴된 우림이 복구되기는 어려울 것 같다. 마다가스카르, 에티오피아, 필리핀 같은 나라에는 씨앗을 퍼뜨려 미래에 새로운 숲을 조성할 일차림primary forest이 거의 남아 있지 않다. 캘리포니아부터 인도네시아, 브라질에 이르는 전 세계의 파편화된 숲은 화재와 가뭄, 도로 건설과 개간으로 심각한 위험에 빠졌다. 나무 꼭대기가 사라지기 전에, 상황이 조금이라도 나을 때 좀더 속도를 높여 나무 꼭대기의 풀리지 않은 수수께끼를 해결하고, 아직 남아 있는 노아의 녹색 방주를 보전할 방법을 찾아야 한다. '기후변화'라는 용어는 약 50년 전 내가 우리 집 뒷마당 나무를 관찰하던 당시에는 쓰이지 않았으나 이제 자연 체계, 특히 숲을 이해하고 보전해야 한다는 절박감을 불러일으키는 단어가 되었다.

나무를 더 많이 살리는 한 가지 방법은 더 많은 사람에게 나무의 경이로움을 소개하는 것이다. 나무를 안전하게 등반하는 기술을 완성한 뒤, 나는 우듬지 통로 또는 공중 통로라고 불리는 공중 구조물을 설계해 한 사람이 밧줄에 매달려서가 아니라 여러 사람이 통로를 걸으며 나무 수관을 연구할 수 있도록 했다. 우듬지 통로는 중요한 연구 및 교육 도구를 제공하는 동시에 인도주의적 활동의 토대가 되어 각국 원주민이 벌목 대신 생태관광으로 수입을 얻는 기반을 마련해 지속 가능한 숲 보전에 영감을 주었다. 밧줄, 공중 통로 다음으로 나는 고소 작업대, 비행선, 건설용 크레인, 드론 등 우듬지를 탐사하는 데 필요한 다양한 도구를 설계하고 고쳐 연구에 활용했다. 이 도구들 덕분에 숲의 다양한 모습을 제각기 다른 독특한 관점에서 접하며 연구 도중 떠오르는 온갖 의문에 답을 구할 수 있었다. 나무탐험가는 숲 바닥뿐 아니라 숲 전체를 대상으로 탐사를 진행할 수 있기에 말레이시아 정부부터 에티오피아 사제단에 이르는 전 세계 공동체가 나무탐험가와 힘을 합쳐 인류 생존에 중요한 녹색 유산을 구하는 활동을 추진했다. 내 경험에 따르면 보전 활동에서 긍정적인 성과를 도출하는 원동력은 최신 기술이 수록된 학술지가 아니라 보전 지역 이해관계자와 구축한 신뢰 관계였다. 몇몇 지역 사회지도자를 우듬지로 초대하는 것도 나쁘지 않다! 기본적으로 사람들은 나무 등반을 좋아하는 것 같다. 심지어 나무 등반하기에 너무 나이를 먹었다고 생각하는 사람들조차 그렇다.

길가에서 야생화를 수집하면서 어린 시절을 보낸 진정한 괴짜이자 뉴욕주 북부 시골 마을 출신인 수줍은 소녀가 손으로 직접 만든 장비 몇 개로 지구를 바라보는 인간의 관점을 전환하리라고는 누구도 예상하지 못했을 것이다. 나는 이제 더플백 하나에 전부 들어가는 간단한 도구를 사용해 여덟 번째 대륙을 탐험하며 비밀을 풀고, 나무 꼭대기에서 발견한 놀라운 사실을 사람들과 공유한다. 내 이야기는 평범한 아이 누구나 우리 주위 세계를 탐험해 새로운 것들을 발견할 수 있다고 증명한다. 나무 위를 탐험하며 느끼는 전율, 수천 미터의 밧줄, 용접으로 이어 붙인 슬링샷의 불발, 외딴 정글, 가지에 돋아난 수십만 장의 나뭇잎 측정, 살을 깨무는 개미 군단, 그리고 녹색 펜트하우스에 거주하는 무수한 생명체를 공유하기 위해 이 책을 썼다. 나무탐험가로 40년을 살았지만 숲은 여전히 내게 최고의 스승이다. 책을 읽어나가며 나와 함께 우듬지로 일단 올라가고 나면 여러분 역시 절박한 심정으로 숲 보전을 옹호하게 될 것이다.

1장
혼자 있는 시간을 좋아하는 아이

알람을 맞추고 잠자리에 들었지만 기분이 들떠서인지 예정보다 30분 먼저 잠에서 깼다. 오전 4시, 지평선에 이제 막 새벽빛이 올라온 참이어서 나는 두 남동생을 깨우지 않으려고 살금살금 걸어 세네카 호숫가 오두막의 거실로 나왔다.

뉴욕주 엘마이라의 여름은 견딜 수 없을 정도로 무더워 우리 가족은 기온이 자연히 내려가는 마법에 걸린 숲속 오두막으로 40킬로미터를 달려가 더위를 피했다. 여름마다 찾는 이 오두막은 본래 버려진 방앗간이었다. 그리고 수년 전, 아마도 거의 100년 전 방앗간 터에 느릅나무가 뿌리를 내렸다. 석공이자 목수였던 할아버지는 그 느릅나무 줄기를 중심에 두고 애정을 담아 오두막을 지었는데, 오두막 거실에 우뚝 솟은 나무줄기가 매력적이었다. 비 오는 날이면 지붕에 스며들어 똑똑 떨어지는 빗방울이 나무줄기를 타고 내려와 바닥돌 사이를 메운 흙으로 흘렀다. 나는 나무껍질이 갈라진 틈을 들여다보면서 작은 곤충을 찾곤 했다. 지붕 위로 무성하게 뻗은 느릅나무 가지들은 여름이면 오두막에 그늘을 드리우고, 겨울이면 잎사귀를 떨궈 앙상한 모습으로 오두막을 지켰다. 느릅나무 시들음병에 걸려 나무줄기에 온갖 곰팡이가 피었을 때도 나는 가지 끝부터 뿌리 끝까지 온전히 나무를 사랑했다. 오두막 안의 그 특별한 공간은 늘 안락했으며, 어린 시절 내가 겪은 가장 큰 슬픔은 나무의 죽음이었다. 할아버지는 긴 사다리를 아슬아슬하게 타고 올라가 죽은 나뭇가지를 꼼꼼히 잘라내고, 친애하는 나무줄기는 오두막 중앙을 장식하는 조각상처럼 남겨두셨다. 이따금 할아버지와 할머니는 식탁 곁의 죽은 나무줄기에 돋아난 딱딱하고 납작한 구멍장이버섯을 잘라내도 좋다고 허락하셨다. 나는 그 살아 있는 캔버스에 상상력을 한껏 발휘해 식물을 새기거나 칠하며 버섯 예술가라 불렸다. 시골 오두막에서 보내는 여름은 내게 위안이었고, 그곳에서 온 자연을 관찰하고 탐험하고 수집해 조그마한 몸으로 흡수했다.

나는 조심스럽게 어머니를 흔들어 깨운 다음, 동이 트기 전에 살며시 밖으로 나가 어머니와 차를 타고 흙길 8킬로미터를 달려 내가 좋아하는 들새 관찰 연못에 갔다. 이날 자연 탐험은 굉장했다. 어머니는 쌍안경도 없었고, 깃털 달린 친구들에 대해 아는 거라곤 찌르레기가 간혹 봄 상추의 어린순을 쪼아놓는다는 것뿐이었다. 그렇지만 들새 관찰이 순진한 일곱 살 딸에게 헤아릴 수 없을 만큼 큰 기쁨을 준다는 걸 알았기에 해뜰 무렵 들새 합창단이 아름답게 노래하는 특별한 공연장에 가보자고 제안하셨다. 낡고 덜덜거리는 램블러 자동차를 타고 흙먼지 자욱한 도로를 달리는 동안 남동생과 체리를 따고 용돈을 벌었던 과수원, 보기만 해도 머리카락이 쭈뼛 서는 오래된 흉가, 농부들이 모여 앉아 수확한 농작물을 자랑하는 작은 술집이 지나갔다. 질척한 흙에서 잘 자라는 버드나무가 연못 주위로 늘어서 있었다. 낡아서 물이 새는 나룻배가 말뚝에 매인 채 버려져 있었다. 나는 여름 내내 둑에서 노를 젓고 나가 백로와 왜가리를 관찰하는 꿈을 꾸었다. 그 고고한 새들이 나타난다면 내 소박한 새 관찰 일지에 큰 별 5개로 기록될 것이다. 연못에 도착하자 어머니는 어느 농부가 소유한 공터에 무단침입하고 있다고 걱정하며 망설이다 거미줄과 먼지로 뒤덮인 허름한 나룻배에 올라탔다. 우리는 멀리 노를 저어 갔다. 배 여기저기로 새어드는 연못물과 씨름하면서도 나는 은빛 마차에 탄 공주가 된 기분이었다! 어머니와 나는 물 위에 떠 있기 위해 쉴 새 없이 바닥에 고인 물을 퍼내며 노를 저었다. 연못 한가운데에 이르러 노 젓기를 멈추고 커다란 시어스 쌍안경의 초점을 맞췄다. 쌍안경은 턱없이 큰 데다 내 몸무게만큼 무겁게 느껴져 초점 맞추기도 버거웠지만 조류학자가 된 듯한 기분이 들게 해주었다. 놀랍게도 마침 때맞춰 푸른가슴왜가리가 날아와 호숫가에 앉았다. 어머니마저 그 장엄한 풍경에 완전히 압도당했다.

요즘 아이들은 실내에서 갖가지 기계에 잠식되어 화면 피로에 시달리지만 어릴 적 나는 아마도 식물이 내뿜는 산소와 녹색에 중독되었을 것이다. 걸음마를 시작한 날부터 나는 지칠 줄 모르고 자연물을 수집했다. 호숫가에서는 독특한 조개와 돌을 잔뜩 모았다. 엘마이라에서는 들꽃, 나무토막, 새 둥지, 각양각색의 돌멩이, 깃털, 죽은 나뭇가지(겨울눈 관찰용이다!), 심지어 뱀 허물도 침대 밑에 숨겨두었다. 부모님은 내가 길가에 자란 풀을 꺾고 싶다고 말하면 차를 세워주고, 풀잎이나 나뭇가지 혹은 나무껍질 같은 식물 조각으로 작품을 만들면 칭찬해주는 식으로 소박하지만 사려 깊게 어린 딸이 자연을 마음껏 사랑하도록 격려하셨다. 나는 자연에 정말 푹 빠져 있었다. 하지만 이웃 소꿉친구 중에도, 로우먼 일가의 젊은 세대 중에도 나와 그런 열정을 나누는 사람은 아무도 없었다(할아버지는 터 가운데에 느릅나무를 두고 집을 지을 만큼 자연을 아끼셨다). 뉴욕주 북부에 자리한 시골 마을에는 편하게 찾아갈 박물관도, 롤모델이 되어줄 과학자도, 자연과학을 사랑하는 아이의 성장에 자양분이 될 어떤 자원도 없었다. 그저 야외에서 뛰놀며 얻은 천진난만한 기쁨이 작은 마을에 사는 아이를 어린 박물학자로 만들었다.

해가 긴 날이면 나는 혼자 집 밖으로 나가 오랜 시간 고요히 자연을 관찰하면서 인내심을 길렀다. 그때의 습관으로 내가 더욱 수줍음을 타게 되었는지도 모른다. 유치원에 들어간 뒤 나는 말없이 홀로 지내는 아이가 되었고, 시끌벅적한 반 친구들과 실내에 갇혀 있는 일을 괴로워했다. 누군가가 내 이름을 부르지 않으면 거의 한마디도 하지 않았다. 선생님이 뭔가 심각한 문제가 있다고 어머니에게 알렸다. 나는 억지로 병원에 끌려갔고, 의사는 미소를 지으며 거친 독일억양으로 물었다. “로우먼 부인, 대안은 생각해보셨나요?” 유치원에 가는 마지막 날, 존스 선생님은 문제집을 채점하고 계셨다. 선생님이 다리에 보조기를 끼는 이유, 그리고 어린 시절 남자아이들에게 떠밀려 썩은 연못에 빠져 더러운 물을 삼키고도 소아마비 환자로서 용감하게 살아온 이야기를 겸손하게 들려주신 이후 나는 선생님을 존경했다. 하지만 선생님의 이야기는 머릿속을 떠나지 않고 맴돌며 나를 괴롭히는 아이들에 대한 두려움을 점점 키웠다. 그해 나는 유치원을 그만두기 전날까지 문제집에서 한 문제도 틀리지 않았는데, 마지막 날 친한 친구 미미가 내게 질투심을 느끼고는 내 문제집 맨 뒤쪽 문제의 오답에 굵은 검은색 크레용으로 동그라미를 쳤다. 나는 마음이 무척 아팠지만 아무 말 없이 순순히 선생님께 문제집을 드렸다. 존스 선생님이 아쉬워하며 말씀하셨다. "메그, 오늘 실수하기 전까지는 한 문제도 틀리지 않았었구나." 나는 절망에 빠진 채 눈물 가득한 눈으로 나에게 올해의 (금별상이 아닌) 은별상을 주시는 선생님을 바라보았다. 가장 친한 친구에게 잘못을 따질 용기조차 없었다. 이후 수년간 미미와 나는 그 불명예스러운 문제집을 나무 위에 만든 비밀 요새에 보관해두고 논란의 여지가 있는 과거 이야기를 나누며 킥킥댔다. (덕분에 금별상을 놓쳤지만 미미는 지금도 가장 가까운 친구다!) 시간이 흐른 뒤, 나는 유년 시절 나를 이끌며 격려해주는 진실한 박물학자나 식물학자가 없었다는 사실을 아쉬워했다.

도서관에서 레이철 카슨Rachel Carson과 해리엇 터브먼Harriet Tubman의 전기를 읽고 나는 두 사람을 롤모델로 정했다. 카슨은 농약으로 명금류가 죽어간다는 사실을 깨닫고 화학회사와 맞섰다. 그리고 대중이 과학을 이해할 수 있도록 침착하고 또렷하게 자기 목소리를 냈다. 터브먼은 어두운 밤 '지하 철도'라는 경로를 통해 노예를 북부 지역으로 보내는 동안 나무줄기에 낀 이끼를 지도로 삼았던 박물학의 진정한 선구자이다. 나도 숲속에서 눈을 감고 이끼를 더듬으며 길을 찾아봤지만 쉽지 않았기에 터브먼을 더욱 존경했다. 이처럼 둘뿐인 롤모델은 이미 세상을 떠난 뒤였지만 돌이켜 보면 나무가 살아 있는 모범이 되어 나에게 삶의 수많은 교훈을 가르쳐주었던 것 같다. 나무는 언제나 굳건히 선 채 기꺼이 안식처를 내주고, 흙과 물을 안정시키며, 공동체에 아낌없이 베푼다.

유치원생 시절 가장 친한 (그리고 전부인) 친구 세 명이 우리 집 근처에 살았다. 그 아이들은 가끔 마지못해 나와 함께 숲에서 놀곤 했다. 그때를 되돌아보면, 과학자가 되도록 나를 이끈 것은 자연물을 수집하는 열정은 물론 나와 함께 뒤뜰 탐험하기를 마다하지 않은 성실한 친구들이다. 미미는 형제가 아홉 명이었는데, 성격이 용감하고 솔직하다는 점이 나와 똑 닮았다. 형제가 여덟 명인 벳시는 언니들 옷을 가져다 입으며 유행하는 옷차림을 우리에게 전파했고, 뭇 소년들의 시선을 한 몸에 받았다. 그리고 새 관찰을 좋아하며 소중한 활동으로 여긴 유일한 친구였다. 맥신은 쾌활하고 대담해서 이따금 엉뚱한 생각을 불쑥 말하곤 했다. 한번은 속이 빈 나무 막대기를 담배처럼 피워보자고 했고, 맥신의 제안에 따른 우리는 조만간 폐암에 걸려 죽음을 맞이하리라 생각했다. 마을에 유선방송이 도입되어 내셔널 지오그래픽 스페셜을 시청할 수 있게 되기 전까지 나와 친구들은 팀으로 똘똘 뭉쳐 작은 모험을 떠났다. 여기서 모험이란 부모님 댁 뒤로 30미터쯤 걸어가서는 시베리아로 가는 중간 지점에 도착했다고 상상하는 놀이로, 우리끼리는 '왁자지껄 탐험'이라는 은밀한 암호명으로 불렀다. 우리는 종종 볼로냐 샌드위치, (내가 특히 좋아하는) 딸기 우유가 담긴 보온병, 깔고 앉을 담요를 가져갔다. 동식물을 담을 유리병과 비닐봉지, 작은 생물을 구조할 빈 신발 상자는 늘 몸에 지녔다. 남자아이는 모험에 끼워주지 않았다. 당시에는 청소년이나 일반 시민, 심지어 과학자조차 기후변화라는 환경 용어를 구사하지 않았고, 지역 식물군을 위협하는 가장 무서운 존재는 늪을 뛰어다니며 내가 간절히 수집하고 싶었던 꽃을 짓밟는 10대 청소년들이었다. 행동이 거친 소년들과 마주치지 않기 위해 나는 숲속에 조용히 앉아 남의 눈에 띄지 않는 법을 익혔고, 이 기술은 훗날 현장 생물학자로 일하면서 유용하게 쓰였다.

나와 친구들에게는 남자아이와 어른 그리고 다른 모든 방해물에서 벗어날 수 있는 비밀 장소가 필요했다. 그래서 자작나무와 단풍나무의 밑가지를 모아 투박한 요새를 만들었다. 아버지가 쌓아놓은 장작더미와 근처 어린나무 숲에서 요새를 짓는 데 필요한 재료를 구했다. 우리가 만든 요새는 그리 대단한 구조물은 아니었고, 근사한 설탕단풍나무에서 높이가 1.2미터쯤 되는 나무줄기 가랑이에 나뭇가지와 담요를 걸쳐둔 다음 발판 몇 개를 못으로 박아 고정한 것이었다(그러나 여섯 살이었던 당시 이 공간은 무척 광활하게 느껴졌다). 우리는 그 특별한 아지트에서 점심을 먹고, 그림을 그리고, 이야기를 나누었다. 곧 무너질 듯한 요새였지만 그곳에서 나는 친구들과 오랜 시간을 보내며 둥지에서 떨어진 어린 새를 돌보고, 부러진 나비 날개를 고치려 애쓰고, 꽃을 모아뒀다가 나중에 납작하게 만들어 침대 밑에 보관했다. 어느 날 오후에는 아버지가 잔디를 깎는 중에 반으로 잘린 지렁이들을 구조해 반창고를 붙여주었으나, 그 간단한 수술이 가엾은 생물을 살려내지는 못했다. 우리는 탐험가가 되었다가 간호사로 변신하고, 영웅이 되었다가 과학자를 연기하다가 무인도 조난자로 변신했다. 하얀 껍질이 벗겨지는 자작나무는 상상력을 자극하며, 자작나무 껍질로 카누를 비롯한 여러 실용적인 물품을 만드는 카유가족으로 우리를 둔갑시켰다. 나는 요새에서 키 큰 나무와 단단한 나뭇가지와 그늘진 우듬지를 인식하고, 제각기 다른 나무종이 야생동물에게 거처를 제공하는 고유의 방식을 이해하면서 숲 천이forest succession의 기초를 배웠다. 자작나무는 붉나무, 미루나무와 더불어 뉴욕주 북부에서 비교적 수명이 짧은 종에 속하는데, 숲 개간지에서 가장 빠르게 자라는 까닭에 천이 초기종으로 불리지만 목재가 약해 강한 바람이나 눈보라를 맞으면 쓰러졌다. 그러면 자작나무가 자라던 자리는 단풍나무, 너도밤나무 혹은 솔송나무 같은 천이 후기종(또는 극상림climax forest종)이 차지했다. 부모님이 집을 지은 터는 개간지여서 뒤뜰이 새로운 숲으로 울창해졌다. 내가 어릴 적 놀이터에서 자라던 자작나무와 미루나무 몇 그루는 시간이 흘러 숲 천이를 거치는 동안 단풍나무 그늘에 가려졌다. 그리고 자작나무와 미루나무를 단풍나무와 너도밤나무가 대체하면서 형성된 촘촘한 숲우듬지가 숲 바닥에 피어난 수많은 야생화에 그늘을 드리웠다.

나는 유년 시절 내내 자연 세계, 그중에서도 꽃에 관한 모든 것을 배우는 일에 몰두했다, 뉴욕주 엘마이라에서 누구도 생물계절학이라는 용어를 들어본 적이 없을 때, 나는 자연에서 일어나는 계절 현상을 다루는 생물계절학의 지역 전문가가 되었다. 천남성이 언제 어디에서 돋아나는지 정확히 알았고, 천남성이 발견되고 몇 주 뒤면 노랑얼레지와 분홍색, 보라색, 파란색, 하얀색 등 색색의 제비꽃이

핀다는 것도 알았다. 이처럼 이른 봄에 피는 야생화들은 봄살이식물로, 나뭇가지에 새싹이 돋기 전 햇빛이 가지 사이를 통과해 숲 바닥으로 도달하는 시기에 꽃을 피운다. 이 영리한 전략을 통해 야생화는 우듬지가 개화에 필요한 빛을 막아 그늘진 환경을 조성하기에 앞서 자라고 번식할 수 있다. 늦은 봄과 여름에 피는 꽃은 단풍나무나 너도밤나무 우듬지가 그늘을 짙게 드리운 숲 바닥이 아닌, 햇볕이 잘 드는 들판과 탁 트인 목초지에 주로 서식한다. 열 살이 되자 나는 뉴욕주 북부에 서식하는 수많은 야생화에 일어나는 생물계절학적 현상의 일정표를 깨우쳤다. 그리고 꼼꼼하게 일기를 쓰면서 꽃이 피는 시기부터 숲우듬지가 푸르러지고, 새가 이동하고, 모기가 나타나고, 반딧불이가 반짝이는 시기에 이르기까지 모든 종류의 계절 현상을 추적했다.

수집한 야생화가 엄청나게 늘었다. 나는 침대 밑에 낡은 전화번호부를 쌓아 야생화를 납작하게 누른 다음, 도서관에서 빌린 휴대용 식물도감을 참고해 무슨 꽃인지 식별했다. 대학에 입학하기 전까지는 식물 표본집을 본 적도, 식물을 수집하는 기법을 가르쳐주는 식물학자를 만난 적도 없었는데 무엇이 야생화를 수집하도록 영감을 주었는지는 잘 모르겠다. 다만 부엌 식탁에서 애처롭게 시들고 만 야생화를 한 움큼 발견하고는 납작하게 눌린 야생화가 바싹 말라 죽은 식물 줄기보다 조금 나아 보인다고 느낀 적은 있다. 어머니는 내 취미 활동을 넓은 마음으로 이해해줬으나 길가에서 주워다 침대 밑에 넣어둔 납작한 수집품에 모여든 쥐는 끔찍해하셨다. 어머니가 쥐덫에 치즈를 넣어놓았지만 그 털북숭이 생명체들은 건조된 수집품을 실컷 갉아 먹어 한밤중에도 덫에 걸리지 않았다. 나는 실험실이 된 침실 바닥에 매일같이 쪼그리고 앉아 도서관에서 빌린 너덜너덜한 골든 가이드(1900년대 중후반 미국에서 출간된 자연도감 시리즈—옮긴이)를 골똘히 읽으며 야생화종을 식별하면서 몇 시간을 보냈다. 야생화를 전화번호부 책갈피에 끼우고 한 달쯤 지난 뒤 책장을 넘기자 갈색 야생화 잔해가 수십 개 나왔다. 야생화 표본을 눌러두고 건조되기를 애써 기다렸으나 대부분 식물은 죽으면 색을 잃는다는 사실을 깨닫고는 낙담했다. 식물의 색을 보존하기 어렵고, 표본 기술을 다루는 식물학 참고서가 부족하다는 점은 방대한 야생화 표본을 식별하는 데 커다란 장애물로 작용했다.

식물 전문 용어를 공부하면서 가장 유용했던 참고자료는 식료품점 계산대에 비치된 자연 백과사전 세트로, 어머니는 내가 장보기를 도울 때마다 1달러짜리를 한 권씩 사도 된다고 흔쾌히 허락했다. 나는 사 모은 백과사진 열여섯 권을 진부 소중히 간직했다. 이 백과사전은 내용이 골든 가이드보다 조금 더 자세했는데, 식물의 암술 및 수술과 생식을 나타내는 그림을 곁들여 가장 기초적인 개념들을 설명했다. 식물의 여성 생식 기관을 가리키는 단어 '암술'pistil이 치명적인 무기인 '권총'pistol처럼 들려서 불안했지만 두 단어는 근본적으로 달랐다. 배워야 할 것이 산더미였다! 나는 문밖 세상을 무척 좋아하면서도 과학 전문용어는 거의 알지 못하는 작은 마을의 자연 소녀였다.

초등학교 5학년 때 선생님이 다음 뉴욕주 과학박람회가 인근 도시인 코틀랜드에서 열릴 예정이라고 문득 말씀하셨을 때, 나는 망설이다 내 수집품을 출품하기로 마음먹었다. 어쩌면 과학박람회에서 자연을 공부하는 다른 아이들을 만날 수 있지 않을까? 나는 꽃잎, 꽃받침, 암술 등 야생화의 일반적인 구조를 포스터에 그렸다. 단순한 그림이었지만 지난 5년간 수집한 지역 식물 수백 종을 조심스레 압착한 다음 가로 5인치 세로 7인치의 턱없이 작은 앨범에 꽂고 이름표를 붙여 '과학적인 표본집'을 만들었던 모든 시간을 통틀어 이때만큼 나의 우상 레이철 카슨을 친밀하게 느낀 적은 없었다. 나는 집에서 제작한 식물 표본집에서 절반 분량에 달하는 네 권을 골랐다. 식물 표본집을 전문적으로 제작할 때는 가로 11인치 세로 17인치의 큰 종이에 식물 표본을 붙인다는 사실을 알지 못해 나는 동네 약국에서 아기 사진용 앨범을 샀다. 그리고 건조되어 대부분 갈색인 야생화 표본과 꽃 이름, 수집 날짜 및 장소, 자생지가 적힌 작은 색인 카드로 앨범을 가득 채웠다. 나는 그나마 색이 남아 있거나 이름이 정말 멋진 표본(등골나물, 꿩의비름, 수정난풀 등) 중에서 가장 보기 좋은 표본을 골랐고, 하얀색 씨앗으로 온통 뒤덮인 부들처럼 매력 없는 표본은 출품작에서 제외했다.

아버지는 잔디를 깎고 낙엽을 갈퀴질하는 일 외에는 식물을 전혀 몰랐지만 최선을 다해 아버지 노릇을 하셨고, 과학박람회가 열리는 날에는 자동차로 2시간 거리인 코틀랜드까지 나를 데려다주기 위해 새벽 5시에 일어나셨다. 누군가가 출품작을 보고 질문할지도 모른다는 두려움에 나는 전날 밤 한숨도 못 잤다. 그런 공개 행사에 참석한다고 생각하자 수줍음이 눈덩이처럼 불어난 데다 과학자를 실제로 만나본 적도 없었기 때문이다. 아버지와 나는 1953년식 포드 크레스틀라인 선라이너 중고차에 식물 압착 표본 앨범과 크레용으로 그린 포스터를 조심스럽게 싣고 신나는 모험을 떠나는 기분으로 출발했다. 이때가 1964년으로, 늘 할인 기간에만 기름을 넣던 아버지가 그 무렵 연료통 채우기를 소홀하셨던 것을 보면 주유소 기름값이 비싼 주간이었던 것 같다. 차가 언덕마루를 넘어 마을에 진입하자 나를 걱정시키고 싶지 않았던 아버지는 "잠깐만"이라고 말씀하셨다. 우리 차는 연료가 바닥난 상태로 비탈길을 미끄러져 내려가 이른 아침 적색 신호등이 켜진 고요한 도로를 위태롭게 질주했다. 그리고 주유소에 첫 손님으로 입장했다.

과학박람회는 주립대학교의 대형 체육관에서 열렸고, 나는 전시용 작은 테이블을 배정받았다. 499명의 무리는 모두 개구쟁이 소년으로 보였지만 그래도 여자아이 몇 명은 군중 속에 흩어져 있기를 바랐다. 나는 동지애를 갈망했다. 수많은 테이블에서 화학 반응을 일으켜 화산을 재현하는 모습을 보고 깜짝 놀랐다. 종이 반죽으로 산 모형을 만들어 중심부에 베이킹소다를 넣고 식초를 부은 다음, 보세요, 화산 폭발! 화산은 학생 500명이 모인 강당에 어림잡아 50개뿐이었지만 거칠고 요란하게 관중의 눈길을 사로잡으며 창작자를 돋보이게 했고, 그런 방식은 내 DNA에 새겨진 성향과 전혀 맞지 않았다. 내가 타인의 시선을 그토록 심하게 의식하지 않았다면 식초 화산이 일으킨 혼돈의 중심에서 야생화 수집품을 전시하는 활동을 재미있게 느꼈을지도 모른다. 하지만 나중에 심사위원이 알려주었듯 나는 강당의 유일한 식물 애호가로서(그리고 몇 안 되는 여성 참가자로서) 지나치게 긴장했다. 과학박람회 기간 내내 다른 자연사

전시품을 관람하지도 못했다. 심사위원들은 몇 쪽 분량의 건조 야생화 표본을 훑어본 다음 훼손 없이 식물을 압착하는 방법에 관해 정중히 의견을 제시하는 일 외에는 아무런 비평도 하지 않고 무리 지어 지나갔다. (그때 나는 불쑥 말하고 싶었다. "바보야, 야생화를 꺾는 행동이 궁극적으로 꽃을 훼손하고 죽이는 거야.") 다른 학생은 대부분 같은 학교 친구들과 함께 참석했지만 나는 우리 학교가 속한 지역을 통틀어 홀로 참가해 다른 전시를 보려고 통로를 이리저리 배회하는 아이들 틈에 끼지 못했다. 온종일 야생화 옆에 서서 시간을 보냈고, 심지어 아버지는 긴 시간 동안 내 심부름을 성실하게 해주셨다. 기나긴 일정을 마치자 전시품을 챙겨 나의 안식처인 침실 실험실로 돌아가고 싶은 마음이 간절해졌다. 그런데 놀랍게도 무대에서 우수상 수상자로 내 이름을 불렀다. 나는 말문이 턱 막혔지만 작은 플라스틱 트로피를 받으며 뜻밖의 성취감을 맛보았고, 해리엇 터브먼과 레이철 카슨이 나를 지지하며 천국에서 내려다보고 있기만을 바랐다. 우리 가족이 보기에 노벨상과 마찬가지였던 그 트로피는 몇 달간 식탁에서 한 자리를 차지했다. 과학박람회 우수상이 체육대회 상만큼 학교 운동장에서 내게 인기를 가져다주지는 않았지만, 딸의 남다른 자연 사랑이 언젠가 열매를 맺으리라는 일말의 희망을 부모님에게 안겨주었다.

5학년 시절 과학박람회에서 길거리 식물학을 정복하고 몇 년 뒤에는 우연히 조류학에 푹 빠졌다. 조부모님이 쓰시는 다락방을 청소하던 중 나는 19세기에 조상이 수집한 새알이 보관된 낡은 먼지투성이 나무 상자 2개를 발견했다. (누구도 거론하지 않았지만 혹시 우리 집안에 자연 애호가가 있었던 걸까?) 알 표면에는 대자연이 파란색, 회색, 하얀색, 계피색 물감을 붓으로 휘저어 만든 아름다운 무늬가 있었다. 새알 이름표는 책다듬이벌레가 갉아 먹어 너덜너덜했다. 저명한 영문학 교수이자 완벽한 주부였던 할머니는 그 새알들을 질색하셨다. 그래서 내 침실 바닥 실험실로 그 보물들을 가져가 어떤 새알인지 확인하라고 허락하셨다. 이번에도 도서관을 찾은 나는 휴대용 식물도감을 반납하고 조류도감을 빌렸다. 새를 묘사하는 책은 비교적 쉽게 찾을 수 있었지만 새알을 설명하는 책은 찾기가 무척 어려웠다. 그런데도 형태와 색상, 정확한 크기가 분류의 주요 기준이라는 점을 이내 깨달았다. 새알을 분류하려면 평범한 자로는 충분하지 않았고, 더욱 정교한 자가 필요했다. 도서관에서 빌린 몇몇 책에 알 껍데기의 두께, 높이, 너비와 길이를 정확히 측정하는 특수한 캘리퍼스가 언급되어 있었다. 나는 『오듀본』*Audubon*에 실린 생물학 실험용품 업체의 광고를 보고 용기 내 제품 카탈로그를 요청했다. 집안일을 도와 용돈을 조금씩 받았던 나는 돼지저금통에서 돈을 꺼내 갚을 테니 우편 주문을 해달라고 어머니께 말씀드렸다. 그러고 얼마 지나지 않아 단돈 13.95달러에 캘리퍼스 세트를 갖게 되었고, 숲지빠귀, 미국꾀꼬리, 울새, 황금방울새, 쌍띠물떼새 등의 알 크기를 재면서 오랜 시간을 보냈다.

새알 식별은 식물 식별보다 훨씬 까다로웠고, 기초적인 조류도감만 참고해서는 거의 불가능했다. 일반적인 조류 서적은 알을 '중간 크기, 파란색' 혹은 '흰색 알 하나'라고 표현하는 선에 머물렀다. 나는 도서관 책장에서 존 버로스John Burroughs, 존 제임스 오듀본John James

Audubon을 비롯한 19세기 박물학자가 남긴 먼지투성이 저서를 꺼내 들고 조류학 문헌을 깊이 파고들었다. 거기에서 인치가 아닌 미터법을 접하고, 줄무늬와 물방울무늬와 얼룩무늬와 반점무늬를 구별하고, 갈색과 황갈색과 녹갈색과 적갈색이 어떻게 다른지 깨닫는 등 마침내 새로운 개념을 배웠다. 나에게는 편하게 다가갈 과학 선생님도, 열정을 공유할 학교 친구도 없었으므로 새를 알아가는 과정은 외로웠다. 당시 우리 지역에 설립된 오듀본 협회에서 활동하는 약 100명의 회원 가운데 70세 미만 회원은 내가 유일했고, 나를 제외한 다른 회원이 바닥에 쪼그리고 앉아 새알을 관찰하는 모습은 상상할 수 없었다. 부모님이 생일 선물로 오듀본 협회에 가입시켜주신 덕분에 나는 협회가 지역 강당에서 상영하는 자연 영화를 마음껏 관람했다. 선배 회원들은 이따금 토요일 탐조 여행에 나를 친절히 초대했다. 그리고 나를 손녀처럼 챙기면서 아마추어 조류 애호가에게 가장 큰 도전 과제인 철새 군집의 개체 수 세는 법과 가을을 나는 솔새류를 구별하는 방법을 가르쳐주었다. 갓 걸음마를 뗀 수준이었지만 나는 새 관찰에 완전히 매료되었다. 하지만 숫기가 지나치게 없었던 탓에 선배들에게 새알 수집품에 관해서는 한마디도 이야기하지 못했다.

어머니는 나를 코넬 조류학 연구소로 가끔 데려가 산책로를 걸으며 새를 관찰하게 해주셨다. 집에서 불과 1시간 거리에 있는 이 연구소에서는 공공 전시가 진행되었고, 연못에서 나는 새소리가 파이프를 타고 커다란 창문이 있는 실내 공간으로 흘러들었다. 캐나다기러기가 끼루룩 우는 소리, 청둥오리가 꽥꽥 우는 소리 혹은 철새가 돌아오며 봄을 알리는 소리를 들으면서 황홀한 감정에 사로잡혔다. 나는 새알이 담긴 플라스틱 상자를 들고 과학자 연구실 밖 복도에 수줍게 서서 누군가가 내게 말을 걸어주기를 1시간 넘게 두 번이나 기다렸다. 기대감에 부풀어 있었지만 아무도 내게 말 걸지 않았다. 수수께끼의 알 몇 개를 연구소로 두 차례 가져가면서 나는 어느 새의 알인지 정확하게 식별해줄 전문가를 만나기를 바랐다. 실제로 조류 과학자와 대화할 수 있었다면 신나는 추억으로 남았을 것이다. 아무도 내 존재를 알아차리지 못한 그날 느꼈던 크나큰 실망감을 떠올리며, 나는 요즘 내게 연락하는 아이들에게 빠짐없이 답을 준다.

한동안 커다란 하얀색 새알의 정체를 몰라 끙끙댔다. 그로부터 거의 1년 뒤 나는 다시 한 번 그 평범한 하얀색 새알의 미스터리에 빠졌다. 조류도감에 실린 모든 사진과 대조하고, 새알의 길이와 폭을 측정하고 또 측정하면서 몇 주간 고민을 거듭했다. 그 알은 솔새나 지빠귀의 알보다 컸고, 독특한 색을 띠지 않았다. 그러던 어느 토요일, 아침 식사를 준비하면서 스크램블드에그를 만들다가 그 답이 줄곧 내 앞에 있었다는 사실을 깨닫고 유레카를 외쳤다! 나는 부엌에서 달걀 껍데기 한 조각을 집어 들고 위층으로 달려갔다. 와! 수수께끼의 알과 달걀 껍데기는 거의 같았다. 그 새알이 큰바다쇠오리나 미국흰두루미 알이라 상상하며 1년을 보냈지만 알은 평범한 달걀로 밝혀졌다. 당시 나는 우상 레이철 카슨이 쓴 『침묵의 봄』*Silent Spring*을 다시 읽고 있었는데, 살충제가 명금류를 죽인다는 카슨의 주장에서 놀랄 만큼 간단한 과학 프로젝트를 떠올렸다. 20세기에 카슨은 새가 살충제를 먹으면 체내 독성의 영향을 받아 껍데기가 얇은 알을 낳게 되고, 그 알은 절대로 부화하지 않는다는 사실을 발견했다. 내가 보관 중인 오래된 먼지투성이 달걀은 1800년대 중반에 수집되어 100년 정도 시간이 흘렀다. 나는 어머니의 냉장고에서 1970년에 생산된 달걀 몇 개를 꺼내 캘리퍼스로 껍데기 두께를 쟀다. 그런 다음 조상이 수집한 달걀을 정확히 반으로 쪼개 껍데기 두께를 측정하고, 현대의 달걀 껍데기와 비교했다. 100년 된 달걀 껍데기는 두께가 0.019인치(0.048센티미터)인 반면, 1970년 달걀 껍데기는 두께가 평균 0.011인치(0.028센티미터)였다.(내가 사용한 구식 캘리퍼스에는 센티미터가 아닌 인치 눈금이 새겨져 있었다.) 시간이 흐른 뒤 통계를 배우면서 단 한 차례 실험으로는 분명한 근거를 얻지 못한다는 사실을 깨달았지만 당시에는 그 발견이 획기적으로 느껴졌다. 그래서 이 작은 연구 프로젝트에서 비교한 2종류의 달걀 껍데기를 수수한 담배 상자에 넣고 발견 내용을 요약해 적었다. 과학적 발견이 얼마나 큰 감동을 불러오는지 상기시켜주는 이 상자는 지금도 내 서재 선반 위에 자랑스럽게 진열되어 있다.

나의 유쾌한 세 친구는 중학교에 진학하자 나무 요새 대신 남자친구를 찾았다. 하지만 나는 자연을 사랑하는 마음이 갈수록 커졌고, 토요일이면 동네 공원에서 새를 관찰하며 시간을 보냈다. 그리고 메모 중독자로서 발견한 모든 현상을 기록으로 남겼다. 가장 흥미로운 발견은 연미복밀화부리와 죽은 나무를 쉴 새 없이 두드리는 딱따구리였다. 미국의 작은 마을에서 성장한 것은 여러모로 축복이었다. 나와 친구들은 소다수를 마시고, 걸어서 등교해 자연 속에서 놀고, 삽으로 눈을 치우고, 들판에서 블랙베리를 따고, 반딧불이를 잡았다. 그에 반해 공립학교는 친구를 따돌리고 약물을 남용하는 분위기가 형성되어 있었으며, 새 관찰처럼 괴짜 같은 관심사를 지닌 친구를 만나기가 어려웠다. 나는 자연을 사랑하는 친구를 찾기로 마음먹고, 학술지에서 미국 오듀본 협회를 이끄는 유명한 지도자 듀리에 모턴Duryea Morton의 이름을 발견하고는 그에게 편지를 썼다. 모턴에게 나를 조류 관찰자라고 설명한 다음, 나와 열정을 나눌 친구를 찾는 방법을 조언해줄 수 있는지 물었다. 기적적으로 모턴은 뉴욕시의 우뚝 솟은 고층 빌딩에 자리한 사무실에서 해결책을 담은 답장을 작성해 보냈다. 답신에서 그는 친구인 조류학자 존 트롯John Trott이 웨스트버지니아에서 주최하는 여름 캠프에 참석해보라고 제안했다. 이는 당시 미국 전역에서 유일했던 청소년을 위한 자연 캠프로, 모턴은 내가 캠퍼들 사이에서 조류 애호가 동료를 찾을 수 있으리라 생각했다. 부모님은 머나먼 웨스트버지니아까지 날 데려가고 싶어 하지 않았고 캠프 등록비도 꽤 비쌌지만 70세가 넘는 회원들로만 구성된 엘마이라 오듀본 협회에 나를 더는 가입시킬 수 없다고 판단하고, 하는 수 없이 버건디 야생생물 캠프에 등록하셨다. 뉴욕주 엘마이라에서 차를 타고 온종일 달려 웨스트버지니아주 카폰 브리지에 도착하자, 양조장과 생산된 위스키를 즐기는 각양각색 현지인 무리를 빙 둘러 캠프장으로 진입하는 마지막 흙길이 나 있었다! 우리는 개울을 건너 캠프장에 입장했는데, 아버지가 차를 돌려 되돌아가지 않은 것이 기적이었다. 캠프가 개최된 숲 한가운데에는 수생생물을 채집하는 냇가, 지저귀는 새들로 북적이는 숲우듬지, 수 킬로미터에 달하는 하이킹 도로, 조류 표지법(새의 날개나 다리에 인식표를 달아 개체를 식별해 새의 생태를 조사하는 방법—옮긴이)에 쓰이는 그물, 야생생물을 수집하는 데 쓰이는 각종 도구와 벽난로가 설치된 건물 현관, 그리고 무엇보다 소중한 자연 애호가 어린이 열아홉 명이 소박하지만 근사하게 자리하고 있었다.

나는 내 인생을 바꿔놓은 2주간의 캠프에서 개미, 암석, 야생화, 도롱뇽, 이끼 그리고 조류에 관심이 있는 친구들을 발견했다! 그곳은 진정으로 지상 낙원이었고, 캠프 책임자 존과 리 트롯Lee Trott 부부는 나를 비롯한 수많은 캠프 참가자에게 평생 스승이 되었다. 나는 여학생용 숙소에서 맨 꼭대기 침대를 배정받았다. 이 숙소는 거칠게 깎은 통나무와 가림막으로 만들어진 단순한 옥외 구조물로, 여학생 12명을 수용했다. 첫날 밤 나는 얼굴 바로 위에서 무언가가 휙 날아가는 소리를 듣고, 무엇이 날 공격하는지 궁금한 마음과 두려움에 휩싸인 채 이불 밑에서 몸을 웅송그렸다. 다음 날 그 습격자에 관해 묻자 캠프 지도원은 내 침대와 마주한 서까래에 박쥐 1마리가 산다고 설명하면서 박쥐가 모기를 전부 먹어치우니 운이 좋은 편이라고 답했다. 지도원의 설명을 듣자 공포심이 조금 사라지긴 했으나 완전히 해소되지는 않았다. 나는 온종일 그 설명을 곰곰이 따져보고, 마침내 서까래에 사는 박쥐가 훌륭한 룸메이트라고 확신했다.

야생생물 캠프는 박쥐뿐 아니라 자연 세계를 바라보는 나의 관점을 여러 방법으로 바꿔놓았다. 나는 조류에 인식표를 부착하는 텐트 안에서 살아 있는 황금방울새를 잡았다. 새 애호가로서 영적으로 특별하게 느껴진 경험이었다. 또 인공 불빛이 한 점도 없는 자연 그대로의 웨스트버지니아 밤하늘 아래에서 별자리를 배웠다. 우리는 유일한 스포츠 활동으로 진흙탕 연못에서 헤엄쳤는데, 내가 수영복 안으로 파고들어 납작해진 올챙이를 발견하자 캠프 책임자는 물에 사는 다양하고도 귀중한 생명 가운데 하나를 끌어당겼다며 축하해줬다. 나는 여전히 수줍음을 많이 탔고, 기숙사 정돈 상태를 점검하는 시간에 지적당하지 않기 위해 침대보를 반듯하게 펴려고 특히 노력했다. 나는 이곳의 자연 애호가 무리에 낄 수 있기를 간절히 바랐다. 캠프에 참석한 아이들은 배경이나 성별과 상관없이 모두 박물학자였고, 그렇게 나는 태어나서 처음으로 (여자아이들은 물론) 남자아이들과도 친해졌다. 캠프에서 만난 아이들은 대부분 평생 친구가 되었고, 다수가 자연과학 전문가로 성장했으며, 성인이 되어서도 새를 관찰하거나 식물을 채집하러 다닌다.

캠프 참가자 전원이 연구 활동에 참여하면서, 나는 웨스트버지니아 숲에 서식하는 이끼를 식별하기로 했다. 뉴욕주 북부에서 야생화와 나무를 상대로 씨름해왔기에 민꽃식물 연구에 도전할 준비는 되어 있었다. 이끼를 식별한다는 명목으로 캠프에 비치된 성능 좋은 현미경을 써보고 싶기도 했다. 숲에 돋아난 이끼에 통달해 지하 철도를 누볐던 해리엇 터브먼의 발자취를 따라 나는 캠프에서 선태류, 다른 말로 이끼 전문가가 되기로 했다. 조그맣고 보송보송한 초록빛 생명체를 탐구하고 열정을 담아 상세한 이끼 표본집을 만들자 트롯 부부는 내게 다음 여름 캠프에 직원으로 와달라고 요청했다. 열세 살짜리가 직원이 된다고? 그러기에 나는 부족했다. 하지만 캠프 책임자들은 '어린이에 의한 어린이 교육'이 배움에 가장 효과적인 모델이라 굳게 믿고, 캠프 참가자를 가르치는 10대 직원을 고용했다. 여름 캠프에서 처음 직원으로 일하고 급여로 25달러를 받자 부자가 된 기분이 들었다. 엘마이라에서 아기를 하룻밤 돌보면 똑같이 25달러를 벌 수 있었지만 캠프에서는 다른 간접적인 형태로 보상을 받았다. 국립 오듀본 협회에 과감히 보낸 편지 한 통 덕택에 나는 이제 새의 이동과 나무 식별에 관해 대화하기를 좋아하는 친구들 한 무리와 사귀게 되었다. 게다가 어린 학생에게 자연 세계를 가르치는 기술도 익혔다.

캠프에서 10대 지도원으로 일하며 처음으로 맡은 임무는 사람들에게 나무(수목학)를 가르치는 일이었다. 나는 누군가를 가르쳐본 경험도 없고 긴장하면 말도 제대로 못 했지만, 캠프 책임자는 내가 학생들과 함께 배워나간다면 일방적으로 정보를 전달할 때보다 훨씬 효과적으로 가르칠 수 있다고 일깨워주면서 나를 안심시켰다. 그런데도 너무 긴장되어 벌벌 떨렸다. 나는 지도원으로 일하기에 앞서 겨우내 나무에 관한 책을 도서관에서 산더미만큼 빌려 모든 내용을 열심히 읽고 또 읽었다. 그리고 이듬해 여름에 색인 카드를 주머니에 넣고 공식 수목학 지도원으로 캠프에 돌아왔다. 울창한 루브라참나무 아래에서 나는 캠프 참가자들을 나무 탐정으로 변신시켜 도토리를 채집하고, 나무줄기 둘레를 측정하고, 벌레가 나뭇잎을 공격한 흔적이 있는지 찾도록 이끌며 강연을 진행했다. 나무를 사랑하는 마음과 캠프 책임자들의 격려가 나를 열정 넘치는 교육자로 성장시켰다. 나는 버건디 야생생물 캠프에서 여름을 여섯 번 나면서 거미(거미학), 곤충(곤충학), 지질학을 가르쳤다. 그로부터 30년이 흐른 뒤 캠프로 다시 돌아와 그 울창한 루브라참나무 곁에 우듬지 통로를 건설했고, 덕분에 캠프 참가자들은 나무 위에 숨겨진 비밀을 탐사하는 특권을 누리게 되었다. 내가 유년 시절 다녀간 여름 캠프에 참여하는 다음 세대는 이제 나무탐험가로 활동한다!

고등학생 시절에는 탐험을 떠날 숲과 들판은 많았지만 워싱턴 DC 인근에 살았던 대부분 캠프 친구처럼 주말에 방문할 스미스소니언 협회도, 가까운 지역의 기술 기업이나 환경 단체가 운영하는 학생 인턴십도 없었다. 엘마이라에서는 학생들이 우리 학교 뒤쪽 언덕에서 맥주를 마시거나 주차장에서 담배를 피우고, 나쁜 성적을 받고 으스대거나 '피플스 플레이스'라는 허름한 가게의 지하실에서 놀았는데, 이 가게에서 타미 힐피거Tommy Hilfiger라는 무척 반항적인 동급생이 나팔 청바지를 팔았다(이 동급생이 미국 의류 브랜드 '타미 힐피거'의 창업자이다—옮긴이).

척박한 토양에서 고군분투하는 가냘픈 묘목을 관찰하면서 나는 말 없는 식물이 나와 무척 닮았다는 점을 깨달았다. 사교성 좋은 아이는 장난기 넘치는 강아지에게 끌리고 화산 폭발 실험을 설계하겠지만 나는 야생화에 푹 빠져 암술을 비롯해 온갖 식물 구조를 탐구했다. 그리고 암술이란 총알을 발사하는 권총이 아니라 식물의 생식에 관여하는 꽃의 기관임을 알았다. 또 비틀스Beatles 음반을 모으는 대신 다리가 6개 달린 딱정벌레beetles를 수집했다. 친구들과 밤새워 파티하면서 손톱에 분홍색 매니큐어를 바르거나 유행하는 머리 모양에 관해 이야기 나누는 대신 나는 아침 일찍 일어나 새를 관찰하러 가고 싶은 사람이 있는지 물었다. 당시에는 학교 수업을 빼먹고 우등생 명단에 들지 않는 일이 멋있게 여겨졌다. 이는 1960년대에 경제적 기반이 탄탄하지 않았던 지역 사회의 공립학교 학생들이 직면한 딜레마였다. 혁신과 기술이 경제에 활기를 불어넣었던 다른 도시와 달리 뉴욕주 북부는 미국 내에서 실업률이 증가하고 푸드스탬프(저소득층 식비 지원 제도—옮긴이) 신청자가 늘어나는 불안한 지역에 속했다. 미국에서 태어나 자라는 일은 복권과 같은데, 우편번호가 사람의 미래를 흔히 예언하기 때문이다.

내가 윌리엄스 대학교에 지원하겠다고 말하자 고등학교 진학 상담사는 그런 학교는 없다고 하면서 내가 윌리엄앤메리 대학교를 언급하는 것이라 짐작했다. 하지만 나는 윌리엄스 대학교를 분명히 알고 있었다. 대학교 소개 책자에서 매사추세츠주 윌리엄스 대학교가 숲을 소유한 흔치 않은 학교라는 글을 읽었기 때문이다. 대학교 면접에서 나는 사시나무처럼 떨었다. 입학사정관은 입학 지원서에서 내가 여름 자연 캠프에서 거미를 가르쳤다고 쓴 내용을 발견했다. 그는 몹시 진지한 표정으로 나를 올려다보며 질문했다. "마거릿, 거미에게 정확히 무엇을 가르쳤나요?" 농담이 아닌 것이 분명해 보였다. 지원서 에세이를 명확하게 작성하지 못했다는 사실에 충격받은 나는 거미를 가르친 것이 아니라 아이들에게 거미에 관해 가르쳤다고 서둘러 설명했다. 지원서를 잘못 작성해 윌리엄스 대학교 입학이 좌절되었다고 확신했다. 그런데 정말 놀랍게도 몇 달 뒤 합격 통지서를 받았다.

고등학교 교장 선생님이 내가 졸업식에서 고별사를 읽는 수석 졸업생이 아니라 인사말을 하는 차석 졸업생이라고 발표하자 친구들은 당황했다. 수석으로 불린 졸업생은 심화 수업을 수강하지 않았으니 그럴 만한 자격이 없다고 여겨진 까닭이다. 그래서였는지 반 친구들은 놀랍게도 나를 졸업생 연설자로 뽑았다. 수년간 학업에 쏟은 노력이 순식간에 열매를 맺었다. 작은 도시에서 졸업식은 큰 행사였고, 모든 주민이 졸업식 날을 손꼽아 기다렸다. 반면 나는 강당에 앉은 모든 사람을 대상으로 연설해야 한다는 압박감에 몇 주 동안 밤잠을 설쳤다. 샤워하다 연설을 연습하고, 꿈속에서 연설문을 외우다 식은땀 흘리며 깨고, 졸업식 날 밤만 기다리다 거의 신경쇠약에 걸렸다. 그런데 졸업식 당일 비가 내렸다…. 내리고 또 내렸다. 1972년 발생한 큰 홍수는 서스케하나강이 흐르는 계곡의 역사에 아로새겨졌다. 엘마이라를 지나는 셔멍강은 서스케하나강의 지류였다. 6월 23일 새벽 2시경 강둑이 무너졌고, 고등학교 3학년 학생들은 등교 마지막 주에 집안 부엌과 거실에서 빗물이 수십 센티미터씩 차오르는 광경을 보았다. 가족들이 대피했다. 학교가 문을 닫았다. 도로가 물에 잠겼다. 고등학교 건물이 적십자 응급센터가 되었다. 밀려드는 강물에서 시신을 건졌다. 집 안에 스며든 진흙과 벽에 핀 곰팡이가 영원히 잊히지 않을 악취를 풍겼다. 그렇지 않아도 어두웠던 마을의 경제 전망이 더욱 암울해졌다. 나와 반 친구들은 졸업 파티에서 드레스를 입는 대신 파상풍 주사를 놔주는 활동에 급히 자원했다. 고교 학창 시절을 어찌나 달콤쌉싸름하게 마무리했는지! 우리는 공식적으로 미졸업 상태에 머물러 있다 몇 달 뒤 우편으로 졸업장을 받았다. 엘마이라와 주변 지역은 홍수가 발생한 이후 완벽하게 회복되지 않았다. 부동산 가격이 폭락했고, 특히 셔멍강에 인접한 주택들이 직격타를 맞았다. 주민들이 가족 단위로 이사하면서 학교에 등록하는 학생이 줄었고, 내가 졸업한 고등학교는 문을 닫았다. 아버지는 다니던 은행이 구조조정을 진행한 끝에 결국 실직하셨다. 홍수는 가뜩이나 취약했던 지역 경제의 관 뚜껑에 못을 박았다. 대자연은 어김없이 세상을 지배한다. 당시의 극단적인 날씨는 100년 만의 사건으로 여겨졌고, 우리는 1972년 홍수를 이례적인 재해로 간주했다. 그로부터 불과 20년이 흐르는 사이 기후변화가 빠르게 진행되면서 홍수는 물론 가뭄, 화재, 폭염이 곳곳에서 빈번하게 발생하며 일상으로 자리 잡았다. 엘마이라 홍수는 앞으로 다가올 일들의 전조였다.

지난 50년간 많은 것이 변화했다. 홍수와 화재의 빈도가 늘고 기후가 달라졌을 뿐 아니라 식물의 과학도 바뀌었다. 식물을 수집하고 보존하는 방법, 식물을 식별하는 방법, 그리고 농학자가 더욱 튼튼한 농작물과 질병에 강한 느릅나무를 개발하기 위해 실행하는 방법이 비약적으로 발전했다. 하지만 내가 과학자로서 배운 2가지 소중한 교훈은 어린 시절 뉴욕주 북부 시골에서 수집한 식물에서 얻었다. 첫째는 '한 사람의 힘'이라는 교훈으로, 나는 대개 혼자서 자연을 관찰해 지역 야생화는 물론 새알에 관해서도 아마추어 전문가가 되었으며, 그 시절 내디딘 걸음마가 현장 생물학 전문가가 되는 길로 이어졌다. 둘째는 '지역에서 출발해 세계로 나가라'라는 교훈으로, 처음에 뒤뜰에서 자연을 배우고 나중에 지구 생태계로 시야를 넓힌 덕택에 나는 한층 더 유능한 현장 생물학자로 성장할 수 있었다. 어린 시절 내가 나무에 지었던 요새는 그로부터 30년이 흐른 뒤 몇몇 대륙에 설치된 열대 우듬지 통로로 진화했다. 호숫가 오두막에 우뚝 서 있는 키 큰 느릅나무 한 그루에 쏟았던 애정은 오늘날 전 세계에서 진행되는 삼림 보전 활동으로 확장되었다. 유년 시절 자연에서 식물을 발견하고, 만지고, 냄새 맡고, 식별하는 등 오감을 발달시키며 만끽했던 즐거움은 내가 대학교에 다니고, 대학원생이 되어 연구하고, 나와 같은 길을 걷는 소수의 여성에게 조언하는 과정에 영감을 주었다. 어릴 적 나의 마음에 담겨 있던 그 모든 열정은 헝겊 조각을 이어 붙인 조각보처럼 한데 뒤엉켜 궁극적으로 나를 세계 최초의 나무탐험가로 성장시켰다. 자연을 탐험하면서 평온하게 어린 시절을 보내지 않았다면 나는 현장 생물학자를 직업으로 삼지 않았을 것이다. 대부분 나무였다. 대부분 고독이었다. 대부분 야생화였고, 나뭇잎이었고, 자연의 작동 원리를 궁금해하는 호기심이었다.

미국느릅나무

American Elm, *Ulmus americana*

미국느릅나무는 1753년 칼 린네가 최초로 분류한 나무로, 같은 해 그는 훗날 생물 분류의 기초를 마련한 유명 저서 『식물의 종』*Species Plantarum*을 발표했다. 미국느릅나무가 속한 느릅나무과Ulmaceae에는 6가지 속과 40가지 종이 포함된다. 미국느릅나무의 원산지는 북아메리카로 동부 연안을 따라 메인주부터 플로리다주까지 분포하며 여기에서 서쪽으로는 노스다코타주, 남쪽으로는 텍사스주까지 이어진다. 미국느릅나무의 영국 사촌인 영국느릅나무English elm, *Ulmus procera*는 상당히 흔한 나무종으로, 월트셔 지역에서는 시선을 어디로 돌려도 영국느릅나무가 보인다는 의미에서 '월트셔 잡초'라는 별명이 붙었다. 미국느릅나무도 마찬가지로 광범위한 지역에 서식하며 범람원과 개울둑, 늪지대와 산비탈 그리고 배수가 잘되는 토양에서 잘 자란다. 간단히 말해 미국느릅나무는 거의 모든 장소에 서식한다! 느릅나무 씨앗은 바람을 타고 빠르게 확산해 땅에 떨어진 즉시 싹을 틔운다. 느릅나무 껍질은 미국 원주민이 다양한 병을 예방하고 치료하는 데 활용했고, 느릅나무 목재는 가구, 바닥재, 보석함, 상자를 만드는 재료로 인기가 많았다. 느릅나무 우듬지는 새와 나비가 활발하게 활동하는 주요 서식지일 뿐 아니라 잎속살이애벌레, 천공충, 가루깍지벌레, 깍지벌레를 비롯한 초식곤충의 숙주 나무이다. 흰느릅나무라고도 불리는 미국느릅나무는 매사추세츠주와 노스다코타주를 상징하는 주목州木이다. 이 나무는 빠르게 성장하고, 척박한 조건을 잘 견디며, 도시 환경에 성공적으로 적응해 서식 지역에서 주요 가로수종으로 널리 선정되었다. 미국느릅나무의 친척뻘인 루브라느릅나무slippery elm, *Ulmus rubra*는 보통 소화기관을 진정시키는 약재로 쓰였고, 나무의 까끌까끌한 잎사귀는 미국 식민지 시대 여성들에게 천연 볼연지로 활용되었다. 루브라느릅나무 잎으로 뺨을 문지르면 피부가 자극을 받아 붉어지고, 그 붉은 뺨은 아름답게 여겨졌다. 나와 친구들도 어릴 때 루브라느릅나무 잎으로 뺨을 문지르며 화장 놀이 하기를 좋아했다.

느릅나무는 20세기 초 뉴잉글랜드의 도시와 마을에 자라는 가장 흔한 나무종이었지만 당시 느릅나무 개체 수가 정확하게 드러나는 위성 사진은 남아 있지 않다. 20세기 중반에는 미국느릅나무의 99퍼센트 이상이 유럽에서 건너온 느릅나무 시들음병에 걸려 죽었는데, 그로 인해 미국 북동부 전역에서 느릅나무가 멸종했다. 그

나마 살아남은 느릅나무는 고립된 지역에 서식하는 개체들이며, 특히 플로리다주와 브리티시컬럼비아주처럼 느릅나무의 일반적인 분포 지역에서 벗어난 곳에는 시들음병이 퍼지지 않았다. 느릅나무 시들음병은 미국느릅나무뿐 아니라 1970년대 유럽에서 영국느릅나무도 죽였다. 균류에 속하는 느릅나무 시들음병균은 유럽느릅나무좀이 전파했다(나중에는 미국느릅나무좀도 균을 퍼뜨렸다). 암컷 느릅나무좀은 약한 느릅나무의 줄기를 찾아 나무껍질과 목재 틈을 파고들어 알을 낳는다. 만약 그 암컷이 느릅나무 시들음병 균류를 몸에 지녔다면 난실egg chamber 내부에 시들음병 균류 포자가 잔뜩 쌓였을 것이다. 태어난 어린 나무좀은 여기저기 날아다니고 느릅나무 잎을 갉아 먹으며 건강한 느릅나무에 포자를 퍼뜨린다. 포자는 느릅나무의 물관를 감염시키고, 마치 효모가 발효하듯 물관 내부에서 번식한다. 감염된 느릅나무가 약해지면 그 죽어가는 느릅나무 줄기에 나무좀이 알을 낳기는 더욱 수월해진다. 느릅나무 시들음병을 퇴치하려면 나무좀을 완벽히 박멸해야 하는데, 이는 비용이 많이 드는 데다 자연 상태에서는 거의 불가능했다.

20세기에 유전학자는 미국느릅나무가 4배체tetraploid임을 밝혔는데, 이는 2배체diploid 생물이 지닌 염색체의 두 배를 지닌다는 의미이다. 그런데 최근 진행된 유전자 분석 결과 일부 느릅나무는 2배체이며, 4배체보다 2배체가 느릅나무 시들음병에 저항성이 강한 것으로 드러났다. 느릅나무의 2가지 아종은 유전적으로 시들음병에 내성을 지닌 느릅나무를 개발해 훗날 널리 보급하는 과정에 밑바탕이 될 것이다. 또 미국느릅나무와 비술나무를 교배하면 시들음병 균류 내성이 증가한다는 사실이 밝혀지면서 향후 느릅나무 숲우듬지를 복원할 수 있다는 희망이 생겼다.

할아버지가 참신한 방식으로 우리 가족의 호숫가 오두막을 지으신 덕분에 나는 느릅나무를 보고 자라며 식물학자를 꿈꾸게 되었다. 그리고 나무를 열렬히 사랑하는 어린 소녀에서 온대림의 생물계절학을 연구해 생물학 논문을 작성하는 대학생으로 성장했다. 생물계절학을 연구했던 수년간 대학교 캠퍼스에서 느릅나무들이 잘려 나가는 광경을 목격하며 나는 정신적으로 격렬한 고통을 느꼈다. 느릅나무 시들음병은 숲뿐 아니라 숲우듬지의 그늘이 '자연 자본'으로 알려진 거대한 생태계 서비스를 제공해 부동산 가치를 높여주는 도시 지역에도 커다란 손실을 안겼다. 도시의 나무는 그늘을 드리우고, 물을 여과하고, 토양을 보존하고, 탄소를 저장하고, 대기 오염 물질을 정화하고, 수많은 새와 동물에게 서식처가 되어준다. 나의 고향 뉴욕주 엘마이라 도심 거리에는 거대한 느릅나무가 늘어서 있었으나 느릅나무 시들음병이 퍼지면서 자취를 감추었다. 그 느릅나무들이 무척 그립다.

2장
익숙한 온대에서 낯선 열대로

나는 대학교에 입학하고 3주 만에 우리 학교에서 생물을 전공하는 학생 중 95퍼센트가 의학전문대학원 진학을 준비하고, 생물학 교육과정 대부분이 새소리가 아닌 혈액 세포에 초점을 맞춘다는 사실을 깨달았다. 의학은 내가 꿈꿨던 직업 분야가 아니었기에 대학 요람을 뒤적이며 자연에 초점을 맞추는 전공을 찾았다. 그러던 중 지질학이 눈에 띄었고, 내가 사랑하는 숲이 성장하는 지대를 연구해보면 어떨까 생각했다. 지질학 공부는 자연에서 일한다는 직업적 목표를 달성하는 데 적합한 차선책으로 보였다. 1학년 때 지질학 현장학습에서 기반암에 집중하는 다른 학생들과 달리 나는 야생화와 새 사진을 찍으며 대부분 시간을 보냈고, 그런데도 아이다호 대학교와 윌리엄스 대학교가 주최하는 여름 공동 현장학습 과정에 합격해 무척 기뻤다. 남학생 대 여학생 비율이 19 대 1이라는 것을 알고 열의가 차츰 사그라들었으나 그 기회를 놓칠 수는 없었다. 나는 웅장한 로키산맥을 공부하며 보내는 여름을 기대하면서 쌍안경, 스웨터, 청바지와 등산화를 챙겼다. 미시시피강 서쪽 지역을 여행한 적이 한 번도 없었던 나는 그 지역 풍광을 보자마자 첫눈에 반했고, 행복에 젖어 암반층 그림을 그리는 동안 거대한 노두(지표에 드러나 있는 암석이나 지층—옮긴이) 사이에 서 있는 공룡을 상상했다. 하지만 현장학습 첫 주에 변성암질 산등성이를 오르는 사이 여러 동기생이 뇌조에게 지질조사용 망치를 던지면서 점심시간을 보냈고, 나는 그 모습을 속수무책으로 지켜보았다. 지질조사용 망치는 단단한 현무암을 쪼개기 위한 구조로 한쪽 끝이 아주 뾰족하다. 그런 망치를 남학생들은 재미 삼아 아름다운 뇌조에게 던졌다. 다행히도 망치로 뇌조를 맞히지는 못했는데, 아마도 망치에 투창처럼 무게가 실리지 않았기 때문일 것이다. 나는 새를 진심으로 사랑하면서도 그런 추악한 짓을 하는 덩치 큰 '암석광狂'들에게 한마디 쏘아붙일 엄두도 내지 못했고, 이는 그 남학생들을 혐오하는 동시에 나 자신에게 실망한 경험으로 남았다.

현장학습 기간에 한가할 때면 조깅을 했다. 베이스캠프에서 다른 참가자와 교류해야 하는 상황에서 벗어나고 싶기도 했지만 무엇보다도 주위에 우뚝 솟은 웅장한 산봉우리가 숨 막힐 정도로 아름다웠기 때문이다. 산 정상에서 노두 지도를 제작하는 추가 활동으로 고단했던 하루를 마치고 나는 몹시 피곤해 일찌감치 잠자리에 들었으나 다른 참가자들은 맥주를 마시고 이른 아침까지 포커를 쳤다. 어느 날은 도로에서 홀로 조깅하던 내게 픽업트럭이 가까이 다가오더니 조수석에 앉은 카우보이가 내 엉덩이를 툭 치고 음담패설을 했다. 이 사건 이후 나는 도로를 피해 산길을 달렸다. 도로에서 악당과 맞서는 것보다는 울퉁불퉁한 바위투성이 산길을 달리는 쪽이 안전하다고 느꼈기 때문이다.

그해 여름 아이다호에서 나는 인내심을 시험하는 일들을 경험했다. 적어도 당시에는 지질학이 백인 남성의 전유물이었기 때문이다. 나는 환영받지 못했으며, 맥주를 퍼마시고 뇌조를 죽이려 들고 막말이 난무하는 그 공동체에 속하지 않는 것 같았다. 다음 가을 학기 수업에 들어가자 지질학과장은 내가 학점은 말할 것도 없고, 그저 현장학습 과정을 마쳤다는 사실만으로도 무척 놀란 듯했다. 학과장은 전공을 이수하려면 반드시 수강해야 하는 졸업 예정자 대상의 고급 강좌에 여학생이 등록한 적은 없다고 분명히 밝혔다. 노골적으로 수강을 거부한 것은 아니었으나 학과장의 조심스러운 경고는 나를 환영하지 않을 거라는 속내를 명확히 드러냈다. 당시 유일한 여성 지질학도였던 나는 서로 힘을 합치거나 위로할 만한 동료가 없었고, 그 경험을 대학본부에 알려야 한다고 깨닫지도 못했다. 이 시절은 많은 대학교가 남녀공학으로 전환된 초창기였고, 나는 윌리엄스 대학교가 남녀공학이 되고 나서 두 번째 해에 입학한 여학생이었다. 실망감을 속으로 삭이고 다른 길을 모색했다. 그리고 생물학으로 전공을 바꾸고는 안도감을 느꼈다. 어쨌든 나는 본래 숲을 탐구하려고 윌리엄스 대학교에 지원한 것이었다.

지질학 분야의 성비도 문제였지만 광물학 수업에서는 하마터면 낙제할 뻔했다. 어찌 된 영문인지 공립 고등학교에서는 대학생에게 필요한 공부 습관과 에세이 시험 대비법을 가르치지 않았다. 실제로 나는 온 힘을 다해 교과서를 외웠다. 광물학에서만 C 학점을 받고 나자 과학 분야로 진로를 정한 것이 옳았는지 의구심이 점차 불어났다. 코넬 조류학 연구소 사무실 문밖에 서 있었던 경험을 떠올리자 살아 있는 여성 과학자를 만나본 적이 없다는 사실을 문득 깨달았다(윌리엄스 대학교에서도 과학 전공 교수는 모두 남성이었다). 지질학 책뿐 아니라 생물학 교과서에도 남성 롤모델만 꾸준히 등장했다. 이 점을 알아채자 기운이 쭉 빠졌다. 현장 생물학계에 여성이 차지할 만한 자리가 있을까?

대학교 2학년 과정을 마치고 생물학 전공을 시작하면서 현장 연구에 돌입하려면 서둘러 논문을 설계해야 했다. 가뭄이나 혹한처럼 이례적인 현상을 평균화하려면 계절과 관련된 데이터를 수년간 모아야만 했다. 나는 출발점으로 돌아와 어린 시절 관찰했던 야생화에서 한 걸음 더 나아가 거대한 식물, 즉 나무의 생물계절학을 연구한다는 계획을 세웠다. 그리고 대학생 시절 마지막 2년간 숲에서 캠핑하면서 자연이 주는 즐거움에 흠뻑 빠져 내 오랜 친구인 단풍나무, 자작나무, 참나무, 너도밤나무에 둘러싸여 지냈다! 학교에서 자연사 과목을 가르치는 교수는 한 명뿐이라 별다른 고민 없이 그 교수에게 논문 지도를 신청했다. 의대 지망생이 압도적으로 많았으므로 지도교수는 열과 성을 다해 신예 식물생태학자를 육성하려는 듯했다. 나는 비전문가로서 단순히 정보를 기록하는 활동에서 한발 나아가 과학적 절차를 밟아 실제 데이터를 수집하고 싶었다. 그래서 생태학 수업 자료에서 과학자의 연구법을 찾아 문제 제기 – 연구 장소 물색 – 자료 수집 – 기존 문헌상 유사 연구 조사 – 결과 분석 – 논문 작성 등 현장 연구 설계의 방법론을 빠르게 습득했다. 나는 매해 봄과 가을에 시계처럼 규칙적으로 잎이 돋아나는 현상을 관찰하면서 자랐고, 온대 나무를 구성하는 목재도 나뭇잎처럼 계절의 영향을 받아 성장하는지 궁금했다. 연구 초기에는 현장 연구 과제를 설계하는 일이 부엌에서 조리법에 따라 요리하는 일과 흡사하다고 느낄 만큼 쉬워 보였다. 먼저 나무 16그루를 선정하고, 계절에 따라 성장하는 나뭇잎처럼 나무줄기도 매년 봄에 자라다 가을에는 성장을 멈춘다는 가설을 세웠다. 숲 전체를 고려하지 않고 지표면에서 나무의 '엄지발가락'에만 초점을 맞춘 채 기존 삼림학자들이 200년간 걸어온 발자취를 그대로 답습했다. 당시 과학자에게는 지표면에 서서 나무줄기를 보는 것이 나무를 관찰하는 가장 쉬운 방식이기도 했다. 밑동부터 윗가지까지 나뭇잎을 지탱하는 거대한 갈색 나무줄기는 99퍼센트가 죽은 세포로 나무를 물리적으로 지탱하는 목재이고, 나머지 1퍼센트는 살아 있는 세포로 나무껍질 바로 밑에서 좁은 띠 형태로 성장하는 관다발 조직이다. 관다발 조직은 세포 한 겹 두께인 얇은 수송관 2종류로 구성된다. 첫 번째는 물관부로 뿌리에서 잎까지 물을 수송하고, 두 번째는 체관부phloem로 잎의 엽록체에서 뿌리털까지 당분을 수송한다. 관다발 조직은 나무줄기에서 유일하게 살아 있는 부위로 매년 생장과 휴면을 거듭하고, 이 계절에 따른 변화가 매년 나이테를 생성한다. 과학자는 나이테를 기후 역사가 기록된 바코드로 여긴다. 나이테는 나무 한 그루가 오랜 세월 살아온 삶뿐아니라 그 주변 환경이 어떠했는지도 이야기해준다. 연륜연대학자dendrochronologist라고도 불리는 나이테 전문가는 가뭄, 화재, 생장에 적합했던 시기 등 지구 환경의 역사를 추적한다. 나는 풋내기 현장 생물학자로서 나무의 전 생애가 아닌 수개월이나 몇 계절에 해당하는 짧은 기간 동안의 줄기 성장 역학을 알아내고 싶었다. 첫 번째 공식적인 식물 연구에 착수하고픈 열망에 사로잡혀 마구간에서 뛰쳐나갈 준비를 마친 경주마가 된 기분이었다.

나는 온대 나무의 줄기 성장을 다룬 임업 관련 출판물을 열심히 읽었다. 당시 목재 생산은 나무를 다루는 과학 분야 중에서도 많은 예산이 투자된 축에 속해, 생태학 문헌은 많지 않았으나 소나무 농장의 나무 성장을 극대화하는 문헌은 상당수 출간되어 있었다. 나무를 대상으로 하는 연구 대부분이 목재와 목재의 양을 측정하는 표준 단위인 보드풋board feet당 경제성에 초점을 맞춘다는 점은 새삼스럽지 않았다. 대학 도서관 생물학 서가에는 과학 학술지가 꽂힌 거대한 책장이 있었고, 그곳에는 빨간색부터 밝은 주황색, 자홍색에 이르는 색색의 가죽으로 세본된 학술지들이 1년분씩 보관되어 있었다. 서가는 24시간 열려 있었으므로 나는 밤마다 도서관에 가서 먼지 쌓인 책장을 샅샅이 뒤졌다. 그리고 과학 도서관에서 온종일 공부하는 듯한 의예과 학생들과 함께 도서관 단골이 되었다. 『식물학 공보』*Botanical Gazette*, 『식물 생리학』*Plant Physiology*, 『식물학 리뷰』*Botanical Review* 등 내가 연구하는 현장 생물학 학술지는 『세포 생리학』*Cell Physiology*, 『블러드』*Blood*, 『셀』*Cell*과 같은 학술지보다 활용도가 지극히 낮았다. 나는 1950년부터 1974년까지 발행된 나무 관련 학술지를 전부 튼튼하게 제본했던 것 같다. 1950년 이전에 발표된 학술지는 보존서고에 보관되어 있었고, 학생이 신청서를 제출하면 보존서고 밖으로 가지고 나갈 수 있었다. 이런 식으로 학술지를 대출하려면 보통 1~2주가 걸렸다. 과학 학술지를 복사한 디지털 파일은 없었고, 방대한 분량의 종이책뿐이었다.

태어나 처음으로 나는 실제 데이터를 수집하게 되었다. 데이터를 모으려면 몇 가지 전문 장비가 필요했다. 삼림학자가 활용하는 장비를 살펴보던 중 고정비대생장 측정기dial-gauge dendrometer라는 실용적인 장치를 발견했는데 이 장치는 나무줄기의 성장, 다른 말로 둘레 팽창을 측정한다. 장치가 크게 비싸지 않아 2개를 주문하고(고장나는 경우에 대비해 예비품을 마련해두면 좋다), 나무 16그루의 가슴 높이에 나사못 지지대를 부드럽게 고정했다. '가슴 높이'란 삼림학에서 사용하는 느슨한 용어로 지표면으로부터 비슷한 높이에서 서로 다른 나무의 둘레를 비교할 때 쓰인다. 물론 내 가슴 높이는 대중이 폴 버니언(Paul Bunyan, 미국 민담에 등장하는 거인 나무꾼—옮긴이)과 닮았으리라 상상하는 전형적인 나무꾼의 가슴 높이와 비교하면 분명히 낮았다. 각 나무에 나사못 네 개를 사각형으로 배열해 박거나 나사못 지지대를 고정한 다음 나무껍질부터 나사못 머리까지의 거리를 측정하는 고정비대생장 측정기를 걸어두면 나무껍질이 나사못 주위로 얼마나 밀려 올라왔는지, 즉 나무줄기의 부피가 얼마나 팽창했는지 기록할 수 있다. 모든 나무는 나무껍질 밑 목재의 99퍼센트가 심재라고도 불리는 죽은 세포이므로, 살아 있는 나무줄기에 작은 나사를 박는 것은 해먹을 매다는 일과 마찬가지로 나무에 해롭지 않다. (나무를 완전히 베어내는 것 외에 나무줄기를 훼손하는 유일한 방법은 나무껍질 바로 아래에 자리한 얇은 관다발 조직층을 꽉 조여 물이 뿌리에서 잎으로 상승하거나 당분이 잎에서 뿌리로 하강하지 못하도록 막는 것이다.) 고정비대생장 측정기는 나무줄기가 0.001인치 단위로 아주 적게 팽창해도 감지할 만큼 민감해 극히 느리게 성장하는 나무에도 적용할 수 있다. 나는 어린 시절 숲을 관찰하면서 참나무가 너도밤나무와 단풍나무보다 더욱 이른 시기에 잎을 틔운다는 사실을 발견했는데, 이른 봄에 나무줄기가 성장하는 순서도 잎을 틔우는 순서와 같을지 궁금했다. 또한 임업 기술에 관한 학술지를 섭렵하면서 나무줄기가 환경조건에 따라 단기(월 단위)뿐 아니라 장기(연 단위)로 팽창하거나 수축하는 현상을 공부했고, 따라서 나무줄기가 팽창하는 패턴을 결정하려면 1년 이상 측정해야 한다는 사실을 깨달았다. 내가 구매한 고정비대생장 측정기는 성능이 좋고 민감해 나무줄기의 팽창은 물론 수축도 측정할 수 있었다. 사람이 굶으면 살이 빠지고 늙으면 키가 작아지듯 나무도 가뭄이 들거나 나이를 먹으면 줄기 둘레가 줄어든다.

나무 둘레를 측정하고, 측정하고, 또 측정하는 데 주어진 시간은 단 2년이었다. 그래서 24개월간 눈이 내리고, 얼음이 얼고, 비가 내리고, 번개가 치고, 무더위가 기승을 부려도 일주일에 두 번씩 꼬박꼬박 나무 16그루를 측정했다.(추수감사절과 크리스마스가 있는 몇 주간은 측정을 건너뛰어 데이터에 공백이 두 번 생기긴 했다.) 의대 진학을 준비하는 생물학 수강생은 대부분 푹신한 소파와 음료수 자판기가 갖춰진 안락한 실험실에서 피자를 시켜놓고 실험 쥐나 세포를 대상으로 졸업 논문 작성에 필요한 실험을 했다. 하지만 나는 2년간 대학교 소유의 숲에서 정확히 736회 나무줄기를 측정하고 나뭇잎의 생물계절학적 변화를 기록하면서 높이 23미터 나무 아래에 쪼그려 앉아 1리터 병에 담긴 물을 홀짝이며 트레일 믹스(견과, 말린 과일, 초콜릿 등을 섞은 간식—옮긴이)를 먹었다. 겨울에는 관찰 사항을 현장 일지에 꼼꼼히 기록하느라 손가락이 얼었고, 나무 밑동 주위에 쌓인 눈 더미를 밟고 서 있다 보면 발이 따끔거렸다. 윌리엄스 대학교 울타리 안에 조성된 홉킨스 숲은 내게 제2의 집이 되었다. 자전거를 타고 오르막길 8킬로미터를 달려 홉킨스 숲으로 가서 나무 16그루 사이를 이리저리 오갔다. 봄이면 커다란 나뭇가지를 기숙사로 가져와 새싹과 잎의 크기를 측정했고, 룸메이트는 내가 기숙사 거실로 가져다놓은 온갖 식물을 보며 키득거렸다. 내가 홉킨스 숲 전문가라는 소문이 퍼지자 학교 친구들은 나와 함께 나무 둘레를 측정하러 가는 친목 모임을 만들었다. 의대 진학을 준비하던 몇몇 친구도 숲으로 모험을 떠났고, 새소리를 식별하거나 봄 야생화를 구분하는 활동이 얼마나 매력적인지 깨달았다. 우리는 스키를 타거나 설피(눈길을 걸을 때 신발 바닥에 끼는 넓적한 덧신—옮긴이) 혹은 신발을 신고 숲을 여행했고 심지어 맨발로 걸을 때도 있었다. 한 친구는 본인이 식물학에 관심이 많다고 주장하며(다만 흡연할 수 있는 식물종에 한해) 자연 탐방의 날 아침 6시에 깨워달라고 내게 매번 부탁했다. 내가 당일 아침 방문을 두드리면 그는 비틀비틀 걸어와 문을 연 다음, 카키색 옷을 입고 쌍안경을 든 나를 새빨갛게 충혈된 눈으로 보고 크게 웃고는 침대로 돌아가 픽 쓰러지곤 했다.

2년간 졸업 논문 연구를 수행하는 동안 나는 나무 꼭대기에 조금도 관심을 기울이지 않았다. 과거의 수많은 삼림학자처럼 숲의 약

95퍼센트를 간과했다. 나는 건강한 온대림에서 목재가 얼마나 증가했는지(보드폿에는 관심이 없었다), 이웃 종들 사이에서 계절적 성장 패턴이 어떻게 다양하게 드러나는지에 초점을 맞췄다. 기존 삼림학 문헌에 따르면 2가지 생리학적 유형에 속하는 목재가 특히 잘 자라는데, 그 목재들에서는 서로 다른 패턴으로 나이테가 생성된다. 첫 번째 생리학적 유형은 산공성diffuse porous으로 단풍나무, 자작나무, 너도밤나무 같은 종이 이에 해당하며 나이테 내에 크기가 균일한 목재 세포가 분포한다. 두 번째 생리학적 유형은 환공성ring porous으로 느릅나무, 물푸레나무, 아까시나무가 대표적이며 이른 봄 큰 목재 세포가 배열되다 생장기가 지나면 작은 목재 세포가 배열된다. 나는 산공성 나무종의 생태학적 지위를 살펴본 끝에 천이 후기종이라는 사실을 발견했는데, 이는 산공성 나무종이 장기적인 성장 경쟁에 승리해 숲우듬지를 지배하게 된다는 점을 의미한다. 반면 환공성 나무종은 대부분 천이 초기종으로 개간된 산비탈에서 먼저 빠른 속도로 성장하다가, 느리지만 비교적 높게 꾸준히 자라는 천이 후기종에 결국 자리를 빼앗긴다. 목재의 성장 유형과 나무종별 천이 특성 사이에 존재하는 상관관계가 적어도 내게는 새로운 발견이었다. 그와 관련한 내용을 대학교 생물학 서가에 꽂힌 먼지투성이 삼림학회지에서는 접한 적 없었으며, 다른 문헌에 기록되어 있는지는 확신할 수 없었지만 새로운 발견이기를 간절히 바랐다. 지도교수도 유망한 발견이라는 점에 동의했다. 그런 발견에 뒤이어 잎이 돋는 순서와 목재의 부피 팽창 순서가 유사한지도 궁금해졌다. 먼저 잎사귀를 떨군 나무는 이른 봄 다른 나무보다 앞서 줄기가 팽창할까? 두 번째 해에 나는 나무줄기의 팽창을 측정하는 동시에 각 나무가 잎을 틔우는 순서도 세심하게 관찰했다. 줄기를 먼저 팽창시키는 몇몇 종이 매년 새순도 먼저 틔워서 경쟁 우위에 올라섰던 걸까? 아니면 시기적으로 늦은 여름에 안정적으로 성장하는 나무종이 궁극적으로 숲우듬지를 장악했던 걸까? 이 같은 유형의 장기 연구는 내가 작성하는 논문 범위를 벗어났으나 무수한 생물 중에서도 나무의 경우 기나긴 일생에 걸쳐 데이터를 모으는 작업이 중요하다는 교훈을 분명히 가르쳐주었다! 문득 질문 하나를 던지고 나서 꼬리에 꼬리를 물고 의문을 제기하는 나 자신을 발견했다. 유레카! 그런 의문들이 끊임없이 흥미를 유발하며 과학자의 연구 활동을 이끈다는 사실을 그 전까지는 미처 알지 못했다.

나는 지칠 줄 모르고 나무 측정에 몰두했고, 그 보상으로 나무들과 비밀을 몇 가지 공유하게 되었다. 우선 무더운 여름이면 나무 둘레가 줄어든다는 사실을 알았다. 또한 햇빛을 받는 시간대에 따라 약간 수축하거나 비가 내리면 미세하게 팽창하는 등 날마다 둘레가 조금씩 변화하긴 했지만 각 나무줄기의 한 면과 다른 한 면은 동일한 계절적 성장 반응을 보였다. 내가 발견한 가장 흥미로운 현상은 나무줄기의 계절적 팽창 패턴이 산공성 또는 환공성이라는 생리학적 성장 유형에 따라 다르게 나타난다는 점이었다. 산공성 나무는 목재가 생장기 내내 균일하게 팽창하고, 잎이 일찍 돋았다. 반면 환공성 나무는 이른 봄에 줄기가 팽창하고, 잎이 나중에 돋았다. 줄기 성장도 계절적 패턴을 보인다는 내 첫 번째 연구 가설이 확인되었다. 하지만 진정한 발견은 현장 조사를 전부 마치고 데이터를 면밀하게 살펴보는 과정에서 이루어졌다. 일찍 잎을 틔우고 여름 내내 균일하게 부피가 성장하는 산공성 나무종은 천이 후기종이자, 궁극적으로 극상림을 이루는 나무종임을 발견한 것이다. 이와 대조적으로 목재가 먼저 성장하고 잎이 나중에 돋는 환공성 나무종은 천이 초기종이었다. 환공성 나무는 신속하게 성장해 어린 숲을 구성하지만 장기적인 천이 과정에서는 경쟁에서 밀려나 숲우듬지 지배종 지위를 잃는다. 이번 연구 결과도 해답보다 질문을 더 많이 불러왔다. 첫 번째 질문, 연구 샘플은 몇 개면 충분할까? 나무종마다 한 그루씩 선정해 한 면과 다른 한 면의 줄기 팽창을 측정하는 일로 나는 어떤 결론을 도출할 수 있을까? 내 데이터는 의심할 여지 없이 확실하지는 않았지만 훗날 어떤 연구를 해야 하는지에는 영감을 주었다. 그러나 샘플링의 어려움은 생물통계 수업을 듣기도 전에 나를 불안하게 만들었다. 두 번째 질문, 내가 2년간 나무를 관찰하는 사이에 발생하는 장기적인 기후변화는 나무의 생애에 어떤 영향을 미칠까? 나무줄기가 여름비를 맞으면 팽창하고 날이 가물면 수축하는 등 날씨 변화의 영향은 신속히 확인할 수 있지만 기후변화가 삼림 건강에 초래하는 복잡한 결과를 규명하려면 수십 년 혹은 그 이상의 시간이 필요할 것이었다. 나는 오랜 시간 홀로 숲을 거닐며 이런 의문을 떠올렸다. 지구과학계와 기후학계를 제외하면 기후변화의 중대성을 생태학적 관점에서 논의한 사례가 없었기에 나는 기후변화의 맥락을 거의 파악하지 못했다. 세 번째 질문, 대학교 내 숲의 한 지점을 근거로 동부 해안 전 지역의 온대림을 추정하는 접근 방식은 바람직할까? 나는 참나무, 너도밤나무, 단풍나무, 히코리나무가 매사추세츠는 물론 뉴잉글랜드 6개 주 전역에 비슷하게 분포한다는 점을 알았다. 그리고 나무종이 같으면 서식하는 전 범위에 걸쳐 비슷한 성장 패턴을 보일 거라는 생각은 논리적으로 보였다. 하지만 버몬트 북부의 서늘한 언덕 꼭대기나 코네티컷 남부 따뜻한 계곡의 기온이 나무줄기 성장과 잎의 생물계절학적 패턴에 어떤 영향을 주는지 궁금했다. 극심한 가뭄이 들면 또 어떨까? 혹은 눈이 너무 일찍 내리면? 내가 떠올리는 모든 질문은 학부 논문 범위를 넘어섰고 수년간의 샘플링을 요구했다. 분명한 것은 현장 연구를 올바르게 설계하려면 통계학을 기반으로 샘플링을 깊이 공부해야 한다는 점이었다.

2년간 매달 나무줄기를 측정해야 하는 바람에 나는 수업이 없는 여름에도 학교에서 머물 방법을 찾아야 했다. 그래서 식당 설거지, 가게 점원, 바텐더, 보모 등 다양한 일을 했다. 연구와 가장 관련 있는 일은 지도교수가 고용한 소규모 학생 팀에 소속되어 뉴잉글랜드에 얼마나 많은 나무가 자라는지 계산하는 활동으로, 겨우내 화목난로에 공급되는 잠재적인 연료량을 측정하는 연구의 일부였다. 팀원 가운데 다섯 명은 사슬톱으로 나무를 베면서 여름을 보냈는데, 이 일은 내 마음을 죄책감으로 가득 채웠지만 온대 나무의 '엄지발가락'과 관련해 중요한 통찰을 제시했다. 우리 팀은 프로젝트를 진행하며 나무 24그루를 베어내고, 베어낸 나무줄기의 생물량을 측정하고, 숲 1에이커(약 4,000제곱미터)당 목재량을 추산했다. 사슬톱이 웅웅거리며 숲에 살던 나무의 생명을 송두리째 앗아갔다. 나무 목질부와 체관부가 산산이 갈려 톱밥으로 분해되는 모습을 보고 있자니 기분이 후련하면서도 씁쓸했다. 팀원 한 명은 근처 직업 대학을 다니는 임업 훈련생이었는데, 사슬톱 작업을 무척 좋아해서 열정을 다해 그 괴물의 이빨을 날카롭게 갈고 기름칠했다. 그는 나무를 바라볼 때 오로지 목재 생산성과 보드풋을 토대로 금전적 이득만 따졌는데, 그런 관점은 내 연구에도 도움이 되었다. 나무 자체를 사랑하는 나와 달리 그 팀원은 목재라는 렌즈를 통해 나무를 들여다보았다. 나는 나무를 베는 사람이 아니라 꼭 껴안는 사람에 가까웠기에 머릿속에 경제적 문제가 먼저 떠오르지는 않았다. 그러나 삼림 관리의 주요 요소로 목재의 가치가 꼽힌다는 점에서, 수년 뒤 나는 나무의 실용적 관점에 노출시켜준 팀원에게 고맙다고 느끼게 되었다. 에너지 모델을 구축한다는 임무를 성공적으로 마친 뒤에도, 나는 임산물이 아닌 살아 있는 숲을 연구하고 싶다고 생각했다. 게다가 처음에는 북미 일부 지역에서 에너지 자립의 수단으로 여겨졌던 화목난로가 얼마 지나지 않아 골칫거리로 전락하면서 그에 관한 논의가 활발하게 추진되었다. 오늘날 과학자들은 검은 그을음이 기후변화를 초래하는 가장 심각한 원인이라고 생각한다. 나무는 타면서 그을음을 내뿜는데, 이 그을음 입자는 보통 요리를 하면서 조리대 근처에 머무는 여성이나 어린이에게 호흡기 질환을 유발할 뿐 아니라 빙하나 눈으로 덮인 들판에 내려앉아 색을 검게 만들어 얼음을 더욱 빠르게 녹인다.

대학교에서 마지막 여름을 보내는 동안에는 나무 둘레를 측정하는 틈틈이 생물학과 연구 보조원으로 근무하며 오랜 기간 방치되어 먼지가 수북하게 쌓인 식물 표본집을 정리하는 일을 맡았다. 표본집은 생물학과 건물 지하에 보관되었고, 건조 표본 수천 개로 구성되어 있었다. 그 갈색 식물 잔해를 관찰하다 보면 어린 시절의 침실 바닥 실험실이 떠올라 기분이 좋았다. 연구 환경은 침실 바닥보다 조금 나아져 어두운 방의 작은 탁상조명이 놓인 카드 게임용 탁자에 앉아 일했다. 하지만 얼마 지나지 않아 그 환경이 무척 위험하다는 것을 깨달았다. 상당히 미심쩍게 행동하는 생물학과 소속 박제사와 공간을 공유했기 때문이다. 학생들이 단일 세포보다는 다세포 유기체를 공부했던 수십 년 전 대학 측에 고용된 박제사는 지하실에서 박제 표본을 만들었다. 학기 중 밤늦게까지 공부하다 도서관을 벗어나 대담한 휴식을 즐기려는 생물학과 학생들은 더러운 박제 동물 수백 마리가 쌓인 동굴 같은 지하실을 탐험했다. 하지만 한밤에 지하실을 탐험한 학생들 가운데 누구도 낮에 살아 있는 인간이 먼지 쌓인 박제를 관리한다는 사실을 알지 못했다. 박제사는 나를 무척 힘들게 했다. 그가 거칠게 숨소리를 내고, 손을 산만하게 움직이며 내 뒤로 서서히 다가오는 환경에서는 건조 식물을 분류할 수 없었다. 불편한 대치 상황이 몇 차례 이어진 끝에 나는 용기를 끌어모아 학과장에게 상황을 보고했고, 학과장은 신속하게 건물 위층 책상으로 나를 '승격'시켰다. 나는 여름 내내 건조 식물을 정리하는 동시에 숲에서 나무를 측정했고, 마침내 24개월에 걸친 줄기의 성장 역학 연구를 마쳤다. 지도교수는 연구 데이터가 독창적이라고 판단하고, 첫 논문을 발표하기까지 나를 이끌어주겠노라 약속했다. 나는 믿기 어려울 정도로 행복했고, 졸업하자마자 일정에 맞춰 논문을 작성했다. 그러고 나서 6개월을 기다렸고, 공동 저자로 발표할 논문과 관련해 지도교수에게 다시 메일을 보냈다. 나는 교수가 너무 바빠 논문 일정을 잊고, 답장도 못 했으리라 생각한다. 나중에 대학원에 입학해 지도교수와 공동으로 논문을 발표하고 학회에서 포스터 발표를 하는 학부생들을 보니 내가 해보지 못한 것들을 경험하는 그 학생들이 무척 부러웠다.

나는 나무줄기를 측정하면서 현장 데이터 수집의 기초를 배웠으며, 샘플링 방식을 설계하고 가설을 수립해 검정하는 과정이 얼마나 힘든지 알게 되었다. 그리고 나무줄기가 역동적인 팽창과 수축의 중추이고, 줄기 생장과 잎 성장의 생물계절학적 변화가 미세조정 된다는 사실을 깨달으며 온대림을 완전히 새로운 관점에서 보게 되었다. 수십 년 뒤 나를 비롯한 현장 생물학자들은 기후변화로 목재가 10퍼센트 정도 약해지는 현상을 발견하는데, 이는 따뜻한 기온의 영향으로 식물이 전보다 빠르게 성장하면서 세포 밀도가 낮아졌기 때문이다. 이 같은 나무줄기의 변화는 나무의 높이, 건강, 생장에도 분명 강력한 영향을 준다. 나무는 모든 식물을 통틀어 가장 크고 오래되었으며 상징적이다. 지구에 서식하는 야생 포유류와 인류의 생물량은 각각 탄소 2기가톤, 0.06기가톤에 불과하지만 나무의 생물량은 400기가톤을 넘어선다. 나무를 이루는 기관은 구조가 복잡하며 뿌리부터 꼭대기까지 서로 연결되어 있는데, 나무 생장을 연구하려는 초기 시도에서 나는 궁극적으로 나무줄기만이 아닌 숲 전체에 호기심을 갖게 되었다.

나는 학부를 졸업하고 곧 박사 과정을 밟기로 마음먹었다. 그렇게 결심한 근본적인 이유는 다른 고등학교 친구들처럼 결혼하고 정착해 사는 미래가 막연하게 두려웠기 때문이다. 나는 대학생 시절 멋진 남자 친구를 사귀었는데, 그 친구는 나처럼 생물학을 전공했으나 의학전문대학원에 진학하려 했다. 우리 동거하다 결혼하는 게 어때? 그가 청혼했다. 나는 남자 친구가 진학하는 학교 근처 대학원을 선택할 수도 있었다. 망설였다. 의사 남편이 있어 혼자 일할 필요 없는 삶은 분명 편안할 것이었다. 하지만 나무가 나를 강하게 끌어당겼다. 나는 식물학자가 되어 새로운 것을 발견하고 싶었다. 그러려면 뉴잉글랜드 온대림에 조성된 안전지대 밖으로 나가 경험을 쌓아야 했다. 눈물이 났다. 남자 친구도 울었다. 우리는 그렇게 될 리 없다는 것을 알면서도 몇 년 안에 다시 만나자며 형식적으로 약속하고 슬프게 이별했다.

1976년 당시 나무를 사랑하는 환경학 전공자들은 규제 조항 혹은 정부가 내놓는 기술 정책만이 숲을 보호할 수 있고, 그리하여 숲이 영원히 번성하면 지구와 인류도 영속과 안정을 누릴 것이라 굳게 믿었다. '기후변화'라는 용어는 아직 사전에 등재되지 않았으며 개벌(인공림을 조성하면서 땅위줄기를 일시에 모두 베는 방법—옮긴이), 화전농법, 병충해 외에 다른 요인이 전 세계 나무를 위협하리라는 점을 명확하게 이해하는 사람도 없었다. 그러나 20년 만에 지구는 폭염, 가뭄, 산불, 기온 상승에 따른 해충 창궐로 전보다 척박한 행성이 되었고, 숲은 그런 지구 환경이 초래한 최악의 위협에 직면했다. 나는 나무를 사랑하는 마음을 키워나가고 싶어 삼림학 대학원 2곳에 지원했는데, 그중 한 학교는 전액 장학금을 지급했다. 이미 학부 때부터 학자금 대출을 받아 빠듯하게 생활하고 있었기에 나는 오로지 재정 지원을 기준으로 대학원을 정했다. 듀크 대학교 대학원에서 장학금을 받는다는 사실이 기적처럼 느껴졌다. 작은 마을 출신 소녀의 시각에서 노스캐롤라이나주 산록 지대로 이주하는 일은 한 번도 본 적 없는 키 큰 녹색 연구 대상이 주어지는 낯선 대륙으로 가는 일과 같았다. 유감스럽게도 1976년 듀크 대학교 삼림학 대학원은 내가 학부생 시절 경험했던 지질학과와 별반 다르지 않았다. 수강생이 서른 명도 넘는 수업에서 여학생은 단 두 명이었다. 나는 지질학보다 사정이 나은 식물학 수업을 열심히 들었는데, 여남 성비가 대략 1 대 3이었다. 가장 좋아했던 수업은 유명 식물학자 드와이트 빌링스Dwight Billings가 강의하는 북극 생태학이었다. 빌링스 박사는 식물을 열렬히 사랑하는 학자였지만 워싱턴 DC, 산타바버라, 시카고에서 온 학생들과 마찬가지로 나를 겁먹게 했다. 학부생 시절 지도교수와 공동 저자로 논문도 내보고, 전문가처럼 학회에도 참석해보았던 대규모 종합대학교 출신 학생들 틈에서 나는 버틸 수 있을까? 그들은 금요일 밤마다 새로 도착한 학술지를 가장 먼저 읽으려고 도서관으로 전력 질주했다. 설상가상으로 빌링스 박사의 수업에서는 모든 학생이 두 번씩 구두 발표를 해야 했다. 그 학기에 나는 발표를 앞둘 때마다 여자 화장실에서 구토하고 잔뜩 겁에 질려 말도 제대로 못 했다. 한편 삼림학 수업에서는 테다소나무 농장에서 생산되는 목재의 보드풋을 분석했다. 보드풋을 계산하기 위해 나는 교실 전체를 차지할 정도로 거대한 IBM 컴퓨터 앞에 앉아 포트란Fortran이라는 컴퓨터 언어를 배웠다. 학생들은 천공 카드를 한 벌씩 만들어 제각기 다른 과제에 필요한 계산을 했다. 우리는 천공 카드가 담긴 커다란 상자를 들고 수업을 오갔다. 나는 보드풋 계산이라는 개념에 아무런 흥미를 느끼지 못해 듀크 대학교 정원에서 시간을 보내거나 길가에 핀 고지대 야생화를 찾아다니는 등 자연에서 위안을 얻었다.

이때도 조깅은 혼란한 머릿속을 정리하는 가장 좋은 방법이었다. 나는 학부 시절부터 나무를 찾는다는 그럴싸한 핑계를 대고 조깅을 시작했다. 모교 고등학교에 여자 스포츠 팀이 없어서 꾸준히 운동한 경력은 없었지만 조깅은 야생화 압착이나 나무줄기 측정처럼 나만의 또 다른 임무가 되었다. 듀크 대학교 과학관 인근 숲에는 구불구불한 산책로가 조성되어 있었다. 나는 새가 지저귀고, 흙길에서 쿵쿵 발소리를 내는 사람이 거의 없는 아침에 주로 달렸다. 눈부시게 화창한 어느 토요일, 상쾌한 공기 속에서 온몸에 넘치는 활력을 느끼며 숲속을 달리고 있었다. 그렇게 이른 시간에 키가 크고 체격이 건장한 남자가 맞은편에서 달려와 나를 깜짝 놀라게 하고는 좁은 산책로를 따라 지나쳤다. 대수롭지 않게 생각하던 중 갑자기 뒤에서 거친 숨소리가 들렸다. 그 남자가 방향을 바꿔 나를 따라잡고 있었다. 내 안에서 예민한 감각이 발동했다. 남자가 커다란 손으로 내 가슴을 움켜쥐자마자 나는 탈출구를 찾기 시작했다. 주위에 아무도 없어 소리쳐 도움을 구할 수도 없었지만 자연에 익숙한 나는 덤불 속을 헤쳐 나가는 방법을 알았다. 솟구치는 아드레날린의 도움을 받아 질주하다 왼쪽으로 방향을 틀어 붉나무와 층층나무와 포도 덩굴이 형성한 터널로 들어갔다. 달리기가 빠르지는 않았지만 몸집이 작아 빽빽한 초목 사이를 이리저리 빠져나가기에 유리했다. 반면 남자는 키 180센티미터에 체구도 커서 대자연이 놓은 덫과 같은 덩굴에 걸려 넘어지고, 키 작은 나무의 가지에 굵은 팔다리가 걸리거나 얼굴을 찰싹 얻어맞았다. 나는 지그재그로 달리며 덤불에서 탈출해 남자를 놀래고는 울창한 나뭇가지를 헤치고 남자를 앞질러 연구실로 달음질쳤다. 심장이 터질 듯 뛰어서 책상에 앉아 꼬박 3시간 동안 몸을 떨고 나서야 용기 내 학교 경비원에게 전화를 걸 수 있었다. 경비원들은 왜 이리 늦게 전화했냐며 내게 소리쳤다. 그리고 지난 석 달간 학교 안에 강간범이 있다는 보고가 있었다고 설명했다. 나는 강간범을 주의하라는 경고가 왜 게시되지 않았는지 물었다. 수화기에는 침묵만 흘렀다.

이 무서운 사건을 겪고 나서 남성 위주의 삼림학 대학원이 나와는 잘 맞지 않는다는 근본적인 결론에 도달했다. 이후에는 리서치트라이앵글파크(노스캐롤라이나주에 조성된 연구단지—옮긴이)에 설립된 환경보호국Environmental Protection Agency, EPA에서 시간제로 근무하며 돈을 모으고 휴식기를 가졌다. 선택은 때때로 전략이나 정교한 계획을 기반으로 이루어지지 않는다. 나는 성추행당한 일을 계기로 자퇴를 선택했고, 이 선택은 내가 결론적으로 대서양을 건너는 변화를 겪게 했다. 스코틀랜드 애버딘 대학교에는 12개월짜리 생태학 석사과정이 개설되어 있었고, 나는 1년여 전 윌리엄스 대학교 진로상담실에서 대학원을 탐색하는 동안 이 과정을 눈여겨보았다. 당시 등록금 5,000달러는 나의 재정적인 능력을 벗어났으며, 애버딘 대학교는 유학생에게 장학금을 지급하지 않았다. 1년간 EPA에서 시간제로 일하면서 나는 딱 등록금만큼 돈을 모았다. 내가 듀크 대학교를 갑작스레 그만두었는데도 오늘날 대학가에서 흔히 거론되는 젠더 문제, 성추행 사건, 롤모델 혹은 멘토의 부재에 관해 내게 묻거나 자퇴

인터뷰를 요청하는 사람은 없었다. EPA에서는 내가 일을 그만두겠다고 하자 정규직 자리를 제안했다. 남성 엔지니어 수백 명이 근무하는 대기오염 규제 부서에서 나는 유일한 여성 직원이었다. 내 업무는 커다란 철사침으로 묶인 규제 보고서를 읽고, 경계선을 사이에 둔 주 정부들이 허용하는 대기오염 세부 규제를 비교한 다음, 어느 주는 규제가 느슨하지만 다른 인접한 주는 규제가 엄격한 경우 어떤 갈등이 발생할지 예측하는 일이었다. 당시에는 지금처럼 정교한 컴퓨터 모델을 사용하는 대신 수작업으로 규제를 비교했다. EPA의 제의로 나는 갈림길에 섰다. 앞으로 푹신한 의자에 앉아 대기오염 규제를 들여다보면서 직장생활을 해야 하는 걸까? 40년 뒤에 수령할 든든한 정부 퇴직금도 떠올랐지만 나는 이미 온종일 안락한 사무실에서 근무하는 생활이 따분해 죽을 지경이었다. 숲과 신선한 공기가 배제된 직업을 갖는다는 것은 상상조차 불가능했다. 나는 월급을 포기하고 애버딘 대학교의 생태학 석사과정에 등록했다.

두툼한 옷가지를 챙기고, 나를 달나라로 보내는 듯 여기시는 가엾은 부모님을 꼭 안아드렸다. 엘마이라에서 스코틀랜드로 날아가는 일은 육체적으로는 물론 정신적으로도 큰 변화였다. 상공에서 바라본 뉴욕주 북부는 농장과 숲이 조각무늬처럼 복잡하게 뒤섞여 있었다. 이곳 환경은 내가 살아본 지역 가운데 유일하게 다채로웠다. 겨울이면 하얗게 변한 사각형 농경지 사이로 까만 사각형 숲 지대가 뒤섞였다. 이런 흑백 모자이크가 특히 도드라진 이유는 눈이 들판에서는 쌓이지만 숲에서는 살아 있는 숲우듬지가 내뿜는 열에 녹았기 때문이다. 겨울철 시골 농장과 숲이 교차하는 흑백 조합은, 비유하자면 뉴욕주 북부의 침체된 경제와 훼손되지 않은 자연의 아름다움이라는 양극단이 여실히 모습을 드러낸 결과였다. 고등학교 3학년 때 목격한 대홍수의 여파로, 지역 내 거의 모든 공장과 기업 본사가 홍수가 발생한 지 5년 만에 남쪽으로 이주했다. 뉴욕주 시골 지역 뒤로 펼쳐진 장엄한 삼림지를 감상하려 하면 뒤뜰에 방치된 자동차들에서 배어나는 불안감이 먼저 시야에 들어왔다.

비행기가 애버딘에 착륙했을 때 하늘은 차가운 회색빛이었다. 애버딘 하늘이 늘 그렇다는 것을 나는 이내 알아차렸다. 스코틀랜드의 1년을 한마디로 요약하면 '364일 회색 하늘'로, 내가 찍은 햇빛이 비치지 않는 풍경 사진 1,000여 장이 그 사실을 증명한다. 사방이 회색빛이었지만 나는 해외 유학생으로서 인생을 바꾸는 경험을 했다. 애버딘 대학교는 북해 연안에 설립되었는데, 학교 앞바다에서 보이는 석유 굴착 시설에서 기름이 흘러나와 해변으로 퍼졌다. 애버딘에 미국 정유회사가 자리 잡은 것은 축복이자 저주였다. 지역 상점 주인 대부분은 억양을 듣고 나를 부유한 정유사 직원의 부인이라 생각했으나 내가 걸친 먼지투성이 카키색 바지와 방수 코트, 너덜너덜한 배낭에 매달린 찌그러진 보온병을 보고는 곧 생각을 바꿨다. 빠듯한 생활비를 쪼개 학비를 내려면 아주 저렴한 숙소를 구해 먹이사슬의 하위 계층으로 살아야 했다. 학교 친구 두 명과 나는 마을에서 북쪽으로 약 24킬로미터 떨어진 허름한 농가를 발견했다. 보리 수확을 도우면 그 집에서 무료로 숙식할 수 있었다.

내 방은 농가 위층 침실로, 갈까마귀가 둥지를 튼 굴뚝과 연결되어 있어 북해에서 거센 바람이 몰아칠 때면 찬 공기가 굴뚝을 타고 내려왔다. 침실 창가에서는 북쪽으로 끝없이 펼쳐져 거칠게 일렁이는 보리밭 너머로 싸늘한 회색빛 너울이 보였다. 스코틀랜드에서 구매한 물건 중에서는 무려 5파운드짜리 전기담요가 특히 유용했다. 나는 전기가 흐르는 고치 속에서 몸을 웅크린 채 논문을 썼고, 그 담요는 난방도 되지 않고 온수도 나오지 않는 냉랭한 농가에서 말 그대로 내 생명을 구했다. 이때 일주일 식비는 대략 5파운드로 생선, 양배추, 차와 비스킷(쿠키를 가리키는 스코틀랜드어) 몇 상자를 간신히 살 수 있었다. 농가에서 함께 살았던 친구들도 마찬가지로 식비가 빠듯해 우리는 식료품을 나눠 먹었다. 커다란 스코틀랜드 양배추 하나로 일주일 가까이 먹었는데, 나는 양배추를 끓이는 냄비에 소금을 넣어 간을 정확히 맞추는 전문가가 되었다. 그리고 고깃배에서 수산물을 직접 사면 훨씬 저렴했으므로 거의 매주 신선한 수산물을 사러 부두로 나갔다. 동거인 앨런과 페기는 낡고 외장에 이끼가 잔뜩 낀 모리스 스테이션왜건을 타고 다녔고, 길에서 죽은 동물을 찾으면 요리해서 먹을 만한지 판별하는 법을 알았다. 죽은 토끼가 차가우면 스코틀랜드 고지에서 토끼를 몰살하는 질병인 점액종에 걸려 서서히 죽어간 개체라 추정했다. 죽은 토끼가 따뜻하면 건강한 개체였으나 자동차에 치여 죽었으니 요리해서 먹어도 괜찮다고 판단했다. 앨런은 주방에서 정신 나간 교향악단 지휘자처럼 날카로운 칼을 휘두르며 토끼 사체에서 스튜에 넣을 살점을 발라냈다. 우리는 냄비에 토끼 고기와 양파 몇 조각을 넣고 몇 시간 푹 끓여 푸짐한 식사를 준비했다. 내 아이들은 학창 시절 돈이 부족해 길에서 죽은 동물을 가져다 먹었다는 나의 옛이야기를 듣더니 당황하면서 조금은 위험했을 수도 있다고 대답했다. 아이들에게는 그런 행동을 절대로 권하지 않을 것이다.

학기가 시작되자 학과 게시판에 토막글이 올라왔다. 바닷가에서 8킬로미터 떨어진 새 서식지에서 멸종 위기의 제비갈매기 군집을 보호하는 주말 경비대가 필요하다고 적혀 있었다. 경비대의 목표는 둥지 주위에서 산책하는 사람들과 개가 제비갈매기를 방해하지 않도록 막는 것이었다. 나도 경비대에 참가해 매주 토요일 낡은 자전거를 타고 새 서식지로 달려가 새벽부터 해 질 녘까지 커피 보온병 하나를 몸에 지니고 모래 언덕에 숨어 시간을 보냈다. 북해 바람이 차가운 바닷물을 휘젓는 추운 날씨에 하루가 무척 길었지만 제비갈매기가 알을 지키면서 내는 요란한 울음소리가 듣기 좋았다. 새들이 알을 품는 동안 토요일마다 경비를 서고 5파운드씩 받았다. 그 금액이면 고지로 도보 여행을 가는 데 필요한 버스표를 사고 간단한 먹거리를 장만하기에 충분했다. 스코틀랜드는 거의 모든 사람이 술을 마시도록 유도하는 날씨 패턴을 자랑했다. 실제로도 거의 모든 사람이 술을 마셨다. 제비갈매기 서식지에서 집으로 자전거를 타고 돌아갈 때면 오후 4시쯤 근처 어촌 마을 주민들이 선술집으로 가는 모습을 목격하곤 했다.

애버딘 대학교에서 생태학 석사학위를 따려면 연구논문을 써야 했다. 나는 늘 곁에 존재하는 스코틀랜드자작나무에 매료되었다. 뉴욕주 북부 고지대에서 성장한 어린 시절을 떠올리게 하는 데다 고지에 서식해 내가 관찰한 나무 중 가장 강인했기 때문이다. 거친 바람과 1년 내내 이어지는 눈 예보는 굳센 꽃봉오리와 잎사귀도 감당하기 어렵다. 그처럼 극단적인 자연환경에 노출된 결과, 언덕 꼭대기에서 자라는 나무는 계곡에서 자라는 나무보다 키가 훨씬 작고 앙상했다. 나는 비바람이 불지 않고 따뜻해 거의 아열대에 가까운 계곡부터, 북극에서 불어오는 바람에 꽁꽁 얼어붙을 듯 추운 산꼭대기까지 고도에 따라 변화하는 자작나무의 생물계절학이 궁금했다. 그래서 잎이 돋고 꽃이 피는 계절적 변화가 고도에 따라 어떻게 다른지 조사하기로 마음먹었다. 그러려면 스코틀랜드 사람들이 '산비탈 걷기'라 부르는 신체 활동을 해야 했다. 열정 넘치는 열대식물학자였던 내 지도교수는 열대 나무를 연구하는 동안 지혜롭게도 겨울철에 말레이시아를 방문해 긴 시간을 보냈다.(우림의 수수께끼를 서정적으로 표현한 지도교수의 이야기는 궁극적으로 내가 우림의 세계로 가는 길을 찾도록 영감을 주었다.)

1년 사이 나는 스코틀랜드에 서식하는 모든 자작나무의 위치를 꿰뚫고 있는 듯한 나이 많고 무뚝뚝한 수목 관리원 리처드와 친해졌다. 대학원 수업을 들으며 스코틀랜드 서부 고지를 방문했을 때 처음 만나 리처드가 관리하는 숲속 조림지를 둘러보았다. 이후 리처드는 나를 초대해 자작나무 연구를 도왔고, 가장 높은 지대에 올라가 자작나무가 서식하는 좁은 구역을 찾는 동안 내 목숨을 몇 번 구하기도 했다. 거의 매주 주말 나는 스카이섬, 인버네스, 네스 호수로 향하는 버스를 타고 가다가 주유소에서 신문지로 포장한 피시앤칩스를 구입하고, 리처드를 만나 외딴 고지대에 자생하는 자작나무의 잎을 관찰했다. 내 짐가방은 침낭, 등산용 텐트, 5분 만에 차 한 잔을 끓이는 작은 난로만 들어 있어 늘 가벼웠다. 리처드가 가지고 다닌 장비 중에는 언덕 위에서도 방향을 쉽게 찾는 체내 나침반이 특히 유용했다. 강한 바람이 눈을 휩쓸어 세상을 하얀 고치 속에 가두는 거센 눈보라가 몰아칠 때면 우리는 이따금 화이트아웃에 빠졌다. 수많은 등산객이 화이트아웃 상황에서 목숨을 잃었지만 리처드는 고지대 자작나무 숲에서 추위에 떨며 앞도 보지 못하고 걷는 나를 안내해가며 텐트를 칠 수 있는 계곡으로 내려갔다. 시간이 흐른 뒤 나는 스코틀랜드 언덕에서 수천 킬로미터를 도보로 탐험해 자작나무 수백 그루를 조사하고, 잎과 꽃 상태를 세심하게 기록한 끈기를 널리 인정받았다. 꽁꽁 얼어붙은 언덕길을 온종일 걷고 나서 가죽 등산화와 거친 털양말을 벗고 혹시 동상에 걸리지 않았는지 확인하려고 발가락을 꼭 쥐어볼 때면 늘 기분이 좋았다.

스코틀랜드 서부 고지에서 자작나무 숲우듬지의 생물계절학적 변화를 관찰하는 일과는 별도로, 나는 나무 윗가지와 밑가지에서 동시에 잎이 돋는지도 궁금했다. 강한 바람을 맞는 우듬지와 비교하면 비바람이 들이치지 않는 하목층의 미기후(microclimate, 지표면과 직접 접하는 좁은 범위 내의 대기층에서 나타나는 기후—옮긴이)가 더 따뜻하지 않을까? 계곡에서 자라는 나무는 높이가 9미터에 달했지만 언덕 꼭대기의 나무는 3~4.5미터에 불과했다. 지도교수 피터 애시턴Peter Ashton은 이런 질문들이 기존 삼림학자의 틀에서 벗어나 나무 전체를 탐구하는 좋은 기회를 마련하리라 생각했다. 지도교수와 나는 높이 8미터인 나무의 수관(나무에서 가지와 잎이 달린 부분—옮긴이)을 조사하기 위해 오래된 막대기와 널빤지를 모아 엉성하고 불안정한 발판을 만들었다. 그때는 진가를 미처 알아보지 못했지만 임시변통으로 만든 발판 덕분에 나는 처음으로 나무에 오르고, 나무탐험가로서 평생 경력을 쌓기 시작했다. 내 첫 번째 우듬지 연구가 왜소한 스코틀랜드 자작나무와 곧 무너질 듯한 발판으로 시작된 것이다! 나는 피터의 가족용 차를 빌려 그 우스꽝스러운 발판을 싣고 여러 산비탈을 오갔다. 낡은 목재와 고철을 주우러 다니는 고물상 주인처럼 보이긴 했으나 그 고물 발판 덕택에 나는 수관에서 돋는 싹을 관찰할 수 있었다. 내가 발판에 올라 나무를 관찰한 기간은 고작 두 달이었고, 이후에는 식물학과 건물 주차장 한구석에 고이 보관된 그 발판을 대학교 시설 담당자들이 발견하고는 쓰레기 폐기장에 갖다놓았다. 그 발판에 서서 자작나무 수관에 가까이 다가가 나무 꼭대기부터 밑까지 관찰한 끝에 나는 상층부 우듬지보다 밑가지가 먼저 초록빛으로 물드는 현상을 발견하고, 돌출한 나뭇가지가 그늘을 드리우기 전에 아래쪽 나뭇가지가 먼저 햇빛을 이용한다는 점을 밝히게 되었다.

현장 관찰에서는 또한 자작나무가 계곡보다 고지에서 적어도 한 달 늦게 잎을 틔운다는 사실이 드러났다. 당연한 현상이지만 언덕 꼭대기에 사는 자작나무는 혹독한 기후 때문에 3미터 이상 자라지 않아 왜소하고, 잎이 수관 전체에서 동시에 돋았다. 반면 온화한 계곡에서는 나무가 7미터 넘게 자라며, 봄철에 우듬지보다 하목층에서 2~3주 먼저 싹이 텄다. 당시에는 알아차리지 못했지만 여름이 끝날 무렵 온대림은 계절이 바뀌면서 변화한 낮 길이를 신호로 받아들여 겨울을 대비하는 '경화'hardening에 돌입한다. 낮이 짧아지는 시기에 나무는 스스로 월동을 준비하며 추위에 대비하는데, 물이 세포

벽을 깨뜨릴 수도 있어 기관에 과량의 물을 남기지 않는다. 최근 기후변화가 시작되고 날이 갈수록 극단적인 날씨의 진폭이 커지면서, 자연환경에서 비롯하는 계절적 온도 신호는 대자연의 체계에 큰 혼란을 주며 신뢰를 잃었다. 그러나 수천 년간 하루 단위로 규칙적인 빛 주기를 형성한 태양은 여전히 그대로 남아, 가을 활동을 멈추고 겨울을 대비하거나 겨울 활동을 멈추고 봄 활동을 시작하도록 신호를 보낸다. 식물이 계절 변화를 판별하는 기준을 햇빛이 아닌 온도에만 두었다면 특히 온난화 추세가 가속화되는 오늘날 극심한 혼란을 겪으며 대규모로 죽음에 이르렀을 것이다.

스코틀랜드에서 특유의 짧은 여름을 보내는 동안 나는 향후 연구에 영감을 준 새로운 대상을 우연히 발견했다. 자작나무에 돋아난 어린잎을 집단으로 공격하는 진딧물이었다. 대학살은 충격적이었다. 진딧물에게 즙액을 빨아 먹힌 나뭇잎들은 볼품없이 오그라들다 마르고 시들어 죽었다. 이것이 엄밀히 따지면 초식곤충에 속하는, 다리 6개 달린 나뭇잎 천적과의 첫 대면이었다. 내가 공포에 떨면서 목격했듯 진딧물은 실제로 잎을 씹지 않고 즙액만 빨아 먹어 앙상하게 마른 잎사귀 뼈대만 남겼다. 진딧물은 계곡에서는 전체 나뭇잎의 85퍼센트에서 발견되었지만 바람 부는 언덕에서는 나뭇잎의 35퍼센트에서만 발견되었다. 따라서 적이 버티기 힘들 정도로 날씨가 극단적인 산 정상에서 사는 것이 자작나무에게는 자신을 보호하는 좋은 전략인지도 모른다. 계곡과 언덕 꼭대기에 자생하는 자작나무의 운명을 탐구해 나뭇잎과 날씨와 진딧물의 상호작용을 밝히려면 나는 스코틀랜드에서 평생을 보내야 할 수도 있었다. 생태학의 여러 측면이 그렇듯 확고한 결론을 도출하기에 1년은 부족했다. 훗날 열대 나무를 탐구하면서 배웠지만 생태학적 질문에 정확한 답을 구하려면 수십 년도 충분하지 않았다.

1년 내내 끔찍한 날씨와 맞서야 했지만 나는 현장 조사를 나가 스코틀랜드자작나무를 관찰하는 일이 무척 좋았다. 애버딘 대학교의 생태학 학위과정과 교수진은 다양성의 폭이 무척 넓어, 처음으로 학교에서 성별로 인한 불이익을 겪지 않았다. 12명이 수강하는 생태학과 수업에서 여성과 남성에게 동등한 발언권이 주어졌으며, 5개 문화권에서 온 유학생들도 마찬가지였다. 지도교수 피터 애시턴에게 말레이시아에서 나무를 연구한 경험담을 듣고 난 이후, 나는 이야기 속 열대 곤충에 푹 빠졌다. 피터는 딥테로카르푸스과Dipterocarpaceae라 불리는 주요 나무 과科를 탐구한 세계적 전문가였다. 키가 큰 딥테로카르푸스과 나무들은 동남아시아에 조성된 수많은 숲에서 번성했으며, 피터는 이 중요한 나무의 생물학을 거의 완벽하게 밝혔다. 그는 말레이곰부터 잎원숭이, 코뿔새, 늘보로리스에 이르기까지 내가 알지 못하는 동식물군에 둘러싸인 말레이시아 밀림을 여행한 이야기와 치명적인 몇몇 코브라종과 갑작스레 마주쳤던 놀라운 경험담을 들려주었다. 차가운 북해 바람에 창문이 덜컹거리는 스코틀랜드 술집에 앉아 말레이시아에서 찌는 듯한 더위와 탈수증을 겪었던 피터의 이야기를 듣다 보면 열대 지방에서 일하는 꿈에 젖었다. 말레이시아 이야기를 듣고 몇 주 뒤 놀랍게도 나는 케임브리지 대학교에서 안식년을 보내고 있는 호주인 식물학자와 우연히 만났다. 벨리즈와 더불어 호주는 열대림을 보유한 영어권 국가 2곳

가운데 하나였다. 게다가 호주인 식물학자를 통해 시드니 대학교가 유학생에게 장학금을 넉넉히 준다는 정보를 얻게 되었다.

한심할 만큼 준비가 부족했지만 나의 시선은 갑자기 호주의 열대 밀림으로 향했다. 시드니 대학교 대학원에서 합격 통지를 받고 런던에서 시드니까지 날아가는 가장 저렴한 200달러짜리 피플 익스프레스 항공권을 행복한 마음으로 구입했다. 애버딘 대학교 대학원 졸업장은 집으로 부쳤다. 공중전화를 걸어 소식을 전하자 어머니가 울음을 터뜨렸다. 외동딸이 나뭇잎을 연구하러 뉴욕주 엘마이라에서 훨씬 먼 지역으로 이주한다는 소식은 어머니가 인내할 수 있는 선을 넘어섰다. 우리 모녀는 가깝게 지냈지만 어째서인지 대학을 정하고, 남자 친구를 만나고, 대학 입시용 에세이를 작성하는 일처럼 인생을 바꾸는 결정을 함께하지는 않았다. 부모님은 무조건적인 사랑과 신뢰를 보내면서도 선택권을 오롯이 내게 맡기셨다. 내가 미국 땅을 다시 밟기까지 13년이 걸린다는 사실을 그때 알았다면 어머니가 어떤 반응을 보였을지 상상조차 할 수 없다. 나는 초과 수화물 비용을 아끼려고 18킬로그램 정도 나가는 생물학 책들을 기내용 가방에 담아 비행기에 탑승했다. 구겨진 카키색 바지와 등산화 차림에 무거운 과학책을 들고 비행기에 오른 내 모습을 발견하고 승무원이 얼굴을 찌푸렸다. 비행기에 탑승한 여성 대부분은 화장품 세트나 고급 보석을 지니고 있었지만 나는 식물학 서적을 자랑스럽게 들고 지구 반 바퀴를 돌아 키다리 식물을 연구하러 갔다.

당시에는 런던에서 시드니까지 비행기로 거의 20시간이 걸렸고, 비행기에 연료를 보급하기 위해 경유지에 꼭 들러야 했다. 나는 앞으로 어떤 일이 닥칠지 몰라 걱정스러운 마음에 깨어 있었다. 비행기 뒷좌석에 앉은 술 취한 호주인 무리는 젊은 여성들에게 화장실에 가고 싶으면 통행료로 티셔츠를 벗어달라고 농담했다. 나는 그런 농담이 조금도 재미있지 않았고, 오히려 내가 새로운 문화권에 발을 담그기 시작했다는 사실을 깨달았다. 그 술 취한 호주인들 덕분에 말도 안 되는 일이 벌어졌을 때 '세상에, 믿을 수 없어Stone the bloody crows'라고 말하거나 '하느님 맙소사Holy cow!'라고 짧고 강렬하게 외치는 법을 익히게 되었다. 지도교수 피터가 겨울에 열대 생태계를 탐구하러 오는 곳으로만 알고 있었던 말레이시아 쿠알라룸푸르에 비행기가 착륙해 연료를 보충했다. 말레이시아 숲에는 세계에서 가장 키가 크고 경제적으로 중요한 나무인 딥테로카르푸스과가 번성하지만 학부생 시절 식물학을 공부하면서 이에 관한 내용을 접한 적은 없었다.

'행운의 나라'라는 애칭으로도 불리는 호주의 대학원이 진정으로 내게 잘 맞을까? 어린 시절 『내셔널 지오그래픽』에서 보았던 사진들이 여전히 기억나긴 했지만 열대림이 어떻게 생겼는지 직접 본 적은 없었다. 반질반질한 잡지에 묘사되어 있던, 우듬지 밑에 우글거리는 독사 떼를 좋아하지도 않았고, 국제선 항공기 뒷좌석에 앉아 떠들어대던 호주인들처럼 맥주를 즐기지도 않았다. 하지만 내가 시드니 대학교 대학원을 중도에 그만두더라도 코알라를 직접 관찰하고, 식물에 관한 궁금증으로 가득한 나의 버킷 리스트에 새로운 대륙에서 이룬 일들이 추가된다면 작은 위안으로 남을 것이었다.

종이자작나무

Betula papyrifera, B. pendula, B. pubescens

종이자작나무Paper birch 또는 Majestic white birch는 뉴욕주 북부 주택가의 뒤뜰에서 자라고, 뉴잉글랜드 숲과 길가를 장식한다. 하얀 껍질이 쉽게 벗겨지는 특성을 보이며, 뉴욕주 북부 지역에 사는 오논다가족, 카유가족, 세네카족이 카누를 만드는 중요한 재료이다. 유명한 미국 박물학자 도널드 컬로스 피티Donald Culross Peattie는 자작나무껍질 카누에 다음과 같이 찬사를 보냈다.

> 미국의 나이 든 세대에게 노스 우드(North Woods, 뉴욕 센트럴파크 내 삼림 지대—옮긴이)에서 자작나무껍질 카누를 탔을 때만큼 행복한 순간은 없었다(아아, 요즘은 카누가 알루미늄으로 제작된다). 자작

나무껍질 카누는 무게가 23킬로그램을 넘지 않지만 자기 무게의 20배까지 실을 만큼 튼튼하다. 노가 물살을 가르기 시작하면 카누는 새처럼 호수 위를 미끄러져 나아가고, 카누에 탄 사람들은 깨끗하고 신선한 공기를 행복하게 들이마셨다. 세상의 모든 물 위를 통틀어 이보다 달콤한 배는 없다.

산들바람을 받아 우아하게 흔들리는 종이자작나무를 보고 사랑에 빠지지 않을 사람이 있을까? 하지만 자작나무는 뿌리가 얕고 빠르게 자라 맹렬한 폭풍우에 휩쓸리면 가장 먼저 쓰러지므로 조심해야 한다. 뿌리를 기껏해야 지하 0.6미터 정도밖에 내리지 못해 다른 나무의 그늘에서는 살아가지 못한다. 따라서 천이 초기종으로 분류되며, 이는 자작나무가 숲 조성 초기에 신속히 성장하다 나중에 너도밤나무나 단풍나무처럼 키 큰 천이 후기종에 에워싸이면 멸종하게 된다는 것을 의미한다. 나무 탐정으로 변신해 우듬지를 차지한 나무 종이 무엇인지, 그 종이 천이 초기종인지 후기종인지를 추리하다 보면 뉴잉글랜드 숲의 나이를 밝힐 수 있다.

자작나무속의 목재는 베니어판, 합판, 가구, 장작을 만드는 데 쓰인다. 아메리카 원주민은 자작나무로 카누뿐 아니라 바구니, 아기 바구니, 홰torch, 사슴이나 새소리를 내는 호루라기, 깔개를 만들었다. 의학 분야에서 자작나무는 피부병과 이질을 치료하고 산모의 모유 분비를 촉진한다. 봄이 오면 자작나무에서 수액을 받아 풍미가 뛰어난 맥주, 시럽, 와인, 식초를 만들기도 한다. 어린 시절 우리 가족은 종잇장처럼 껍질이 벗겨진 자작나무 장작에 불을 붙여 타닥타닥 타오르는 모닥불을 피워놓고 즐거운 시간을 보냈다. 대부분 온대 나무처럼 자작나무속도 해충에 공격당하는데 청동자작나무천공충은 나무줄기를 위협하고, 잎속살이애벌레는 우듬지를 고사시키며, 몇몇 균류는 줄기마름병을 일으킨다. 자작나무껍질 벗기기는 오래전부터 어린이들의 마음을 사로잡았지만 살아 있는 나무줄기에서 벗겨지고 나면 그 아름다운 하얀색 껍질은 다시 자라지 않는다. 그리고 껍질이 남긴 빈자리는 보기 흉한 검은 고리로 채워지므로 나무줄기에서 떨어져 나온 하얀 껍질 부스러기만 떼어내는 쪽이 바람직하다.

자작나무에는 암꽃이삭과 수꽃이삭이 피는데, 정확하게는 이삭꽃차례(길고 가느다란 꽃대에 꽃자루가 없는 작은 꽃이 촘촘히 매달린 꽃차례—옮긴이)라고 부른다. 수꽃이삭은 여름에 엽액(잎의 윗부분과 줄기 사이의 겨드랑이—옮긴이)에서 돋기 시작해 이듬해 겨울 앙상한 우듬지에서 오뚝 선 뾰족한 봉오리 형태로 관찰된다. 그러다 이른 봄이 되면 길이가 길어지다 축 늘어지고, 마침내 4갈래 꽃받침calyx에 싸인 수꽃들을 활짝 피운다. 암꽃이삭은 점점 굵어지다 꽃받침 없이 꽃을 피우고, 전체적으로 연한 노란색이지만 군데군데 빨간색을 띠는 비늘에 겹겹이 덮였다가 마침내 갈색 목질로 변화한다. 자작나무 열매는 길이가 대략 4센티미터인 원통형으로 바람이 불면 작은 씨앗을 널리 퍼뜨리는데, 물 빠짐이 좋은 토양에서 햇볕을 풍부하게 받으면 순식간에 싹을 틔워 천이 초기종에 속한다.

다른 수많은 나무와 마찬가지로 자작나무속은 대륙이 서로 연결되어 있었던 진화의 시대부터 다른 대륙에 그 사촌들이 서식했다. 내가 석사 과정을 마친 대서양 건너편 스코틀랜드에도 미국 자작나무종 사촌들이 살았는데, 그중에는 산들바람이 불면 발레리나처럼 가지를 살랑살랑 흔드는 은자작나무silver birch, *Betula pendula*가 있다. 유럽인들은 그처럼 아름다운 은자작나무를 가리켜 '숲의 여인'이라고 부른다. 스코틀랜드에서 내가 연구한 또 다른 자작나무종은 고지의 혹독한 환경을 견뎌내는 솜털자작나무hairy birch 또는 hardy Highland birch, *B. pubescens*이다. 이 작고 울퉁불퉁한 나무들은 극한의 날씨와 목마른 진딧물이라는 이중고에 시달리면서도 스코틀랜드뿐 아니라 유럽 대부분 고산지대에서 우듬지를 점령할 만큼 힘차고 강하다.

북미에든 유럽에든 새가 나뭇가지에 둥지를 틀고 알을 낳은 울창한 자작나무가 몇 그루 있다면 어린 시절의 나처럼 박물학자를 꿈꾸는 사람 모두에게 영감을 선사할 것이다.

3장
나무 30미터 위의 생활

스스로 어른이 된 톰 소여라 여기며 나는 목표 지점을 응시하고 신중하게 겨냥했다. 준비, 조준, 발사. 엉성하게 만든 슬링샷으로 낚싯줄에 연결된 납 무게 추를 쏴 높이 23미터 코치우드coachwood, *Ceratopetalum apetalum*가 뻗은 단단한 가지 위로 날렸다. 호주 우림의 축축한 흙바닥에 서서 뿌듯한 마음으로 나무를 올려다보느라 두 다리로 몰려드는 거머리 군단과 두 눈을 공격하는 꼬마꽃벌, 심지어 발밑에 드러누운 갈색 독사도 알아차리지 못했다.

믿기지 않겠지만 나는 한 번에 무게 추를 목표 지점으로 날렸다. 나무에 슬링샷을 쏘아 장비를 설치하는 방식은 실제로 효과적이었다! 가족과 친구들로부터 1만 6,000킬로미터 가까이 떨어진 지역에서, 나는 잔뜩 겁에 질린 채 집에서 제작한 슬링샷과 하네스로 무장하고 나무에 오르는 법을 독학했다. 27미터 높이의 튼튼한 나뭇가지에 낚싯줄이 걸리면 나일론 끈을 낚싯줄에 연결해 나무 위로 올려 보내고, 그 나일론 끈에 묵직한 등반용 밧줄을 걸었다. 나는 지나칠 정도로 신중히 등반용 밧줄의 한쪽 끝을 근처 나무줄기에 동여매고 매듭을 세 번 넘게 묶었다. 그러고 자유로운 밧줄 끝을 쥔 다음 쏘아 올릴 준비를 했다. 하네스와 발걸이를 두세 번 꼼꼼히 살펴보면서 마치 발사 전 우주 비행사처럼 모든 장비를 점검하는 절차를 반복했다. 안전 점검을 마치고 주마(jumar, 고정된 밧줄을 타고 높은 곳으로 오를 때 사용하는 이빨 달린 금속 장치—옮긴이) 2개를 밧줄에 고정한 다음 발 주마가 가슴 주마 위에 있는지 확인했다. 그렇지 않으면 내 몸이 거꾸로 뒤집히기 때문이다. 쪼그려 앉아 하네스를 착용하고 주마를 밧줄 위로 밀어 올리며 자벌레처럼 꼬물꼬물 움직였다. 땅이 천천히 멀어지고, 울창한 나뭇잎이 내 몸을 감쌌다. 하목층의 진녹색 잎들이 나를 삼켰다. 밑에서 지켜보는 두 동굴 탐험 동료, 앨과 줄리아는 내가 모든 주의사항을 유념해 그들에게서 빌린 장비를 안전하게 사용하기를 바랐다. 아래를 내려다보기는커녕 곁눈질할 엄두도 못 냈지만 두께 1센티미터 생명 줄에 매달려 공중에서 빙글빙글 도는 동안 나는 탁 트인 초록빛 공간에서 명주실에 매달려 바람을 타고 이리저리 날아다니는 작은 애벌레가 된 듯했다. 초보자라서 줄에 매달려 균형도 잘 잡지 못하고 앞뒤로 오락가락하며 나무줄기를 향해 팔다리를 버둥대다 필사적으로 밧줄을 꽉 움켜쥐었다. 그런데 높이 올라갈수록 위로 오르기는 점점 더 쉬워졌다. 연습, 연습, 연습. 코치우드 꼭대기 근처에 다다르자 얼굴에 빛줄기가 깜빡깜빡 비치기 시작했다. 이때 주변에서 대혼란이 일어났다. 잎이 직사광선을 받는 상층부 우듬지에 진입하자 내 감각에 과부하가 걸렸다. 이곳에서 생물들은 우적우적 먹고, 날고, 기어 다니고, 수분pollination하고, 부화하고, 굴을 파고, 일광욕을 하고, 먹이를 소화하고, 노래하고, 짝짓기를 하고, 은밀하게 접근했다. 숲 바닥에서는 거의 보이지 않았던 생물들이 나를 둘러싸고 있었다.

겨우 높이 27미터에 다다랐을 때, 나무는 상층부 우듬지라고도 불리는 생물 다양성의 핵심지로 15미터 더 가지를 뻗고 있었다. 주위에서 일어나는 모든 움직임에 숨이 턱 막혀 공중에 1시간 넘게 매달려 있는 동안 시간이 영겁처럼 느껴졌다. 나는 새로운 세계로 들어왔다. 다른 나무의 꼭대기에서는 장미앵무가 아름답게 지저귀면 동부채찍새가 추임새를 넣었으며, 손길이 닿는 가까운 곳에서는 꽃가루 매개 곤충 떼가 윙윙 날고, 알록달록한 딱정벌레가 주둥이를 오물거리며 새잎을 갉아 먹고, 나비가 햇살을 받으며 아침 식사로 넝쿨 꽃의 꿀을 찾아 다녔다. 여태껏 우듬지로 올라온 사람은 아무도 없었고, 나는 우듬지에 오르긴 했으나 곤충학자가 아니었으므로 우듬지 곤충들이 무슨 일을 하는 중인지 알 수 없었다! 우듬지 생물의 세계로 들어가 그들이 과학계에 얼마나 알려져 있지 않았는지 깨달으며 나는 겸손해졌고, 내 존재가 그 생물들 누구도 달아나도록 겁주지 않았다는 사실을 알아차리면서 더욱 겸허해졌다. 나는 보았다. 경탄에 빠져 숨을 죽였다. 밧줄에 매달려 빙글빙글 돌면서 사방을 둘러보았다. 내가 어떻게 이 모든 것을 이해할 수 있을까? 나는 가방에서 커다란 카메라를 꺼내 떨어뜨리거나 안전장치를 풀지 않으려고 애쓰며 사진을 찍었는데, 새로운 세계를 포착하려는 그런 시도가 별반 소용없음을 뒤늦게 깨달았다. 공책을 꺼내 관찰한 사항 몇 가지를 기록하고 싶었지만 어느 것도 제대로 분별할 수 없었다. 내가 할 수 있는 일은 경외에 찬 눈으로 바라보는 것뿐이었다. 너무 놀라는 바람에 현기증이 핑 돌아 거의 술에 취한 기분이었고, 결국 어둡고 비교적 고요하며 텅 비어 있는 하목층으로 내려갔다.

나는 높은 곳이 조심스럽기는 해도 두렵지는 않았으므로 신중하지만 거침없이 나무에 올랐다. 몸이 원체 건강한 데다 장비도 활용하는 덕분에 밧줄을 능숙하게 타기 위해 운동선수처럼 단련할 필요는 없었다. 사실 처음 나무에 오르고 나서 숨조차 가쁘지 않았는데, 주마에 날카로운 이빨이 있어서 미끄러지듯 밧줄을 타고 오를 수 있고(주마를 써서 내려가지는 못한다), 쉬고 싶으면 언제든 그 자리에 안전하게 머무를 수 있기 때문이다. 얼마 지나지 않아 나는 등반 도중 멈춰 서서 경치를 즐기는 법을 터득했고, 나를 제자리에 무사히 떠 있게 해주는 장비에 감사했다. 그런데도 나무에 오른 다음 날이면 팔다리가 쑤셔 앓아누웠다. 내가 본능적으로 나무줄기를 양 무릎으로 꽉 붙들려 하고, 양팔로 원숭이처럼 나뭇가지를 닥치는 대로 움켜쥐려 했기 때문이다. 나무에 몇 차례 오르고 나서, 하네스와 장비의 도움을 받으니 그럴 필요가 없다는 생각을 억지로 머리에 주입했다. 몸은 힘들었지만 우듬지를 구성하는 나뭇가지와 잎들 속에서 그토록 많은 생명을 볼 수 있다는 순수한 기쁨에 모든 뇌세포가 흥분했고, 첫 등반에서 얻은 뜨거운 감동은 과학적 깨달음보다 훨씬 강렬했다. 어떤 면에서 나는 어린 시절 온대림에서 나무 요새를 짓고 새 둥지를 발견하며 느꼈던 설렘을 다시 맛보고 있었다. 열대 나무 꼭대기에는 관찰하고 식별할 생물종이 예상보다 적어도 10배 넘게 살고 있었기 때문이다. 키가 15미터까지 자라는 자작나무와 달리 이 녹색 거인들은 45미터까지 성장해 숲 바닥에서는 열대 나무 위에서 벌어지는 소동이 전혀 보이지도 들리지도 않았다. 키 큰 열대 나무에서 완전히 새로운 세계를 발견하며 나는 작은 마을의 자연 애호가에서 세계 최초의 나무탐험가로 성장하는 첫걸음을 뗐다.

슬링샷을 제작하고 밧줄을 빌려 키 큰 나무에 오르리라고 꿈꾸기 몇 달 전, 나는 순진한 관점에서 우림을 상상했다. 높다. 녹색이다. 빽빽하다. 위험하다. 여기저기 우글거리는 뱀 떼. 잠복한 재규어. 스며드는 빛. 부패하는 시체. 훨훨 나는 나비. 합창하는 새들. 1970년대만 해도 이 귀중한 생태계가 삼림 벌채로 서서히 파괴된다는 사실이 항공 사진이나 국토 조사에서도 거의 드러나지 않았다. 우림에 막 발을 들였을 때, 나는 이곳의 높이나 복잡성을 전혀 실감하지 못했고 호주 밀림은 나를 삼키고는 수십 년간 놔주지 않았다. 새벽에 비행기 창문 너머로 시드니 하버브리지를 바라보며 내가 본 도시 풍경 중 가장 아름답다고 생각하면서도 마음으로는 열대 나무를 그렸다. 나는 여권을 손에 꼭 쥐고 식물학 책이 담긴 기내용 가방을 질질 끌면서, 호주 열대 지방에서는 쓸모없을 줄 미처 몰랐던 스코틀랜드산 털실로 가득 찬 작은 여행 가방 2개를 챙겼다. 가족과 친구로부터 지구 반 바퀴나 떨어져 있는 마당에 우림이 어떻게 생겼는지도 모른다는 생각이 들자 당황스러웠다. 호주로 유학 온 보잘것없는 대학원생이 숲의 비밀을 밝힐 수 있을까? 우연히 만난 미국인 대학원생 한 명이 산호초 연구를 떠나기 전에 머무는 임시 거처로 날 데려다주었다. 임시 거처의 지붕 밑에서 주머니쥐가 내 침대로 오줌을 눈 사건 외에 호주에 도착한 첫날은 거의 기억나지 않는다. 호주 야생동물들이 나를 환영했으리라 생각한다!

푹 자면서 시차 적응을 마치고, 번잡한 도심에서 건널목을 건너다 죽을 뻔한 일을 몇 번 겪으면서 호주는 주행 방향이 미국과 반대라는 사실에 익숙해졌다. 뉴욕주 엘마이라의 작은 마을 출신 소녀에게 이국적인 유칼립투스나무, 신기한 새소리와 교통 소음, 편리한 대중교통, 흔히 보이는 공원과 해변, 진정 태평한 호주인들로 구성된 시드니는 또 다른 행성 같았다. 스코틀랜드에서 차가운 바람을 맞으며 검소하게 생활하다가 경험한 시드니는 풍요로운 열대 오아시스였다. 나는 호주에 도착하고 맞이한 월요일, 정확히는 1978년 11월 3일 대학교에 도착해 생명과학과 학과장인 지도교수를 직접 만나러 갔다. 그의 사무실은 오래된 식물학과 건물에 있었다. 건물 바닥에 깔린 타일은 다 닳았고 퀴퀴한 약품 냄새가 풍기는 복도에는 오래전 세상을 떠난 교수들이 남긴 수십 년 분량의 자료로 가득한 낡은 캐비닛이 줄지어 있었다. 지도교수와 처음 만난 자리에서 나는 학업에 뜻이 있는 여성을 대하는 호주인의 시각을 확인했다. "자네처럼 참한 여자는 결혼해서 아이만 낳으면 되는데 왜 박사학위를 따느라 시간을 낭비하나?" 이것이 나의 할아버지뻘인 학과장과 나눈 첫 대화였고, 나는 머리를 얻어맞은 듯한 충격에 차마 대답하지 못했다. 한편으로는 학과장의 생각이 옳을지도 모른다는 생각에 은근히 두려웠지만 내가 지질학과와 삼림학 대학원에서 보냈던 시간을 또렷하게 상기시키는, 여성의 역할에 대한 지도교수의 편협한 시각에 화가 치밀었다. 학교에 도착한 첫날에는 생물학과에 소속된 여성을 전부 소개받았다. 한 손에 꼽힐 만큼 수가 적어 만나기 어렵지 않았다. 한 명은 조교수, 두 명은 대학원생이었고 나머지는 비서와 기술직 직원으로 일하면서 대략 20명인 남성 교수와 남성 대학원생을 지원했다.

내가 시드니 대학교로 온 이유는 근처에 우림이 있으며 유학생에게 장학금을 넉넉하게 줬기 때문이다. 나는 학비를 전액 면제받고 3년간 주택 및 생활 자금도 지원받았다. 조건은 없었다. 실험실에서 학부생을 가르치거나 조교로 일한 필요도 없었다. 완전히 새로운 대륙과 기후와 조류와 식물 그리고 여기에 수반되는 모든 것을 마주하며 겉으로는 무척 흥분하는 한편, 마음속으로는 내가 박사학위 취득이라는 높은 목표를 성취할 수 있을지 의문했다. 나는 식물학과에 지원하면서 이제까지 내가 경험한 모든 나무와 지구 반 바퀴 떨어져 있으며 단 한 번도 실제로 본 적 없는 열대 우림과 아열대 우림 생태계를 연구하겠다고 계획했다. 그해가 1978년으로, 당시 열대 삼림 벌채는 심각한 쟁점으로 취급되지 않았고 아무도 그런 상상조차 하지 않았으며 그로부터 40년이 흐르고 나서야 그것이 문제로 인식되었다. 아프리카, 아마존, 아시아는 1980년대 초 우림 벌목이 급증하기 시작했지만 첨단 기술을 활용해 공중에서 벌목 행위를 감시하지는 않았다. 호주는 이미 수많은 나무를 교묘하게 베어내 우림이 비교적 좁은 면적만 남았으므로 국제적인 우림 감시활동에서 대부분 고려되지도 않았다. 내가 논문 연구를 진행한 시기는 그런 정황이

막 변화하려는 참이었다.

생물학과에서는 대학원생과 어울리고 교수와 편안하게 교류하면서 정보를 공유하는 아침 티타임을 매일 열었다. 내가 우림을 공부하기 위해 얼마 전 호주로 건너온 신입생으로 소개되었을 때, 나는 보이지 않는 벽을 느꼈다. 교수와 학생이 대부분 남성으로 구성된 이 차 모임에서 나를 진심으로 환영한 사람은 없었다. 그런 분위기에 실망도 하고 마음도 초조했지만 나중에 나를 도와준 미국인 학생들이 호주 문화에서는 '블루스타킹'(지성을 추구하는 여성을 가리키는 호주 속어)을 따뜻하게 대하는 태도가 허용되지 않는다고 설명했다. 내가 나무 과학자로서 학계에서 명성을 쌓을 뿐 아니라 여성에게도 이 분야에서 자리를 차지할 자격이 있음을 증명해야 한다는 점이 분명해졌다.

매년 가을 잎사귀를 떨구는 나무들을 보면서 자랐고 스코틀랜드에서도 낙엽성deciduous 자작나무를 연구했으니 이번에는 비슷하지만 다른 대상, 즉 열대성 잎에 집중하는 쪽이 현명해 보였다. 어리석게 들릴지 모르겠으나 나는 열대 나무가 대부분 1년 내내 녹색 잎을 유지한다는 사실을 알고 깜짝 놀랐다. 결론적으로 열대 나무 우듬지는 낙엽 현상에 생물계절학적 특성이 분명하게 드러나지 않았다. 열대 나무는 잎이 떨어질 때마다 새싹을 틔웠을까? 열대 나무에서는 또한 매달 잎 팽창(leaf expansion, 잎이 팽창하거나 오그라들며 공간을 효율적으로 활용하고 생물량을 극대화하는 현상—옮긴이)이 일어났을까? 숲 바닥에서 감지할 수 없는 미세한 계절적 변동이 열대 숲우듬지에 일어났을까? 내게는 열대 나무의 영원한 푸르름이 낯설었으므로 나뭇잎 탐정으로 변신해 내게 익숙한 낙엽성 나무가 자라는 온대 지역과 열대 숲우듬지를 비교하고 싶었다. 연구하던 생태계를 바꾸는 일은 젊은 과학자라면 누구나 할 수 있는 도전이지만 지구 반 바퀴를 돌아 호주로 오는 것은 그와 다른 차원에서 두려운 도전이었다. 가장 행복한 순간에도 새로운 문화와 낯선 환경이 마구 밀려들어 자꾸만 말문이 막혔다. 적어도 스코틀랜드에는 어린 시절부터 친숙한 나무들이 있었다. 내가 알았던 유일한 정보는 열대 지방에 서식하는 수많은 생물에는 독이 있으니 늘 분별력 있게 행동해야 한다는 것이었다.

내 계획은 스코틀랜드자작나무 연구를 토대로 열대 나무에도 비슷한 질문을 던지고 답을 찾는 것이었다. 키 큰 상록수 우림의 우듬지에서 나뭇잎은 얼마나 오랫동안 살았을까? 어느 천적이 그토록 오래 사는 잎을 위태롭게 했을까? 상록수 잎도 스코틀랜드자작나무 잎처럼 진딧물 공격을 받았을까? 11월에 도착하고 한 달도 지나지 않아 나는 어느 나무종을 연구할지, 서로 멀리 떨어진 우림 내에서 어느 구역을 탐사 현장으로 삼을지 너무 조급하게 결정하려 했다. 분명 욕심이 과했다. 영국 출신 식물학자이자 화재생태학을 연구하기 위해 호주로 건너온 지도교수가 서두르지 말라며 나를 설득했다.(어떻게 봐도 지도교수는 우림 전문가가 아니었지만 건조림에 서식하는 나무, 특히 번식하려면 불이 필요한 유칼립투스나무에 해박했다.) 나는 호주의 우림을 다루는 문헌을 몇 편 읽고 호주의 두 전문가 중 한 명이 토양, 식물, 지리를 기준으로 호주 우림을 24가지 유형으로 분류했다는 점을 알게 되었다. 3년간 24가지를 전부 연구하기는 불가능했지만 다행히 해발고도와 위도를 바탕으로 열대, 아열대, 온난온대, 상량온대 등 4가지 일반적인 유형을 도출했다. 연구에는 탐사 구역 선정이 무엇보다 중요하다. 지도교수는 내가 최종 결정을 내리기 전에 후보 구역을 몇 군데 추려두면 자동차와 운전사를 지원하겠다고 했다. 그러고는 내가 벌목 도로를 타고 이동하면서 뉴사우스웨일스주 북부와 퀸즐랜드주 남부에 조성된 4가지 유형의 우림지를 방문할 수 있도록 도우라며 식물학과 학생에게 일을 떠맡겼다.

호주어로 빽빽한 덤불이라는 의미도 있는 미개간지bush 안으로 들어간다고 생각하니 잠이 오지 않았다. 호주 면적이 769만 2,024제곱킬로미터로, 982만 6,674제곱킬로미터인 미국보다 조금 작다는 사실을 알면 관광객들은 깜짝 놀라곤 한다. 호주 우림은 해안선을 따라 최대 80킬로미터에 달하는 좁고 긴 지대에만 존재하며, 이 우림이 형성된 호주 동쪽의 경사지로 태평양에서 불어오는 탁월풍이 비를 몰고 온다. 호주 동쪽 경사지가 아웃백이라고도 알려진 호주 내륙으로 비가 이동하는 것을 막는 탓에 수십만 제곱킬로미터에 육박하는 건조한 초원에서 수많은 들소와 캥거루가 목숨을 간신히 부지한다. 호주의 광활한 내륙에는 주로 유칼립투스속(검나무gum trees라고도 불림)이 자생하는 건조림이 군데군데 조성되어 있다. 이 넓은 나라에서 우림은 면적이 약 800만 에이커(3만 2,000제곱킬로미터)로 숲 지대의 3퍼센트에 불과하지만 틀림없이 가장 습한 지대일 것이다. 이 지대는 이 나라 포유류의 35퍼센트, 조류의 60퍼센트, 식물종의 60퍼센트를 수용한다. 1970년대 후반 호주는 규모가 작은 임분(forest stand, 나무의 종과 연령 등이 비슷하고 인접한 삼림과 구별되는 한 단위의 삼림—옮긴이)을 대부분 벌목하기로 계획했다. 우림을 개간한다는 호주의 결정은 궁극적으로 내가 학생이었던 10년간의 세월에 영향을 미치며 환경 분쟁과 불법 침입, 정치 시위라는 상처를 남겼다. 그런데 간단히 요약하면, 아직 남아 있는 임분 중 32퍼센트가 오늘날 호주인이 자랑하는 유네스코 세계유산으로 보존된다. 수많은 전직 벌목업자는 마지못해 생태관광 사업자로 업종을 바꾸었고, 이제 지속 가능한 수입을 벌어들이는 백만장자가 되었다.

각 유형의 숲에서 장기간 잎을 조사할 주요 나무종을 선택할 때는 현장 연구의 수월성을 고려해야 했다. 현장 연구에서 좋은 성과를 내려면, 어느 장소에서 어느 종을 얼마나 오래 측정할지 결정 내리는 것이 심장이자 영혼이라 할 만큼 중요하다. 수년간 반복 관찰한 결과에 의존하는 연구는 중도에 다시 시작하기가 어려우므로 언제나 처음부터 신중하게 날짜를 골라 설계하는 것이 최선이다. 샘플링 계획을 제대로 설계하는 것이 연구 정확성의 관건이다. 나는 앞에서 선정한 4가지 유형의 우림 지역마다 세 구역을 선정하고, 그곳에서 자생하는 3가지 나무종의 잎을 선택해 잎의 역학을 비교하기로 했다. 지역은 다음과 같다. (1) 아열대: 따뜻하고 습하며 실제 열대 우림과 흡사하지만 위치가 적도에서 조금 떨어져 있어 종 다양성이 낮다. (2) 온난온대: 온난하고 습하지만 위도가 온대에 위치해 아열대보다도 종 다양성이 낮다. (3) 상량온대 또는 산간 지대: 습하고 산마루에 위치하며 종 다양성이 낮다. (4) 열대: 적도 가까이에 위치하고 종 다양성이 가장 높으며, 시드니에서 자동차로 2~3일 달리면 도착한다.

나는 현장 연구를 준비하기 위해 일주일간 식물학 도서관에서 호주 우림을 다루는 문헌을 모두 읽었다. 아쉽게도 이 생태계를 연구한 과학자는 소수였다. 첫 번째 식물학자는 토양을 기준 삼아 우림을 24가지 유형으로 분류했고, 두 번째 식물학자는 우림에 서식하는 묘목과 묘목의 분류학을 제시했다. 세 번째 식물학자는 나무 식별 입문서를 몇 권 썼고, 네 번째 생태학자는 캘리포니아에 거주하지만 매년 호주를 방문해 우림과 산호초의 종 다양성을 관찰했다. 학자들이 저술한 모든 출판물을 읽고, 앞으로 나의 연구가 상대적으로 고독하리라는 것을 깨닫기까지는 그리 오랜 시간이 걸리지 않았다. 기존 문헌에서 열대생물학자들은 주로 파나마와 코스타리카에서 연구했다는 점을 확인했는데, 그것은 당연한 결과였다. 파나마와 코스타리카는 미국에서 출발하면 비행시간이 짧은 데다 현장에 에어컨이나 식당 같은 편의 시설이 갖춰진 현장 연구 시설도 마련되었기 때문이다. 호주는 자금이 풍부한 미국이나 유럽 대학들로부터 그와 같은 수준의 과학적 호기심을 끌기에는 거리가 너무 멀고, 잘 알려지지도 않았다. 그로 인해 걱정이 이만저만 아니었다. 같은 주제로 연구하는 동료도 없고, 폭넓은 연구 결과가 보관된 도서관도 없으며, 우림 연구에 투입되는 연구비도 상대적으로 적었기에 나는 진정으로 혼자였다. 게다가 빠르게 벌채가 진행되는 숲에서 수행하는 현장 연구의 위험성을 밝혀야 한다는 생각도 확고해졌다.

나는 여행할 때 옷 가방을 간소하게 꾸리는 편이지만 첫 우림 탐사에서는 긴 시간을 들여 짐을 챙겼다. 스코틀랜드에서 가져온 낡은 웰링턴 부츠는 카키색 바지 여러 벌과 긴소매 셔츠, 판초 우비, 손전

등, 캠핑용품과 마찬가지로 유용했다. 무엇을 가져가야 하는지 조언해주는 사람은 없었지만 나는 스코틀랜드에서 현장을 풍부하게 경험했고 그것이 내 경험의 전부였다. 호주는 지독하게 더웠지만 벌레에 물리지 않으려고 긴소매 셔츠를 챙겼다. 현장 노트와 코닥 슬라이드 필름도 넉넉하게 샀다. 이때도 나는 요리용 소형 등유 스토브를 가지고 있었는데, 외투 주머니에 꼭 맞게 들어가 스코틀랜드 고지까지 챙겨간 소형 스토브로 추운 날 야외에서 따뜻한 수프를 끓여 먹으며 말 그대로 목숨을 건질 수 있었다. 그래서 호주의 미개간지에 가면서도 건조 수프, 스파게티, 오트밀, 캠핑용 간편식을 짐 가방에 넣었다. 호주인은 아침과 오후에 '스모코'smoko를 갖는다. 본래 담배를 피우는 휴식 시간에서 유래했지만 오늘날에는 차와 디저트를 즐기는 시간이다. 나는 운전사가 일정 내내 힘낼 수 있도록 호주 쿠키를 다양하게 준비하기로 했다. 스코틀랜드에서 1년간 생활하며 왼쪽 차로 주행에 익숙해졌지만 호주에서는 핸들을 운전사에게 맡겨야 했다. 우리는 혼잡한 시드니 도심을 피해 온종일 북쪽으로 달리다 벌목 도로에서 빠져나왔다. 운전사와 식물학과 학생이 본인들 머릿속에 지도가 들어 있다고 주장하는 바람에 나는 우리가 '미개간지 쪽으로' 간다는 것 외에 정확히 어디를 향하는지 알 수 없었다.

늦은 오후 시드니와 브리즈번 사이 어딘가로 들어서자 주위 식물이 은청색 유칼립투스에서 선녹색 잎이 무성한 나무로 바뀌었다. 우리는 키가 30미터보다 크고, 둘레가 1.2미터보다 굵으며 진녹색 잎이 촘촘하게 돋은 거대한 나무들이 길가 양쪽에 늘어선 외딴 벌목 도로로 방향을 틀었다. 나는 너무 신나서 숨이 턱 막혔고, 현실인지 확인하려고 살을 꼬집어보았다. 나무들은 키가 크며 생김새가 막대사탕 같았고, 잎이 우거져 덩어리를 이룬 나무 꼭대기에서 덩굴과 착생식물epiphyte이 나무줄기를 따라 길게 늘어져 있었다. 밀도와 다양성이 높은 숲에서 빛을 두고 벌어지는 치열한 경쟁을 고려하면 나무의 그런 우스꽝스러운 생김새는 이치에 맞는다. 끊임없이 경쟁한 열대 나무들 중에서 승자는 수관에 직사광선을 받는 키 큰 나무였다. 나뭇잎 형태를 보고 싶어 안간힘을 썼지만 잎이 머리 위로 너무 높은 지점에 있었다. 하지만 이 기쁨은 오래가지 못했다. 차가 커브길을 돌다 진흙탕에 처박혀 앞바퀴가 파묻혔다. 운전사가 욕설을 퍼부으며 속도를 올려보았지만 그럴수록 앞바퀴는 더욱 깊숙이 빠졌다. 탐사 첫날 오후, 운전사가 멀리 떨어져 걸으면서 자유롭게 욕을 하고 싶다며 내게 아열대 수풀 안으로 앞장서 걸어가달라고 부탁하기 전까지 나는 호주 욕을 수없이 많이 배웠다. 이때가 1979년으로, 탐사대가 휴대전화나 GPS 장치를 휴대하고 다니기 몇 년 전 일이다.

우림을 처음 봤을 때, 너무 높아 오르기 어려운 나무들을 보고 깜짝 놀랐다(게다가 겁도 났다). 호주 우듬지는 높이가 15~60미터에 달했는데 도로를 놓느라 나무를 베어 길이를 직접 잴 수 있는 경우가 아니라면 지상에서 위를 올려다보고 나무 높이를 가늠하기란 불가능했다. 푸른 잎은 예상을 뛰어넘을 정도로 풍부했다. 산소가 가장 깨끗하고 풍부한 장소가 어디인지 꼽는다면 틀림없이 우림 상층부가 우승할 것이다. 위를 올려다보면 녹색이었다. 오솔길 양옆을 둘러봐도 녹색이었다. 아래를 내려다보면 숲 바닥에서 썩어가는 낙엽으로 갈색이었다. 요약하면 이 나뭇잎투성이 세계는 잎을 공부한다는 나의 순수한 꿈을 실현하기에 최적의 장소였지만 논리적으로 몇 가지 제약이 있었다. 첫째, 우듬지가 그토록 높은데 어떻게 나뭇잎에 접근할 수 있을까? 둘째, 오솔길도 없는 우림에서 키 크고 울창한 데다 생김새가 비슷한 나무들을 찾아다닐 수 있을까? 게다가 최근 벌목이 이뤄진 수많은 산비탈을 발견했고, 그 근처에 자리한 아름다운 일차림(원시림)은 조만간 다음 희생양이 될 것이다. 나는 그런 현실에 무척 화가 났지만 거기에서 연구를 추진하는 동력을 얻기도 했다. 그리고 얼마 지나지 않아 호주 우림은 비밀이 발견되는 속도보다 사라지는 속도가 빠르다는 사실을 깨달았다.

연구 계획을 확정하기에 앞서 나를 미개간지로 보낸 지도교수의 판단은 옳았다. 이 첫 번째 탐사에서 나는 소중하고도 현실적인 목표를 세울 수 있었다. 이제 나의 목표는 햇빛을 흡수하는 수백만 개의 녹색 기관(나뭇잎)이 있는 곳으로 높이 올라가는 것이었다. 식물학과 도서관으로 돌아와 숲 과학자가 어떤 식으로 세계 다른 지역의 열대 나무에 접근했는지 문헌을 열심히 검색하고 세미나에도 참석해 다른 학생들이 연구 현장을 어떻게 선택했는지 설명을 들었다(그 학생들은 모두 쉽게 현장을 정했다). 그리고 시드니 대학교 식물 표본실에 보관된 표본집을 열심히 열람했다. 표본 대부분이 갈변하고 압축되고 찌그러진 하목층의 잎이었으나 우림 나무를 식별하는 기본 원리를 익힐 수 있었다. 발음하기도 힘든 나무속을 포함해 압착 식물 수백 개를 골똘히 살펴본 뒤 내 머릿속에는 아크메나Acmena, 도리포라Doryphora, 덴드로크니드Dendrocnide, 엘레오카르푸스Elaeocarpus, 슬로아네아Sloanea, 오리테스Orites 그리고 가장 발음하기 힘든 슈도바인마니아Pseudoweinmannia 등 온갖 나무 이름이 넘쳐났다. 나는 나무종, 서식지, 야외 연구 조사법 등을 공책 여러 권에 열심히 옮겨 적었다. 호주 우림의 생태계에 관해 단기간 집중적으로 공부하고 싶었지만 그에 관한 출판물은 거의 찾아볼 수 없었고, 특히 우듬지나 우듬지 나뭇잎을 다루는 문헌은 하나도 없었다. 다른 대륙의 열대 지역을 다룬 기존 출판물은 대개 하목층이나 쓰러진 나무 몇 그루를 연구하는 선에서 그쳤다. 30미터가 넘는 나무로만 구성된 우림의 나뭇잎을 연구하는 방법을 내가 구축할 수 있을까? 수백 종의 나무 중 어느 종을 연구할지, 어느 구역에서 얼마나 오랫동안, 얼마나 많은 종을 조사해야 하는지 어떻게 정해야 할까? 문제는 선택의 폭을 좁히는 데 도움을 받을 만한 문헌이나 조언이 충분하지 않다는 점이었다.

나는 해양생물학과 소속 대학원생 몇 명과 친해졌다. 이들은 조간대(潮間帶, 만조선과 간조선 사이의 영역—옮긴이) 해안에서 복잡한 생태계를 구성하는 따개비, 따개비의 천적, 산호초 군집을 연구하는 학생들로, 나에게 현장 연구에 관해 금처럼 귀중한 정보를 제공하고 조언했다. 특히 산호초를 연구하는 대학원생들은 생물 다양성이 높은 현장에서 연구 범위를 좁히려 한다는 점에서 나와 비슷한 과제에 직면해 있었다. 그들도 나처럼 너무 많은 것을 하고 싶어 했다. 통제된 조건에서 생물종 1~2가지를 대상으로 이론적인 질문에 답을 구하는 실험실 생물학과 달리 현장 생물학은 날씨, 홍수, 쓰러진 나무, 벌레, 가뭄, 화재, 가장자리 효과, 인간 활동, 표집 편향 그리고 내가 고려하지 못한 몇몇 요소 등 갖가지 장애물로 가득했다. 내가 동료 학생들의 연구를 도우면서 소모한 시간을 고려하면 나도 따개비 개체군 역학이나 나비고기 생태학 분야에서 명예 학위를 받았어야 한다. 해양생물학과 동료들과 오랜 시간 토론한 덕분에 나는 현장에서 더욱 정확하고 효율적으로 나무를 연구하는 방법을 설계할 수 있었다. 바닷물의 흐름과 상어 대신 중력과 뱀과 맞서야 하는 점만 제외하면, 산호초라는 3차원 서식지에서 열대어를 관찰하는 일은 나무 수관이라는 3차원 공간에서 곤충을 관찰하는 일과 별반 다르지 않았다. 무엇보다 나는 25명의 대학원생 가운데 우림 생태계를 연구하는 유일한 대학원생이자 두 명의 여성 중 한 명으로서 남성과 해양 연구 위주로 돌아가는 현장에서 성공해야만 했다. 다행스럽게도 나는 훌륭한 남자 대학원생 동료들을 만났고, 우림을 탐구하는 유일한 학생으로 많은(적지 않은) 관심을 받았던 것 같다. 좋은 사례로 나는 어느 금요일 오후 복사기 앞에서 휴를 만났는데, 우리 둘은 산호초와 열대림의 종 다양성을 연구한 캘리포니아 대학교 산타바버라 캠퍼스 소속 유명 생태학자 조 코넬Joe Connell이 작성한 최신 기사를 열심히 복사하고 있었다. 휴는 내가 『뉴요커』*New Yorker* 한 부를 꼭 쥐고 있는 모습을 보고 빙긋 웃었다. 『뉴요커』 구독자였던 그는 호주에서 『뉴요커』를 구독하는 사람이 단 100명뿐이라는 사실을 알았고, 이는 우리 둘 사이를 특별하게 해주었다. 우리는 많은 동료 학생이 생물 다양성에 관한 가설을 시험하도록 영감을 준 얀젠-코넬 Janzen-Connell 가설을 토론하며 주말을 보냈다. 코넬은 호주의 산호초 지대와 우림 바닥을 연구하는 장기 계획을 세웠다. 그리고 각 생물종의 생존 여부를 추적 관찰해, 다양성이 높은 생태계에서 벌어지는 경쟁은 시간이 흐를수록 단일 생물종의 우세가 아니라 생태계의 지속으로 이어진다는 중요한 정보를 확인했다. 휴와 나는 생물 다양성에 관심이 많았는데, 이는 특히 조간대 생태계와 우림 나무들의 건강에 영향을 주기 때문이었다. 휴는 뉴사우스웨일스주 해안선을 따라 서식하는 따개비의 계절적 특성과 경쟁을 연구했다. 그래서 따개비 여러 종을 수조에서 키우는 한편 거센 파도에 맞서 현장 연구도 수행했다. 결과는 성공적이었다. 이처럼 열정적으로 학문을 탐구하는 동안 긍정적인 영향을 주고받는 동료를 우연히 만난 덕분에 대학원생 시절은 내 인생에 가장 행복했던 시기로 남았다.

나는 첫 주에 휴를 비롯한 대학원생들과 활기차게 토론하면서 키 큰 호주 우림에서 연구해야 할 문제를 구체화하고 현장 계획을 세웠다. 그런데 앞에서 언급한 존경받는 미국 생태학자 조 코넬이 시드니 대학교를 방문해 종 다양성에 관한 혁신적인 연구를 주제로 세미나를 진행하던 중 우림을 연구하는 사람이 있는지 질문했다. 한 손만 불쑥 올라왔다. 코넬에게 현장에서 나무와 묘목을 식별해줄 조수가 필요했던 터라 나는 아무런 경쟁 없이 그 자리에서 일을 맡게 되었다. 저명한 과학자와 함께 일할 수 있다는 생각에 하늘을 나는 것 같았고, 궁극적으로 우리는 10년 넘게 협력 관계를 유지했다. 나처럼 스코틀랜드에서 연구했던 조 코넬은 이제 연구 현장을 호주로 옮겼다. 여러 해를 보내면서 그는 내게 가르침을 베풀었고 심지어 마거릿 넘버 2(그의 아내가 마거릿 넘버 1이다)라는 별명도 지어주었다. 나무와 묘목을 식별하면서 수천 시간을 함께 모험한 까닭이었다. (나는 언젠가 우리 두 사람이 묘목 수천 그루에 표시를 남기면서 조의 말마따나 숲 바닥을 기어 다닐 때 거머리에게 피를 빨린 경험을 주제로 책을 쓸지도 모른다…. 나무에 더는 오를 수 없어 은퇴하게 되면 그런 식으로 지상 연구를 할 계획이라고 종종 이야기한다.)

나는 과거에 온대성 잎을 관찰했던 경험에서 영감을 받아, 열대성 잎을 대상으로 첫 번째 질문을 도출했다. 추운 겨울이 없는 상황에서 무엇이 나뭇잎을 떨어지게 했을까? 나무 밑에서 서식하는 식물은 그토록 빛이 적은 환경에서 어떻게 살아남을 수 있을까? 햇볕이 무자비하게 내리쬐어 기온이 높은 최상층부에서 잎은 어떻게 살아남았을까?(나는 답이 간단하기를 남몰래 바랐다.) 첫 가을 서리가 내리면 태엽 풀린 시계처럼 모든 활동을 멈추는 뉴욕주 북부 야생화와 나무의 계절적 변화와 비교할 때, 나는 열대 나뭇잎의 생명을 끊는 다른 단서를 확인할 필요가 있었다. 상록수의 나뭇잎을 포함한 모든 생물은 수명이 유한하며, 수명은 물리적 요인과 생물적 요인으로 정해진다. 나는 열대 나무가 대부분 상록수라는 사실을 알았는데, 이는 잎이 한꺼번에 떨어지지 않고 한 번에 몇 개만 떨어진다는 점을 의미했다. 그래서 나는 잎이 돋는 현상도 정해진 시기 없이 1년 내내 일어난다는 가설을 세웠다. 꽤 논리적인 것 같았다. 우림의 사우나 같은 환경과 강한 계절풍이 자주 부는 무더운 기후를 생각하면 잎을 지탱하는 갸날픈 잎자루가 마구 흔들려 오래 버티지 못하리라 여겼다. 그래서 우림의 잎이 버티는 기간은 2년 정도라고 추정했다. 내가 시험하려고 계획한 가설은 '상록수 잎은 1년 내내 자라지만 각 잎의 평균 수명은 2년이다'로 간단했다. 가설을 세우고 그 가설을 검증하는 현장 연구법을 설계해야 했다. 나는 아름다운 열대 우림에서 정글 해먹에 누워 빈둥거리며 몇 년간 나뭇잎이 떨어지는 모습을 보면서 논문을 쓰는 내 모습을 상상했다. 내가 무심결에 지도교수에게 이 계획을 제안하자 그는 점잖게 싱긋 웃었다. 그리고 잎의 수명에 초점을 맞춘 가설은 마음에 들지만 숲 바닥에서 수동적으로 잎을 관찰하며 기록하겠다는 나의 계획에는 확신이 서지 않는다고 대답했다. 지도교수는 현장 연구에 가치가 있으려면 나무에 올라가 나뭇잎이 어디서 자라는지 살펴봐야 한다고 말했다. 나는 몸 움직이기를 별로 좋아하지 않아 우선 숲 바닥에서 우듬지 지역을 간접적으로 확인하는 몇 가지 방법을 제시했다. 연구 목적으로 원숭이를 훈련할 수 있을까? 성능이 최고로 뛰어난 쌍안경으로 보면 어떨까? 수관 상층부와 인접한 산등성이에 앉으면 잎을 관찰할 수 있을까? 잎을 숲 바닥으로 떨어뜨리고 싶으면 산탄총을 쏴야 할까? 그런데 지도교수는 나뭇잎을 연구하려면 하목층뿐 아니라 나무 전체에 접근해야 한다고 설명했다. 나뭇잎의 수명을 연구하려면 나무에 붙어 있어야 한다. 건조지 식물의 전문가로서, 특히 평균 높이가 9미터인 유칼립투스 나무의 전문가로서 지도교수는 내게 가르쳐 줄 만한 나무 오르기 기술을 알지 못했으며 우림의 거인들이 얼마나 큰지도 잘 모르는 것 같았다. 우림 전문가는 분명 아니었지만 그는 시드니 대학교에서 나무를 연구한 유일한 식물학자였다. 그런 자신의 전문 지식을 토대로 지도교수는 내가 열정을 쏟아 확고한 가설을 도출하고, 신뢰할 수 있는 연구법을 구축하고, 정확한 데이터를 수집해 그 가설을 검증할 수 있도록 이끌었다. 또한 내가 참신한 관점에서 현장 연구에 접근하도록 유도했다. 명확한 가설에서 출발해 그 가설을 검증하려면 정밀한 데이터를 어떻게 수집해야 하는지 고민하는 식으로, 평소와 반대 방향으로 생각을 전개해보았다. 우선 나는 나뭇잎을 탐구하고 싶었다. 다음으로, 키가 큰 나무에서 잎의 성장을 관찰하려면 나무에 자주 올라야 했다. 문제는 분명했다. 내게는 공중에 있는 그 물체에 도달하기 위한 몇 가지 전략이 필요했을 뿐이다. 우연이긴 했지만 나는 이미 연구에 활용할 장비와 조언을 얻기 위해 교내 동굴 탐험 동호회를 찾은 적이 있었다.

나는 시드니 대학교에 도착한 달, 동굴 탐험을 처음 접했다. 생태학을 전공하는 대학원생은 뉴질랜드에서 개최되는 학회 참석에 필요한 비용을 지원받았다. 우림을 연구하는 유일한 대학원생으로서, 나는 해양학을 연구하는 다른 학생들과 함께 학회 참가비를 전액 지원받았다. 시드니로 오는 비행기에서 만났던 미국인 대학원생 마이크는 학회가 끝나면 차를 빌려 뉴질랜드를 잠깐 둘러보자고 제안했다. 나는 학회에서 다른 연구자들이 다시마 서식지의 지형을 어떻게 파악하는지, 산호초에 서식하는 물고기의 개체 수를 어떻게 세는지, 그리고 해수기둥(water column, 해양 특정 지점에서 해수 표면부터 심해 바닥까지 물기둥 형태로 가정한 공간—옮긴이)에서 식물성 플랑크톤을 어떻게 샅샅이 조사하는지 귀 기울여 들었다. 학회 참석자들 사이에서 완전히 넋을 잃은 나는 앞으로 내가 수행할 실험을 어떻게 설계해야 할지, 그리고 물이 아닌 공중 3차원 공간에서는 샘플을 어떻게 채취해야 할지 생각에 잠겼다. 나와 마이크는 학회가 끝나면 렌터카를 타고 출발하기로 했는데, 어디에서도 그의 모습이 보이지 않았다. 다른 학생들에게 마이크의 행방을 묻자 그들은 킥킥 웃으면서 "122호실로 가봐"라고 말했다. 알고 보니 마이크는 학회의 마지막

만찬에서 만난 한 여학생과 가까워져 있었다. 내가 공손히 모텔 객실 문을 두드리자 마이크는 곤란한 표정으로 차 열쇠를 던지며 "혼자서 둘러봐"라고 말했다. 느닷없이 홀로 낯선 나라를 모험하게 되었다. 스코틀랜드에 살면서 왼쪽 차로 주행에 적응하긴 했지만 낯선 환경에서 혼자 캠핑하려니 조금 불안했다. 그러나 혼자서 통가리로 국립공원의 산책로를 걸은 다음 온천 근처로 가서 캠핑을 하고, 유명한 반딧불이를 보기 위해 다음 목적지인 와이토모 동굴 앞에 멈춰섰다. 거기에서 우연히 공원 관리인과 마주쳤고, 우리는 서로의 신분을 확인했다. 관리인은 마오리족에게 사냥당해 1300년경 멸종된 날지 못하는 새, 모아moa의 오래된 뼈를 찾으려고 이제 막 동굴 탐험에 나선 참이었다. 그는 동행인이 많을수록 야간 탐사에 도움이 된다면서 나를 탐험에 초대했다. 내가 동굴학자는 아니었지만 무척 재미있어 보였다. 헬멧을 쓰고, 하네스를 착용하고, 1시간 동안 간단히 주의사항을 들은 다음 밧줄을 타고 내려가 밤새 동굴을 탐험했다. 주변이 어두워서 겁에 질렸던 탓인지 동굴로 하강한 순간은 잘 기억나지 않는다. 우리 두 사람은 동굴 바닥에서 수많은 뼈를 발견했고, 나는 이날 배워둔 밧줄 타기 기술을 몇 개월 뒤 처음 나무에 오르면서 유용하게 써먹었다.

뉴질랜드에서 동굴을 탐험하고 돌아온 뒤 나는 시드니 대학교에서 동굴 탐험가를 찾았다. 그들은 늘 동굴 아래로 내려갔기에 나무 위로 올라가려는 나의 계획을 알고는 웃었다. 그러나 내가 진지하게 나무를 오르려 한다는 점을 알아차렸다. 다행히도 와이토모 동굴에서의 경험은 동굴 탐험 장비를 나무 탐험에도 적용할 수 있다는 확신을 주었다. 다부진 몸으로 도심의 나무 위로 올라가 가지를 치는 수목 관리자는 억센 나뭇가지와 나무 수관을 다루기에 적합하고 내구성이 좋은 장비로 구성된 독특한 복장을 착용한다. 그런데 이들이 쓰는 장비는 모든 나뭇잎을 그대로 보존하면서 나무를 섬세하게 탐험하는 데는 도움이 되지 않는다. 반면 동굴 탐험가용 장비는 지하를 탐사하며 수 킬로미터에 달하는 경로를 이동해도 괜찮을 만큼 가벼웠으며 이따금 탐사 일정이 길어지면 온종일 착용하기도 했다. 당시에는 시중에서 레크리에이션용 장비를 판매하지 않아 시드니 대학교 동굴 탐험 동호회에서는 장비를 직접 만들었다. 동호회의 유일한 여성 회원인 줄리아가 빌려준 산업용 재봉틀과 밝은 오렌지색 띠를 사용해(당시에는 자동차 좌석용 안전띠를 구할 수 없어 군납업체에서 얻었을 것이다), 나는 허리와 허벅지 둘레를 측정하고 동호회 장비의 형태를 그대로 본떠 기본 하네스를 하나 만들었다. 7학년 가정학 수업에서 싱거Singer사가 출시한 지그재그 재봉틀을 전문가 수준으로 익히고, 지퍼 달린 정장 한 벌을 완벽하게 만드는 기술을 배워둬서 다행이라고 여기게 될 줄 그때는 상상도 못 했다. 정장 만들기에 비하면 등반용 하네스 만들기는 훨씬 간단했다. 그런데 하네스 말고도 필요한 장비가 있었다. 줄리아의 동굴 탐험 동료 앨은 친절하게도 주마 2개, 밧줄과 다른 장비를 연결할 때 쓰는 카라비너(carabiner, 등반용 금속 클립) 몇 개, 그리고 줄을 타고 내려갈 때 속도를 낮춰주는 장비로, 밧줄을 거는 구멍 4개가 뚫린 금속 걸개 웨일즈테일whale's tail을 나에게 팔았다. 웨일즈테일은 사용하기만 한다면 절대 아래로 추락하지 않아 나뭇잎 애호가에게 필수품이었다. 나는 단단함이 검증되지 않은 나뭇가지에 밧줄을 걸고 매달리는 일이 내심 두려웠다. 그래서 하강 속도를 낮춰주거나 밧줄 타기를 섬세하게 조절해주는 장비라면 무엇이든 좋았다. 앨은 등산가들이 언제나 애용하는 프루직 매듭Prusik knot, 안전 확보에 꼭 필요한 클로브 히치clove hitch 등 매듭 묶는 방법도 몇 가지 가르쳐주었다. 다행히도 중요 장비가 대부분 복장에 갖춰져 있어 내가 따로 묶어놔야 할 것은 없었다. 마지막으로 가장 중요한 사항은, 나뭇가지 앞뒤로 밧줄을 걸치려면 가지 높이보다 2배만큼 긴 밧줄을 준비해야 한다는 점이었다. 예컨대 60미터보다 조금 더 긴 밧줄이 있다면 주위 나무줄기에 묶는 여유분까지 고려해 키가 30미터보다 작은 나무는 전부 오를 수 있을 것이다. 첫 탐사에서 눈으로 어림짐작했을 때 풋내기 등반가로서 높이 30미터까지는 오를 만하다고 생각했다. 내가 만든 당근색 하네스와 잘 어울리는 밝은 오렌지색 자전거 헬멧도 샀다.

그런데 상층부 나뭇가지에 밧줄을 어떻게 걸어야 할까? 동굴 탐험가는 그저 어두운 구멍에 줄을 드리울 뿐이기에 그들이 부딪히는 가장 큰 난관은 탐험에 필요한 빛의 부족이다. 하지만 나는 밧줄을 말 그대로 날려야 했고, 따라서 밧줄에 추진력을 가하는 유일한 장비이자 나 같은 초보자도 안전하게 사용할 수 있는 도구인 슬링샷이 필요했다. 하지만 얼마 지나지 않아 호주에서 슬링샷 구매가 불법이라는 사실을 알게 되어 직접 만들기로 했다. 현장 생물학을 연구하는 학생들은 물고기 수를 세는 데 필요한 금속 장치나 작은 포유동물을 가두는 특수한 포획틀을 끊임없이 손봐야 하는 까닭에 나는 대학교 워크숍에서 장비를 다루는 직원들과 미리 친분을 쌓아두었다.

그때 만난 백발의 베테랑 직원 바질의 도움을 받아 지름이 딱 맞는 금속 막대를 찾아 Y 형태로 용접하고, 낡은 자동차의 탄력 있는 타이어를 잘라 붙였다. 그런 다음 낚싯줄에 추를 매달아 식물학과 건물 밖에 있는 높이 15미터 나뭇가지 위로 발사했다. 명중이었다. 그러나 일주일 뒤 우림은 상황이 달랐다. 나무 수관에 걸린 덩굴과 죽은 나뭇가지들이 날아가는 낚싯줄을 가로막는 경우가 많았다. 연습하고, 연습하고, 연습했다! 시간이 흐르자 나는 식물학과에서 영화 〈타잔〉의 여주인공 제인으로 불렸고(명사수 딕은 아니었다), 아래에 장애물이 없고 튼튼해 밧줄을 쏘아 올리기에 적당한 나뭇가지를 찾는 방법도 터득했다. 밧줄은 나뭇가지와 주위 공간을 고려할 뿐 아니라 샘플링에 도움이 되도록 다양한 높이로 발사할 수 있어야 했다. 적합한 나무종을 찾고, 우듬지에서 단단한 나뭇가지를 고르고, 밧줄을 타고 올라가 나뭇잎에 접근하는 새로운 기술을 숲에서 빠르고 안전하게 체득해야 했다.

원하는 나무종에 잎이 적당히 매달린 가지를 발견하고, 새로 만든 슬링샷을 발사하려고 준비한다. 등반용 밧줄을 설치하는 작업은 세 단계로 구분된다. 첫째, 슬링샷으로 낚싯줄을 날린다. 둘째, 낚싯줄에 나일론 끈을 걸고 한꺼번에 끌어당긴다. 셋째, 나뭇가지에 걸린 나일론 끈에 무거운 등반용 밧줄을 건다. 일단 등반용 밧줄이 제대로 설치되면 밧줄 한쪽 끝은 나무탐험가가 사용하고, 다른 한쪽 끝은 근처 나무에 묶는다. 짠! 우듬지를 가로지르는 수직 횡단로가 준비되었다. 이후 수개월 동안 나는 시행착오를 겪으며 현장 장비를 개선했다. 제작한 거푸집에 녹인 납을 굳혀 빽빽한 덩굴 사이로 낚싯줄을 발사하기에 알맞은 납추를 만들고, 슬링샷에 붙인 고무 끈을 적당한 길이와 폭으로 조절해 사격 능력을 올렸다. 또 연필, 메모장, 잎에 표식을 남길 때 쓰는 방수 펜, 나뭇가지에 꼬리표를 붙일 때 쓰는 전기테이프, 카메라, 오레오 쿠키 같은 비상식량을 넣을 수 있는 나만의 허리띠를 만들었다. 그리고 마지막으로, 나무에 오래 매달려 있는 사이 꼬마꽃벌이나 다른 동물 떼의 공격을 막을 수 있는 얼굴망이 달린 모자를 만들었다. 착용한 허리띠가 엉덩이 사이를 파고들었지만 어서 나무를 타고 싶어 안달 나 손볼 생각도 하지 않았다. 돌이켜보면 나는 개인적으로 느끼는 편안함보다 과학적 정확성을 훨씬 소중하게 여겼던 것 같다. 하네스, 슬링샷, 등반용 철제 장비, 밧줄까지 전부 더플백 하나에 쏙 들어갔고, 이 가방만 있으면 전 세계 거의 모든 나무 꼭대기에 오를 수 있었다. 등반 도구 세트를 채우는 마지막이자 아마도 가장 중요한 요소는 그간 미처 깨닫지 못했던 마음속 용기였고, 나는 문자 그대로 밧줄 위에 오르고 나서야(on the rope, '절박한 상황'이라는 뜻으로도 쓰이는 말—옮긴이) 내면의 용기를 발휘할 수 있었다. 이를 계기로 나는 풋내기 나무탐험가로서 코치우드 나무에 매달려 조심스럽게 수관 상층부로 올라가 생물 다양성의 불협화음을 관찰하게 되었다. 놀랍게도 많은 동료 대학원생(전원 남성)이 나와 함께 현장으로 가서 나무에 밧줄을 설치하고 싶어 했는데, 슬링샷 발사하기가 정말 재미있었기 때문이다. 한 번에 성공한 학생도 있었고, 수없이 욕설을 내뱉고서야 원하는 나뭇가지에 낚싯줄을 정확히 날린 학생도 있었다. 적어도 호주에는 등반 안내서가 없었고, 조언을 구할 수 있는 동굴 탐험 동호회만 있을 뿐이었다. 어느 나무에서라도 안전하게 잎까지 도달할 수 있다면 내가 연구를 진행하며 떠올리는 흥미로운 질문에 답을 구할 수 있을 것이다.

장비 일체를 갖추고 서툴긴 하지만 키 큰 나무에 오르는 감각을 익히고 나서도 나는 여전히 어느 나무에 얼마나 많이, 왜 올라가야 하는지 더 고민할 필요가 있었다. 미개간지로 현장 답사를 나가 연구용 나무를 찾으려면 대학교 소속 차량을 예약하고, 캠핑 장비를 챙기고, 우림 위치를 안내하는 지도를 꼼꼼히 살펴야 하며, 호주 시골길에서 좌측으로 주행하는 것은 물론 캥거루와 벌목 트럭과 진흙을 예측하면서 운전하는 법을 터득해야 했다. 두 번째 현장 방문에서는 다행히도 혼자서 뉴사우스웨일스주에 조성된 도리고, 뉴잉글랜드, 로얄 국립공원 3군데를 방문했는데, 언급된 국립공원 내의 모든 일차 우림은 밀렵과 개벌로부터 보호받고 있었다. 탐사 첫째 날 나는 도리고 국립공원에서 현장 안내원으로 근무하다 은퇴한 알렉스 플로이드Alex Floyd와 만났는데, 그의 이름은 도서관 식물학 서가에 비치된 현장 안내서 여기저기에 등장한다. 알렉스는 당시 호주 우림의 나무 식별에 도움을 주는 유일한 책을 집필했다. 나는 1970년대 후반 보편적이었던 소통 방식대로 직접 편지를 써서 그에게 보냈고, 나무를 관찰할 날짜를 확정해달라는 답장을 받았다. 나는 특히 우림을 이루는 나무종 식별에 관심이 많았는데, 알렉스가 친절하게도 초보자에게 도움이 되는 조언 몇 가지를 내게 해주겠노라 약속했다. 우리는 장대비가 쏟아지는 날 도리고 국립공원 주차장에서 만났다. 주차장에 아무도 없어서 그를 찾기가 쉬웠다. 호주에서 한 세기 동안 벌목이 추진되었는데도 살아남은 우림은 대체로 극히 가파른 산비탈에 있어 목재를 얻기가 무척 어렵다는 공통점이 있다. 우리 두 사람은 비를 쫄딱 맞고 미끄러운 비탈길을 힘겹게 걸어가면서, 안경에 맺힌 빗방울을 끊임없이 닦아내며 다양한 나무의 윤곽을 보려고 최선을 다했다. 우림을 열렬히 사랑한다는 공통점 덕분에 우리는 서로 각별한 동료가 되었는데, 특히 우림 나무 식별법을 아는 사람은 호주 전역에서도 소수에 불과했다(나는 훗날 대학생이 된 알렉스의 아들에게 식물학을 가르쳤다!). 국립공원 주차장 주위에서 알렉스는 사사프라스나무 구별하는 법을 가르쳐주기 시작했다. 나뭇잎을 으깨 향긋한 냄새도 맡게 해주었는데, 호주 사사프라스는 내 어린 시절 숲 바닥에서 자라던 북미 사사프라스의 향기와 비슷했으나 작은 하목층 식물이 아니라 키가 컸다. 지구 반 바퀴 떨어져 서식하는 두 나무종인 호주 사사프라스와 북미 사사프라스의 공통점은 좋은 향기뿐이다.(나중에는 사사프라스 향기가 온대 하목층 나무와 열대 나무에서 어떻게 진화했는지 조사하는 프로젝트도 진행되었다.) 다음으로 우리는 목재의 품질이 뛰어나 가치가 높다고 평가되는 붉은히말라야삼나무 앞에 섰다. 이 나무는 가구 원료로 인기가 높아, 호주가 우림을 개간하는 결정적인 계기를 마련한 나무종으로 현지에서 악명 높다(삼림 벌채를 추진한 주체는 붉은히말라야삼나무가 아니라 인간인데도). 그리고 호주에 자라는 몇 안 되는 낙엽수라는 점에서 붉은히말라야삼나무는 잎을 사랑하고 궁금해하는 나의 호기심을 자극했으나, 알렉스는 벌목이 계속된 끝에 그 나무종이 꽤 줄었다고 경고했다.

태평하게 나무 꼭대기를 올려다보며 숲속을 걷다가 진흙투성이 산책로에서 미끄러지지 않기 위해 부츠를 신으려는데 빗물에 흠뻑 젖은 내 셔츠에서 피가 배어 나온 것을 발견했다. 내가 어쩌다가 살갗을 베였지? 조심스럽게 셔츠 안을 들여다보았다. 가슴 사이에 길이 2.5센티미터가 넘는 가늘고 검은 생물이 몸을 잔뜩 부풀린 채 자리 잡고 있었다. 무엇이 나를 공격하고 있는 것인지 알지 못했다. 나는 겁에 질려 아무 말도 못 하고 있다가 하는 수 없이 알렉스에게 그 침략자의 생김새를 설명했다. 그는 킥킥 웃으며 대답했다. "평범한 거머리예요." 심드렁한 알렉스와 달리 나는 온몸에 소름이 돋았다. 열대 지방에 무지했던 나는 호주 우림에 거머리가 산다는 것도 몰랐고, 가슴에서 거머리를 떼어내는 법도 들어본 적 없었다. 거머리는 피를 충분히 빨면 저절로 떨어지니 그냥 내버려두자고 알렉스가 말했다. 하지만 거머리가 내 가슴에 붙어 피를 빤다고 생각하니 불안했다. 그날 일정이 끝날 무렵 적어도 거머리 12마리에게 식량을 제공하고 나서야 나는 그들의 침공에 개의치 않을 수 있었다. 알렉스 역시 그날 거머리 여러 마리를 불러들였다. 호주 우림에 오신 것을 환영합니다! 일정을 마친 뒤에 몸 여기저기서 작고 매끈한 흡혈귀들을 더 발견하고 진저리를 치며 그것들을 모텔 창문 밖으로 내던졌다. 거머리가 문 상처와 그에 따른 출혈은 생명에 치명적이지 않지만 거머리에 공격당했다는 점이 모욕적이었기에 나는 일평생 그들에게 공격당하지 않기 위한 전략을 개발했다. 내가 개발한 초기 전투 방식은 일단 거머리가 발견되면 바로 떼어내는 것이다. 그러나 걸어가면서 거머리를 던지는 행동은 무례하게 여겨질 수 있다. 던져진 거머리가 보통 뒤에서 걷는 사람에게 달라붙기 때문이다. 그래서 이후에는 좀더 창의적인 방식으로 거머리를 피했다. 거머리는 일반적으로 신발에 붙어 양말로 이동한 다음 바지 속으로 침투해 신체의 따뜻하고 아늑한 틈을 찾아 기어 올라가 피를 빨아 먹으므로 나는 거머리 침공을 막기 위해 바지를 태우거나 자르고, 소금에 절이고, 꾹꾹 눌러 짜고, 심지어는 캔버스 부츠와 연결해 꿰매보기도 했다. 그리고 다른 수많은 우림 연구자처럼 나 또한 답보다 질문을 많이 떠올렸다. 미국 열대 지방에는 왜 거머리가 없을까? 생태계에서 거머리가 차지한 자리를 다른 생물이 대체하는 걸까? 거머리는 호주의 우듬지에서도 살까, 아니면 숲 바닥에서만 살까?

알렉스는 나무 수십 종을 소개하고, 사사프라스 잎의 향기나 불꽃나무flame tree, *Brachychiton acerifolius*의 빨간색 꽃처럼 현장에서 나무를 손쉽게 식별하는 요령을 가르쳐주었다. 어설픈 지식이 때로는 위험할 수 있으므로 이 탐사를 마치고 나는 어느 나무가 장비를 설치하기에 안전할지, 어느 나뭇잎의 특성이 독특해서 연구에 적합할지 고민하며 수없이 많은 밤을 지새웠다. 혼자 연구하는 여성으로서, 나는 연구 현장의 안전 또한 전략적으로 고민할 필요가 있었다. 호주 우림은 지구에서 상당히 거칠고 외딴 지역에 속한다. 혼자서 운전하고, 잠자고, 탐험한다고 생각하니 조금은 불안했지만 미지의 대상을 두려워하는 소심함을 극복하려면 용기를 내야만 했다.

효과적인 연구법을 설계하기 위해서는 토론이 매우 중요하다. 머리 위 나뭇가지에 표식을 남긴 다음, 매달 그 지점을 다시 찾는 방법은 무엇일까? 사람들이 함부로 침입하지 못하도록 나무의 각 등반 지점을 위장할 수 있을까? 어느 나무종의 잎이 가장 흥미로운 특성을 지녔을까? 어느 나무가 등반하기에 가장 안전할까? 연구에 필요한 기초 장비는 동굴 탐험 동호회 친구들에게 도움을 받았으니, 이제는 어딘가에서 과학적 통찰을 얻어야 했다. 나는 동물학과 옆에서 산호초를 연구하는 대학원생들에게 도움을 받았다. 다양성이 높다는 측면에서 우림은 육지에 형성된 산호초 지대이다. 나와 해양학과 대학원생들은 공유할 이야깃거리가 많았다. 복잡한 생태계에서 정밀하게 샘플을 추출하는 법과 생물 다양성에 관한 비슷한 궁금증을 가지고 있었기 때문이다. 나는 얼마나 많은 나뭇잎을 어느 높이에서 채취해야 하는지 고민했고, 해양학과 학생들은 산호초의 단위 면적당 얼마나 많은 물고기가 있는지 알아내야 했다. 나는 연구법(본질적으로 요리법과 같다)을 설계하고, 그 연구법에 근거해 수년간 현장에서 데이터를 모으고 분석해야 했다. 그런데 보호막에 둘러싸인 실내의 실험실과 다르게 현장에서는 뱀, 거머리, 진흙 길, 무는 개미, 썩은 나뭇가지, 식수 찾기, 낡은 밧줄 등 다른 알지 못하는 요소와도 싸워야 했다. 산호초와 마찬가지로 우듬지는 미지의 세계였으며, 따라서 각 연구 요소는 학생들이 단순하게 연습하는 수준을 뛰어넘었다. 우듬지 연구는 베일에 가려진 세계로 떠나는 모험이었다. 나는 내게 주어진 시간의 절반을 새로운 연구법 설계에, 나머지 절반을 실제 현장으로 나가 조사하는 데 썼을 것이다.

나는 연구 현장에 도착한 1979년 당시 남아 있는 우림이 처음과 비교해 10퍼센트도 채 되지 않는다는 사실을 문헌으로 알게 되었다. 퀸즐랜드주를 비롯한 호주의 주정부는 생물 다양성, 멸종, 복원과 같은 문제를 조금도 이해하지 않은 채 숲을 벌목하고 목재를 생산하는 데 열을 올렸다. 전 세계 우림 약 1000만 제곱킬로미터 가운데 1퍼센트의 4분의 1도 되지 않는 면적이 호주에 존재했지만(2만 2,500제곱킬로미터), 여기에는 지구 상 어디에도 없는 생물종이 있었다. 국립공원 내에서 보호받고 있는, 10퍼센트도 남지 않은 호주 우림마저 사라지기 전에 어서 탐험해야 한다는 절박함을 느꼈다.

나는 잎의 성장과 죽음을 장기 관찰할 나무종 5가지를 골랐다. 샘플 범위는 다양한 패턴이 나타난다고 확신할 수 있을 만큼 큰 동시에 나무탐험가 한 명이 관리할 수 있을 만큼 작다. 각 나무종은 주요 우림 유형 중 하나를 대표하거나, 잎의 특성이 독특했다. 선정한 나무종은 다음과 같다.

1. 거인가시나무는 잎과 잎자루의 표면에 아주 날카롭고 따가운 가시털이 촘촘하게 돋아 있다. 굶주린 초식동물에 대항하려는 목적으로 무장한 그 갑옷이 내 호기심을 자극했다.
2. 붉은히말라야삼나무는 호주 우림에서 몇 안 되는 낙엽수로, 이들과 전혀 다른 생물계절학적 특성을 보이는 이웃 상록수들과 비교할 때 생존에 유리한 점이 있는지 궁금했다.
3. 사사프라스나무는 모든 유형의 호주 우림에서 흔히 자라는 유일한 나무종으로, 이들의 나뭇잎이 다양한 환경에 어떤 식으로 적응했는지 살펴볼 기회였다.
4. 코치우드는 길쭉하고 표면이 왁스를 칠한 듯 매끄러운 잎을 지닌 나무종으로, 대부분 우림에서 볼 수 있어 '평균적인 잎'을 연구하기에 좋을 듯했다.
5. 남극너도밤나무는 우림에 다양한 나무종이 서식한다는 보편

적 규칙을 거스르며 임분에서 단일 우점종monodominant으로 서식한다는 측면에서, 곤충이 남극너도밤나무 잎을 왜 전부 먹어 치우지 않았는지 궁금해졌다.

나는 현장에서 데이터를 수집하는 방법을 시험하려고 처음 등반했던 코치우드로 돌아와, 높이가 서로 다른 나뭇가지 3개에 매달린 잎에 똑같은 표식을 남기는 절차를 신중하게 구축했다. 먼저 높이 0~9미터에 해당하고 그늘이 깊게 드리워지며 하목층이라 불리는 첫 번째 층까지 올라갔다. 특수 제작된 커다란 나무용 줄자를 바닥으로 떨어뜨려 수직으로 얼마나 높이 올라왔는지 정확하게 측정해 기록했고, 중간 우듬지(9~18미터에 해당하며 상층부 우듬지를 통과한 햇빛이 광반이라 불리는 작은 반점 형태로 간간이 비침)와 최상부 우듬지(보통 18미터보다 높고, 햇빛이 풍부하게 비침)에서도 같은 행동을 반복했다. 각 층에서 잎이 5~15개씩 달린 나뭇가지를 하나씩 선택한 다음, 노란색 전기테이프에 '나뭇가지 1-1'이라 적고 낚싯줄로 동여매 조심스럽게 목걸이를 걸어주며 첫 번째 나뭇가지를 표시했다. 노란색 작은 방수 공책에는 꼬리표 각각이 무엇을 뜻하는지 기록했다. 이를테면 나뭇가지 1-1은 가지 번호 1과 높이 1(이를테면 5미터)을 뜻한다. 높이마다 고유 번호를 매기고 각각의 잎에도 번호를 붙여 잎이 수명을 다하는 동안 어떤 변화를 겪는지 관찰할 수 있었다. 그리고 반복 실험을 위해 내리쬐는 햇볕의 양과 높이가 같은 2번과 3번 나뭇가지에도 같은 작업을 반복했다.

어느 나무든 처음 오르면서 등반용 밧줄에 매달려 각 나뭇가지의 모든 잎에 잘 보이도록 숫자를 표시하는 작업이 가장 까다로웠다. 바람을 받아 등반 장치가 흔들리더라도 잎을 건드리거나 나뭇가지를 세게 쳐서 나뭇잎이 찢어지는 불상사가 발생하지 않도록 조심해야 했다. 각 가지에서 나무줄기 쪽에 있는 잎을 1번으로 정한 다음 가지의 뾰족한 끝으로 갈수록 오름차순으로 번호를 붙여, 이듬해 같은 계절에 새로운 잎이 돋아나면 기존 번호에 이어 새 번호를 부여할 수 있었다. 모든 식물의 성장과 마찬가지로 새싹은 나뭇가지의 말단에서 돋고 새잎은 우듬지의 최외곽에서 자란다. 휘청이는 밧줄을 움켜쥐고 서서 마음에 드는 나뭇가지에 접근하거나 하네스를 착용한 채 고꾸라져 팔다리를 버둥거리면서도 우듬지 바깥쪽 잎을 부드럽게 잡으려면 곡예술을 익혀야 했다. 나는 나뭇잎에 번호를 표시하는 작업에 곧 익숙해졌고, 나무 꼭대기를 관찰하기 시작한 수십 년 전부터 지금까지 단 한 번도 나뭇잎을 떨구거나 나뭇가지를 부러뜨리지 않았다. 하지만 처음 나뭇가지에 번호를 매기면서는 무척 불안했는데, 밧줄에 매달린 채로 잎에 번호를 적는 요령을 익혔기 때문이다. 한 가지 기억에 남는 에피소드는 코치우드 나뭇가지 2-2, 즉 2번 나무에서 중간 우듬지 높이로 뻗은 가지를 매달 관찰하는 가운데 생겼다. 여기에서 나는 왼손으로 나뭇가지를 조심스럽게 붙잡고 왼발로 나무줄기를 밀면서, 하네스를 착용한 상태로 거의 수평으로 누워 기존 밧줄 위치에서 멀리 떨어져 돋아난 새잎에 접근했다.

현장 연구를 시작한 첫 주에 나는 싸구려 오렌지색 양동이를 장만해 방수 펜, 노트, 연필, 눈금자, 모눈종이, 노란색 전기테이프, 줄자, 식물용 절단기, 낚싯줄, 투명 필름지(잎 추적용), 작은 샘플 병(벌레 보관용), 늘 애용하는 흡인기(벌레를 미친 듯이 빨아들여 유리병에 안전하게 집어넣는 장치), 카메라, 오레오 쿠키(비상 식량!), 물 등 개수가 점점 늘어나 더는 허리띠에 수납할 수 없는 현장 조사 도구들을 담아두었고, 이 양동이는 현장 연구의 중심축이 되었다. 허리띠에 달려 있던 카라비너에 양동이를 걸으니 사용하기 편했다. 그리고 밧줄과 현장 장비가 진흙 범벅이 되지 않도록 숲 바닥에 면적 6제곱피트인 10달러짜리 방수포를 깔았다. 현장 과학자는 창의력을 바탕으로 무엇이든 해낸다는 점에서 자부심을 느낀다. 일반적으로 실험실 과학자는 거액의 연구 보조금을 집행해 정교한 장비를 구입하고 운영하지만 현장 과학자는 비교적 적은 보조금으로 몇 가지 투박한 장비를 마련해 연구한다.

1번 나무에서는 현장에 밧줄을 설치하고 높이가 다른 세 지점마다 각각 나뭇가지 3개를 정해 나뭇잎에 숫자를 매기는 작업을 하는 데만 하루가 걸렸다. 2번 나무와 3번 나무에서 같은 작업을 반복하며 이틀이 더 소요되었다. 잎에 남긴 표식은 데이터시트에 정리했다. 데이터시트에서는 개별 잎마다 데이터를 입력할 빈칸들을 할당하고, 총 24개월 동안 그 빈칸에 초식성(초식동물이 섭취해 나뭇잎이 소비되는 일—옮긴이), 건조, 색 변화, 죽음 등 월 단위 변화를 기록했다. 이 작업 방식에 만족해 3가지 유형의 우림에서 세 구역을 정한 뒤, 각 구역에서 나무 5종마다 3그루를 선택하고, 나무마다 세 높이에서 각각 나뭇가지 3개를 골라 같은 절차를 반복했다. 일단 나무에 장비를 설치해 서로 높이가 다른 세 지점의 잎에 표식을 남기고 나면 매달 다시 나무에 올라가 잎 상태를 확인하는 데는 시간이 그리 오래 걸리지 않았다. 또한 나무마다 나일론 소재의 블라인드 줄을 걸어놓은 덕분에 매번 같은 지점에 등반용 밧줄을 설치하기도 수월했다. 블라인드 줄은 가늘고 색이 진한 녹색이어서 눈에 잘 띄지도 않고 다른 생물과 부딪히지도 않을 만큼 자연에 무해했다. 길이가 300미터인 군용 밧줄도 몇 개 샀는데, 관찰 중인 나무들 위에 걸쳐둘 수 있을 정도로 길었다. 다행히 걸쳐둔 밧줄이 나무에서 떨어진 적은 없었다. 매달 나뭇잎을 관찰한 결과를 현장 연구용 데이터 시트에 편리하게 표기하는 법도 고안했다. E는 최근 돋음/새잎, G는 벌레혹gall, Y는 황변을 뜻했고, 곤충이 남긴 프라스(frass, 다른 말로 똥), 거미줄, 애벌레 떼 출몰과 같이 다양한 생태학적 특징을 가리키는 문자도 정했다. 해양생물학을 연구하는 나의 성실한 동료 휴는 '땅' 역할을 자처하며 데이터 기록을 도왔다(5장과 8장에서 언급되는 내용으로 '땅'이란 땅바닥에서 안전을 감시하는 사람을 뜻한다—옮긴이). 오늘날은 전자 태블릿으로 손쉽게 데이터를 기록하고 정리할 수 있지만 나는 연필로 방수 용지에 데이터를 적고 추후 스프레드시트에 데이터를 옮기는 지루한 방식에 의존했다. 현장 연구에 돌입하고 몇 달간은 머리에 과부하가 걸려 기진맥진했다. 하지만 최전선에서 자연 현상을 발견하며 느꼈던 흥분은 말로 표현할 수 없을 만큼 컸고, 우림 우듬지에서 상록수 잎의 수명을 연구한 사람이 아무도 없었다는 사실에 진심으로 경악했다. 거의 매달 샘플링하면서 새로운 장비를 도입하거나 절차를 수정한 끝에 점점 더 안전하고 효율적으로 연구를 수행할 수 있었다.

두 번째 월례 탐사에서 나는 심혈을 기울여 번호를 매겼던 많은 잎이 부분적으로 무언가에게 먹힌 모습을 보고 충격을 받았다. 잎에는 크고 작은 구멍, 심지어 벌레혹도 있었다. 나뭇잎 샘플에 손상을 입힌 범인이 누구든 간에 나는 너무나도 분한 나머지 최근에 숫자를 매겼던 잎을 잘근잘근 씹었다. 초식성이 잎, 그중에서도 새로 돋은 잎의 생존을 위협하는 주요 요인으로 부상했다. 나는 다양한 형태의 초식성을 노련하게 구분했다. 이를테면 무언가가 잎을 씹어 조직에 완벽하게 구멍을 뚫은 것인지, 잎 조직층 사이를 파고들어 기술적으로 굴을 판 것인지, 곤충이 알을 낳은 자리에 감염이 발생해 벌레혹이 작게 부풀어 오른 것인지, 곰팡이가 공격해 잎에 검은 반점이 생성된 것인지 식별했다. 어린잎은 초식곤충에 몹시 취약한데, 조직이 부드럽고 씹기 쉬울 뿐 아니라 식물 내에서 확산하는 방어용 화학물질이 축적되기 전이므로 섭취 시 소화도 잘된다. 식물과 곤충은 군비 경쟁을 벌이며, 식물이 대를 이어 더 많은 방어 물질을 개발하면 곤충이 빠르게 방어 물질을 소화하도록 적응한다. 잎은 독성 물질을 분비하거나 단단한 보호막을 두르거나 곤충의 출현을 피해 전략적으로 계절적 변화를 불러오는 등 생존을 위한 전술을 구사한다. 초식곤충은 잎의 방어 전략에 맞서 화학물질을 소화하고, 단단한 잎을 씹는 일에 적응하고, 어린잎을 먹기 위해 제때 알에서 부화하며, 식물이 발달시키는 물리적·계절적 메커니즘을 극복하려고 애쓴다. 예를 들어 긴 시간에 걸쳐 점진적으로 잎이 돋는 나무는 특정 애벌레가 동시에 부화해 공격을 가해도 피해를 최소화할 수 있다. 마찬가지로 눈여겨봐야 하는 것은, 초식곤충이 광활하고 푸르른 공간에서 나뭇잎을 선택해야 한다는 점이다. 열대림에는 수많은 나무종이 살고 나무마다 다양한 잎이 매달려 있다. 예를 들자면 부드러운 잎과 질긴 잎, 영양가 높은 잎과 그렇지 않은 잎, 어린잎과 늙은 잎, 흔한 잎과 희소한 잎, 이미 먹힌 잎과 아직 통째로 남은 잎, 개미가 보호하는 잎과 그렇지 않은 잎, 양지 잎과 음지 잎, 윗가지에 돋은 잎과 밑가지에 돋은 잎 등이 있다. 숲우듬지는 지구에서 가장 복잡한 샐러드바 같았다. 인간이 다양한 채소 가운데 몇 종류를 선택해 샐러드를 만들 듯 나무 꼭대기에 사는 초식곤충도 다채로운 채식 메뉴 중에서 몇 가지를 골라야 하는데, 그 메뉴의 일부에만 적응해 소화할 수 있다. 딱정벌레는 맛 좋고 잘 씹을 수 있는 어린잎이 돋은 코치우드 나무를 찾기 위해 수 킬로미터를 날아다니는지도 모른다. 코스타리카에 서식하는 가위개미 일꾼 수천 마리는 질감이 독특한 비롤라 잎을 발견해 지하 곰팡이 정원으로 실어 나르기 위해 나무를 타고 수 킬로미터를 오르내릴지도 모른다. 특정 바구미종은 주둥이로 즙을 빨기에 질감이 적당한 잎과 광반이 비치는 환경을 찾아 사사프라스 한 그루에서 뻗어 나온 나뭇가지 전체를 탐험할지도 모른다.

숲우듬지라는 여덟 번째 대륙에 처음 오르는 동안 나는 서로 다른 높이에서 나뭇잎의 크기, 색, 두께가 어떻게 변화하는지도 발견했다. 수직으로 곧게 자라는 나무는 창밖 풍경뿐 아니라 빛, 대기질, 바람, 기타 환경 요인 측면에서 지하실과 펜트하우스의 환경이 판이한 고층 건물과 유사하다. 갈색 뱀 같은 밧줄을 타고 올라가는 동안 (적어도 내 눈에는 밧줄이 나뭇잎 층을 휘감고 내려오는 뱀처럼 보였다) 나는 높이가 낮아 그늘지고 바람 한 점 없으며 다습한 환경에서 자라는 하목층 잎과 처음 마주쳤다. 낮은 높이에서 성장하는 잎은 면적이 넓으며 흐물흐물하고 얇아서 내가 나무를 타고 올라갈 때면 얼굴을 찰싹 때렸다. 또 진한 녹색을 띠며 곤충이 낸 구멍이 숭숭했고, 잎속살이애벌레가 남긴 둥글고 예술적인 흔적이 있었다. 게다가 하목층에는 바람이 강하게 불거나 굵은 빗방울이 들이치지 않아 잎 표면이 꽃가루와 먼지로 덮여 얼룩져 있었다. 습하고 늘 그늘져 있는 잎에는 이따금 선류moss, 지의류lichen를 비롯해 작고 다양한 생명이 층을 이뤄 표면을 덮고 있었다. 나뭇잎을 감싸는 이 생명의 층을 통틀어 에피필리epiphylly라 부르는데 엽면(phylloplane, 葉面, 잎 표면을 가리키는 고급 단어)에 사는 지극히 작은 생명체들이 형성한 진정한 공동체로, 현재까지 과학자 단 2명이 에피필리 연구에 헌신했다.

하목층 위를 차지하는 중간 우듬지는 다양한 크기와 질감의 잎이 섞여 있었는데, 하목층과 비교하면 어둡게 그늘진 지대는 다소 좁지만 햇볕이 내리쬐는 지대는 넓고, 드리워지는 그늘은 옅지만 빈번하게 내리쬐는 광반은 짙었다. 나무 수관의 상층부는 나뭇잎이 놀라울 정도로 작고, 두껍고, 질기고, 밝은 녹색이며 상층부의 뜨겁고 건조하고 바람이 강한 조건에 노출되어도 잘 회복했다. 엄밀하게 밝히자면 우림에 서식하는 나무는 빛 환경에 따라 생리학적으로 다른 특성을 나타내는 2종류의 잎을 지닌다. 즉, 나무 하층부에는 음지 잎, 나무 상층부에는 양지 잎이 돋으며 그 중간 지점에서 자라는 잎은 각양각색의 환경에 노출된다.(더욱 복잡하게는, 계곡 가장자리나 길가의 나무에서 낮게 뻗은 나뭇가지에도 햇빛을 받는 잎이 있으며 그 잎들은 높이가 낮은 나뭇가지에 매달렸음에도 직사광선을 받는다.) 다른 나무 위로 우뚝 솟아 '돌출목'emergent이라고도 불리는 키 큰 나무들은 사방에서 빛을 받으므로 그 나무를 구성하는 잎은 대부분 양지 잎이었다. 열대 나무의 잎은 이따금 수백만 개에 달하며, 잎의 녹색이 다양해 한 나무의 잎 색이 균일하지 않다. 수십 년간 나뭇잎에 몰두한 나는 다양한 종, 높이, 나이, 빛 상태, 곤충 습성에 대한 민감성, 바람과 비에 대한 취약성 등 숲우듬지에서 발견되는 복잡성을 단언할 수 있다. 가치 높은 부동산과 마찬가지로 '다른 무엇보다 위치'가 본질이며 잎의 운명을 결정한다. 빽빽한 덩굴식물이나 공기식물(곤충이 낮에는 숨어 있다가 밤에 나타나 잎을 먹는다) 또는 박쥐 보금자리와의 거리처럼 우연히 조성된 환경도 잎의 생존에 영향을 준다.

초식성 수준이 너무 높아 골머리를 앓고 난 다음에는 다른 문제가 발생할까 걱정되어 샘플링 첫 달 내내 잠을 이루지 못했다. 만일 나뭇잎에 숫자를 적으면서 사용한 방수 펜의 잉크가 곤충의 입맛에 맞는다면 어떻게 될까? 반대로 곤충이 잉크로 표시된 나뭇잎 먹기를 싫어한다면 어떻게 될까? 이런 현상은 현장 생물학에서 궁극적으로 최악의 결과를 불러오는 표집 편향을 일으킬 것이다. 그래서 나는 잉크가 곤충의 먹이 활동에 어떤 영향을 주는지 검증하는 소규모 현장 실험을 고안했다. 연령을 가리지 않고 나뭇잎 100개를 정해 표면의 다양한 위치에 잉크로 숫자를 표시했다. 그리고 한 달에 한 번씩 석 달간 곤충이 잉크가 묻은 부위를 갉아 먹은 나뭇잎과 잉크가 묻은 부위를 피해 갉아 먹은 나뭇잎을 세어보았다. 감사하게도 잉크를 먹거나 피하는 초식곤충의 행동에 선호도는 통계적으로 드러나지 않았다. 처음에는 잎의 수명을 계산하는 간단한 논문으로 완성되리라 생각한 연구가 복잡한 데이터의 배열로 빠르게 변해가고 있었다.

이 연구는 데이터 수집 자체가 고될 뿐 아니라 작업 현장에서 위험한 상황이 쉼 없이 이어졌다. 나는 한 아열대 기후 구역에서 2년간 항상 거인가시나무에 오르면 코치우드에도 올랐고, 반대의 경우에도 마찬가지였다. 두 나무가 나란히 서 있기 때문이었다. 10월의 어느 화창한 날, 나는 밧줄을 들고 호주에 서식하는 우아한 참새목 금조의 지저귐을 입체 음향으로 즐기면서 숲으로 어슬렁어슬렁 걸어가고 있었다. 아름다운 교향곡을 연주하는 오케스트라의 일원으로서 금조는 일반적으로 주위에서 나는 소리나 다른 새소리를 흉내낸다. 불행하게도 내가 그날 들었던 금조의 지저귐은 산길에서 트럭이 기어를 저속으로 바꾸는 소리를 완벽하게 재현한 것이었다. 다른 새소리가 아닌 무언가를 흉내 내는 금조의 지저귐을 처음으로 들은 나는 대자연의 세계에 인간이 침입했다는 확실한 증거에 슬펐다. 같은 날 좁은 공터로 들어가 위를 올려다보면서 내가 밧줄을 타고 올라갈 나뭇가지를 조사하는데, 갑자기 발밑에서 흙이 움직였다. 어룽거리는 햇빛 아래로 갈색의 어린 뱀과 늙은 뱀이 꿈틀거리고 있었는데, 어미 뱀이 갓 부화한 새끼 뱀을 보고 기뻐하며 매끈한 피부를 드러내놓고 일광욕을 즐기는 듯했다. 나는 치명적인 독을 품은 뱀들이 떼 지어 있는 광경을 보고 깜짝 놀라 하마터면 밧줄도 없이 나무 위로 오를 뻔했다. 몇몇 호주 뱀은 새끼를 낳거나 교미를 하면서 춘분을 맞이한다고 했다. 짝짓기할 때 뱀은 광란의 파티를 즐기는 듯 서로 뒤엉켜 몸을 꼬고 비튼다. 나는 황급히 걸음을 되돌렸고, 갈색 독사에 물려 죽느니 월례 관찰을 생략하기로 했다. 호주는 서식하는 뱀 중 90퍼센트 이상이 독사로 분류되는데, 나무에 매달리는 쪽이 땅에 서 있는 것보다는 안전하다는 게 조금은 위안이 되지만 어차피 나무로 가려면 뱀 곁을 지나야 한다!

현장에서 겪는 또 다른 위험은 우림 지대를 장거리 운전으로 오가야 한다는 것이었다. 나는 3년간 시드니 연안에서 퀸즐랜드주 남부까지 왕복했고, 시드니 대학교에서 빌린 스테이션왜건의 주행 기록계에 매달 약 1,600킬로미터를 추가했다. 돌아오는 길에는 창문을 모두 열고 운전하면서 라디오에서 흘러나오는 음악을 큰 소리로 따라 부르며 졸음을 쫓았다. 캥거루는 종종 어두운 고속도로에서 자동차 전조등 때문에 앞을 제대로 보지 못하는 운전자 앞으로 뛰어들어 불행한 죽음을 맞이할 뿐 아니라 자동차도 심하게 망가뜨렸다. 나는 운이 좋았다. 현장 연구를 다니면서 캥거루와 충돌하지는 않았지만 그 공포는 항상 나를 깨어 있게 했다. 도로 위의 또 다른 위험은 다가오는 트럭에서 튕겨 날아오는 돌이었다. 호주 자동차는 미국 자동차처럼 안전유리가 필수 사양이 아니어서 균열 하나로 순식간에 유리창이 파편화될 수 있었다. 나는 거친 호주 도로에서 운전하는 일이 늘 불안했으며, 특히 고된 현장 작업을 마치고 밤늦게 운전하기가 무척 힘들었다. 시드니에 마련한 내 아파트로 돌아가 데이터 시트를 전부 바닥에 깔고 매달 나뭇잎들이 가르쳐주는 비밀이 무엇인지 곰곰이 생각하다 보면 긴장이 스르륵 풀리곤 했다.

대학원생에게 지급되는 생활비로 살아가며 부딪치는 문제도 끝이 보이지 않았다. 생활비를 최소한으로 줄일 수 있는 몇 가지 방법을 알아내긴 했지만 나중에 알고 보니 그 방법은 상당히 위험했다.

현장 연구를 마치고 집으로 돌아오면 나는 오븐을 열고 가스 불을 켜 실내 공기를 데웠다. 분명 안전하지는 않지만 난방비가 적게 들었다. 집세는 주당 40달러에 불과했지만 전기 배선이 위험할 정도로 낡아빠진 데다 오래된 매트리스 안에는 곰팡이가 잔뜩 피어 새로운 생물종이 서식하고 있을 것만 같았다. 현관문은 평범한 곁쇠(본래 열쇠가 아닌 비상시에 대신 쓰는 열쇠—옮긴이)로 열고 닫았는데, 집 안에 데이터 외에 가치 있는 물건은 없었다. 로드킬 스튜로 연명했던 스코틀랜드 시절과는 대조적으로, 시드니에서는 보통 저녁으로 값싼 오믈렛을 먹으며 나름 잘 지냈다. 96세 집주인 할머니는 오후 4시 무렵이면 어김없이 백포도주에 취해 있었다. 집주인은 감시원이자 '오지랖꾼'으로, 아파트 통로를 따라 들어온 모든 남성 방문객을 평가했다. 나는 국제공항과 가까운 곳에 살아 방문객을 안내해 달라는 요청을 빈번하게 받았기에, 자주 방문하는 사람들의 명단도 가지고 있었다. 한번은 생태학과에서 몇 안 되는 여성 과학자 중 한 명인 캘리포니아 대학교 산타크루즈 캠퍼스 소속 생태학자 진 랭겐하임Jean Langenheim을 초대했다. 진은 거머리 공격을 막기 위해 카키색 바지를 연결해서 꿰맨 나의 캔버스 부츠를 무척 마음에 들어 하더니 나와 똑같은 바지·부츠 세트를 만들기로 했다. 몇 시간 동안 손바느질한 끝에 완성된 바지를 진이 자랑스럽게 들어 올리자 부츠의 앞뒤가 거꾸로 꿰매어져 있었다. 우리는 이 이야기가 나오면 요즘도 웃는다. 때로는 다른 대학 기술자들도 방문했다. 캔버라 생태연구소에서 일하는 한 사람은 우리 집에 방문할 때면 내가 좋아하는 브라운 브라더스 샤르도네 한 병을 늘 선물로 가져왔고, 나는 생활비가 빠듯해 이렇게 선물 받은 술만 마셨다. 손님이 오지 않는 날은 자전거를 타고 13킬로미터를 달려 아침저녁 교통 체증이 시작되기 전에 출퇴근하는 식으로 버스 요금을 아꼈다. 당시 가장 큰돈을 지출한 내역은 데이터를 분석하는 동안 음악을 들으려고 33rpm 레코드판 몇 장과 레코드플레이어를 중고로 구입한 것이다. 아이폰의 시대가 도래하기 전 레코드플레이어는 우리 집 좁은 거실의 절반을 점령했다.

우림에서 현장 연구를 하다 가장 좌절하는 동시에 기운을 얻는 때는 질문이 꼬리에 꼬리를 물고 계속 떠오른다는 점을 깨닫는 순간이다. 도출된 답에서 더 많은 수수께끼가 생겨나는 것 같았고, 각각의 수수께끼를 해결하려면 나무에 더 많이 올라야만 했다. 작은 실험으로 나뭇잎에 사용한 잉크를 검증한 이후에는 거기에서 더 나아가 나뭇잎이 억센 정도와 곤충의 입에 어떤 관계가 있는지도 궁금했는데, 나뭇잎에 구멍을 내거나 굴을 파는 행동이 잎의 수명이나 다른 알려지지 않은 요소에 악영향을 주기 때문이었다. 노트를 빼곡히 채운 관찰 사항, 데이터, 그림, 수많은 측정값이 갈팡질팡하는 내 연구에 영감을 주었다. 잎의 길이, 너비, 구멍, 굴이 뚫린 패턴, 가장자리, 수분 함량, 수명, 독성, 두께, 호흡 면적 그리고 마르고 부패하는 과정까지 관찰했다. 밧줄과 하네스를 사용하기 이전에 삼림학자는 키 큰 열대 우림에서 5퍼센트도 안 되는 공간만 연구했고, 실제 열대 우림으로 기능하는 나머지 95퍼센트는 간과했다. 이때 나는 나머지 95퍼센트를 밝히기 위해 역량을 총동원하고 있었다. 그리고 알려지지 않은 생물들과 그 생물들 간의 상호작용으로 활기가 넘치는 핵심지에 나무 등반을 통해 접근했다.

여느 생태학과 학생과 마찬가지로 나는 통계학 수업을 들었다. 현장 연구를 시작하는 시점과 마무리하는 시점에 두 번 수강했는데, 분야를 선도하는 나무탐험가로서 최고의 샘플링 절차를 적용해 일련의 현장 데이터를 얻고 싶었기 때문이다.(직접 조간대 해안에서 수집한 데이터를 사례로 들어 실험 설계를 설명하면서 놀랄 만큼 탁월한 강의를 해주신 토니 언더우드Tony Underwood 교수께 감사드린다.) 모든 잎을 측정할 수 없다는 사실을 인지하고 광대한 3차원 서식지에서 잎을 정밀하게 샘플링하려면 어떻게 해야 할까? 나는 통계 수업에서 자연의 거의 모든 현상이 시간과 공간, 2가지 변수에 의존한다는 점을 배웠으나 숲우듬지 데이터를 분석하기 전까지는 배운 내용을 그다지 염두에 두지 않았다. 그런데 시간 및 공간 변화를 현장 샘플링에 올바르게 도입하자 모든 잎이 아닌 잎의 부분 집합만 측정한 결과로도 정확한 결론에 도달할 수 있었다. 먼저 시간 면에서 잎은 어린잎과 늙은 잎이 다르고, 날마다 주마다 달마다 해마다 변화해간다. 몇몇 호주 우림 나무는 계절에 따라 잎이 변화할 뿐 아니라 묘목과 성목에 달린 잎의 형태가 생리학적으로 다르다. 공간 면에서 잎은 공간 규모에 따라, 예컨대 개별 나무인지 언덕에 사는 나무 전체인지 또는 지역의 임분인지 대륙 전체인지에 따라 다르고, 윗가지에 돋았는지 밑가지에 돋았는지에 따라서도 다르며, 심지어는 하나의 줄기를 기준으로 미세하게 위치가 변해도 달라진다. 시간과 공간의 관점에서 나뭇잎의 생활사를 탐구하다 보면 잎의 생존에 관한 통찰을 얻고 숲 전체의 건강을 추론할 수 있다.

인간은 대상을 관찰하는 시간이 비교적 짧은 편이어서 몇몇 생물, 그중에서도 나무를 장기간 관찰해야 하는 필요성을 제대로 인식하지 못한다. 그러나 현장 생물학을 떠받치는 2개의 축인 시간과 공간은 장기 연구를 통해서만 데이터의 정확성을 보장할 수 있다. 오랜 기간 특정 잎을 모니터링하면 날마다, 달마다, 연마다 잎이 어떻게 변화하는지, 심지어는 수십 년에 걸쳐 숲에 잎마름병이 어떻게 번지는지 분석할 수 있다. 나는 나무에 올라가 공간에 따른 잎 변화 연구에 매진했고, 덕분에 나무 꼭대기에서 밑동까지 형성된 복잡성을 분명히 파악할 수 있었다. 하지만 슬프게도 장기간 현장 데이터를 수집하면서 종종 어려움에 부딪혔다. 연구 보조금이나 기관의 지원을 받으려면 일반적으로 장기 연구 계획과 상관없이 매년 평가를 받아야 한다. 과학자들은 1년, 길어야 3년 뒤 결과를 마무리해야 한다는 압박에 시달린다. 일시적인 데이터 변동을 제대로 설명하지 못하면 결론의 신뢰도는 떨어졌다. 연구비 지급처나 고용주가 신속하게 연구 결과를 보고하라고 요구할 때면 나는 단기 데이터를 모았는데, 이는 스냅숏 결과이거나 기존 실험과는 별개로 특정 기간 측정한 데이터였다. 호주에서 수년간 데이터를 수집한 경험 덕분에 나는 장기 관찰한 결과와 비교해 스냅숏의 부정확도를 계산할 수 있었다. 차이는 놀라웠다! 이를테면 내가 잎을 한 움큼 잘라내거나 다른 삼림 전문가가 그러듯 숲 바닥에서 잎을 주워 코치우드의 초식성을 하루 동안 측정해보면 손실되는 잎 면적은 평균 8퍼센트였다. 반면 잎의 전체 수명을 토대로 계산하면(일부 코치우드 나뭇잎은 수명이 5년이다) 초식성으로 손실되는 잎 면적은 연평균 22퍼센트였다. 잎의 생애를 모니터링해서 얻은 결과가 훨씬 정확했고, 퀵 앤 더티quick-'n'-dirty 스냅숏 기법을 사용하면 오차가 3배에 달했다. 왜 이렇게 차이가 날까? 답은 간단했다. 잎을 한 움큼 따서 초식성에 따른 손실을 관찰하면 초식동물이 완전히 먹어치운 잎을 계산에 넣거나 상층부 우듬지 잎을 비롯한 나무 전체의 초식성을 측정하기가 불가능했다. 나무에 올라가 장기간에 걸쳐 잎을 관찰해야만 샐러드바 전체에서 소비되는 잎의 양을 정확하게 계산할 수 있었다.

박사 과정을 밟는 동안 내게는 안전하고 환경이 쉽게 통제되는 실험실에서 잎에 관한 가설을 검증할 기회가 있었다. 현장에서 연구할 때와는 달리 매일 깨끗한 속옷을 입고, 피자를 주문하고, 주방에서 커피를 내리는 작은 사치를 즐겼다. 실험실에서 해결할 궁금증: 어린잎과 늙은 잎 중 어느 쪽의 독성이 더 강했을까? 일부 생태학자는 어린잎이 화학 독성 물질을 더 많이 함유하며, 그 독소는 잎이 팽창하는 사이에 사라진다고 유추했다. 다른 학자들은 독성 물질이 평생에 걸쳐 잎에 서서히 축적된다고 생각했다. 의문을 해소하기 위해 나는 5종의 어린잎, 중간쯤 자란 잎, 다 자란 잎, 늙은 잎을 채취해서 말리고 분석했다. 특히 초식동물에 대항하는 방어 물질로 알려진 페놀과 타닌을 검사했다. 대자연이 쇼를 펼치는 현장과는 대조적으로 분석 실험실은 데이터 수집에 이상적으로 무균 상태로 통제되었다. 하지만 나뭇잎이 보이는 특성 대부분이 그렇듯 분석 결과는 명료하지 않았다. 한 종은 어린잎에서 독성 수치가 가장 높았지만 3종은 나이 든 잎에 독성 물질이 더 많이 축적되어 있었다. 다섯 번째 종에서는 우림의 나무에서 발견되었던 다양한 방어 물질 가운데 어느 물질도 검출되지 않았다.

잎이 돋는 시기의 생물계절학적 특성에는 잎을 보호하는 일시적(또는 계절적) 전략이 담겨 있어 배고픈 초식동물을 속일 뿐 아니라 가뭄, 홍수, 폭풍, 기후변화의 피해를 최소화한다. 따뜻해진 기후에 자극을 받아 21세기의 수많은 온대림에서는 수십 년 전보다 거의 한 달 일찍 잎이 돋고 떨어진다. 나뭇잎은 숲의 질서를 드러내는 지표로, 잎이 돋고 지는 시점이 큰 폭으로 바뀌면 숲 전체의 건강에도 변화가 일어날 수 있다. 아기 피부처럼 부드럽고 연약한 새잎은 생존을 위협하는 포식자와 극단적인 기후를 피해야 한다. 온대림에서 잎은 주로 봄에 돋는다. 나뭇잎이라는 태양광 발전소의 총 에너지 효율은 1퍼센트에 불과하지만 나머지 99퍼센트 에너지는 나뭇잎을 유지하는 데 쓰인다. 99퍼센트의 절반은 증산 작용에 쓰이고, 이를 통해 뿌리에서 우듬지 잎까지 물이 이동한다. 햇빛 외에 물도 잎의 생산성에 중요한 요소이다. 물이 줄기를 거쳐 잎으로 이동하는 과정은 중력을 거스르는데, 어떤 나무에서는 물이 높이 107미터까지 상승한다! 물관 세포는 나무 전체에 물을 수송하고, 뿌리털부터 태양을 받는 잎까지 액체를 위로 빨아올리는 펌프 역할을 한다. 가는 옥수수 줄기는 짧은 성장기에 물 200킬로그램을 빨아올리고, 키 큰 삼나무는 매일 물 2,000~4,000킬로그램을 증산하는 것으로 추정된다! 화석 연료를 소모하거나 유독성 폐기물을 배출하지 않으면서 조용히 작동하는 나무는 인간이 건설하는 어느 공장보다 훨씬 경쟁력 있다.

초소형 기기가 개발되기 이전에는 워크시트의 각 열에 신중히 관찰 데이터를 기록했다. 그런 다음 사무실로 돌아와 통계를 분석하기 위해 데이터를 다시 작성했다. 여기에 상당히 긴 시간이 소요되었다. 이런, 나한테 이런 데이터가 있었나! 싹이 틀 때마다 새잎은 수가 거의 2배씩 늘었다. 18개월간 나무에 오르고, 5종의 잎을 모조리 합치자 4,183개로 집계되었다. 나는 중독자처럼 데이터베이스에 새로운 잎을 추가하는 작업을 멈출 수 없었고, 박사학위 논문을 쓸 때 잎의 수는 처음과 비교하면 2배 넘게 늘어 있었다. 36개월 동안 나무에 올라간 뒤 나는 데이터에서 펼쳐지는 이야기를 두고 고민하기 시작했다. 자, 내가 뭘 배웠지? 우림 우듬지의 잎은 수명이 대부분 평균 3~5년 정도이지만 독성이 있고 빠르게 성장하는 거인가시나무의 잎은 4~6개월로 짧고, 낙엽성 붉은히말라야삼나무 잎은 6~12개월, 하목층의 사사프라스 잎은 20년이 넘을 만큼 다양했다.(사사프라스 잎의 수명을 어떻게 계산했을까, 라고 의문을 떠올렸을 것이다. 간단히 말하면 나는 논문을 완성한 뒤에도 남아 있는 나뭇잎을 수년간 계속 관찰했다.) 기온이 낮고 바람이 많이 불어 사사프라스나무가 낮게 자라는 고지대에서는, 우듬지에서 어느 높이의 가지에 달렸는지와 무관하게 사사프라스 잎의 수명이 2~4년에 불과했다. 다른 무엇보다 위치가 중요하다!

곤충의 초식성은 나뭇잎의 운명을 결정하는 핵심 요소였다. 내가 우듬지로 올라가기 전에는 호주나 다른 어느 곳에서도 나무 전체에 대한 초식성을 측정한 적이 없었고, 신중하게 반복 실험을 하거나 시간·공간적 변화를 모두 고려해 초식성 데이터를 도출한 적도 없었다. 나무는 초식곤충에게 다양하고 영양가 높은 잎사귀를 제공한다. 샐러드바가 언제나 열려 있고, 나무들이 적으로부터 달아나지도 않지만 내가 평생 관찰하는 동안 곤충은 놀랍게도 우림 우듬지를 전부 먹어치운 적이 없었다.(하지만 건조림에서는 달랐다. 이 이야기는 나중에 등장한다.) 코치우드의 경우 초식곤충이 매년 잎 면적의 약 22퍼센트를 먹었는데, 대부분 잎이 돋은 첫 3개월간 모든 잎의 거의 4분의 1을 먹었다! 구멍투성이 나뭇잎이여! 사사프라스는 음지 잎이 양지 잎보다 초식성으로 더 많이 손실되었고, 전체 나무 수관에서 잎 면적의 평균 15퍼센트를 초식성으로 잃었다. 붉은히말라야삼나무는 매년 나무 전체에 걸쳐 잎 면적의 4.5퍼센트가 초식성으로 손실되었다. 이 나무종은 형태가 막대사탕 같고 잎이 낙엽성으로 수명이 짧아 양지 잎과 음지 잎의 수가 명확하게 규정되지 않는다. 남극너도밤나무는 잎 면적의 31퍼센트를 초식성으로 잃는데, 그중 99퍼센트가 잎이 부드럽고 취약한 시기인 탄생 첫 3개월 동안 발생한다. 거인가시나무가 가장 놀라웠다. 우림을 상징하는 이 악마 나무는 분명 방어 목적으로 뾰족한 가시털을 무장했지만 잎 면적의 평균 42퍼센트를 초식성으로 잃는다. 이 놀라운 수치를 알고 나는 소스라치게 놀랐다! 따끔따끔한 거인가시나무 털을 소화하도록 진화한 어느 딱정벌레종 외에 독성이 있는 거인가시나무에 가까이 다가갈 정도로 배짱 있는 포식자는 아무도 없었다.

집에서 만든 볼품없는 우듬지 등반 도구 세트가 나무 전체에 돋은 잎을 채취하게 해준 덕분에 곤충으로 인한 잎 손실은 숲 바닥에서 나무의 '엄지발가락'만 보고 추정한 값보다 실제로 4~5배 더 크다는 점이 드러났다. 현장 생물학자가 보기에 추정값의 4~5배 차이는 대단히 컸다! 데이터 수집을 마쳤을 때 나는 진정한 '잎 박사'가 되어 있었다. 우듬지 나뭇잎은 나의 '환자'였다. 나는 잎이 저마다 드러내는 생명의 징후를 포착했다. 건강한가? 식사는 했을까? 다치지는 않았나? 건조한가? 곤충이 굴을 뚫지는 않았나? 노랗게 된 걸까? 갈변이 일어났나? 바람에 찢긴 건가? 곤충 프라스로 뒤덮였나? 나뭇가지가 부러졌나(바람이 불거나 코카투처럼 활달한 호주 새가 다녀가서)? 싹일까? 새잎일까? 벌레혹이 있나? 나는 곤충이 입힌 손상을 확인하는 방법도 알았다. 파리 유충은 나뭇잎 표면에 굴을 판 독특한 흔적을 남겼다. 잎벌레과에 속하는 딱정벌레는 잎 가장자리를 따라 중간 크기의 구멍을 내는 편이지만 몇몇 곤충은 엽맥 사이에 구멍을 내서 레이스를 만들었다. 대벌레는 한 번에 잎의 75퍼센트, 심지어 95퍼센트를 대담하게 먹어치웠다. 일부 나비목(나비, 나방) 애벌레 또는 파리목(파리) 유충은 떼 지어 나뭇가지에 달린 잎을 전부 갉아 먹지만, 잎의 주맥主脈은 씹을 수 없을 만큼 질겨 그대로 남긴다. 바구미가 잎 즙액을 빨아먹으면 갈색이나 노란색으로 변색된 둥근 얼룩이 잎 표면에 남는다. 나는 독학으로 곤충학자가 되어 사랑하는 나뭇잎을 누가 먹었는지 알아내야 했다. 호주 절지동물 그림이 실린 분류표나 논문, 책은 거의 찾아볼 수 없어서 절지동물 표본을 만들어 전문가에게 보내는 쪽이 훨씬 실용적이었다.

호주 박물관이나 CSIRO(Commonwealth Scientific Industrial and Research Organization, 연방과학산업연구기구)에 가끔 표본을 가지고 갔다. 그곳에서 몇몇 곤충학자는 표본을 확인하고 다리 6개 달린 생물의 세계에 얽힌 놀라운 이야기를 들려주었다. 호주 곤충학계를 지지하는 하나의 중심축은 바구미 전문가 엘우드 짐머만Elwood Zimmerman이었다. 나는 수줍게 수집품들을 짐머만과 공유했고, 그는 곧 수집품들이 새로운 5종과 1속에 해당한다는 점을 발견했다. 짐머만은 "디아바트라리나이속Diabathrarinae의 새로운 종일세" "새로운 속일까? 이마티아Imathia군에 해당한다네" "알바구미아과Tychiinae에 속하는 새로운 종이군"이라 말하며 눈을 반짝였다. 호주의 박물관 관장들이 보기에 우듬지에는 아직 밝혀지지 않은 곤충이 많은 것이 분명했고, 이제 그들은 나무탐험가를 고용해 우듬지 서식 곤충의 표본을 수집한다. 신규 표본을 자신이 근무하는 박물관 서랍에 보관하길 갈망하는 분류학자들 사이에서 나는 유명 인사가 되었다.

1950년대에 스쿠버 장비가 산호초 연구에 영감을 주었듯 내가 현장에서 사용했던 밧줄과 하네스는 나무 꼭대기 탐험을 시작하도록 자극했다. 1980년대와 1990년대에 숲우듬지는 호주에서 다른 열대 국가로 확대되며 열대 연구의 핵심지가 되었다. 나는 안전하게 우듬지에 접근하는 절차를 설계하고, 호주는 물론 인도네시아와 같은 인근 국가에서 동료 학생들에게 나무 탐험하는 법을 가르치기 시작했다. 동시대인 1979년에 지구 반 바퀴 떨어진 캘리포니아 주립대학교 노스리지 캠퍼스에서 연구한 대학원생 돈 페리Don Perry는 코스타리카에서 하네스와 밧줄과 석궁을 이용해 나무에 올랐다. 돈 페리도 나처럼 다른 사람들에게 나무 등반을 가르쳤고, 우리 둘은 지구 반대편에서 각자 숲우듬지 연구를 추진했다. 처음 나무에 오르고 5년 뒤, 비슷한 연구법을 과학 학술지에 각각 발표하고 나서야 우리는 마침내 학회에서 만나게 되었다. 인터넷이 개통되기 전에는 과학자들 간의 소통이 터무니없이 느렸고, 연구원들은 주요 학회에 참석하거나 우편으로 수개월 만에 도착하는 학회지를 읽으며 새로운 발견을 접했다. 과학적 발견이 이루어지던 중요한 시기에 호주는 지리적·학술적으로 중앙아메리카 및 남아메리카로부터 고립되어 있었다. 하지만 내가 숲 연구를 선도하는 시점에 접어들자 호주는 토지 이용 정책을 개혁했다. 우림을 벌채하는 기존 정책에서, 남은 우림을 보존하기 위해 국가가 나서서 막대한 노력을 쏟는 정책으로 바뀌었다. 나무 전체를 탐구해 얻은 지식 일부가 호주 언론과 정책 입안자가 고수하던 낡은 사고방식을 송두리째 바꾸면서 모든 사람이 삼림을 벌채하지 말고 보존하자며 한목소리를 냈다. 내가 우듬지에서 발견한 것들이 그런 변화를 일으키는 과정에 보탬이 되어 자랑스럽다. 오늘날 호주에서 보호하는 우림은 비록 남아 있는 규모가 작지만 생태관광지로 활용되는 동시에 토양을 보존하고, 탄소를 저장하며, 높은 생산성과 생물 다양성을 제공하고, 담수를 생산하고, 기후를 조절하는 등 헤아릴 수 없을 만큼 가치가 큰 생물학적 기능을 수행한다.

이처럼 나무 꼭대기에서 연구를 선도하는 사이, 나의 해양생물학과 동료들도 마찬가지로 다양성이 높은 산호초 생태계의 기능을 이해하려고 노력했다. 우리는 과학적 발견에 도취해 있었고, 한 구역에 얼마나 많은 종이 사는지 알아낸다는 생각에 밤잠도 설쳤다. 우림 우듬지와 산호초 둘 다 본질적으로 생태 현장 연구의 첨단으로 여겨졌다. 하지만 1980년대에 우리는 기후가 변한다는 개념과 그 변화한 기후가 우리의 데이터에 미치는 영향을 인지하지 못했다.

1982년 세계에서 가장 강력한 엘니뇨가 기록되었고, 동태평양 해수 온도가 급격히 올라갔으며, 뒤이어 파나마, 중앙아메리카, 갈라파고스 인근 산호초에 최초로 백화 현상이 발생했다. 파나마 태평양 산호초의 70~90퍼센트가 죽었다. 1997~98년 적도 주변에서 백화 현상이 다시 일어나 전 세계 과학계가 주목하기 전까지 산호초 생태학자 대부분은 이 현상을 '산호 문제'로 규정했다. 이와 비슷하게, 21세기 초와 비교해 기후변화에 관한 논의가 거의 진행되지 않았던 20세기 후반 우림 생태학자들은 삼림 건강을 악화시키는 주요 원인으로 벌목, 화재, 개간을 꼽았다. 벌목 트럭을 피해 다니던 1980년대에 나는 곤충의 기이한 창궐과 그와 연관된 따뜻하고 건조한 환경을 경고하지 않았는데, 생태학자들은 그런 환경 변화가 인간의 개입에 다소 영향을 받은 결과이긴 하지만 본질적으로 자연의 주기라고 생각했기 때문이다. 산호초 과학자와 우림 과학자는 여전히 그 복잡다단한 자연 체계가 어떻게 작동하는지에만 초점을 맞췄고, 인간이 초래한 극단적인 이상 현상들, 특히 위협을 가속화하는 기후변화에는 주의를 기울이지 않았다.

코치우드

Ceratopetalum apetalum

첫 등반을 앞두고 코치우드를 보자마자 나는 첫눈에 사랑에 빠졌다. 하얗고 단단하고 우아하게 가지를 뻗은 나무줄기와 반짝이는 녹색 잎, 그리고 시간이 흐를수록 하얀색에서 분홍색으로 변화하는 꽃잎을 지닌 코치우드가 고상하게 내민 가지에 올라가 시간을 보내고 싶지 않은 나무탐험가가 어디 있겠는가? 코치우드는 등반과 과학적 발견 그리고 생물 다양성에 이상적인 종이었다. 향기 나는 새틴우드 scented satinwood 또는 코치우드라는 일반명은 이 나무의 껍질에서 향기가 나고, 목재가 마차 제작에 유용하다는 정보를 알려준다. 코치우드의 학명에서 '케라스'ceras는 '뿔 모양', '페탈룸'petalum은 '꽃잎'petal을 의미하는데, 코치우드 꽃잎이 '뿔 모양'임을 가리킨다. 한편 학명 '아페탈룸'apetalum은 '꽃잎이 없음'을 뜻한다. 하얀색이었다가 꽃망울이 터지고 분홍색으로 변하는 코치우드 꽃이 실제 꽃잎이 아니라 꽃잎처럼 생긴 꽃받침이어서 '아페탈룸'이라 이름 붙은 것이다. 대왕앵무를 비롯한 과일 식성 새들을 유혹하는 붉은 열매처럼, 코치우드의 꽃은 다양한 무척추동물을 유혹해 먹이와 서식지를 제공한다. 코치우드는 쿠노니아과Cunoniaceae에 속하며 베셀로우스키야Vesselowskya, 슈도바인마니아, 시조메리아Schizomeria 같은 몇몇 나무와 사촌 관계이다.(이 나무들은 이름을 발음하기 힘든 데다 생김새도 비슷해 식물 비전문가가 구별하기 어렵다.)

우림에서 처음으로 등반한 나무가 코치우드였기에 나는 특히 코치우드 상층부의 각양각색 나뭇잎에 사는 다양한 생물에 관심을 기울였다. 몇몇 코치우드 거주민은 지금도 기억에 남는다. 주둥이가 긴 검은바구미는 하목층과 중간 우듬지 잎의 즙액을 빨아 먹었고, 큰솔부엉이는 낮에 나뭇가지에 앉아 꾸벅꾸벅 졸았으며, 앵무새 떼는 상층부 나뭇가지에서 왁자지껄 놀다가 과일을 쪼아 먹었고, 에두셀라딱정벌레와 콜라스포이드딱정벌레는 어린잎(노화하지 않은 잎)을 좋아했다. 학생들에게 늘 충고하듯 발견은 대부분 대답보다 많은 질문으로 이어진다. 코치우드 숲우듬지에는 여전히 비밀이 많이 남아 있으며, 그 비밀을 풀면 지상에서 두 발로 걷는 존재의 진실도 드러날 것이다.

코치우드는 뉴사우스웨일스주와 퀸즐랜드주 남부에 조성된 따뜻한 온난온대 우림에 흔하고, 시드니 도심 관목림지의 협곡처럼 비교적 척박한 토양에서도 잘 자란다. 천천히 자라는 나무종으로 튼튼한 목재를 생산하며, 수명은 최대 200년이다. 코치우드의 선명한 녹색 잎은 가장자리에 눈에 잘 띄지 않는 톱니가 있고 좌우 대칭을 이루며, 다양한 초식동물의 맛있는 먹을거리이다. 최상층 우듬지에서 코치우드의 양지 잎은 호주 우림의 다른 어느 나뭇잎보다도 질긴데, 아마 극단적으로 덥고 햇볕이 잘 드는 구역에서 수분 손실을 방지하기 위해서일 것이다. 우림에 서식하는 다른 나무종과 마찬가지로 코치우드 잎도 처음 돋고 3개월간 초식동물에게 가장 큰 피해를 입었다는 사실이 내 연구에서 밝혀졌다. 음지 잎은 초식동물에게 매년 잎 면적의 약 35퍼센트를 잃지만, 양지 잎은 고작 9.4퍼센트를 잃는다. 코치우드 잎은 단단하고 억센 잎을 대표하며 숲 바닥에 떨어지면 분해되기까지 21개월이 소요된다. 내가 연구한 5종의 잎 중에서도 가장 억센 코치우드 잎은 적당한 함량의 페놀류만 함유하며, 이는 단단하고 왁스로 코팅한 듯한 잎 표면이 초식동물을 방어하는 데 화학 독성 물질보다 중요한 무기라는 점을 암시한다.(대조적으로 거인가시나무에서는 페놀류가 거의 검출되지 않았고, 사사프라스의 다 자란 잎과 남극너도밤나무 잎에서는 페놀류가 코치우드 기준으로 2배 더 검출되었다.) 나는 호주 우림에 자생하는 무수한 나무종의 잎을 대표한다는 점에서 코치우드 잎을 연구했는데, 전형적인 특징을 꼽자면 경엽수(표피가 단단한 잎)이자 상록수이며 잎에 톱니가 거의 없고(약하게 톱니 형태이긴 하다), 타원형이며 어린잎이 불그스름하다. 온대성 나뭇잎은 가을철 낙엽이 지기 전에 빨간색이나 주황색으로 변하지만 열대성 나뭇잎은 주로 잎이 돋는 동안 빨간색이나 분홍색 색소를 생산한다. 초식동물은 녹색 먹이를 선호하고 찾아다니므로 어린잎에 잠시 드러나는 불그스름한 색은 어쩌면 초식동물을 속여 공격을 막아내는 대자연의 전략인지도 모른다. 또한 나무 입장에서는 먹힐 확률이 높은 어린잎에 비교적 값진 녹색 염료인 엽록소를 투자하지 않는 쪽이 경제적일 것이다.

나는 코치우드에 '경제의 나무'라는 별명을 붙였는데, 건강한 우듬지가 수립하는 사업 계획이란 무엇인지 내게 가르쳐주었기 때문이다. 인간은 주식, 부동산, 가구 등에 투자하고 때로는 요트나 와인 창고로 성공을 가늠하지만 나무는 생존을 위한 청사진을 마련한다. 낙엽수는 매년 가을 자산을 완전히 처분했다가 이듬해에 햇살이 비치는 따뜻한 봄이 오면 새로운 잎을 틔운다는 명확한 사업 계획에 따른다. 작은 녹색 잎이 공급하는 당분으로 낙엽수는 키를 키우고 부피를 늘려 이웃 나무를 압도한다. 아열대 지방에 자생하는 상록수 코치우드는 그보다 훨씬 복잡한 사업 계획을 수립해, 나무의 복잡한 단위 구조를 대표하는 다채로운 잎들이 성공을 꿈꾸며 저마다 독특한 계획을 세운다. 하층부의 잎은 크기가 크고 색이 어두워 수관 상층부를 통과해 스며드는 아주 미세한 빛을 효율적으로 이용할 수 있으며, 이런 형태의 잎은 생산 비용이 많이 들기 때문에 수명이 길다. 이와 대조적으로 상층부의 잎은 작고 두꺼우며 노란빛이 도는 녹색이어서 덥고 건조한 환경에 적응하기 유리하고, 생산성이 뛰어난 엽록소 공장에서 당분을 생산해 나무 전체가 언제나 건강하게 잘 자라도록 한다. 태양과 그늘 사이사이의 형형색색 잎들은 전부 복잡한 숲우듬지의 특정 환경에 맞게 설계되었다. 코치우드의 양지 잎은 하목층 나뭇잎에 비해 크기가 4분의 1밖에 되지 않으며 두께, 색, 질긴 성질, 수분 함량, 기능 면에서도 다르다. 열대 나무가 빛을 얻으려면 이웃 나무를 능가하는 수관을 형성해야 하므로 우듬지의 성장은 무척 중요하며, 그와 더불어 물과 영양분 섭취를 극대화하려면 뿌리도 성장해야 한다. 모든 나무는 잎을 틔우고, 광합성을 하고, 그 잎을 유지하다 결국 떨구는 등 복잡한 과정을 조절하는 청사진을 지닌다. 폭풍으로 나뭇가지가 부러지면 나무는 치명상을 입는다. 지진이 강타하면 도시 기반 시설을 수리하듯 다친 나무는 변화한 구조에 적응하고 부러진 가지 주변부 잎의 기능을 변경하는 등 수관 전체를 즉시 조정해야 한다. 높이와 밝기가 다양하고 복잡한 샐러드바를 갖춘 코치우드를 관찰하면서 나는 우림 나무를 구성하는 가지각색의 기관들을 존경하게 되었다.

4장
숲우듬지의 초식곤충들

숲우듬지 나뭇잎에서 구멍을 발견하고 1년이 흐른 뒤, 나는 남극너도밤나무 잎 샘플을 관찰해 턱으로 굴을 파고 다니는 습격자 곤충을 추적하는 임무를 수행했다. 높이 24미터 나뭇가지에 매달리니 속이 울렁거렸는데, 주위를 둘러보자 수천 년을 살아온 나무의 어린잎 대부분이 갈색 굴과 작은 구멍이 빼곡하게 뚫린 채 손상된 모습이 눈에 띄었다. 나무에 매달려 공중에서 이동하는 도중 나뭇가지에 걸려 나풀거리는 명주실이 내 얼굴에 부딪혔고, 그 명주실이 잎을 먹은 애벌레에 관해 유일한 단서를 제공했다. 애벌레는 어린잎만 먹는 것 같았고, 따라서 나는 그 생물이 주둥이가 작아 가장 여린 식물만 씹을 수 있을 정도로 아주 조그마할(다르게 말하면 몹시 찾기 힘들) 것이라 추정했다. 남극너도밤나무 상층으로 올라가자 모든 가지에서 1센티미터도 되지 않을 만큼 작고 꿈틀거리는 하얀색 덩어리들이 발견되었다. 그 꼬불꼬불한 애벌레들이 나뭇가지 끝에 달린 가장 어린 조직 한 층을 뚫고 들어가 굴을 파고 있었다. 애벌레는 자라면서 수관 아래로 이동해 조금 더 크고 튼튼하며 나이 든 잎을 먹었다. 그리고 턱이 커지고 튼튼해질수록 오래된 잎을 찾았다.

나는 노련한 곤충학자가 아니어서 애벌레가 탈피하기까지 시간이 얼마나 걸리는지 몰랐지만 종을 식별하려면 애벌레를 성충으로 키워야 한다는 지식은 있었다. 그래서 통통한 애벌레 수십 마리와 남극너도밤나무 가지를 시드니의 내 아파트로 옮겼다. 양동이를 이용해 남극너도밤나무 가지를 붙들고 비닐봉지를 둘러 애벌레가 명주실을 타고 움직이는 것을 막은 다음, 거실 구석에 두고 끈기 있게 애벌레를 길렀다. 열흘 정도 어린잎을 주다 약간 나이 든 잎을 먹이자 작고 하얀 덩어리들은 살이 찌고 표면이 축축해졌으나 길이 1센티미터에서 더는 자라지 않았고, 가운데 다리를 제외한 양쪽 끝의 다리가 먼저 자라났다(딱정벌레목의 특징이다). 어느 날 애벌레들은 남극너도밤나무 가지에서 바닥으로 떨어져 1950년대에 유행한 녹색 융 카펫에서 길을 잃었다. 그리고 마법처럼 애벌레에서 공 모양 덩어리로 변태했는데, 이 딱정벌레 덩어리는 나방의 고치와 같다. 나는 겁에 질려 허둥대다(애벌레를 밟고 싶지 않았기 때문이다!) 융 카펫을 샅샅이 살펴 다음 성장 단계로 진입한 공 모양 번데기들을 구출했다. 나는 어미 딱정벌레가 된 것처럼 애벌레가 여러 단계의 유충기를 거치는 모습을 지켜보며 정신이 아찔할 정도로 기뻐했고, 수주일 뒤 마침내 늠름한 계피색 딱정벌레가 나타났다.

나는 몇몇 곤충학자와 발견을 공유한다는 생각에 흥분한 채 애벌레 표본과 딱정벌레 성충을 담은 샘플 병 몇 개를 들고 호주 박물관으로 달려갔다. 주위로 몰려든 곤충학자들은 그 곤충이 딱정벌레과에 속하는 잎딱정벌레라고 설명했다. 세계적인 전문가 브라이언 셀먼Brian Selman은 영국에 거주하고 있었기에, 우리는 표본 몇 개를 그가 근무하는 뉴캐슬 대학교에 우편으로 보냈다. 박물관 간에는 표본 교환이 법적으로 허용되었고, 내 소중한 표본은 지구 반 바퀴를 돌아 안전하게 운송되었다. 브라이언은 직접 남극너도밤나무에 오른 적은 없었지만 나의 현장 노트를 활용해 특정 숙주에 기생한다고 새롭게 밝혀진 초식곤충을 학술적으로 묘사할 수 있었고, 나는 브라이언의 논문에 공동 저자로 자랑스럽게 이름을 올렸다. 처음 연락한 당시 잎딱정벌레에 관한 논문을 막 완성한 브라이언은 좌절하고 말았는데, 새로운 발견을 추가하려면 장문의 논문을 수정해야 했기 때문이다. 분류학자는 종이 새롭게 발견되거나 분류가 변화할 때마다 생명의 나무(tree of life, 지금까지 지구에 살고 있거나 멸종한 모든 생물종이 공통의 선조에게서 갈라져 나와 진화하는 과정을 나뭇가지가 갈라지는 형태로 나타낸 그림—옮긴이)를 수정하고 편집하고 추가한다. 브라이언은 본인이 소속된 연구소(뉴캐슬)와 딱정벌레의 숙주 나무인 남극너도밤나무를 기념해 새로운 딱정벌레의 이름을 노보카스트리아 노토파기라고 지었다. 우리는 직접 만난 적은 없지만 딱정벌레를 열렬히 사랑하는 마음을 매개로 직업적 유대감을 형성했다. 여덟 번째 대륙에 사는 수없이 많은 곤충처럼, 노보카스트리아는 우리에게 낯선 종일 뿐 아니라 낯선 속이기도 했다. 이는 하나의 딱정벌레군(이후 노보카스트리아라 명명되는 딱정벌레속)이 과학계에 새롭게 알려졌음을 의미한다. 일반명을 가진 곤충이 많지는 않지만 나는 윌리엄스 대학교를 기념하는 차원에서 '걸 딱정벌레'Gul beetle라는 애칭을 지어주었다. 윌리엄시언Williamsian을 라틴어로 표기하면 걸리얼멘시언gulielmensian이며 이는 학교 졸업앨범의 이름이기도 한 까닭이다. 새로운 종을 찾아 분류하고 발표하는 과정은 힘들고 시간도 많이 걸리는데, 이 새로운 딱정벌레의 경우 2년 넘게 소요되었다. 나무탐험가들은 숲우듬지에 사는 생물종 가운데 90퍼센트가 발견도 분류도 되지 않은 채로 남아 있다고 추정한다. 수년간 숲우듬지에서 생물이 발견되면서 나무탐험가들은 영국의 초식곤충학자, 러시아의 응애 전문가, 호주의 바구미 전문가, 스미스소니언 협회의 거미학자, 플로리다주의 나무좀 연구자 등 세계 곳곳의 곤충학자를 만나러 다녔다. 나무 꼭대기 생태계처럼 과학의 세계도 다방면으로 서로 협력하는 전문가들이 방대한 거미줄처럼 촘촘하게 연결되어 있다.

나는 나무 꼭대기에 사는 곤충이 아니라 나뭇잎만 연구했다. 하지만 매달 현장에 나가 연구하는 동안 반복되는 곤충 피해의 징후를 발견하면서 좌절하는 한편 의문에 휩싸였다. 초식곤충은 대부분 잎을 씹어 큰 구멍을 남겼으나 일부는 잎 조직층을 뚫고 들어가 굴을 파고 다니면서 화려하고 예술적인 문양을 남겼는데, 주로 큐티클은 그대로 두고 잎의 부드럽고 촉촉한 내부를 파고들었다. 몇몇 곤충은 벌레혹으로 점자 메시지를 남겼다(깔따구나 말벌이 잎 조직 내에 알을 낳으면 부화한 유충이 벌레혹을 일으킨다). 이따금 습격자 곤충은 미세한 검은색 알갱이 프라스를 추가 단서로 남겼는데, 이는 곤충이 상당히 최근에 먹이를 먹고 배설한 물질이 나뭇잎 표면에서 씻기지 않았다는 점을 알려준다. 오늘날의 DNA 기술이 당시에도 존재했다면 나는 범인을 찾기 위해 배설물을 분석했을 것이다. 그러나 나는 사악한 곤충이 점심밥을 먹는 현장을 덮치기 위해 인내심을 갖고 감시해야 했다. 나뭇잎 대학살을 목격하고 나뭇잎 전문가로서 연구를 이어가려면 곤충 탐정이 되어야 했다. 누가 무엇을 먹었을까? 언제? 어디에서? 이 나무에는 얼마나 큰 영향을 미쳤을까?

거의 모든 식물종은 적에게서 달아날 수 없어 먹히고 만다. 몸을 움직이는 생물은 포식자로부터 도망치려고 빠르게 이동하지만 식물은 제자리에 뿌리를 내리고 있다. 따라서 독성 물질을 생산해 조직에 저장하거나 맛을 떨어뜨리거나 시간(한 번에 잎이 전부 돋아나면 그중 일부는 공격을 피하게 된다)과 공간(숲에서 다른 나무종에 둘러싸여 자기를 숨긴다)을 활용해 탈출하는 등 자신을 보호하기 위해 정교한 전략을 짠다. 나무는 이동 능력이 부족하고 다 자라려면 수십 년간 성장에 투자해야 하기에 특히 포식자에게 먹히기 쉽다. 나는 탐정이 되어 그 포식자들을 찾으려 했지만 거대한 샐러드바 안에서 크기가 작은 포식자를 발견하기는 어려웠다. 다른 대륙에는 사슴, 기린, 코끼리, 나무늘보 같은 대형 초식동물이 쉽게 눈에 띄지만 호주 우림에는 대형 초식동물이 없다(건조림에서 유칼립투스 잎만 먹는 코알라 외에는). 내가 나무에서 시간을 더 많이 보내며 참신한 방식으로 잎과 포식자의 관계를 규명하려고 분투할수록 곤충은 나의 현장 계획에 전례 없는 수준의 복잡성과 혼란을 불러왔다.

숲우듬지에서 곤충을 찾는 일이란 건초 더미에서 바늘을 찾는 일과 비슷하다는 사실을 깨닫고 나는 좌절했다. 남극너도밤나무 우듬지에서 중요한 초식곤충을 성공적으로 발견하긴 했지만 거의 모든 나무종에 잎 포식자가 있다는 점을 확인했다. 가장 중요한 포식자를 발견하려면 현장 연구를 어떻게 설계해야 할까? 곤충의 식사 현장은 베일에 가려져 있었다. 곤충 대부분이 나뭇잎 표면으로 위장하고 혼자 잎을 먹어 그 현장을 포착하기가 힘들기 때문이었다. 생태학 문헌을 읽으면서 곤충은 식물만큼 개체 수가 많지만 제대로 파악하기 어렵다는 점을 깨달았다. 곤충 관찰은 아마도 수년간 빠른 날갯짓을 포착하는 연습을 거듭하며 눈을 단련하는 새 관찰과 흡사할 것이다. 나는 깃털 달린 동물을 숨죽여 관찰하는 대신 나뭇잎 표면에서 꼬물대는 조그마한 포식자 찾는 법을 터득해야 했다. '생물 다양성'Biodiversity은 지구에 서식하는 생물종의 다양성을 총체적으로 지칭하는 용어로, 그 다양한 생물 대다수는 절지동물이다. 1800년대에 찰스 다윈Charles Darwin은 지구에 생물 80만 종이 서식한다고 추정했다.(젊고 방탕한 박물학자가 계산한 턱없이 큰 숫자에 몹시 놀라 숨을 헐떡이는 영국 여왕이 떠오른다!) 그로부터 대략 100년이 흐른 뒤 스미스소니언 협회 소속 과학자 테리 어윈Terry Erwin은 열대 나무에 서식하리라 예상한 딱정벌레를 근거로 다윈이 처음에 주장한 지구 생물종의 수를 거의 30배 늘렸다. 어윈은 손으로 분무기를 들고 다니면서 살충제를 뿌려 절지동물을 숲 바닥으로 떨어뜨린 다음, 우듬지 밑에 펼쳐놓은 플라스틱 깔개 위로 내린 곤충 '비' 양을 헤아렸다. 살충제 분무기로 실험한 이후 어윈은 지구에 약 3000만 종의 곤충이 있으며 대부분 이전에 분류되지 않은 곤충이고, 그중 다수가 딱정벌레라고 추정했다. 그리고 곤충의 반 이상이 풀을 먹는다고 알려져 있으므로, 생태학자들은 현재 전 세계 육지 생물 다양성의 50퍼센트 이상이 풍부한 잎을 보유한 숲우듬지에 살 것이라 짐작한다. 하버드 대학교 교수이자 저명한 곤충학자 에드워드 O. 윌슨Edward O. Wilson이 추정하는 양은 세균과 토양에 사는 미생물을 포함해 1억 종 이상으로, 어윈의 추정치를 가뿐히 뛰어넘는다. 윌슨은 과학자들이 아직 제대로 탐사하지 않은 나무 꼭대기와 토양 생태계에 수많은 생물종이 발견되지 않은 채로 남아 있으므로 본인의 추정치가 더욱 상향할 가능성이 있다고 생각한다. 하지만 내가 체감했듯 우림에서 새로운 종을 발견하는 속도는 '건초 더미에서 바늘 찾기'처럼 몹시 느려 과학자들은 생물종의 90퍼센트가 여전히 발견되지 않았다고 추정한다. 그런 측면에서 '여덟 번째 대륙'이란 나무탐험가들이 새롭게 고안한 용어로, 지금까지 탐사되지 않은 광활한 숲우듬지 영역을 가리킨다. 하지만 아직 발견하지 못한 수많은 종이 우리가 모르는 사이에 사라질지 모른다. 믿기지 않을 정도로 놀라운 점은 지구에 사는 곤충의 개체 수로, 1000경(10의 19승)에 달할 것으로 추산된다. 이 다리 여섯 달린 생물 가운데 상당수가 여덟 번째 대륙에 산다.

나무 수관에 사는 미지의 곤충 수백만 마리에 집중하고 나서부터 나는 일상생활에서 접하는 수많은 곤충의 진가를 알아보기 시작했다. 곤충은 개체 수가 많지만 여덟 번째 대륙뿐 아니라 거의 모든 생태계에서 모습을 잘 드러내지 않는 것으로 밝혀졌다. 우리 중 몇 명이나 뒤뜰 1세제곱미터에 사는 곤충의 수를 알고 있을까? 우리와 함께 집에서 생활하는 소름 끼치는 곤충은 몇 마리나 될까? 확실히 우리는 곤충 수가 엄청나게 많다는 것은 알지만 얼마나 많은 곤충이 숲에서 사는지는 전혀 알지 못한다. 과학은 달까지의 거리, 원자의 지름, 공룡의 표면적, 심지어 인간 게놈 지도처럼 놀라운 대상을 계산할 정도로 진보했다. 하지만 나무 수관에 서식하는 곤충의 수는 아직 정확히 헤아리지 못했다. 전문 나무탐험가가 소수에 불과한 까닭에 여덟 번째 대륙 탐험은 산호초, 사막, 극지방, 우주 탐험보다 뒤처져 있다. 서둘러 만회해야 한다.

초식곤충이 나뭇잎에 큰 위협이 된다는 사실은 깨달았으나 그들이 잎을 먹는 순간을 포착하기는 어려웠다. 따라서 나는 아마추어 곤충학자가 되어 실력을 높일 수 있는 새로운 방법을 몇 가지 찾아야 했다. 매달 현장 탐사를 나가 나뭇잎을 관찰하고 잎의 일생을 시간순으로 기록하던 노트에 곤충에 관한 항목이 추가되었다. 나는 누가, 언제, 얼마나 많이, 얼마나 자주 잎을 먹었는지 추적했다. 그리고 현장 장비에 샘플 병과 채집망을 추가했다. 하네스를 입고 숲을 누비며 잎을 채취하고 곤충을 잡는 일을 포함해 나는 제법 규칙적인 현장 탐사 일정을 세웠다. 짐을 싸서 차를 몰고 현장으로 간 다음, 자고 일어나 나무에 올라 잎을 측정하고 사진도 찍은 뒤 밝은 낮에 곤충을 잡는다. 다시 나무에 올라 측정과 관찰을 마치고 샤워한 다음(찬물만 나온다) 저녁을 먹고 내 바비큐를 훔쳐 간 주머니고양이(주머니곰의 유대류 사촌으로, 곤충과 작은 동물을 잡아먹는다)를 뒤쫓는다. 어둠이 깔리면 곤충을 샘플링하다 침낭에 몸을 파묻고는 인근 시골 주점에서 밤새 술을 마신 누군가가 비틀거리며 내 외딴 야영지에 침입하지 않기를 간절히 바란다.

현장 연구 첫해에 나는 초식곤충이 식사하다 잎에 남긴 흔적부터 배설한 프라스까지, 초식곤충이 남긴 단서를 찾는 탐정의 노련한 기술을 익혔다. 두 번째 해에는 슬프게도 초식성이 나무의 엽록소 수용량을 낮춰 나무의 광합성 능력을 떨어뜨린다는 사실을 깨달았다. 남극너도밤나무 잎만 먹는 딱정벌레의 수수께끼를 풀고 난 뒤, 나는 도리고 국립공원의 아열대 나무 중 코치우드의 잎이 손실되고 있음을 확인하고 다시 한 번 의문에 휩싸였다. 코치우드에 돋은 새잎이 대부분 어느 정도 손상되었는데 잎을 먹는 곤충이 단 한 마리도 발견되지 않았기 때문이다. 그런데 매월 수행하는 현장 샘플링 탐사 도중 우연한 발견을 했다. 몇몇 변변찮은 술집 말고는 근처에 숙소가 없어 나는 늘 좁은 탐사용 텐트를 치고 캠핑했다. 도리고 캠핑장은 너무 외떨어져 찾는 사람이 거의 없었기에 네버네버Never Never라는 적절한 별명으로 불렸다. 야외 화장실과 야영용 탁자를 혼자서 쓰다 보면 이따금 바우어새나 호기심 많은 앵무새들과 시간을 보낼 수 있었다. 수컷 바우어새는 암컷에게 환심을 사기 위해 막대기를 가져다 숲 바닥에 구조물을 만들어 푸른 과일과 꽃으로 장식했다. 슬프게도 도리고 국립공원에 사는 바우어새들은 패스트푸드 매장에서 나온 파란색 빨대와 쓰레기로 바닥을 어지럽혔다. 나는 캠핑장 주차장으로 자동차가 진입할 때마다 겁을 먹곤 했는데, 그보다도 초식곤충을 찾지 못하거나 탐사를 위해 표시해둔 나뭇가지를 놓치는 일이 훨씬 두려웠다. 2월의 별이 빛나는 여름밤, 나는 새벽 2시에 문득 깨어 화장실에 갔다. 숲에는 내가 낙엽을 밟아 바스락거리는 소리뿐이었다. 외딴 시골의 새카만 어둠을 감상하려고 잠시 멈춰 서자 머리 위에서 요란하고 날카로운 소리가 들렸다. 마치 트럭의 기어

변속음 같았다. 숲에서 그런 소리를 들으니 정말 무서웠다. 나는 손전등을 가지러 텐트로 돌아와 어린 시절 좋아했던 유명한 동화 「잭과 콩나무」의 장면을 상상하면서 손전등을 비췄다. 가는 빛줄기를 나무 위로 쏘자, 놀랍게도 코치우드 나뭇잎을 먹는 수천 마리의 딱정벌레 등껍질에 손전등 불빛이 반사되어 반짝였다. 유레카! 공중에 차려진 샐러드바는 야행성 곤충들로 북적였다. 곤충은 대부분 밤에 먹이를 먹고, 낮에 새의 먹이 활동을 피하는 쪽이 바람직했다. 낮 동안 곤충을 찾아다녔기에 늘 빈손으로 돌아온 것이었다! 이 흥미로운 발견은 미래의 곤충학자들이 세계 다른 지역의 숲우듬지를 탐험하기 시작하면서 유용하게 활용했다. 방광 덕분에 나는 곤충과 나뭇잎 간의 복잡한 상호작용을 이해하는 길로 한 걸음 더 나아갔다.

그날부터 나는 야간 등반을 현장 탐사 일정에 넣었다. 어둠 속에서 혼자 나무를 타다 보면 몸이 떨렸고, 독이 있거나 공격적인 무엇과도 마주치지 않도록 최대한 주의해야 했다. 나무에 오르면서 잠재적인 포식자를 피할 수 있는 분명한 예방책은 없었지만 헤드램프를 비추고 미리 꼼꼼하게 살펴보며 내 머리 위로 누군가의 눈알은 없는지(보통 거미가 있다), 고약한 실거리나무 덩굴이 늘어져 있지 않은지(그 덩굴에 걸리면 역방향으로 돋은 가시털 때문에 절대 빠져나갈 수 없다), 유대류 주머니여우가 몸을 동그랗게 말고 갈색 혹처럼 매달려 있지는 않은지 확인했다. 남극너도밤나무 우듬지의 잎딱정벌레뿐 아니라 여치, 대벌레, 애벌레, 즙액을 빨아 먹는 바구미 등 야행성 초식곤충과 새로운 세계를 전부 공유하는 것은 얼마나 특별한 권리인가! 잎의 표면, 다른 말로 엽면이 만드는 풍경은 늘 변화하고 있었다. 나무 꼭대기는 요란스럽게 식사하는 곤충들로 만원이었고, 나는 그 현장을 직접 관찰하기 위해 처음으로 나무 꼭대기에 올라간 사람이었다!

모든 곤충이 적을 피하려고 한밤에 활동하는 것은 아니다. 어떤 곤충은 다른 포식자가 잎을 다 먹기 전에, 또는 나무가 독성 물질을 생산해 방어 태세를 갖추기 전에 짧은 시간 동안 순식간에 잎을 대량으로 먹어치우고 알도 낳아 부화하는 전략을 구사한다. 남극너도밤나무를 먹는 잎딱정벌레도 이 전략을 내세웠다. 남극너도밤나무는 상량온대 우듬지의 95퍼센트를 구성하고(이를 단일 우점종이라 부른다), 잎딱정벌레인 노보카스트리아 노토파기는 남극너도밤나무의 어린잎을 걸신들린 듯 먹고 신속하게 변태 과정을 거쳐 살아남았다. 노보카스트리아는 태어나서 죽을 때까지 일분일초를 다퉜다. 새나 감염병 같은 천적도 남극너도밤나무 수관에서 노보카스트리아 유충이 폭발적으로 창궐하는 상황을 통제할 만큼 빠르게 자라나지 못했다. 노보카스트리아와 비교하면 다른 나뭇잎을 먹는 곤충들은 희소성 전략을 구사해 살아남았다. 만약 여러분이 사사프라스나무에서 홀로 걷는 대벌레라면 포식자는 여러분을 발견하지 못할 것이다. 또 여러분이 밤에 혼자서 먹이를 먹는 여치라면 적에게 들키지 않으려고 보험에 이중으로 가입한 상태이다. 다시 말해 고립되어 있다가 탈출하거나 어둠에 몸을 숨기면 된다.

대부분 현장 생물학자처럼 나는 현장 연구법의 정확성을 늘 걱정했다. 연구를 설계할 때 두려운 것은 편견을 피하기가 어렵다는 점이다. 곤충을 찾는 데 모호한 요소는 없다. 곤충을 발견하거나 곤충이 없는 경우 둘 중 하나이기 때문이다. 우리는 이를 '유무'有無 변이라 부른다. 나뭇잎의 손실을 계산하려면 여러 샘플을 추출한 다음 평균을 생성하고 객관적인 데이터를 얻어야 하는데, 특히 조건이 통제되는 실험실과 비교해 거대한 3차원 숲우듬지를 통틀어 정확한 추정치를 얻기는 어려웠다. 곤충이 잘 먹지 않는 잎을 선택하면 잎 손실을 계산하는 시간과 노력이 줄어든다는 점에서 유혹적이지만 이는 표집 편향을 초래할 것이다. 그러면 내가 추출한 잎 샘플과 초식성을 계산한 결과가 숲우듬지 전체를 정확하게 반영했다고 어떻게 확신할 수 있을까? 생태학자는 이따금 서브샘플링(subsampling, 추출한 샘플에서 다시 샘플을 추출하는 방식—옮긴이)이 필요할 때면 편견 없이 샘플을 선택하기 위해 숫자가 무작위로 채워진 간단한 표를 사용한다. 예를 들어 잎 30개 중 10개를 추출한다면 잎에 번호를 매긴 다음 무작위 숫자 표를 참고해 서브샘플링을 해야 한다. 서브샘플링의 목적은 시간과 에너지를 절약하고(숲의 모든 잎을 측정하지 않아도 된다) 거리가 가장 가깝거나 형태가 예쁘거나 곤충이 덜 먹은 잎을 고르는 등 편견을 피하는 것이다. 나는 통계학 교수에게서 편견을 제거하는 과정이 얼마나 중요한지 배웠다. 교수는 비용이 많이 드는 실험실에서 주요 해양 어류의 속도를 연구했던 사례를 들려주었다. 매달 과학자들은 물고기 300마리가 헤엄치는 대형 수조에서 30마리를 골라 특수 수조에서 얼마나 빠르게 이동하는지 측정했다. 2년간 막대한 비용을 들이고 난 뒤, 이 실험은 취소되었다. 물고기에 번호를 매긴 다음 표에서 무작위로 숫자를 고르지 않고, 무심코 가장 느리게 헤엄치는 물고기, 즉 잡기 쉬운 물고기를 골랐기 때문이다.(어류학자에게는 악몽이겠지만 나는 이 이야기를 평생 기억할 것이다!)

키 큰 나무에서 곤충이 소비하는 잎을 정확히 샘플링하려면 먼저 나뭇잎의 구멍과 관련된 모든 사항을 파악해야 했다. 첫째, 각 나무 종이 얻는 잎 손실은 범위가 어느 정도일까? 둘째, 초식곤충은 어느 연령대의 잎 조직을 선호할까? 셋째, 어쩌면 모든 나뭇잎 추리를 통틀어 가장 중요한 작업일 수도 있는데 어떻게 해야 나뭇잎을 일일이 채집하거나 측정하지 않고서도 나무 전체에 매달린 잎 수백만 개가 입은 손실을 정확히 계산할 수 있을까? 샘플링과 관련된 질문들이 내 머릿속에서 떠나지 않았지만 불행히 어느 문헌에도 답이 될 만한 샘플링 절차는 기록되어 있지 않았다. 나뭇잎에 대한 다른 심각한 고민으로 밤잠을 설치기도 했다. 곤충이 어린잎을 뜯어 먹어 작은 구멍이 나면 그 구멍은 잎이 다 자랄 때까지 점점 커질까? 다시 말해, 새로 돋는 잎의 10퍼센트가 먹혔다면 그 잎이 다 자랄 때까지 먹힌 비율은 10퍼센트로 유지될까? '구멍투성이 잎' 난제를 해결하기 위해 나는 어린잎과 다 자란 잎의 구멍 크기를 비교하는 간단한 현장 실험을 고안했다. 실험 장비는 2달러짜리 천공기, 방수 펜, 나뭇가지에 거는 꼬리표(실험 대상인 나뭇가지를 표시하는 용도), 랩톱으로 매우 간단했다. 나는 나무 한 그루가 쓰러져 생긴 틈으로 햇빛이 조금이나마 내리쬐어 하목층 코치우드 나뭇가지에 광반이 비치는 모습을 발견했다. 햇살이 통과해 숲속 공터의 조도가 올라가자 머리 위 27미터 지점이 아닌 숲 바닥 가까이에서 새잎이 무수히 돋았다. 나는 나무 세 그루에서 각각 나뭇가지 3개를 정하고, 각 나뭇가지에서 나뭇잎을 9~15장씩 골라 번호를 매기며 여기에 어린잎, 중간쯤 자란 잎, 다 자란 잎, 늙은 잎 등 4가지 연령대를 포함했다. 번호를 매긴 잎에 천공기로 0.33센티미터(구멍 하나의 정확한 면적), 0.66센티미터(구멍 두 개), 0.1센티미터(구멍 세 개)를 무작위로 잘라냈는데, 주맥을 피해 딱정벌레가 쉽게 뜯어 먹을 수 있는 잎 부위를 뚫었다.

나뭇잎에 구멍을 뚫고 기다렸다. 인내는 대부분의 생태학 연구에 필수적인 요건이다. 어떤 데이터는 수집을 마치기까지 수년, 심지어는 수십 년이 소요된다. 그러나 이 실험은 모든 잎이 다 자라기까지 수개월밖에 걸리지 않았다. 나는 숫자를 매겼던 나뭇잎 샘플을 전부 수거할 수 있어서 무척 기뻤다. 식물학 실험실로 돌아가 디지타이저(digitizer, 컨베이어 벨트에 2차원 물체를 올려두고 레이저빔을 쏘아 표면적을 측정하는 장치)를 사용해 구멍이 커졌는지, 작아졌는지, 아니면 그대로인지 계산했다. 나는 어린잎에 뚫은 구멍이 커졌는지 반복 측정하면서 성장이 멈춘 늙은 잎과 성장 속도가 느려진 중간쯤 자란 잎을 대조군으로 삼았다. 모든 샘플에서 구멍은 잎 표면 면적에 비례해 커졌고, 따라서 잎 전체 면적을 기준으로 구멍 비율은 똑같이 유지되었다. 이것은 좋은 소식이었다. 어린잎이 곤충에게 10퍼센트를 뜯어 먹히면 잎이 다 자라서도 10퍼센트를 유지했다. 잎의 손상 비율이 연령대에 상관없이 일정하게 유지되므로 어린잎과 다 자란 잎의 초식성을 측정할 때 샘플링 오차를 걱정할 필요가 없다고 확인하게 되어 다행이었다. 이는 또한 데이터를 구멍 면적보다는 잎 손상 비율로 표기하는 쪽이 더 정확하다는 점을 의미했다. 어린잎이 성장해 4배 커지면 10제곱밀리미터였던 구멍은 40제곱밀리미터가 된다.

나를 괴롭힌 문제는 또 있었다. 100퍼센트 먹힌 나뭇잎은 어떻게 계산에 넣을 수 있을까? 곤충이 나뭇잎을 통째로 먹어치운다면 그 사라진 잎을 쉽게 발견해 측정할 방법은 없다. 다행히도 수년간 매달 끈질기게 관찰한 끝에, 나는 정확히 나뭇잎 몇 개가 완전히 먹혔는지 확인할 수 있게 되었다. 곤충은 잎을 통째로 먹은 다음에는 보통 프라스, 명주실, 줄기에 쓸쓸히 매달린 잎자루 같은 단서를 남겼다. 만일 내가 나뭇잎 3장에 나란히 숫자 7, 8, 9번을 매겼는데 8번 잎이 달려 있었던 줄기에 프라스만 남았다면 8번 잎은 통째로 먹힌 것이다. 또한 잎자루는 일반적으로 곤충이 뜯어 먹기에 너무 질겨 손상되지 않은 채로 남았다. 나는 잎이 보통 1개월 만에 반쯤 먹히고, 2개월 만에 4분의 3을 먹히고, 3개월이면 전부 먹힌다는 점을 발견했다. 거센 바람도 나뭇잎을 완전히 떨구긴 하지만 우듬지 전체에 충격을 주기 때문에 폭풍으로 손상된 나뭇잎을 발견하기는 쉬웠다. 내가 장기간 수집한 일련의 데이터에 따르면, 숲 바닥만 신속히 연구한 숲 과학자의 기존 추정치보다 실제 나뭇잎 손실률은 3~4배 높았다. 기존 삼림학 문헌은 매년 숲에서 발생하는 나뭇잎 손실률이 5~8퍼센트라 말하지만 내 연구 결과는 숲이 그보다 훨씬 많은 나뭇잎을 잃는다는 점을 증명했다. 우듬지는 매년 곤충의 공격을 받아 나뭇잎 면적의 15~25퍼센트를 잃으며, 이런 정보는 건강한 숲과 곤충 발생을 모델링해 삼림을 보존하고 관리하는 데 보탬이 될 것이다. 기후변화가 진행될수록 곤충이 더 많이 발생하리라 예상되므로 나무가 지닌 회복력의 한계를 파악하는 것이 중요하다.

곤충이 섭취한 물질은 프라스 상태로 빠르게 토양으로 되돌아간다. 수관통과우throughfall라고도 불리는, 우듬지를 통과하는 빗물이 숲 바닥으로 프라스를 씻어내면 식물의 뿌리털이 빠르게 재흡수한다. 이는 영양 순환의 주요 경로이다. 초식동물이 먹지 않은 잎이 땅바닥에 떨어지면 잎은 크기가 큰 데다 왁스로 코팅한 듯한 표면 때문에 서서히 부패된다. 내가 연구한 나무 5종 가운데 네 가지 종의 잎이 숲 바닥에서 썩는 데 1년 넘게 걸렸다. (맞다. 잎이 같은 무게로 담긴 망사 주머니 30개를 숲 바닥에 두고, 매달 3개씩 열 달간 무게를 측정해 부패율을 계산했다!) 곤충이 잎을 먹으면 소화된 잎 조직이 프라스 상태로 토양으로 되돌아가 영양소가 신속하게 재순환하기 때문에 나무에 유리할 수 있다. 심각한 가뭄이 발생해 토양이 마르고 뿌리털 표면이 죽으면 숲 바닥에서 프라스가 흡수되어 발생하는 이익이 사라질 수 있다. 그런데 극심한 가뭄과 폭염으로 곤충 떼가 창궐하면 궁극적으로 더 많은 프라스가 발생한다. 이처럼 영양 순환 경로는 무척 복잡하다.

안타깝게도 새나 물고기와 달리 나무는 상황이 불리해져도 위치를 바꿀 수 없다. 어느 시점에 가뭄과 온난화, 곤충 창궐로 인한 스트레스가 임계점을 넘어서면 숲은 죽는다. 지난 수십 년간 인간이 초래한 기후변화로 인해 환경은 더욱 뜨겁고 건조해졌고, 더불어 곤충의 공격도 급증했다. 1980년대 내내 기후변화라는 주제는 지구과학계와 기후학계에서만 주로 논의되었을 뿐 생태학계로는 거의 전파되지 않았다. 불과 30년 전만 해도 수많은 학문 분야가 기후변화를 제대로 인식하지 못했다는 사실이 믿기지 않는다. 생태학자는 생태계가 어떻게 기능하고 얼마나 많은 생물이 공존하는지 알아내는 데 너무 몰두한 나머지 개별 사건들을 서로 연결해 기후변화를 경고하는 징후로 해석하지 못했다. 맞다, 우리는 나무를 보다가 숲을 놓쳤다. 열대생태학자가 지구 온난화의 심각성을 더 일찍 알아차렸다면 우리는 극단적인 기후가 생물종의 생존을 위태롭게 만들기 전에 다양한 숲 생태계 곳곳에서 생물 다양성을 조사해 기준 데이터를 확립했을 것이다. 광활한 숲이 걷잡을 수 없이 타오르고, 심각한 곤충 매개 감염병이 빈번하게 확산함에 따라 과학자들은 이를 만회하기 위해 안간힘을 쓰고 있다. 본래 이 숲에 무엇이 살았는지 모른다면 우리는 얼마나 많은 생물이 멸종했는지 알 수 없다.

드넓은 숲우듬지에서 잎을 샘플링하는 과정에 내재하는 편향을 제거하고, 완전히 먹힌 잎을 측정하는 법을 터득하자 현장 연구의 세 번째 딜레마에 부딪혔다. 이는 관측자 성향과 관련되었는데, 예컨대 어떤 사람이 시력이 나쁘거나 과장하려는 성향이어서 다른 사람과 다르게 대상을 본다면 어떻게 해야 할까? 한 가지 해결책은 샘플 채취자를 여러 명 참가시켜 데이터를 수집하는 것이다. 믿기 힘들겠지만 한 채집자가 지나치게 소심해 채집망에 담긴 곤충 개체 수를 과소평가하면 표집 편향이 생길 수 있으니 그런 상황을 피해야 한다. 나는 시민 과학자로 활동하는 자원봉사자 팀을 연구에 참여시켜 채집망을 휘두르고 곤충 수를 헤아리도록 한 뒤에, 인적 오류 낮추는 법을 확인했다. 봉사 팀이 가는 길의 모든 나뭇가지를 부러뜨릴 만큼 채집망을 강하고 거칠게 휘두르는 참가자는 시간이 흐를수록 섬세하게 채집망을 휘둘러 거의 아무것도 잡지 못한 소심하고 내성적인 참가자로 상쇄되었다. 내가 어떻게 봉사자 50명을 밀림으로 데려가 곤충을 샘플링하도록 만들었는지 궁금한 독자가 있을까? 정답은 지구 감시단이다! 보스턴에 본부를 둔 이 혁신적인 조직은 정보를 취합하고 적절한 봉사자를 선정해 과학 탐사에 투입한다. 나는 첫 연구 보조금을 지구 감시단에 신청했고, 호주 숲에서 초식성을 조사할 자원봉사자도 요청했다. 연구 보조금은 과학의 생명선이다. 장비를 구입하고, 직원을 고용하고, 탐사를 가고, 심지어 뱀에 물렸을 때 필요한 구급함이나 실험실 보안경 같은 난해한 물품을 구입할 때 연구자들은 대부분 외부 자금이 필요하다. 하지만 연구 보조금을 타려면 높은 경쟁을 뚫어야 하는 데다 일반적으로 신입 연구자는 기존 연구자보다 연구비를 받을 자격이 없다고 여겨지기 때문에 보조금 제도에 진입하기가 어렵다. 나는 모든 질문에 신중히 답을 적고 제안서를 제출한 뒤 초조해하며 결과를 기다렸다. 수개월 뒤 보조금 지급 승인 편지가 도착했다. 정말 기뻤다! 연구 보조금은 과학자에게 행복과 성공을 가져다주는 커다란 동력이다. 거절당하는 일은 최악의 경험이지만 보조금 승인 확률이 5~10퍼센트밖에 되지 않으니 신청한 모든 사람이 겪을 수 있다. 30년간 현장 연구를 한 이후, 나는 운 좋게도 연구 보조금 수백만 달러를 받았지만 거의 비슷한 액수만큼 거절당하기도 했다.

지구 감시단은 보조금을 많이 지급하지는 않았지만 인적 자원만큼은 풍족하게 지원했다. 나의 (때때로 매우 피곤한) 두 눈 대신 50명의 눈이 동시에 숲을 수색했다. 8년간 여러 나라에서 온 250명 넘는 시민 과학자가 호주 우림에서 내 숲우듬지 연구에 기여했다. 봉사자들은 모두 호기심 많고 용감하며 열정이 넘쳤다. 나는 대학 실험실에서 기술자로 일하는 웨인에게 탐험을 도와달라고 요청했다. 전직

군인이었던 웨인은, 들리는 말로는 퀸즐랜드주 우림 한가운데에서 고생스럽지만 행복한 나날을 보냈으며, 소대에서 바텐더로서 뛰어난 솜씨를 선보였다고 한다. 웨인은 또한 슬링샷 명사수였기에 우리는 호주 밀림을 압도하는 콤비가 되었다. 탐사하러 나간 어느 날, 전직 공군 조종사였던 한 자원봉사자가 밧줄을 타고 24미터 위로 오르다 주마에 머리카락이 걸렸다. 우리는 그녀가 몸을 빼낼 수 있도록 가위로 밧줄이 아닌 머리카락을 잘랐다. 구조는 성공적이었고, 지금까지 그 봉사자와 평생 친구로 지낸다. 또 다른 열정적인 자원봉사자는 캔자스 출신 사냥꾼이었다. 그는 손수 만든 슬링샷이 변변찮다고 생각하고 집으로 돌아가 미국 사냥용품 회사에 정교한 슬링샷을 주문해 내게 보내주었다. 이처럼 무기를 통신 판매하는 관행은 호주에 없었고, 슬링샷을 사려면 허가를 받아야 했다. 그런데 아이러니하게도 총은 농부들이 야생 동물을 통제하는 데 널리 쓰여 거의 모든 시골 상점에서 구입할 수 있었다. 그 탐사를 다녀오고 몇 달 뒤, 내가 머무는 농가에 경찰관이 찾아왔다. 그는 내가 허가 없이 무기를 불법으로 해외에서 전달받았다고 설명했다. 나는 기꺼이 서류를 작성해 우편으로 보냈고, 오랜 여행 끝에 호주에 도착한 세련된 슬링샷을 손에 넣게 되었다. 마침내 소포가 배달되자 나는 흥분해서 포장을 뜯었다. 놀랍게도 소포 상자에는 알루미늄 소재의 멋진 슬링샷뿐 아니라, 군복무늬 속옷 두 벌과 우아한 향이 나는 향수 한 병이 들어 있었다. 상자 맨 밑에 깔린 쪽지에 "속옷과 향수는 웨인의 약혼녀에게 주세요"라고 적혀 있었다. 웨인은 지난번 지구 감시단 탐사 때 약혼했다. 나는 세관원이 소포를 검수하는 동안 향수와 속옷, 슬링샷이 어떤 변태적인 과학에 필요한 것인지 궁금해하면서 웃었으리라 상상할 따름이었다.

자원봉사자의 머리카락이 등반 장비에 걸린 뒤, 봉사자 팀이 머문 생태관광지 숙소 주인들은 안전을 걱정했다. 등반하다 누군가가 떨어지면 어떻게 될까? 나뭇가지는 안전할까? 나는 그렇게 많은 초보자를 훈련하는 일은 위험하다는 의견에 동의해야만 했다. 어느 날 저녁, 숙소 주인과 나는 좋은 호주산 와인을 한 병 마시면서 종이 냅킨에 '나무 꼭대기 통로'를 그렸다. 자원봉사자들이 밧줄을 타고 다닐 필요 없도록 공중에 길을 놓으면 어떨까? 우리는 호주식으로 와인을 더 많이 들이키며 아이디어를 기념했다. 나는 흥분해서 잠을 이루지 못했다. 공중 통로는 날씨나 어둠에 상관없이 연구자 여러 명이 한 번에 데이터를 수집하게 해주고, 나뭇가지가 약하거나 거인가시나무처럼 독성이 있어서 오르기 안전하지 않은 나무종에도 쉽게 접근하게 해줄 것이다. 몇몇 숙소 주인과 지역 기술자 덕분에 이듬해 퀸즐랜드주 남부 래밍턴 국립공원에 세계 최초로 숲우듬지 통로가 건설되었다. 나와 함께 일했던 지구 감시단 봉사자 팀은 그 멋진 통로를 걸은 최초의 연구원이 되었다. 이 구조물은 경사면에 기둥을 세우고 그 위에 통로를 얹은 형태이다. 통로는 건설된 지 이제 35년이 넘었고, 방문객 수천 명에게 나무 꼭대기로 올라갈 기회를 제공하며 밀림에 대한 대중의 인식도 바꾸었다. 공중 통로 덕분에 세계 곳곳에서 숲우듬지 연구가 더 높이 부상했다.

곧이어 말레이시아 람비르 힐스 국립공원에 두 번째 통로가 건설되었다. 기둥 높이 허용치보다 높은 나무의 줄기에 고무 링을 두르고 그 나무들 사이에 통로를 걸쳤다. 수년간 슬링샷을 겨누고 높은 나뭇가지 위에 밧줄을 걸쳤던 나무탐험가들은 이제 안전한 숲우듬지 통로를 이용할 수 있다. 오늘날 50곳 넘는 숲에 흩어져 있는 공중 통로는 기둥 구조물을 세우거나 나무줄기에 고무 링을 두른 다음 목재, 알루미늄, 강철로 만든 통로 바닥을 그 위에 얹어 만든다. 나는 건설에 참여하는 엔지니어나 수목 관리자에게 공중 통로를 활용해 생물 다양성 교육 효과를 최대한 끌어올리려면 통로를 어떻게 배치해야 하는지 조언하곤 한다. 그리고 페루 아마존에 건설된 세계에서 가장 긴 열대 지역 내 구조물, 바이오스피어2(Biosphere 2, 애리조나주에 건설된 실험용 거대 유리 돔) 내부의 열대림에 세워진 (면적당) 세계에서 가장 비싼 구조물, 플로리다 먀카강 주립공원에 건설된 북미 최초의 공공 숲우듬지 통로, 말레이시아 페낭 힐에 건설된 세계 최초의 리본 교량(ribbon bridge, 콘크리트 구조물), 밧줄을 엮어 만든 거미줄로 장식해 특히 어린이들이 좋아하는 버몬트주 퀘치의 공중 통로 등 전 세계에 통로를 설계하고 건설하는 과정에 참여했다. 2020년 시작한 새 프로젝트 '미션 그린'은 세계에서 생물 다양성은 높지만 접근성은 떨어지는 숲에 공중 통로를 건설하는 것이 목표이다. 프로젝트가 성공하면 원주민이 공중 통로를 활용해 벌목이 아닌 생태관광으로 수입을 얻게 되어 지속 가능한 지역 관리를 기반으로 삼림을 보전할 수 있을 것이다.(이 같은 방식으로 숲을 보전하려는 시도는 나중에 더 자세히 설명하겠다!)

퀸즐랜드주 공중 통로가 시작이었다. 밧줄과 하네스는 홀로 연구하기에는 훌륭했지만 연구 팀에게는 그렇지 않았다. 등반 도중 발생한 사고와 와인 한 병이 혁신을 불러일으켜 궁극적으로 삼림 보존에 이바지한 새로운 숲우듬지 연구 도구를 만들었다. 통로는 휠체어를 사용하는 학생들도 이용할 만큼 포괄성과 접근성이 뛰어나 내가 가장 선호하는 연구 도구이다. 이 구조물은 남극너도밤나무와 코치우드 잎을 게걸스럽게 먹어치우는 곤충들보다 훨씬 궁금했던 수수께끼를 해결하기도 했다. 어느 정신 나간 생명체가 무모하게도 호주에서 제일 독성이 강한 거인가시나무를 먹었을까? 거인가시나무는 물리적·화학적으로 따끔따끔한 가시털로 잎을 보호했고, 그런 나뭇잎을 먹을 수 있는 생물은 없어 보였기에 나는 이 나무에 매료되었다. 털에 찔리지 않고서는 거인가시나무에 오를 수 없어, 거인가시나무 쪽으로 가지를 뻗은 근처의 다른 나무에 올라가 보호용 가죽 장갑을 끼고 잎을 샘플링했다. 하지만 통로가 등장하면서 독이 있는 나뭇잎 표면에 스치는 위험을 감수하지 않고도 잎을 꼼꼼하게 관찰할 수 있게 되었다. 관찰 결과는 뜻밖이었다. 매년 거인가시나무 잎의 40퍼센트가 초식곤충에게 먹혔다! 초식곤충이 나뭇잎을 뜯어 먹고 남긴 패턴은 고모가 만든 고풍스러운 레이스 덮개와 비슷했다. 도대체 어떻게 된 것일까? 모든 잎에 남겨진 손상 패턴이 비슷해 나는 단 한 종의 초식곤충이 거인가시나무 독성에 적응했다고 가정하고 그게 어떤 곤충인지 밝히기로 했다.

거인가시나무는 내가 어린 시절을 보낸 뉴욕주 북부 도로변을 따라 줄지어 자라던 쐐기풀의 사촌이다. 쐐기풀이 속한 쐐기풀과는 식물 2,625종으로 이뤄졌으며 대부분 아시아 열대 지방에서 자란다. 북부 퀸즐랜드주의 열대림에는 짐피짐피GympieGympie, *Dendrocnide moroides*

라 불리는 독성이 제일 강한 종이 자라지만 짐피짐피의 사촌인 거인가시나무는 적도에서 조금 떨어진 아열대 우림에서 자랐다. 베트남 전쟁기에는 적군의 공격에 대항하는 물리적 방어 수단으로 거인가시나무를 참호에 심었다. 호주 시골 술집에서는 뜨내기 관광객이 덤불에 놓여 있던 휴지 대신 거인가시나무의 멋진 에메랄드빛 잎을 썼다는 이야기가 떠돌았다. 독 있는 가시털이 무성한 잎으로 엉덩이를 닦았다는 이야기가 나오면 늘 웃음이 쏟아졌지만 어떤 사람들은 술집 의자에 앉아 당혹스러워했다. 우리 자원봉사자들에게는 내가 그 이야기를 해줬으니 그들은 비슷한 실수를 저지르지 않을 것이다. 수개월에 걸쳐 탐사한 끝에 나는 거인가시나무 수관의 최상층부 나뭇잎에서 쉬고 있는 딱정벌레를 발견했다. 위를 올려다봐도 여간해서는 잘 보이지 않는 지점이었다. 나뭇잎처럼 훌륭하게 위장한 밝은녹색잎딱정벌레는 잎을 먹으면서 구멍을 뚫어 어지럽고 복잡한 무늬가 배열된 녹색 레이스를 남기는데, 이 또한 곤충의 위장술이다. 나는 유리병에 밝은녹색잎딱정벌레를 넣고 먹이로 다양한 나무종의 잎을 주는 실험을 수차례 반복해 그 잎딱정벌레가 거인가시나무 잎만 먹는다는 점을 확인했다. 좋아하는 먹이가 없을 때면 잎딱정벌레는 순식간에 죽음을 맞이했고, 그로써 거인가시나무 잎만 먹는 딱정벌레의 숙주 특이적 식성이 또렷이 드러났다.

자원봉사자들은 나무를 관찰하고, 나는 나무에 올라가 데이터를 수집한 결과 초식곤충은 어린잎을 선호한다는 점이 분명해졌다. 곤충이 나이 든 잎을 거의 먹지 않으므로, 우리는 어린잎 표면을 우선순위에 두고 초식곤충을 탐색하며 현장에서 보내는 시간을 큰 폭으로 절약했다. 나는 곤충의 식성을 좀더 깊이 이해하기 위해 나뭇잎이 나이를 먹을수록 질긴 정도가 어떻게 변화하는지 측정하고 싶어졌다. 과학 학술지에 실린 영국 식물학자 폴 피니Paul Feeny의 글에 따르면, 그는 영국에서 참나무 잎의 질긴 정도를 측정하기 위해 경도계라는 장치를 설계했다. 이 장치는 잎 조직을 물어뜯는 곤충의 턱을 모사해 잎에 구멍을 내려면 얼마나 많은 압력이 필요한지 측정했다. 나는 대학교 워크숍에서 만났던 바질에게 도움을 받아 정확한 절차에 따라 피니의 장치를 만들었다. 경도계는 그릇에 조심스럽게 물을 부어 압력이 증가하면 그 압력을 받은 축이 잎 표면을 파괴하는 구조였다. 너도밤나무의 어린잎은 맥없이 부러졌지만, 다 자란 잎은 너무 질겨 장치에 두께 8센티미터짜리 교과서 『호주의 곤충』*Insects of Australia*을 걸치고 그 위에 큰 양동이를 둔 다음 물을 부어야 했다. 지구 감시단 소속 시민 과학자들은 수십 종의 어린잎과 늙은 잎을 측정해 질긴 정도를 확인했고, 어린잎이 늙은 잎보다 훨씬 연하다는 점을 밝혔다. 모든 사람이 '경도계 전문가'라는 말을 듣고는 킥킥댔지만 나는 나보다 앞서 장치에 이름을 붙여준 피니 박사의 뜻을 존중할 것이다(장치의 축이 잎을 관통penetration해 파괴하는 구조라 경도계penetrometer라는 이름이 붙었지만 penetration은 성기 삽입을 뜻하기도 한다—옮긴이).

계절이 바뀌면 새로운 잎이 돋으니 그때마다 곤충 샘플링 방법도 달라야 할 듯했다. 그러려면 다양한 방식의 곤충 수집법을 알아둬야 했다. 나무탐험가는 온통 덩굴에 휘감긴 높이 60미터 나무 위에 있거나 이끼 덩어리 속에 몸을 숨긴 조그마한 딱정벌레를 어떻게 발견할까? 나는 먼저 탄탄한 채집망을 수십 개 주문했다. 대벌레도 잡을 만큼 망 입구가 넓고, 내용물이 잘 보이면서, 생물종 대부분이 포획될 만큼 그물눈 크기가 완벽했다. 그리고 곤충 샘플 한 종당 10번을 반복해 걸으며(또는 밧줄을 타고 미끄러지며) 채집망을 휘두르면 전체를 훑을 수 있도록 대략 8세제곱미터의 현장 탐사 구역을 설계했다. 잎이 돋는 달과 그렇지 않은 달에, 우리는 비가 오든 해가 뜨든 밤낮을 가리지 않고 높고 낮은 현장을 오가며 양지와 음지에서 채집망을 휘둘러 곤충을 잡았다. 그리고 채집망이 어둠 속에서는 쓰기 힘들지만 공중이나 작은 나뭇가지에서는 곤충을 샘플링하기에 가장 편하다는 사실을 깨달았다. 어린 시절 다녀온 자연 캠프를 떠올리며 나는 곤충을 포획하는 다른 방법들을 생각해냈다. (a) 채집망으로 나뭇잎을 쓸어 파리, 나비, 나방, 메뚜기, 딱정벌레/바구미, 벌/말벌 등 날아다니는 곤충을 포획한다. (b) 쟁반을 받치고 나뭇가지를 흔들어 떨어진 딱정벌레, 바구미, 애벌레, 개미, 대벌레, 거미(곤충이 아닌 절지동물이다), 파리 등의 수를 센다. (c) 흡인기pooter를 써서 개미나 응애 같은 작은 생물을 고무호스로 빨아들여 샘플 병에 넣는다.('방귀 뀌다'poot라는 단어에서 유래한, 지독한 이름이 붙은 그 흡인기도 목걸이를 대신해 내 현장 작업복을 장식했다.) (d) 탱글풋(tanglefoot, 나무에 바르는 천연 살충제—옮긴이)을 잎 표면에 잔뜩 발라놓으면 흥분한 곤충들이 장화를 신고 갯벌에 들어간 듯 잎에 달라붙는다. (e) 포충등을 켜놓으면 나방, 딱정벌레, 파리, 전갈 등 야행성 곤충이 몰려들고, 심지어 이 곤충들을 잡아먹으러 거미도 다가온다.

나방 수를 세고, 바구미 사진을 찍고, 나뭇잎을 흔들어 쟁반으로 곤충을 떨구고, 숲 바닥과 공중 통로에서 채집망을 휘둘러 곤충을 잡는 이 모든 방식은 시민 과학자가 수행하기에 적합했다. 시민 과학자들은 본인들이 새로운 정보를 찾아 과학계에 이바지한다고 생각하며 특히 열광했다. 호주 우림에서는 곤충 개체 수를 생태학적으로 조사한 적이 거의 없었고 게다가 숲우듬지에서 조사한 적은 전혀 없어 내가 1980년대에 진행한 이 연구는 세계 최초였다. 펜실베이니아 대학교의 선구적 생태학자 댄 잔젠Dan Janzen은 열대림에 서식하는 곤충의 다양성을 연구했으나 대부분 코스타리카 숲 바닥으로 한정된다. 그와 비슷하게, 수많은 곤충이 우리 머리 위에서 산다고 주장한 스미스소니언 협회의 테리 어윈도 혁신적인 연구를 수행했지만 파나마에서 오직 나무 한 종만 다루었기에 호주 생태에 적용하기는 힘들었다. 나와 지구 감시단 팀은 숲 전체를 대상으로 곤충의 다양성을 처음 조사했으며, 이는 호주가 아닌 전 세계에서 처음이었다.

나는 논문을 쓰면서 주로 나뭇잎에 관심을 쏟았지만 상층부 나뭇가지에서 기어 다니고, 잎을 먹어치우고, 날아다니는 곤충의 생태를 알아가며 흥분했고, 그들이 먹어치운 나뭇잎 양에 경악했다. 나는 곤충의 시간·공간적 차이를 슬쩍 엿보고 싶어 서로 다른 계절과 숲에서 발견되는 곤충들을 비교하기 위해 2가지 포획법을 도입했다. 즉, 낮에는 채집망을 쓰고 밤에는 포충등을 썼다. 그리고 채집망을 100번 휘두르는 일과 포충등 10시간 켜는 일을 샘플링의 반복 단위로 정했다. 그러나 불운하게도 낮에는 포충등 효과가 없고 밤에는 채집망 휘두르는 일이 안전하지 않아 낮과 밤에 같은 방식으로 곤충을 채집할 수는 없었다.

상층부 나뭇가지에 포충등을 매달아두면 야행성 곤충을 하루 평균 200마리 넘게 잡을 수 있다. 나는 남극너도밤나무에서 앞으로 영원히 잊지 못할 곤충 떼를 잡았다. 다른 화려한 나방과 쉽게 구별될 만큼 생김새가 수수하고 통통하지만 개체 수가 어마어마하게 많아 포충등이 달린 상자를 가득 채웠던 보공나방이다! 현장 연구는 이처럼 절지동물의 다양한 색, 크기, 모양, 더듬이, 날개, 감촉, 털, 분류를 잠시 경험하게 해주었다. 그리고 한 가지 추세도 발견했다. 상록수 우림에서 곤충의 개체 수는 어린잎의 탄생 및 소멸과 상관관계를 보였다. 상량온대림에서는 1년에 한 번, 남극너도밤나무가 수백 수천 개의 새잎을 빠르게 틔우면 그때 곤충 개체 수도 덩달아 급증했다. 아열대림에서는 1년 내내 다양한 나무종에서 새잎이 돋을 때마다 곤충 개체 수도 여러 번 급증했다.

곤충 채집은 본질적으로 다량의 데이터를 생성하는 숫자 게임이었다. 들판에서 발견한 모든 것을 식별하기는 불가능하지만 시민 과학자들은 초식곤충의 특정 목, 이를테면 딱정벌레목(딱정벌레와 바구미), 나비목(나비와 나방), 메뚜기목(메뚜기), 대벌레목(대벌레) 그리고 파리목 유충과 벌목(이를테면 어리상수리혹벌) 같은 괴상한 곤충들을 어떻게 구별하는지 배웠다. 몇 가지 분류학적 근거와 현미경을 동원해 현장에서 간단하게 분류해 우리는 곤충의 풍부한 다양성과 초식곤충 비율에 관해 기초 데이터를 도출했다. 분석 결과, 곤충의 다양성은 궁극적으로 생물 다양성이 풍부한 숲에서 가장 높았으며 그중에서도 하목층이 아닌 상층부 우듬지에서 높았다. 초식곤충 개체 수가 가장 많은 곳은 상량온대 우림이었다. 아마도 단일 나무종으로 구성된 상량온대의 우듬지에서는 먹을 수 있는 채소만으로 차려진 샐러드바가 제공되는 까닭일 것이다.

그렇다면 곤충이 나뭇잎을 먹는 습성은 나무 건강에 어떤 영향을 줄까? 일반적으로 잎의 표면적이 낮아지면 목재 생산성, 광합성 능력, 생식 능력이 감소할 수 있다. 하지만 식물 생리학자들은 잔디를 깎으면 잔디의 성장 속도가 빨라지듯 잎이 초식동물에게 적당히 먹히면 식물 광합성이 늘어난다는 점을 증명했다. 어떤 메뚜기는 미래에도 식량이 공급될 수 있도록 풀을 뜯어 먹으며 성장을 촉진하는 물질을 풀 줄기에 분비한다. 다른 곤충들도 먹이 식물이 잘 살아남도록 비슷한 행동을 할까? 안타깝게도 숲 과학자들이 식물과 곤충의 상호작용을 탐구한 연구는 대부분 실험실에서 일년생 식물을 대상으로 수행되었고, 따라서 그 결과를 숲에서 오래 사는 나무에 적용하기는 어렵다. 곤충의 다양성과 잎의 질긴 정도를 연구한 다음, 나는 생태계 관점에서 먹이 효율성을 생각했다. 곤충들이 한 지역에서 나뭇잎을 먹는 상황에서 일부 곤충은 잎을 갈변해 죽게 만들었지만 나머지 곤충은 잎을 효율적으로 먹어 결과적으로 갈변하거나 죽게 만들지 않았다. 이런 현상을 관찰하는 동안 나는 인간을 떠올렸다. 어떤 사람은 먹지 않은 음식을 접시에 뒀다가 음식쓰레기로 만들지만 어떤 사람은 그러지 않는다. 나는 나뭇잎에 뚫린 모든 구멍과 곤충이 물어뜯어 잎의 조직을 죽게 만드는 구멍을 비교해 곤충이 잎을 먹는 방식이 식물에 영향을 주는지 밝히고 싶었다. 그래서 작은 실험을 설계하고 2가지 의문을 탐구하기로 했다. 곤충이 잎을 먹는 방식이 식물의 회복에 영향을 줄까? 풀과 같은 몇몇 일년생 식물에서 밝혀진 바와 같이 식물은 초식동물에게 적당히 먹히면 생장이 촉진될까? 이런 유형의 실험을 하면서는 식물 전체의 무게를 재서 생물량을 측정해야 하는데 나무 한 그루를 통째로 측정하기는 불가능해 실험실에 묘목을 심었다.

나는 숲에서 자라던 묘목 130그루를 식물학과 배양실에 옮겨 심었다. 묘목은 전부 나무가 쓰러져 생긴 틈으로 들어오는 햇빛을 받고 발아한 지 6개월째였다. 각 묘목을 비슷한 흙에 심고 같은 영양소와 물, 빛을 공급하며 4개월간 표본실에서 키웠다. 실험을 시작하면서 묘목 5그루를 뽑아 평균 크기를 측정했다. 나머지 묘목 125그루는 다음과 같이 5개 집단으로 나누었다. (1) 대조군 (2) 잎에 숫자 1, 2, 3, 4번을 매기고 4번 잎 전부 제거 (3) 모든 잎을 25퍼센트씩 잘라냄 (4) 잎에 숫자 1, 2번을 매기고 2번 잎 전부 제거 (5) 모든 잎을 50퍼센트씩 잘라냄. 이 실험으로 나는 초식동물에게 먹힌 잎의 비율이 다르거나(먹히지 않음, 25퍼센트 먹힘, 50퍼센트 먹힘) 먹히는 형태가 다르면(잎 전체를 먹힘, 잎 일부만 먹힘) 나무 성장에 영향이 있는지 확인하고 싶었다. 8주 후 모든 잎의 25퍼센트를 제거한 묘목이 가장 크게 성장했고, 이는 초식동물이 적당하게 잎을 먹으면 묘목의 성장을 촉진한다는 점을 증명했다. 반면 잎 면적의 절반(50퍼센트)을 제거한 묘목은 과도하게 제거된 잎을 회복하지 못하고 대부분 죽었다. 잎 1장을 통째로 떼어내면(4장당 1장씩) 묘목의 생장률이 감소했지만 각 잎을 25퍼센트씩 잘라내면 잔디를 깎는 것과 마찬가지로 생장을 촉진했다. 나는 초식동물이 잎을 먹을 경우, 심지어 25퍼센트까지 먹어도 묘목의 생장이 촉진된다는 사실을 발견했으나 다 자란 나무가 묘목과 같은 양상을 보인다는 증거는 없었다.

숲우듬지 통로는 주변의 다양한 생물이 연구자를 발견하지 못하도록 마법을 부린다. 아마도 숲우듬지가 바닥으로부터 높은 위치에 있어 야생동물들이 비교적 안전하다고 느끼는 까닭일 것이다. 숲우듬지에서의 느낌은 특별하다. 한번은 우리 자원봉사자 팀이 퀸즐랜드주 우림에 포충등을 설치하는 동안 숲칠면조 떼가 상층부 나뭇가지에 내려앉아 저녁 휴식을 취했다. 밤에 새들이 한자리에 머물면서 흔히 그러듯 숲칠면조는 똥을 쌌고, 그 바람에 우리 팀은 새똥을 뒤집어썼으며 똥 세례를 맞은 벌레들도 나무 밑으로 비처럼 쏟아졌다. 이 재미있는 사건을 겪고 나니 키 큰 나무에 사는, 날지 못하는 곤충의 생태에 호기심이 생겼다. 날지 못하는 초식곤충은 땅에 떨어지면 굶을까? 아니면 공중에 차려진 샐러드바로 되돌아갈 수 있을까? 우림은 너무 높고 복잡해 잎에서 애벌레를 제거하는 실험으로 그 반응을 관찰할 수 없었다. 그래서 해양생물학과 동료들이 애벌레 관찰에 적용할 수 있는 좀더 간단한 시스템으로 '낮은 산호섬 지대에 서식하는 식물'을 제안했다. 모래치지덤불Argusia bush, *Argusia argentea*은 퀸즐랜드주 글래스스톤 해안가 그레이트배리어리프에 설립된 시드니대학교 연구 시설 '원트리섬'One Tree Island에서 흔히 자라는 관목이었다. 해양생물학과 친구들이 다이빙하는 동안 안전을 위해 함께 바다에 들어가주는 대가로 나는 원트리섬에서 한 달을 보내며 애벌레 실험을 했다. 헬리오트로프나방(나비목 불나방과)은 그레이트배리어리프 전역에서 자주 발견되며 모래치지 덤불만 먹는다. (학술적으로는 나비와 나방의 변태 전 단계를 애벌레라고 한다. '유충'이나 '유생'은 딱정벌레를 비롯한 다양한 곤충에 일반적으로 쓰는 용어이다.) 나는 이미 원트리섬에서 애벌레가 하루에 잎을 약 3제곱센티미터만큼 먹는다고 계산했는데, 이는 관목에서 새로 돋아나는 잎 면적의 2~5퍼센트를 차지한다. 통에 가두고 모래치지덤불이 아닌 다른 먹이를 넣어주면 애벌레는 폐사하며 자신의 숙주 특이성을 증명했다. 바람에 날리거나 새의 먹이 활동으로 위치가 바뀌어도 나방 애벌레가 숙주 식물로 되돌아갈 수 있는지 시험하기 위해 나는 애벌레를 검은 봉투에 넣어 빛을 차단한 다음 모래치지덤불의 동쪽, 서쪽, 남쪽, 북쪽에 갖다두었다. 애벌레는 숙주 식물의 서쪽에 자리 잡았을 때 가장 수월하게 돌아갔으며, 2.7미터를 이동해 덤불에 도착하기까지 30분이 걸렸다. 그토록 느리게 이동하다 보면 분명 배고픈 새의 눈에 띌 것이고, 어쩌면 애벌레들은 길을 따라가는 것이 아니라 무작위로 덤불을 찾고 있었는지도 모른다. 배양실에서 얻은 묘목 실험 결과로 숲 생태계를 추정하는 일과 비슷하게, 덤불에서 실험한 결과를 키 크고 복잡한 숲속 나무와 연결하기는 불가능하다. 현장 생물학자는 이따금 좁은 범위에서 질문을 제기해 답을 얻고, 그 답을 단순하게 어림짐작해 더욱 넓은 맥락에 적용할 수밖에 없다. 대학원생 시절 나는 수많은 의문을 던지면서 실험 설계와 관련된 다양한 교훈을 얻었지만 매번 의미 있는 결론을 얻지는 못했다.

산호초에서 조류藻類를 먹는 물고기와 우듬지에서 잎을 먹는 초식곤충을 비교하는 주제로 동료들과 토론하며 원트리섬에서 긴 시간을 보냈다. 해양생물학과 학생들은 산호초에 사는 특정 물고기 집단이 해수 기둥에서 높이가 같은 지점을 차지하거나 비슷한 조류를 먹는다는 점을 확인했다. 이와 유사하게, 특정 바구미와 딱정벌레들은 매달린 나뭇가지 높이가 같고 연령대도 같은 잎의 조직을 먹는다. 과학자들은 우림과 산호초를 심도 있게 이해하면서 극도로 높은 생물 다양성과 보기 드물 정도로 복잡한 3차원 공간 구조, 그리고 특정 먹이만 먹거나 다양한 먹이를 먹는 포식자들의 공존 등 중요한 개념을 발견하게 된다. 인간 활동으로 기후가 극단적으로 변화하면서 숲 생태계와 해양 생태계가 갈수록 위험에 노출되고 있다. 생물들은 숲의 온도 및 강우량 변화, 또는 해수의 온도 및 pH(수소이온 농도) 변화에 보조를 맞출 만큼 신속하게 적응할 수 있을까? 그 결과 오늘날 극심하게 파괴된 서식지에서 살아남을 수 있을까? 과학자는 인간이 초래한 기후변화로 인해 자연계가 무너지는 비극을 막으려고 쉴 틈 없이 연구한다.

나는 어린 나뭇잎을 먹는 곤충들이 새잎이 돋는 계절마다 우듬지에 손실을 일으키는 현상을 발견하고, 숲은 과거에 숲 바닥에서 추정한 수치보다 높은 수준의 초식성을 견뎌낸다는 사실을 밝혔다. 내가 몇몇 곤충이 나뭇잎을 얼마나 먹어치우는지 정확하게 계산하긴 했지만 나뭇잎을 먹는 곤충 포식자 개체 수를 정확하게 추정할 수 있는 신뢰할 만한 기술을 개발한 현장 생물학자는 아직 없다. 탁월한 엔지니어가 부피 1세제곱미터 나뭇잎에 사는 절지동물의 개체 수를 세는 장치를 발명하길 기대하고 있으나 지금까지는 소식이 없다. 전 세계 지표면을 대상으로 진행한 연구에 따르면, 현재 곤충 개체 수는 급격히 감소하고 있으며 향후 수십 년 내에 40퍼센트 이상

사라질 것으로 예상된다. 독일에서 말레이즈 트랩(malaise traps, 천으로 둘러싸인 넓은 공간에 곤충이 날아들면 포획하는 장치)을 활용해 연구한 결과 27년간 날아다니는 곤충은 76퍼센트 감소했고, 푸에르토리코 숲에서도 비슷한 수준으로 곤충 개체 수가 줄었다. 전 세계 속씨식물 약 85퍼센트가 꽃가루에 의존해 번식하는데 꽃가루 매개 곤충 또한 급속도로 감소하고 있다. 유엔식량농업기구는 인간이 소비하는 4가지 농작물 가운데 3가지가 꽃가루 매개자에 전적 혹은 부분적으로 의존한다고 설명한다. 개체 수 감소를 분명하게 보여주는 사례로, 미국에서는 2017년 한 해 동안 꿀벌 군집의 3분의 1이 사라졌다. 화석 연료를 태우고, 농사를 짓고, 살충제를 뿌리는 등 인간 활동으로 기후변화가 일어나면서 수없이 많은 생물종이 멸종하자 곤충을 포함한 절지동물 개체 수도 전례 없이 심각하게 감소했다. 과학자들이 대형 동물은 물론 곤충의 생태도 온전히 기록하지 않은 탓에 우리는 곤충이 얼마나 감소했는지 정확하게 알지 못하고, 곤충이 돌고래나 영장류처럼 존재감을 드러내지 않는 까닭에 대중은 현 상황을 두고 절규하지 않는다. 하지만 이로 인해 과학자들은 더 늦기 전에 연구 수단을 향상해 여덟 번째 대륙에 차려진 샐러드바와 그 샐러드를 먹는 곤충들을 조속히 탐구할 수 있는 추진력을 얻는다.

거인가시나무

Dendrocnide excelsa

이 아름답고 솜털이 보송보송하며 부드러워 보이는 잎과 처음 만난 것은 호주의 아열대 밀림을 혼자 탐험하면서였다. 거인가시나무의 빛나는 에메랄드빛 잎사귀를 만지자 뜨거운 석탄을 쥐거나 말벌 30마리에게 한 번에 쏘인 듯한 감각이 느껴졌다. 독이 있는 가시털이 피부에 박혀 며칠간 욱신욱신 아팠다. 숲 바닥에서 죽은 나뭇잎을 주웠을 때도 똑같이 극심한 고통이 느껴져서 더더욱 놀랐다. 장난이 아니다! 장갑을 끼지 않고 무모하게 다룬다면 이 잎은 표본으로 만들어진 지 100년이 지나도 독침을 선사한다. 한 동료 학생은 거인가시나무보다 독성이 강한 퀸즐랜드주 짐피짐피를 만지면 '뜨거운 산성 물질이 닿아 화상을 입는 동시에 전기에 감전되는 듯한 느낌'이 든다고 말했다.

이토록 유해한 거인가시나무는 생태에 관한 정보가 많이 알려지지 않았는데, 아마도 이 나무가 인간뿐 아니라 다른 동물에게도 가까이 다가오는 것을 용납하지 않는다는 그럴듯한 이유 때문일 것이다. 쐐기풀과는 호주에 1속, 7종이 서식한다. 아시아 열대 지방이 원산지인 쐐기풀과는 53속, 2,625종이 있으며 대부분 잎과 줄기에 독성이 있다. 호주 화학의 역사 초기에 활약한 학자 J. M. 페트리J. M. Petrie는 1906년 쐐기풀과가 함유한 화학 물질을 분석했고, 거인가시나무가 유럽과 북미의 온대 초원에 서식하는 작은 관목성 쐐기풀보다 독성이 39배 강하다는 사실을 확인했다. 화학적·물리적으로 따가운 가시털이 잎몸과 꽃잎 표면을 촘촘하게 뒤덮은 것은 식물이 포유류 포식자를 방어하기 위해 형태학적으로 진화했음을 암시한다. 나는 거인가시나무 잎이 연령대별로 털의 밀도가 다른지 전자현미경으로 측정했고, 잎이 넓어지기 전 어린잎에서 털 밀도가 가장 높다는 점을 확인했다. 그리고 거인가시나무의 어린잎을 만지지 않으려고 특히 조심했다. 아시아 열대 지방에서 우세한 쐐기풀과는 원숭이나 몇몇 포유류 포식자에 대항하려 독성이 있는 가시털을 발달시켰지만, 그 털이 곤충을 상대하기에는 그리 좋은 방어 수단이 아닐지도 모른다.

호주가 원산지인 거인가시나무는 돌출목으로 1년 중 11개월 동안 잎이 돋는데, 그중에서도 여름(1~3월)에 새잎의 60퍼센트가 넘게 돋는다. 거인가시나무딱정벌레라 불리는 곤충은 독성 물질을 소화하고 가시털이 돋은 잎 표면을 탐험하는 독특한 능력을 개발해 거인가시나무 잎만 먹고 산다. 독성이 있는 잎 표면이 새의 먹이 활동으로부터 딱정벌레를 보호하는 덕분에 거인가시나무딱정벌레는 뻔뻔하게도 대낮에 상층부 나뭇가지에 돋은 잎을 먹었다. 아무런 두려움도 없이! 거인가시나무는 틈새로 비치는 햇빛을 받아 빠르고 높게 자라는 기회주의자이지만 상대적으로 수명이 짧고 질김성도 떨어지는 나무여서 오래 살거나 강해지기 위한 투자는 최소한으로 줄이는 대신 빠르게 성장해 우듬지를 차지한다는 전략을 구사한다. 내가 연구한 나무 5종 가운데 거인가시나무 잎은 수명이 7개월로 가장 짧았고, 나뭇가지 하나당 매년 잎을 8.3개씩 넉넉하게 틔웠다. 거인가시나무 잎의 짧은 수명에도 딱정벌레는 잎 1장당 32퍼센트를 먹어치웠으며, 이를 12개월분으로 합산하면 거인가시나무 수관에서 발생하는 손실은 연간 총 42퍼센트에 달했다. 맙소사! 잎은 1년 내내 지표면에 떨어져 4개월 안에 썩는데, 이 부패 속도는 내가 측정한 어느 나무종보다 빠르다. 나는 거인가시나무의 근본적인 전략이 빠르고 값싸게 성장해 포식자에게 먹혀도 금세 회복하는 것이라 생각했다. 나무가 숲 바닥으로 쓰러져 햇빛이 투과할 틈새가 생기면 흙에 풍부하게 존재하는 거인가시나무 씨앗은 빠르게 싹을 틔워, 비록 오래 살지는 못하지만 가장 높은 자리를 차지한다는 전략을 이어갔다. 이런 방식으로 거인가시나무는 빠르게 성장했으나 결국에는 차근차근 강인하게 자라 오래 버티는 나무종에 패했다.

독성 물질에 적응해 거인가시나무 잎만 먹는 딱정벌레 외에 즙액을 빨아 먹는 진딧물도 거인가시나무에 잔뜩 산다. 최대 100마리에 이르는 진딧물이 잎 한 장에 다닥다닥 붙어 즙액을 빨아 먹으면 잎 조직은 말라 죽었다. 드물지만 스푸어레그드대벌레가 거인가시나무 잎을 먹는 현장도 목격했는데, 이 대벌레는 상대적으로 크기가 크고 소화기관이 튼튼해 독성 물질도 견뎌낸다. 왕박쥐가 이따금 나뭇가지에 둥지를 틀지만 거인가시나무는 생물 다양성이 비교적 낮은 편이다. 간혹 주머니쥐, 새, 달팽이, 개구리, 도마뱀을 포함한 몇몇 동물이 거인가시나무 열매를 간신히 먹었다.

거인가시나무 사촌들 가운데 북쪽 지역에서 악명 높은 나무로는 빛나는잎가시나무shinyleaf stinging tree, *D. photinophylla*와 19세기 퀸즐랜드주 짐피 지역 금광에서 일했던 광부들이 이름 붙인 짐피짐피 덤불이 있다. 짐피짐피는 거인가시나무보다 독성이 강한데, 반짝이는 검녹색 딱정벌레만이 짐피짐피 잎을 먹고 거인가시나무딱정벌레처럼 나뭇잎에 레이스 무늬를 남겼다. 붉은다리덤불왈라비도 짐피짐피의 지독한 잎사귀를 뜯어 먹거나 때로 짐피짐피 덤불을 통째로 삼켰는데, 이것이 어떻게 가능한지는 설명할 수 없다. 붉은다리덤불왈라비는 캥거루와 왈라비의 가까운 친척으로, 어찌 되었든 독성 식물을 소화할 수 있기에 다른 동물과 먹이를 두고 경쟁하지 않는다. 우림 식물 수천 종 중에서도 아주 적은 종만이 따끔한 가시털을 발달시킨 결과가 예사롭지 않은데, 이는 물리적 방어 도구를 제외한 다른 속성이 나무의 경쟁에서 더욱 중요할 수 있다는 점을 암시한다.

5장
아내, 엄마 그리고 연구자

박사 과정 내내 우림을 연구하면서 나는 오래된 벌목 도로를 운전하다 150미터마다 멈춰 서서 나뭇잎을 샘플링하며 긴 시간(어림잡아 최대 1,500시간)을 보냈다. 이는 곤충이 발생하는 순간을 포착하거나 특이한 잎을 관찰하기에 좋은 방법이었다. 길가에 돋은 잎을 가끔 채집해두면 키 큰 나무에 오르는 작업을 피할 수 있었다. 가장자리 잎은 햇빛을 풍부하게 받아 생리학적으로 높은 가지에 달린 양지 잎과 유사했으며, 비닐봉지를 들고 차에서 뛰어내려 무작위로 나뭇잎 표본 30개를 채취하기만 해도 그런 잎들을 모을 수 있었다. 믿음직한 친구 휴는 이따금 함께 탐사를 떠날 때마다 내가 쉽게 차에서 오르내릴 수 있도록 시드니 대학교에서 빌린 스테이션왜건을 운전해주었다. 휴와 나는 각각 조간대 해안과 나무 꼭대기라는 연구 현장에서 위험과 마주하는 대학원생이었기에 현장 곳곳에서 서로 안전을 지켜주었다. 현장 생물학을 연구하려면 이런 동료가 꼭 필요하다. 따개비 개체군 역학을 연구하는 휴를 위해 나는 파도가 밀려드는 바위투성이 해안가에서 목숨을 걸고 따개비 개수를 셌다. 그에 대한 보답으로 휴는 특히 야간 등반에서 중요한 클라이밍 그립, 다른 말로 '땅'(땅바닥에서 안전을 감시해주기 때문이다) 역할을 해주었다.

시드니 대학교가 소유한 자동차는 현장 장비를 전부 실을 수 있을 정도로 큰 홀든 스테이션왜건이었다. 20세기 후반 호주에서는 힐스 호이스트(Hills Hoist, 뒷마당에 세워 빨래를 너는 금속 구조물로 외형이 보기 흉하다)라는 빨래 건조대와 홀든 스테이션왜건(산더미 같은 음식과 맥주와 자녀 여러 명을 태울 수 있는 자동차로, 직사각형 외형이 다부진 인상을 풍긴다), 이 2가지가 경제적 성공의 상징이었다. 홀든 스테이션왜건은 앞유리가 깨질지 모른다는 걱정 없이 먼지 폭풍과 캥거루를 피하며 장거리를 달리기에 제격이었다. 온갖 위험을 헤치며 운전하는 동안 나의 두 눈은 광활한 회녹색 유칼립투스 우듬지, 가슴 시리도록 푸른 산, 지평선을 따라 끝없이 펼쳐진 해변, 진홍색 꽃이 만발한 불꽃나무, 이따금 길가에 세워진 조각상을 보며 경외심에 휩싸였다. 유머 감각이 남다른 호주인들은 도롯가 여기저기에 거대한 조각상을 세웠는데, 모든 조각상은 전부 빅싱스Big Things라 불리며 매력 있는 동식물들을 기념한다. 휴와 나는 조각상 목록을 만들고 장거리를 운전해 연구 현장을 오가며 빅 바나나, 빅 맥주캔, 빅 메리노(양모를 얻으려고 기르는 양의 품종), 빅 새우, 통통한 딸기, 거대한 개, 빅 파인애플, 대형 바닷가재 등 전국에 세워져 있는 빅싱스 350개를 모두 발견하길 기대했다. 퀸즐랜드주의 한 마을은 그런 기묘한 조각상 앞에서 관광객들이 사진 찍기를 희망하며, 독성이 있어 많은 이가 혐오하는 대형 수수두꺼비 흉상을 세우려 했다. 이 계획은 당연하게도 지방 의회가 부결했다.

운명의 날, 우리는 벌목 도로를 따라 천천히 차를 몰다 코너를 돌던 다른 차에 우리 차 앞쪽 그릴을 들이받혔고, 나는 계기판에 머리를 부딪쳤다. 우리가 탄 대학교 소유의 스테이션왜건을 들이받은 정부 소속 SUV 탑승자들이 내가 얼굴을 다쳐 코피를 흘리는 모습을 보고 차에서 뛰어내렸다. 그들은 곧 나를 뉴사우스웨일스주 아미데일에 있는 지역 병원으로 데려갔고, 나는 병원에서 얼굴을 여러 군데 꿰맨 다음 붕대를 감고 퇴원했다. 병원을 다시 방문해 실밥을 풀 때까지 어디에서 요양해야 할지 고민되었다. 나는 이 시골 지역에 거주하는 한 생물학자의 이름을 떠올렸다. 저명한 지역 대학교 교수 할 히트울Hal Heatwol은 개미, 바다뱀 그리고 호주 생태계 연구로 유명했다. 비록 만난 적은 없으나 여러 분야를 다루는 특이한 유형의 과학자였던 할 교수가 발표한 논문을 나는 관심 갖고 찾아 읽었다. 지역 전화번호부에서 할의 이름을 찾아 전화를 걸었다. 얼마 지나지 않아 나는 그의 거실 소파에 베개를 받치고 기대앉게 되었다. 할은 나무 전체를 다루는 나의 관점에 감탄하며 내 연구를 지역에서 발생하는 유칼립투스 잎마름병에 적용해보기를 바랐다. 뉴사우스웨일스주 시골에 서식하는 수많은 유칼립투스나무의 건강 상태가 오랜 기간에 걸쳐 나빠지자 호주 오지의 풍경도 덩달아 암울해졌다. 나뭇잎을 잃어 그늘을 거의 드리우지 못하는 앙상한 나무 아래로 소와 양들이 옹송그리고 모여 있는 등 잎마름병의 후유증은 가혹했다. 지금까지 연구자 대부분이 토양 샘플을 채취해 곰팡이로 오염되었는지 조사하거나 염도를 측정하면서도 숲우듬지를 관찰해 단서를 찾지는 않았다. 나는 삼림 보건에 새로운 관점을 가져왔다. 할 교수와 나는 둘이서 힘을 합쳐 전문 지식을 적재적소에 활용하면 시골 농장주들이 심각한 유칼립투스 문제를 해결하는 데 도움이 될 거라 입을 모았다.

박사학위 논문을 제출하고 나자 여자는 그저 결혼해서 아이만 낳으면 된다고 말한 학과장이 틀렸다고 불과 3년 만에 증명한 나 자신이 자랑스러워졌다. 논문을 제출하고 6개월이 지나서야 나는 시드니로 돌아와 논문 묶음을 들고 졸업식에 참석할 수 있었다. 하지만 마음은 온통 '다음은 뭘 하지?'에 집중되어 있었다. 유칼립투스나무는 나의 숲우듬지 접근 기술을 적용할 만한 중대한 생태학적 문제를 제기했다. 버스를 타고 하루 만에 뉴사우스웨일스주 아미데일에 있는 뉴잉글랜드 대학교에 도착했다. 이 대학은 호주 시골 지역에 설립된 유일한 고등 교육 기관으로 할이 강의하고 있었다. 버스 창문 너머로 양 수천 마리와 고사한 나무로 뒤덮인 메마른 초원을 바라보았다. 호주 시골 풍경에서 유칼립투스는 특히 돋보였다. 가축이 휴식할 그늘을 드리우고 토양 침식을 막으려면 목장주에게는 나무가 필요했다. 호주 목재 산업 또한 오랫동안 유칼립투스에 의존해 지속적으로 소득을 창출했다. 호주 정부마저 유칼립투스나무를 사랑했다. 유칼립투스는 호주를 상징하는 나무로, 아름다운 풍경을 연출해 관광 산업을 촉진하고 농촌 경제의 성장을 이끌었다. 호주 토착 새와 곤충은 유칼립투스 수관을 집으로 삼았다. 그리고 호주를 상징하는 토착 동물 코알라는 유칼립투스 잎을 먹고 사는데 몇몇 주민은 코알라가 나뭇잎을 과식해 나무를 죽인다고 생각할 정도였다. 이 끔찍한 소문은 몇몇 목축업자를 부추겨 코알라를 발견하는 대로 사냥하게 만들었다. 따라서 유칼립투스 잎마름병을 시급히 해결해야 하는 이유는 환경 운동가와 목축업자는 물론 코알라에게도 있었다!

호주의 같은 지역에서는 1886년에도 나무가 대규모로 말라 죽었는데, 이 사건은 당시 목축업자가 기록한 일기장에 남아 있다. 1800년대 후반에는 나무를 검사할 생태학자가 현장에 없었으나 1886년 사건 이후 유칼립투스 잎마름병이 100년 주기로 창궐했다. 1980년대 초 잎마름병이 다시 확산했을 때는 호주를 비롯한 전 세계 생태학자가 신중하게 나무의 죽음을 주목하면서도 '기후변화'라는 용어를 언급하지는 않았지만 오늘날은 기후변화가 호주 유칼립투스를 포함한 수많은 숲에서 일어나는 새로운 나무 고사 증후군의 근본적 원인으로 여겨진다. 1980년대에 잎마름병이 확산하고 수십 년이 흐른 뒤, 과학자들은 빠르게 극단적으로 변화한 기후 현상이 빈번하게 발생할수록 호주처럼 환태평양의 이상 기후에 영향을 받는 일부 국가가 그런 기후 현상을 알리는 조기 경보 시스템으로 작동한다는 사실을 알아냈다.

호주 오지에서 강우 패턴은 그곳을 살아가는 생명의 성패를 좌우했다. 과학자와 마찬가지로 목장 주인들도 1980년대에 '기후변화'라는 용어를 사용하지는 않았지만 시골 지역에서는 가뭄과 더위가 심해지고 화재가 빈번하게 발생하며 가축에게 먹일 풀이 부족해지는 현상을 이미 고통스럽게 체감하고 있었다. 극심한 건기가 지속

되는 동안 곤충은 개체 수가 폭발적으로 증가했으며, 나무가 번성하는 데 필요한 어마어마한 양의 잎을 먹었다. 죽어가던 나무들은 작은 새싹이 마지막 힘을 다해 나무줄기 위아래로 작은 나뭇가지(도장지epicormic shoot)를 뻗어내거나 앙상한 나무 밑동에서 줄기움stump sprout을 피워 다시 자라나는 등 이따금 일시적으로 건강을 회복했다. 1980년대 오지에 창궐했던 잎마름병은 약 30년 뒤 호주에서 주요 문제로 떠오른 극단적인 기후변화의 전조 증상이었다.

'검나무'는 호주 토착 유칼립투스속에 속하는 많은 나무종을 부르는 일반명이다. 유칼립투스속에는 약 555종이 포함되는데, 분류학자가 DNA 또는 물리적 특성을 분석해 특정 종을 묶거나 쪼개기로 결정한다면 그 숫자는 달라진다. 종을 한데 묶거나 쪼개려는 다툼으로 분류학의 세계는 바람 잘 날 없다. 유칼립투스 555종 모두 그 돌연사 증후군에 걸린 것은 아니었고, 다른 지역에서는 다른 원인이 확인되었다. 호주 서부에서 발생한 자라나무jarrah, *Eucalyptus marginata*의 죽음은 인도네시아에서 우연히 유입된 뿌리곰팡이와 분명히 관련 있었다. 토양의 염도 증가도 남부 호주에서 일어난 몇몇 유칼립투스종의 죽음과 깊이 연관되어 있었다. 하지만 뉴사우스웨일스주에서는 뚜렷한 원인이 발견되지 않았다. 오히려 곰팡이병, 곤충의 먹이 활동, 코알라의 유칼립투스 섭취, 가뭄, 토양 영양 불균형, 비료 투입(특히 목축업자들이 잔디 성장을 촉진하기 위해 공기 중에 뿌리는 과인산염), 지하수 고갈, 토양 염분 증가, 개간, 나무 수관 감소, 묘목을 먹거나 나무줄기 껍질을 벗기는 가축의 과잉 사육 등 의심이 가는 수많은 원인이 작용해 나무들이 서서히 죽어가는 듯했다. 질병이 흔히 그렇듯 잠재적인 원인이 복합적으로 작용하면 한 요인과 다른 요인을 구별하기가 어려워진다.

유칼립투스는 독특한 특성을 많이 지니는데, 이 나무에게 생존이란 진정 복권과 같다. 풍년인 해에 유칼립투스 성목 한 그루는 씨앗을 500만 개까지 생산한다. 유칼립투스 씨앗은 가벼워서 바람에 흩날리는데, 자연에서 검 너츠gum nuts라고 부르는 겉껍질을 벗기려면 불이 필요하다. 습기, 흙, 햇빛을 받을 수 있는 곳으로 날아갈 만큼 운이 좋은 씨앗은 싹을 틔우겠지만 그만큼 운이 좋은 씨앗은 1퍼센트도 채 되지 않는다. 싹이 튼 뒤에도 가뭄, 말발굽, 과도한 햇빛, 화재, 잎을 먹는 곤충이나 동물, 홍수, 개간 등 여러 위험 요소가 묘목을 위협한다. 적당한 곳에서 발아한 씨앗은 수년간 성장해 묘목이 된다. 어느 종은 껍질을 발달시켜 화재 저항성을 기르고, 다른 종은 유주lignotuber, 乳株라 불리는 독특하고 곧은 뿌리를 발달시켜 지표면 한참 아래에 있는 지하수에 접근해 화재 이후에도 싹을 다시 틔운다. 1980년대 호주 대륙 전반에 잎마름병이 퍼지면서 죽은 나무줄기에서 새싹이 올라오거나 씨앗이 발아해 나무로 자라는 모습은 거의 관찰되지 않았다. 간단히 말해 호주의 풍경은 갈수록 더 황량해졌다.

나는 뉴잉글랜드 대학교에 있는 할의 연구실에 박사 후 연구원으로 들어가 연구 보조금 지원서를 작성했다. 박사 후 연구원이란 박사학위를 취득하고 거치는 디딤돌과 같은 자리이다. 대학교 근처에서 작은 아파트를 빌리고, 집세를 분담할 룸메이트도 구했다. 주디와는 마사지를 가르치는 단기 강좌에서 만났는데, 거기에서 우리는 마사지사 자격증을 취득하고 일해 생활비를 벌었다. 나는 지원서를 제출하고 3개월 만에 연구 보조금을 받았다. 보조금에는 3년간의 급여와 현장 장비가 포함되어 있어 더는 마사지사로 일할 필요가 없었지만 그 일을 하면서 마음을 터놓을 여자 친구들과 만날 수 있었다. 우림에서 성공적으로 구축했던 연구법을 기반으로 나무 전체를 조사한 끝에 나는 환경 파괴를 일으키는 다양한 요인이 환경을 척박하게 만든 이후 곤충 포식자가 건조림 우듬지에 '마지막 지푸라기'(마지막 지푸라기가 낙타 등을 부러뜨린다는 속담에서 유래한 용어로, 최후의 결정타를 뜻한다—옮긴이)로 작용한다는 가설을 세웠다. 목축업자들은 1980년대에 더욱 따뜻하고 건조해진 날씨와 초원에 점점 더 많이 뿌려지는 비료의 영향을 받아 스트레스를 받은 나무에 곤충이 공격을 가하는 것일지 모른다고 주장했다. 가설을 시험하려면 연구할 나무를 정해야 했다. 과학자가 주인이 있는 나무에 올라야 한다면 어떻게 나무 주인을 설득할까? 할의 말마따나 손쉬운 해결책은 슬링샷을 들고 동네 술집을 찾아가 허풍을 섞어가며 나무 등반 무용담을 늘어놓는 것이었다. 나도 우림 지역에 머물던 시절부터 술집 불이 켜지면 시골 목축업자들이 나방 떼처럼 몰려든다는 것을 알고 있었다. 이때까지도 시골 술집은 대부분 여성 전용 코너가 있어 남성 코너로 가려면 남성 동료 몇 명을 불러 동행해야 했다. 할과 그의 제자들이 기꺼이 도와주었다. 세상에, 술집 작전은 대성공이었다. 얼마 지나지 않아 나는 스테이션(목장을 일컫는 호주말) 몇 군데에서 우듬지에 올라 연구할 수 있게 되었다.

그런 목장들 가운데 한 곳은 앤드루라는 이름의 젊은 목축업자가 소유하고 있었다. 시골에 사는 여자 친구들은 농담 삼아 그가 2,590제곱킬로미터 내의 유일한 미혼남이라고 했다! 앤드루는 잘생기고, 재미있고, 자연을 사랑하며, 창의력 넘치는 목축업자였다. 앤드루는 맥주가 학업에 방해가 된다고 투덜댔지만 양과 소를 기르는 목장주 대부분은 성공하기 위해 헛간 벽에 걸린 먼지투성이 대학 졸업장이 아닌 지역 술집에서 형성하는 인맥에 의존했다. 연애하는 동안 앤드루가 5,000에이커(2000만 제곱미터)에 달하는 본인의 목장 주변에서 양을 이동시킬 때면 나는 출입구를 열어주고, 앤드루가 양털을 깎는 동안 그에게 점심 식사를 가져다주고, 간혹 술집에서 함께 저녁 식사를 하면서 시간을 보냈다. 그리고 양과 자연, 나무와 덤불에서의 삶을 주제로 몇 시간이나 대화했다. 나는 서른 살이었고, 12년 동안 주로 현장 연구에 집중하면서도 늘 가정을 꾸리고 싶었다. 내가 사랑하는 나뭇잎을 곤충이 사각사각 갉아 먹는 소리와 함께 생체시계가 똑딱이는 소리도 들렸다. 앤드루의 부모님은 처음 만난 자리에서 우리 두 사람이 나이가 너무 많아 아이를 가질 수 없을 거라고 넌지시 말했다! 나와 앤드루는 토착 나무를 복원하는 내 전문 지식에, 건강한 자연이 궁극적으로 건강한 가축을 기른다는 앤드루의 감각을 더하면 가족 목장을 훌륭하게 가꿀 수 있으리라 기대했다. 우리는 사랑에 빠져 약혼했고, 앤드루는 소식을 알리기 위해 뉴욕주 북부에 사는 내 부모님께 전화를 걸었다. 아뿔싸, 그가 시차를 깜빡했다…. 새벽 4시에 전화를 걸다니 출발부터 좋지 않았다! 어머니가 우셨다. 언제나 신사였던 아버지는 점잖게 행동하셨다. 우리는 호주에서 결혼식을 올렸고, 양털 깎는 헛간에서 피로연을 열었다.

우리 가족은 아무도 참석하지 못했다. 어머니는 하염없이 우셨고, 나는 부모님과 1만 6,000킬로미터 떨어져 산다는 것이 서글펐다. 하지만 호주는 사랑과 결혼, 곧 태어날 나의 아이 그리고 죽어가는 나무들이 존재하는 이상적인 세계였다.

서른한 살 연구원으로서 맡았던 첫 과제에 몰두한 시기에 나는 대학과는 1시간 거리에 있고, 시가와는 무척 멀리 떨어져 있으며, 앤드루가 양과 소를 키우는 가족 목장이 자리한 지역으로 이사했다. 가족 목장에서 가장 가까운 마을인 월차Walcha는 호주 원주민 말로 '물웅덩이'라는 의미였으며 사람보다 가축이 200배 넘게 많았다. 마을 외곽에 세워진 광고판은 월차에 양 76만 마리, 소 12만 마리, 사람 4,000명이 산다고 알렸다. 이 지역은 잎마름병의 진원지이기도 했다. 그러니 광고판에는 죽은 나무가 50만 그루라는 문구도 적혔어야 했다. 마을 중심가에는 술집 4곳, 작은 식료품점 1곳, 우체국 1곳, 약국 1곳, 은행 3곳, 잡화점 3곳이 있었다. 은행은 가뭄과 농산물 시장 변동에 대비해 대출을 받는 중요한 장소였고, 술집은 슬픔을 위로하거나 결혼식과 출산을 축하하는 중요한 장소였다. 호주의 목축업자는 영국에서 배를 태워 보낸 죄수들이 남긴 자랑스러운 후손으로, 다수가 금욕적인 생활을 했으며 대지에 자신의 피를 섞도록 교육받았다. 그들은 흔히 하루에 18시간을 들여 가축과 울타리와 물웅덩이와 초원을 관리했다. 그리고 조금이라도 한가할 때면 바쁜 사람처럼 차를 몰고 인근 지역을 돌아다니며 이웃 목축업자가 무엇을 잘하고 있는지 알아내려고 울타리 너머 염탐하기를 즐겼다. 목축업자가 오전 중 '스모코'를 가지려 하면 그의 아내는 부엌에서 스모코를 준비하고 기다렸다. '쉴라'(Sheilas, 젊은 여성을 가리키는 호주 속어—옮긴이)는 집에서 양갈비를 요리하고, 부엌에서 파리를 잡고, 독사로부터 아이를 보호하는 등 대개 가사에 전념했다. 그것은 쉽지 않은 삶이었고, 시골 문화는 배움을 갈망하는 여성을 마뜩잖아했다. 얼마 지나지 않아 시가 식구들은 학구적인 나를 낮잡아 블루스타킹이라 불렀다.

하지만 목축업자인 남편은 그런 나와 자랑스럽게 결혼했고, 결혼한 이유 또한 내가 나무를 사랑해서였다. 나는 분명 호주에서 유일하게 자격을 갖춘 나무탐험가였고, 잎마름병에 시달리는 호주 시골 지역의 경제적·생태계적·정서적 불안은 심각했다. 나는 잎마름병을 규명하기로 마음먹었다. 창문 너머로 회색빛 앙상한 가지를 드러낸 채 죽어가는 유칼립투스나무 수백 그루를 볼 때마다 항상 마음이 아팠다. 가축에게 그늘을 제공하고, 토양을 보존하고, 토착 새와 곤충에게 서식처를 마련해주고, 생태계에 활력을 불어넣기 위해 호주 목장주에게는 나무가 필요했다. 하지만 무엇이 나무를 죽게 하는지, 어떻게 해야 심각하게 파괴된 목장을 회복시킬 수 있는지 아는 사람은 없었다. 이 의문은 과학자이자 최근 목축업자의 아내가 된 나의 마음을 사로잡았다.

많은 대학교 동창이 거액의 재산과 해안가 주택, 큰 요트를 소유한 부자와 결혼했지만 나는 죽어가는 유칼립투스가 서 있는 목장 5,000에이커를 소유한 목축업자와 결혼했고, 그런 멋진 보물을 받게 되어 행복했다. 나는 결혼으로 나무 수천 그루를 얻었고, 그 대가로 남편은 나무에 관한 지식을 얻었기에 나는 그 유칼립투스들을 '나무 지참금'이라 불렀다. 나무가 드문드문 자라는 우리 5,000에이커 양 목장에는 질 좋은 양털을 생산하는 메리노 양이 무려 1만 5,000마리나 있어 비가 내려 풀이 자라야 하는 상황이었다. 호주 오지에 자리 잡은 목축업자라면 대부분 그렇듯 우리 부부도 가축과 울타리를 집보다 소중히 여겼다. 그래서 식기세척기나 소파보다 새 출입구와 헛간 지붕을 먼저 샀다. 우리 신혼집은 가족 목장 구석에 지어져 10년간 사람이 살지 않았던 낡은 오두막이었다. 강렬한 오렌지색 부엌은 흰색 페인트로 덧칠했지만 요리할 때마다 수없이 들이닥치는 양검정파리를 막을 만큼 촘촘한 방충망은 마련하지 못했다. 몇 년 뒤 아들이 태어난 지 얼마 지나지 않아 낮잠을 자는 아들 위로 기어가는 파리 유충을 보고 나는 화들짝 놀랐다. 양털로 만든 침대 담요에 파리 유충이 들끓고 있었다. 눈물 흘리며 아들에게서 유충을 떼어내는 것 말고는 할 수 있는 일이 없었다.

우리 오두막은 외딴곳에 세워진 커다란 나무집으로 주위 덤불과 잘 어울렸다. 바닥 마루가 삐걱거리고, 문가에 붙인 플라스틱 틈새막이가 너덜거려 파리가 드나들며, 아이들이 애정을 담아 '공포의 전당'이라 부르는 공간에 무섭게 생긴 조상들의 초상화가 걸려 있었다. 그 시절 목축업자의 아내들은 합판이 깔린 반짝이는 부엌 바닥과 플라스틱 부엌 의자, 푹신한 패브릭 소파, 인스턴트커피를 자랑스러워했다. 그처럼 변변치 않은 물품들을 자랑스러워하면서도 바람 부는 수천 에이커 대지에 터를 잡은 모든 시골 농가는 놀랄 만큼 따스한 마음으로 똘똘 뭉쳤다. 내 남편은 선대로부터 독특한 유산을 물려받았다. 바로 자연 풍경을 읽어내는 신기한 능력이었다. 나는 앤드루와 시아버지가 덤불을 정리하고, 출입구 수천 개를 열고 닫아 가축들을 방목장 안에서 이동시키고, 흡입 장치로 먼지와 파리를 빨아들이고, 쉴 새 없이 울타리를 수리하고, 26킬로미터짜리 전화선을 관리하고, 양치기 개를 조련하고, 롤러코스터처럼 오르내리는 양털과 양고기와 소고기의 시장 가격을 감당하는 과정을 지켜보며 그들을 존경하게 되었다. 돈키호테처럼 나무를 사랑하고 블루스타킹 기질도 타고났지만 나는 주위 목장주 아내들과 어울리며 금세 멋진 친구를 잔뜩 사귀었다. 우리는 자녀들 놀이 모임을 열어 아이들이 노는 사이에 함께 커피를 마셨고, 서로가 겪는 고난과 아픔을 나누기 위해서라면 몇 시간을 들여서라도 60~80킬로미터쯤은 별것 아닌 듯 달려갔다. 그들은 세상을 궁금해하는 나의 호기심과 지성에 감탄했고, 나는 시골 생활에서 얻은 그들의 유머 감각과 오지에서 가정을 돌보며 터득한 지혜를 좋아했다. 30년이 지난 지금도 나는 호주에서 사귄 여자 친구들과 자매처럼 친밀하게 지내고 있는데, 그들 대부분은 지금도 같은 양 목장에 산다. 시드니 대학교 대학원생 시절 나는 3년간 야간 학교에서 노동자들을 가르쳤고, 그 뒤부터는 강의하기가 두려워 구토하는 일은 없었다. 내가 다른 사람들 앞에서 말할 수 있는 용기를 얻게 된 것은 야간 학교 강의 덕분이다. 과학자로 일하는 동안 현지인과 소통하고 신뢰를 쌓는 능력은 학술 논문이 잔뜩 실린 손수레보다 훨씬 유용한 자산이 되었다. 편안한 언어로 대화하는 능력은 고사 직전에 놓인 나무를 키우는 목축업자들과 관계를 맺는 핵심 기술이었다.

목장 생활은 고달팠지만 나는 악마를 연상케 하는 쿠카부라

kookaburra의 노랫소리와 까치가 열정적으로 지저귀는 소리, 양 수천 마리가 매애 하는 소리를 들으며 새벽에 깨어나는 일이 좋았다. 그리고 훌륭한 식사를 차리기 위해 지칠 줄 모르고 일했는데, 학교에 가는 날이면 점심시간에 짬을 내서 장을 본 다음 퇴근길에 종종 제한속도를 어기고 차를 몰아 도착해서는 목축업자 남편에게 따뜻한 저녁 식사를 차려주었다. 시골 흙길을 쏜살같이 질주하며 연구원에서 아내로 역할을 전환하는 동안 한 차례도 캥거루와 부딪히지 않은 걸 보면 운이 좋았다. 나는 모든 면에서 완벽한 배우자가 되고 싶었지만 시가 식구들은 며느리가 블루스타킹으로 살아가는 일에 극도로 비판적이었다. 동네 젊은 여성들 사이에서는 내가 미용실에 갈 때면 시어머니가 아이를 봐주지만 대학교 도서관에 갈 때면 봐주지 않는다는 우스갯소리가 나돌았다. 그래서 나는 가장 눈에 띄지 않는 방식으로 현장을 조사하기로 했다. 마음으로는 시어머니가 나를 목축업자의 훌륭한 아내로 만들려고 그러는 거라 믿었지만 나무를 사랑하는 삶을 포기할 수는 없었다. 게다가 결혼 전 이미 유칼립투스 연구에 돌입한 만큼 이 시골에 퍼진 전염병을 끝까지 파헤쳐 해결하리라 다짐했다.

시골에서 유칼립투스를 처음 관찰할 때부터 곤충의 발생은 나무가 가뭄과 더위, 인간이 유발하는 스트레스와 여러 차례 교전한 끝에 치르는 최후의 전투로 보였다. 과거 연구에서 초식곤충이 매년 잎의 약 25퍼센트를 먹어도 우림의 나무는 죽지 않는다는 사실이 밝혀졌으므로, 곤충이 유칼립투스 우듬지의 죽음에 크게 기여했다면 나무는 훨씬 더 큰 규모로 손실되었어야 했다. 내가 유칼립투스

나무를 연구한 방법은 우림에서와 비슷했다. 우선 연구할 나무종을 몇 가지 선택하고, 특정 높이마다 관찰할 나뭇가지를 정한 다음 다른 나무에서도 같은 절차를 반복하고, 잎에 표식을 남겨 시간 흐름에 따라 곤충에게 얼마나 먹히고 죽는지 관찰한다. 그런데 건조림에서의 나무 등반은 우림에서 오를 때와 비교하면 차원이 달랐다. 우선 탁 트이고 적막한 환경에서 온종일 바람과 햇빛을 맞아야 했다. 땀에 젖은 얼굴로 달려드는 파리 떼와 피부에 화상을 입히는 자외선에 맞서야 하는 한낮보다 새벽이나 해 질 무렵에 등반하는 쪽이 나았다. 우림 나무와 비교하면 유칼립투스나무는 뜨거운 햇볕에 노출되어 가지가 빠르게 성장하는 동시에 쉽게 부러지므로, 등반용 밧줄을 안전하게 지탱할 만한 나뭇가지를 선택하는 과정이 매우 중요했다. 내가 경험을 통해 정한 방침은 내 허벅지보다 굵은 나뭇가지에 밧줄을 설치하는 것이었다. 이 방침에 맞는 나뭇가지는 아마도 최소 필요 굵기보다 2~3배 더 굵었겠지만 내게 마음의 평화를 안겨줬다. 일부 초원에서는 성난 황소들이 돌아다녀 나뭇가지뿐 아니라 가축도 계속 지켜봐야 했다. 한 가지 예상치 못한 즐거움은 연구용 나무 우듬지에서 잎을 먹는 코알라와 만나는 것이었다. 코알라 곰이라는 그릇된 명칭(코알라는 곰과 아무런 관련이 없다)으로도 불리는 나무 위의 유대목 동물 코알라는 유칼립투스 중에서도 일부 종의 잎만 먹는다. 휘발성인 유칼립투스 오일은 동물 대부분에게 독성 반응을 일으키지만 코알라는 그런 독이 든 샐러드를 먹고도 소화하도록 적응했다. 수년간 나무에 오르면서 유칼립투스 잎을 배부르게 먹고 느릿느릿 움직이는 코알라와 이따금 나무 수관을 공유할 때면 짜릿한 전율을 느꼈다. 코알라는 하늘로 날아가지도, 가지를 타고 미끄러져 내려가지도, 나무줄기에서 뛰어내리거나 서둘러 떠나지도 않았다. 대신 나를 외계인 보듯 바라보기만 했다. 그러나 다른 나무로 이동할 때는 땅 위를 전력 질주했는데, 코알라가 우리 양치기 개보다 빠르게 달리는 장면도 여러 번 목격했다.

4년간 우림의 나무를 등반한 경험으로, 나는 빠르고 노련하게 유칼립투스나무에 장비를 설치했다. 선택한 나무는 뉴사우스웨일스주 북서부에 서식하는 호주 토착 유칼립투스 5종으로 뉴잉글랜드페퍼민트, 블레이클리붉은유칼립투스Blakely's red gum, *E. blakelyi*, 뉴잉글랜드스트링바크New England stringybark, *E. caliginosa*, 블랙샐리black sallee, *E. stellulata*, 유칼립투스마운틴검mountain gum, *E. dalrympleana*이었다. 이 다섯 종은 모두 목축업자가 발견한 잎마름병 증후군에 희생되었고, 살아남은 개체는 목장에 고립되었으며, 이들의 수관은 다양한 생물이 사는 주요 서식지이자 가축에게 꼭 필요한 그늘막이었다. 목장주들은 진정으로 자신의 앞날을 걱정했다. 나는 목축업자와 긴밀히 협력해 목장의 건강과 생태 문제를 해결할 방안을 마련해야 했다. 목축업자들은 대지를 사랑한다는 점에서 나를 한마음으로 존중해줬고, 이는 신뢰를 키워나가는 중요한 밑거름이 되었다. 생태학자로 일하는 동안 나는 연구 지역의 주민들에게 냉담하게 굴며 사회적 유대감을 조금도 형성하지 않는 생태학자 동료를 목격하곤 했다. 이런 태도는 갈등을 초래하고, 대중이 과학을 불신하도록 조장할 수 있다. 나는 목축업자들이 과학자를 상대로 자연스럽게 갖는 편견을 극복하는 동시에 여성이 나무에 올라도 괜찮다는 사실을 몸소 증명해야 했다.

앤드루와 결혼한 이후 나는 우림에서 우듬지 연구를 계속하기는 했지만 시간제로 일했다. 호주에는 수목 과학자가 극소수였고, 이곳에서 간혹 진행되는 열대습윤 지역 탐사에 참여하는 일은 내게 무척 중요했다. 1984년 봄, 나는 퀸즐랜드주 북부에서 열대림의 생물 다양성을 조사했다. 놀랄 것 없이 나는 참가 인원 중 유일한 여성이었다. 탐사를 시작한 지 셋째 날, 열매를 따기 위해 숲우듬지 1곳을 오르고 나서 심각한 현기증을 느꼈다. 수년간 우듬지에서 시간을 보낸 나로서는 흔치 않은 경험이었다. 내 몸이 다르게 느껴졌다. 퇴근하고 나는 외딴 모텔 근처에 있는 동네 약국으로 걸어갔다가 『임신에 관하여』*On Pregnancy*라는 책을 발견했다. 그리고 조심스럽게 책을 모텔로 가져와 밤새 읽었다. 책에 묘사된 증상이 내가 느끼는 증상과 일치했다. 남몰래 흥분했지만 앤드루에게 연락하고 이에 관해 대화를 나눌 휴대전화가 없었다. 열흘 뒤 가족 목장에 도착해 내가 사는 지역의 보건의와 약속을 잡고 임신 테스트를 했더니 양성반응이 나왔다.

임신한 여성 과학자로서 연구 현장과 목장을 오가며 재주넘듯 일을 해내는 데 가장 큰 걸림돌은 시가 식구들이었다. 그들 눈에는 아이를 갖는 것이 아내의 주된 역할이었다. 내가 임신하자 앤드루와 나뿐 아니라 시가 식구들도 뛸 듯이 기뻐했다. 나는 조용히 나무를 관찰하고, 채집망을 설치해 떨어진 나뭇잎과 곤충의 프라스를 채취하고, 과학 문헌을 검토하고, 뉴잉글랜드 대학교에서 박사 후 연구원 업무를 이어가는 동시에 아기방을 페인트칠하고, 베개와 이불을 바느질하는 등 훌륭한 주부라면 해야 하는 모든 일을 했다. 나는 필사적으로 직업을 유지하고 싶었다. 단순히 열심히 공부해 식물학 박사가 되기 위해서가 아니라 그저 가족 방문에 필요한 미국행 비행기 표를 사거나 학회 참석에 필요한 용돈을 약간 벌 수 있었기 때문이었다. 우리 목장은 재정적으로 성공을 거두었지만 수익 대부분을 울타리나 가축 예방 접종에 투자했으며, 며느리의 연구 활동이나 개인적인 여행에는 한 푼도 쓰지 않았다.

배가 불러올수록 움직이기 불편해지면서, 하네스를 착용하고 밧줄로 나무에 오르기가 불가능해졌다(그리고 무엇보다 위험했다). 남은 9개월간 우듬지 현장 연구를 무사히 마치려면 하네스와 밧줄을 사용하는 단순하고도 독창적인 싱글 로프 기술single-rope technique, SRT 이외에 참신한 방안을 마련해야 했다. 그래서 농학과에서 새로운 장비, 즉 유칼립투스나무 꼭대기로 쉽게 올라가게 해주는 고소작업대를 빌렸다. 우림에 비하면 건조림은 나무 높이가 절반 정도였고, 나무 간 거리는 더 넓어 접근하기 수월했다. 이 위풍당당한 장비만 있으면 슬링샷을 다루려고 애쓰거나 땀 흘릴 필요 없이 바구니 안에 들어가 기어 몇 개를 조작해 위아래로 이동할 수 있다. 정말 재미있었다! 하지만 흙이 건조하지 않고, 트레일러가 나무 사이를 누비고 다닐 수 있는 탁 트인 공간이 없는 축축한 우림에서는 쓸 수 없었을 것이다. 그 9개월 동안 나는 깨어 있는 시간 대부분을 나뭇잎 총 5,623개(이 중 2,543개가 연구 1년 차 이후 돋아난 것이다) 관측에 투입하고, 유칼립투스 연구 3년 차를 마무리했다. 내가 관찰한 유칼립투스 5종은 평균적으로 매년 잎의 23~61퍼센트가 손실을 입었다. 그런데 표식을 남긴 잎 일부는 호주에서 여름인 12월에 번성해 크리스마스딱정벌레라고도 불리는 스카라브딱정벌레가 완전히 먹어치웠다. 이 게걸스러운 초식곤충은 한 계절 동안 뉴잉글랜드페퍼민트New England peppermint, *Eucalyptus nova-anglica* 나무 수관을 통째로 세 차례 먹었으니, 정확히 계산하면 매년 잎 표면적의 300퍼센트를 먹었다. 이처럼 식탐이 강한 곤충에게 반복적으로 먹힌 끝에 샘플링을 시작하고 3년 뒤 뉴잉글랜드페퍼민트와 지역의 다른 나무 종 일부는 죽음을 맞이했고, 따라서 곤충이 나무를 죽게 하는 최후의 스트레스 요인이었음이 증명되었다.

크리스마스딱정벌레가 유충기를 흙에서 보낸다는 사실을 발견하기 전까지, 나는 곤충이 나무 위 샐러드바에 어떤 영향을 주는지에만 몰두하다 나무 나머지 부분, 특히 뿌리 체계에 주는 영향은 거의 간과했다. 크리스마스딱정벌레의 지하 생태를 기록하고, 나무의 엄지발가락으로 돌아가 땅에서 무슨 일이 일어나는지 밝히는 일이 중요할 것 같았다. 그런데 현장 생물학자는 나무뿌리의 손상을 어떻게 측정해야 할까? 알고 보니 방법은 오직 나무를 쓰러뜨리고 뿌리를 검사하는 것뿐이었다. 이번 연구도 과거에 우듬지를 조사할 때처럼 과학자의 눈과 귀가 되어주며 연구의 폭을 넓히는 지구 감시단 자원봉사자들을 모집했다. 봉사자들은 우리 부부가 소유한 양털 깎이 일꾼들의 오두막에 머물면서 위아래로 곤충에게 공격당한 유칼립투스나무 지도 그리는 일을 도왔다. 이때 목장에서 쓰던 장비들이 연구에 유용했는데, 트랙터로 땅을 파면 나무뿌리와 딱정벌레 유충을 손쉽게 끄집어낼 수 있었기 때문이다. 먼저 연구 팀은 죽어가는 유칼립투스나무를 고르고, 그 나무와 크기가 완전히 같지만

30미터 떨어져 자라는 건강한 유칼립투스를 찾은 다음, 고소작업대를 타고 올라가 두 나무가 지상으로 노출한 모든 부위를 조심스럽게 채취했다. 그리고 오두막 연구실에서 채취한 나무의 잎과 가지와 줄기를 그림으로 그리고, 자르고, 낫으로 베고, 표식을 남겨 분석했다. 다음에는 목장 트랙터로 나무뿌리를 뽑았다. 나와 앤드루는 두 나무가 서 있던 자리와 주변의 흙을 조심스럽게 파냈고, 시민 과학자들은 그 흙을 체로 쳐서 뿌리만 얻었다. 우리는 말 그대로 며칠 동안 흙 속에서 놀았다. 결과는 놀라웠다! 존 디어John Deere를 비롯한 시민 과학자들 덕분에 우리는 크리스마스딱정벌레가 우듬지 잎을 얼마나 뜯어 먹었는지, 그리고 나무뿌리를 얼마나 손상시켰는지 계산했다. 먼저 쿠키(나무줄기를 자른 조각들)의 무게를 재고, 잎을 한 장 한 장 헤아려 초식곤충이 두 나무의 잎을 얼마나 먹었는지 측정했다. 건강한 뉴잉글랜드페퍼민트의 우듬지는 부피가 총 123세제곱미터이며, 나뭇잎 15만여 장이 매달려 있다. 여기에 비하면 잎마름병에 걸린 뉴잉글랜드페퍼민트는 잎이 3분의 1에 지나지 않는데, 부피가 69세제곱미터인 우듬지에 잎 6만여 장이 존재한다. 천공충 또한 뉴잉글랜드페퍼민트의 나뭇가지를 공격해 19퍼센트를 먹어치웠으며, 이는 건강한 나무에서 5퍼센트가 줄어든 것과 마찬가지이다. 딱정벌레 유충이 뿌리에 입힌 손상은 훨씬 강렬했다. 죽어가는 나무는 건강한 나무와 비교해 뿌리가 20퍼센트밖에 남지 않았다. 요약건대 크리스마스딱정벌레와 유충은 뉴잉글랜드페퍼민트의 잎과 뿌리를 먹고 있었다. 나무는 이중고에 시달렸다. 유충이 땅속에서 뿌리를 먹고 성충으로 자라나 잎도 먹어치웠다.

뿌리와 우듬지 양쪽에 곤충이 일으키는 손상을 측정한 이 연구는 어머니가 영웅처럼 나타나 날 돌봐주신 덕분에 완성되었다. 임신 중반에 들어서자 나는 끔찍한 현기증에 시달렸고, 고소작업대를 활용한 연구는 물론 모든 육체 활동을 포기해야 했다. 그러자 어머니가 뉴욕주 북부에서 용감하게 날아와 지구 감시단 봉사자를 위해 요리해주셨다. 당시만 해도 엘마이라에서 출발해 월차에 도착하는 노선은 다섯 구간으로 연결되어 있었으며 피츠버그, 로스앤젤레스, 하와이, 시드니에서 연료를 재급유하거나 항공기를 교체했다. 우리 모녀는 웃었다. 어머니가 나를 대신해 고소작업대에 오르기를 노골적으로 거부한 데다 부엌에 양검정파리가 왜 날아다니는지, 풀밭에 독사가 왜 기어 다니는지도 이해하지 못했기 때문이다. 그래도 어머니가 도와주신 덕분에 유칼립투스나무를 가지 끝부터 뿌리 끝까지 측정하는 동안 봉사자들은 맛있는 음식을 먹을 수 있었다.

임신 중 체중이 23킬로그램 늘었다. 호주 오지에서는 젖소가 임신해 살이 많이 찌는 현상을 건강의 청신호로 여겼고, 인간에게도 같은 규칙이 적용되는 듯했다. 예정일에서 열흘이 지나자 몸은 거대해지고 마음은 불안해졌다. 사흘 연속해 오후에 목장 오두막 뒤로 펼쳐진 들판으로 나가 밭고랑을 따라 비틀거리며 걸었다. 시어머니가 그렇게 걷다 보면 분만이 촉진될 거라고 조언했기 때문이다. 1985년 농장주들은 극단적인 기후가 농업과 목축 산업에 막대한 피해를 안겼다면서 애통해했다. 엘니뇨 현상에 한발 앞서려는 필사적인 노력으로 우리는 귀리를 심었다. 목장에 토착 풀이 너무 드문드문 자라 우리 양들이 다음 계절을 버틸 수 없는 상황에 직면하자 우리는 영양가 높은 귀리를 키워 양들이 굶는 상황만은 모면하려 했다. 하지만 귀리가 자라려면 비가 몇 차례는 내려야 했기에 모든 것을 운명에 맡겨야 했다. 나는 쟁기질로 바닥에 깊고 울퉁불퉁한 굴곡이 생긴 길을 걷다 발을 헛디뎠고, 흙이 바싹 말라 조심하지 않으면 다리가 부러질 만큼 바위처럼 단단한 땅바닥 위를 굴렀다. 내가 사는 오지의 지역 병원에는 병상이 23개밖에 없었으며 유도분만 장비도, 기술도 없었지만 나는 지역 의사를 절대적으로 신뢰했다. 의사는 초음파 장비도 보유하지 않았고 내게 경막 외 마취제를 놔주거나 제왕 절개 수술을 해줄 수도 없었으나 다년간 쌓은 실전 경험이 풍부했다. 혹시 합병증이 생긴다면 환자 비행 이송 서비스로 시드니로 갈 것이었다.

36시간 진통 끝에 에디가 태어났다. 약도, 초음파도, 현대 장비도 없는 병원에서. 우리 목장에서 키우는 소들도 그처럼 혹독한 경험을 한 적은 없으며, 내 여자 친구들도 이를 인정한다. 첫 12시간의 진통이 끝나고 더는 진도가 나가지 않는 게 분명해 보이자 성실한 일반의는 현명하게 잠자리에 들었다. 우리 중 한 명이라도 잠을 잘 수 있어서 다행이었다. 새벽 4시, 간호사가 실수로 부딪히면서 분만대가 무너졌고 나는 바닥에 처박혔다. 손재주 좋은 남편이 트럭에서 공구함을 꺼내 부러진 분만대 다리를 고치고는 나를 분만대 위로 다시 올려주었다. 약 20시간 후 극심한 진통이 몰려왔지만 진통제가 없었기에, 맥키넌 박사는 내게 욕해도 괜찮다고 말했다. 나는 너무 지쳐 아무것도 할 수 없었지만 아기를 낳으려면 마지막 힘을 모아야 했고, 그래서 나지막이 외쳤다. "세상에!" 그 뒤 한동안 병원의 모든 사람이 내가 외친 욕설을 이야기하며 키득키득 웃었다. 크게 숨을 들이마시고, 힘을 주고, 마음 깊은 곳에 숨어 있던 불굴의 용기를 끄집어낸 끝에 체중 4킬로그램인 에디가 둔위臀位 상태에서도 건강하게 태어났다. 출산 중 회음부가 과도하게 찢어져, 의사 말마따나 누비질을 해야 했다. 현대 의학이 이룩한 성과는 호주 오지로부터 수백 킬로미터 밖에 있으므로 건강과 행운을 기원할 수밖에 없었다. 나는 시골 병원에서 일주일을 입원했으며, 상처 부위를 전부 꿰맨 뒤에 겨우 걸을 수 있었다. 뉴스에 종종 보도되듯 도심의 대형 병원에서는 입원실을 빨리 비워줘야 한다거나 아기가 바뀌는 사건이 벌어지지만 시골 병원에서는 그럴 일이 없어서 좋았다. 병원에서 한 달간 다른 아기가 태어나지 않아 에디는 모든 간호사에게서 귀여움을 독차지했다. 퇴원해 막 집으로 돌아왔을 때, 세계 일주 중인 미국 소꿉친구 몇 명이 시드니에서 브리즈번으로 차를 몰고 가는 길에 나를 만나려는 생각으로 인근 주유소에 들렀다. 주유소 직원은 친구들에게 내가 오전 10시부터 11시까지는 모유 수유를 하기 때문에 전화를 받지 않는다고 웃으며 알려주었다고 한다. 시골 공동체는 친밀한 이웃에 관한 지식을 이런 수준까지 공유한다. 모든 이웃이 다른 이웃의 모든 것을 알았고, 그런 것처럼 보였다. 나는 그 끈끈한 유대감이 좋았다.

첫아들이 태어나자 남편은 자랑스러워했고, 시가 식구들도 기뻐했으며, 에디의 호주 증조할아버지도 행복해하셨다. 에디의 증조할아버지와 나는 새를 사랑하는 동지로 무척 가깝게 지냈다. 할아버지는 86세나 되셨지만 나와 함께 부엌 창가에 앉아 새를 보며 차를 마시기 위해 매일 오후 흙길을 1.6킬로미터 운전해 우리 집에 오셨다. 하지만 에디가 태어난 지 몇 달 만에 세상을 떠나셨고, 나는 할아버지가 증손자 탄생을 기다리다 이 땅을 떠나신 거라고 내심 믿었다. 20세기 후반만 해도 목장을 무탈하게 상속하려면 아들이 있어야 했다. 아들 이름 에드워드 아서는 목장을 물려주신 두 할아버지의 이름을 따서 지었다. 나는 갓난아기와 씨름하면서 어디를 가든 직면하게 되는 호주 시골 특유의 가치관에 깊이 상처받았다. 특히 아기와 함께 집에 있는 것이 며느리의 역할이라고 강력히 주장하는 시가 식구들에게서 상처받았다. 반경 십수 킬로미터 내에는 육아 시설도, 도움을 주겠다는 직계 가족도 없었다. 나는 전업 '엄마'로 묶여 있었다. 대학교에서 조류 개체 수와 나무 심기에 관해 탐구하고 잎마름병을 연구하던 동료 몇 명이 나의 빈자리를 눈치챘다. 아이를 낳고 나서 현장 연구를 재개해도 되느냐고 지도교수에게 묻자 교수는 1주일 정도 휴가를 내고 돌아오라고만 답했다(지도교수 본인도 아내가 집안에서 육아를 전담해야 한다고 생각하는 세대라는 점을 인정했다). 다행히도 집에서 분석할 수 있는 데이터가 밀려 있었다.

목장 운영을 도우려고 이미 온종일 집안일을 도맡고 있었는데 거기에 육아까지 더해졌다. 빨래 건조기가 없어 천 기저귀는 뒷마당에 세운 힐스 호이스트에 걸어야 했다. 나는 100가지 조리법으로 양고기를 요리했고, 우리 가족은 거의 매일 목장 가축에게 먹이를 공급했다. 근처 식료품점에서 작고 귀여운 유리병에 담긴 이유식을 판매하지 않았기에 아기 식사를 준비하려면 재료를 끓이고 짓이겨 체에 걸러야 했다. 남자들은 아침과 목장 일을 마친 오후에 우리 집으로 와서 내가 내린 원두커피를 마셨고(시어머니는 인스턴트커피를 더 좋아하셨다), 그러는 사이 우리 집 부엌은 인기 있는 쉼터가 되었다. 양검정파리, 물 부족, 흙먼지, 독사로 우리 집은 소동이 끊이지 않았다. 부엌 옆 별채에서 붉은배검정뱀 가족을 발견했을 때 나는 유쾌하지 않았지만 우리 집 남자들은 웃어댔다. 한번은 상수 설비에서 죽은 양이 나왔고, 지하 물탱크로 연결되는 지붕 도랑에서는 작은 미생물 조각들(다른 말로 부유물 찌꺼기)이 발견되었다. 돌이켜보면 우리 가족은 호주 오지에 사는 희한한 미생물을 섭취한 덕분에 알려지지 않은 전염병에 면역력을 얻었는지도 모른다. 하지만 에디가 나를 돕기 위해 정원에서 수돗물을 틀려다 하마터면 갈색 뱀의 목을 움켜쥘 뻔한 일처럼 위험은 늘 가까이에 있었다. 똑같이 갈색을 띤 수도꼭지와 뱀이 나란히 지면에 솟아 있었는데, 그 갈색 뱀에 물리면 덩치가 작은 아이는 죽을 수도 있었다. 나는 아슬아슬하게 에디를 붙잡고 집 안으로 들어가 가족용 엽총을 들고 정원으로 나왔다. 앤드루가 어떻게 총을 쏘면 뱀을 죽일 수 있는지 가르쳐줄 때는 그렇게 하고 싶지 않았다. 하지만 이번 만남으로 피가 끓어올랐다. 정원에 내 어린 아들을 위협하는 독사가 있다. 모성은 강하다! 그 뱀은 운 좋게도 내가 총을 겨누기 전에 사라졌다. 정신을 차리고 나서 나는 뱀에게 감사했고, 그 중요한 생물을 공부하기 위해 내 연구 시간을 할애하기도 했다. 하지만 엄마로서 독사와 아기들이 한공간에서 기어 다니도록 놔둘 수는 없었다.

16개월 뒤 제임스가 태어날 때는 간호사가 손톱으로 '우연히' 양수를 터뜨리고는 눈짓으로 사과했다. 그 간호사는 내가 에디를 낳으면서 장시간 진통했던 것을 기억했고, 또 그런 장기전이 반복되는 걸 차마 두고 볼 수 없었다. 제임스는 겨우 10시간 진통 끝에 태어나 이내 배가 고프다며 울음을 터뜨렸다. 체격도 크고 힘도 세서 조만간 스테이크도 삼킬 수 있을 것 같았다. 시가 식구들은 둘째도 아들은 낳은 나를 갑자기 위대하게 보았다. 비록 가슴에 과학science의 S자를 달고 다녔음에도 나는 잠시나마 자부심과 기쁨의 원천이 되었다. 두 아들 출산은 목장 상속을 보장하는 것으로, 오스카상 수상에 견줄 만했다. 우리 가족이 보유한 양 목장은 6대째 상속되고 있었고, 모두 남자 자손이 물려받았다. 앤드루는 유일한 손자였기에 그의 인생은 여러모로 미리 정해져 있었다. 100년 넘게 가업이 대를 이어 내려오는 동안 목장에는 가뭄, 질병, 잡초 번식, 토끼 침입, 뱀의 공격, 죽음 그리고 재정적 어려움이 찾아왔다. 땅에 의존하는 삶은 생존과 성공이 걸린 복권, 날씨와 긴밀하게 연결된다. 우리 부부가 술집에 갈 때마다 목축업자들은 대부분 날씨와 가축에 관해 대화했다. 여자들은 주로 조리법이나 자녀를 소재로 이야기를 나눴다. 우리 지역의 일부 술집은 여자를 대기실에서 기다리게 하고, 손님으로 받지 않았다. 남편과 함께 간혹 술집에 가면 남자들은 내게 말을 걸면서도 남편을 바라봤다. 이 같은 행동으로 남성들은 여성이 열등하다고 믿는 그들 간의 암묵적 합의를 재확인했다. 어느 주말, 우리 부부는 앤드루 친구가 주최한 파티에 참석했다. 뒷마당 바비큐 그릴 옆에서 있던 파티 주최자가 남들 눈에는 띄지 않는 쪽으로 내 몸을 만졌다. 나는 곧장 실내로 도망쳤다. 공교롭게도 내가 뒷마당에 나올 때는 열려 있던 미닫이문이 그때는 닫혀 있었고, 나는 유리창에 머리를 부딪쳐 피를 흘리며 땅바닥에 쓰러졌다. 결국 병원에 가서 상처를 꿰맸다. 앤드루에게 그 사건에 관해 털어놓자 그는 사건의 진실을 알려도 별 도움이 되지 않을 거라고 말했다. 모든 사람이 내가 술을 너무 마셔서 그랬다고 쉽게 판단했다. 화내고 싶었지만 나와 남편이 성별은 물론 살아온 문화적 배경이 달라 생긴 일이라고 받아들여야만 했다.

당연하게도 일회용 기저귀와 어린이집과 간편 이유식이 없는 시골에서 두 아기를 키우면서 내 삶은 180도 바뀌었다. 두 형제는 그들의 엄마가 그랬듯 어린 시절 나무로부터 교훈을 많이 얻었다. 우리 집 근처에는 이웃도, 포장도로도, 놀이터도 없어 오로지 양 목장 주변에서 자연을 관찰하며 오랜 시간을 보냈다. 나는 두 아이에게 뉴잉글랜드페퍼민트에 돋은 어린잎 향기 맡기, 캥거루가 다가오면 나무껍질이 대롱대롱 매달린 뉴잉글랜드스트링바크 뒤로 숨기, 유칼립투스 수관에서 나뭇잎을 먹는 코알라 찾기, 우리 집 정원 느릅나무에 둥지를 짓고 암컷의 환심을 사기 위해 파란색 열매를 주워다 놓는 바우어새 관찰하기 등을 가르쳐주었다. 에디의 증조할아버지가 진입로에 심어놓은 영국느릅나무가 내게 얼마나 큰 위안이 되었는지 모른다. 영국느릅나무의 풍성한 초록빛 우듬지는 황량하고 건조한 풍경에 짙은 그늘을 드리웠고, 그 모습은 어린 시절 호수 오두막에서 자라던 느릅나무를 떠올리게 했다. 두 아들 모두 유칼립투스 열매로 숫자를 배우고, 유칼립투스 오일 향기를 맡고, 블랙샐리에서 새벽을 알리는 커러웡currawong과 쿠카부라의 노랫소리를 익히며 새소리에 귀 기울이는 법을 배웠다.

유칼립투스나무와 엄마인 나 사이에는 '엄마 나무' 현상을 보인다는 유사점이 있었다. 과학 문헌에 따르면, 일부 온대 나무종은 다 자란 나무와 어린나무가 지하자원을 공유하는 것처럼 보여 '엄마 나무'라는 애칭으로 불린다. 균근(mycorrhiza, 나무가 토양에서 물과 영양분을 원활하게 흡수하도록 돕는 균류 군집)을 다량 지닌 성목은 근처의 어린 나무와 자원을 공유한다. 하지만 열대 지방의 어린나무는 부모 나무 근처에서 자라다가 포식자에게 공격당할 확률이 높아 같은 종의 다른 나무와 멀리 떨어져 성장하는 경우가 흔하다. 따라서 열대림의 어린나무는 어미 가까이에서 자라지 않을 가능성이 크며, '엄마 나무' 현상이 발현할 가능성은 적다. 나는 박사학위를 마치고 열대 나무에 번식하는 균근을 일부 연구해 지도교수 조 코넬과 함께 논문을 발표했다. 지하에 형성된 균근 연결망은 균근과 협력하는 특정 생물종이 물과 영양소를 추가로 얻어 경쟁에서 승리하도록 돕는다는 아이디어를 이론화했다. 우리는 열대 지방 일부 구역에서 우위를 점한 몇몇 나무종을 대상으로 이론을 만들고, 그 우점종들이 지하자원을 공유해 다른 나무종을 능가하게 된다는 가설을 세웠다. 하지만 열대림은 무척 다양한 임분이 존재하는 것으로 유명하며, 이는 같은 종인 부모·자식 나무가 보통은 근처에 살지 않고 지하 연결망을 통해 서로 돕지도 않는다는 점을 의미한다. 오늘날 과학자들은 나무들이 최소 2가지 방법으로 의사소통한다고 생각한다. 첫째는 지하 연결망이고, 둘째는 지상에서 초식곤충의 공격이 시작될 때 나뭇잎에서 휘발성 오일을 공기 중으로 방출해 이웃 나무에 경고하는 것이다.

내가 유칼립투스를 비롯한 열대 나무에서 관찰한 또 다른 '엄마

나무' 현상은 곤충에게 공격당하거나 질병을 겪은 뒤에 보이는 왕성한 번식력이다. 성목은 스트레스를 받아 죽음에 가까워지면 풍부하게 꽃을 피우고 열매를 맺으며 다음 세대에 자신의 유전자를 남기려고 필사적으로 노력한다. 나는 보통 어떤 나무가 죽음을 목전에 두었는지 예측할 수 있었다. 그런 나무는 자기가 종의 생존을 위해 얼마나 헌신했는지 전하려는 듯 꽃을 광적으로 피우기 때문이다. 정신없이 꽃을 피운 나무는 다음 계절이 오면 대부분 죽었고, 지역 풍경에서 그런 '엄마 나무' 현상이 나타나면 나무 사망률을 정확히 예측할 수 있었다. 나는 유칼립투스나무가 어머니 같다고 느꼈고, 그래서 유난히 아름다운 나무가 수명이 다했음을 알리며 흐드러지게 꽃을 피울 때면 늘 마음이 달콤하면서도 씁쓸했다.

매일 일상에서 온갖 난관과 마주치면서도 밤이면 은밀히 우듬지 데이터를 연구해 크리스마스딱정벌레와 잎벌 유충 그리고 몇몇 다른 초식곤충이 나뭇잎을 엄청난 규모로 먹어치워 결국 나무가 대규모로 죽는다는 분명한 결론을 얻었다. 곤충의 공격은 나무에 잇달아 가해지는 환경 스트레스 중에서도 마지막 지푸라기였다. 10년간 기후 과학자들은 호주가 갈수록 더워지고 건조해지고 있다고 발표했고, 우리는 곤충의 창궐로 극단에 치달은 환경의 최후를 목격했다. 토양은 변하지 않았고, 오염도 변화의 방정식에 들어 있지 않았으며, 지난 수십 년 동안 지역 목장에서 땅을 대규모로 개간하지도 않았다. 주요 곤충의 발생을 촉진하는 더위와 가뭄을 제외하면 다른 변화는 눈에 띄지 않았다. 연간 잎 손실률이 300퍼센트(1년간 곤충이 새로 돋은 잎을 세 번 먹었다는 의미임)에 달하는 가엾은 나무에는 기회가 주어지지 않았다. 잎 손실의 주범인 크리스마스딱정벌레는 시골 초원에서 번성해 나무의 잎과 뿌리를 전부 파괴했는데, 이는 영화 〈살인마 잭의 집〉The House That Jack Built과 줄거리가 흡사하다. 목축업자가 초원에서 나뭇가지를 솎자 딱정벌레가 먹을 수 있는 잎이 줄어들었다. 그와 더불어 새 둥지가 사라지고, 딱정벌레를 잡아먹는 새도 자취를 감추었다. 딱정벌레 성체가 잎을 먹어 남은 유칼립투스 잎이 줄어들수록 잎 손실률은 증가해 유칼립투스나무가 죽고, 가축들은 점차 앙상해지는 우듬지 그늘로 옹기종기 모였다. 우듬지 아래에서 더위를 피한 양과 소의 배설물은 땅을 질소 포화 상태로 만들어 딱정벌레가 다음 세대를 번식시키기에 유리한 조건을 형성했다. 딱정벌레 유충이 더 많이 부화해 뿌리와 잎을 고갈시켰다. 결국 딱정벌레 개체(유충과 성체 모두) 수 증가는 마지막 남은 유칼립투스의 죽음으로 이어졌다.

나는 우리가 정확히 밝혀낸 잎마름병의 근본적인 원인이 카리스마 넘치는 우듬지의 유대류가 아닌 곤충이었다는 사실에 기뻤다. 코알라에게는 무죄를 선고받아 행복한 날이었다. 이 털북숭이 초식동물은 일부 목축업자가 퍼뜨린 소문처럼 나무를 죽이지 않았다. 나무에 오르는 내내 코알라를 만나는 특권을 누린 나는 이 채식주의자 동물에게 특별한 유대감을 느꼈다. 나와 비슷하게 코알라도 나뭇잎에 집착했는데, 특히 나무 꼭대기에서만 살면서 유칼립투스 잎을 매일 400그램 먹었다. 샐러드바에서 포식한 코알라는 행동이 몹시 굼뜬 데다 나를 그다지 위협적이지 않은 존재로 인식한 뒤여서, 실제로 나는 몇 번이나 코알라 엉덩이를 토닥여주기도 했다. 코알라는 현재 세계자연보전연맹IUCN에 취약종으로 등록되어 있다. 2020년 화재로 개체 수가 감소한 동시에 우듬지 서식지도 파괴되었다. 유칼립투스를 울창하게 복원해 코알라에게 서식지를 제공하려면 수십 년이 걸릴 것이며, 호주 삼림 경관을 성공적으로 복구하려면 유칼립투스 마이크로코리스*Eucalyptus microcorys*, 유칼립투스 카말둘렌시스*E. camaldulensis*, 유칼립투스 테레티코르니스*E. tereticornis* 등 코알라가 선호하는 종을 심어야 할 것이다. 나무 위 유대류 중에서 몸집이 가장 크지만 노련하게 등반하는 코알라와 나무 꼭대기를 공유할 수 있어 영광이었다.

할과 나는 인간이 초래한 복잡한 상호작용, 즉 가뭄과 폭염, 자연 풍경과 가축 행동, 딱정벌레의 생활사, 그리고 이런 상호작용의 최종 단계인 나무의 죽음을 종합해 결과를 발표했다. 다른 지역의 과학자들이 토양 pH와 조류 개체 수 감소를 연구해 퍼즐의 조각을 제공했지만 죽은 나무의 관 뚜껑에 마지막 못을 박은 범인은 잎을 먹는 곤충이었다. 유칼립투스를 이해하는 일은 생태학과 호주 경제에 매우 중요했으므로, 우리의 발표 결과는 전국 텔레비전에 특집으로 방송되었다. 할과 나는 유칼립투스 연구를 돕고, 그 발견으로 혜택을 본 모든 목축업자에게 바치는 책을 공동 집필했다. 시가 식구들에게 잎마름병 책의 출간 소식을 알리고, 이를 기념하기 위해 집에서 커다란 양고기와 애플파이를 구워 초대했지만 완벽하게 무시당했다. 남편조차 부모님을 설득하지 못했다. 당시에는 일반적으로 생태 연구가 경제와 연결되지 않았지만 잎마름병 연구 결과는 이례적으로 뉴사우스웨일스주 일대의 나무 우듬지와 조류 개체군 회복에 해법을 제시했다. 이듬해 나와 앤드루는 '2000년까지 나무 백만 그루'A Million Trees by the Year 2000라는 복원 프로젝트의 출발을 도왔고, 많은 목축업자가 소유한 목장 환경에 가장 잘 적응하는 지역 유칼립투스 열매를 심고 양묘장을 구축했다. 시간이 흐르자 그 주위 목장들도 방풍림을 조성하고, 토끼의 침입을 막는 울타리를 세우고, 관개 시설을 갖춘 양묘장을 만들었다. 다른 식물학자들이 농지 복구에 힘쓸 때, 우리 목장은 나무 심기 운동에 적극적으로 나섰다. 나는 나무 지참금을 훌륭하게 가꾸었고, 목축업자 남편은 나를 든든히 지지해 주었다.

그러나 몇 달이 지나고, 앤드루는 아내가 시부모의 압박으로 새장에 갇힌 새라는 사실을 깨달았다. 생물학자와 결혼한 그는 숲을 향한 아내의 열정도 결혼 생활 일부로 받아들이고 존중했지만 어머니의 기대감에 맞서 아내를 감싸주기는 힘들었다. 어느 순간 사면초가에 몰린 앤드루는 일을 마치고 집으로 돌아와 자신에게 사사건건 개입하는 아버지도, 아내가 하는 일을 싸잡아 비난하는 어머니도 더는 참을 수 없어 목장을 떠나기로 마음먹었다고 선언했다. 나는 기뻐서 깡충 뛰었다. 이제 시가와 멀리 떨어져 사랑하는 우리 네 식구끼리 살면 된다. 다음 날 앤드루가 5대에 걸쳐 내려온 목장을 상속받고서 부모에게 등 돌릴 수는 없을 것 같다고 입을 뗀 순간 행복했던 시간은 금세 끝났고, 우리는 시부모의 강력한 손아귀 안에서 어떻게 살아남을지 고민해야 했다. 나는 눈물이 났지만 의리를 지키기로 결심했다. 어찌 되었든 나는 사랑하는 남자와 결혼했고, 죽어가는 우듬지에 둘러싸인 양 1만 5,000마리와 살기로 약속한 것이었다.

내가 아이들 양육과 가사를 오가며 고군분투하는 틈틈이 짬을 내서 제한적으로만 연구했는데도 시어머니는 현장 연구를 그만두지 않는다며 나를 끊임없이 비난했다. 두 아들과 미국으로 부모님을 뵈러 간 사이 시아버지가 울창한 느릅나무 2그루를 베어낸 사건을 계기로(나는 이 사건을 느릅나무 도살이라 부른다) 우리는 관계가 심각하게 틀어졌다. 시아버지는 안전을 위해 나무를 베었다고 주장했지만 내가 보기에는 '나무와의 전쟁'이었고, 그분이 승리했다. 며칠을 울었다. 나는 깊은 슬픔에 잠겨 허탈한 마음으로 황량한 초원을 걸어 다니며 살아남으려 발버둥 치는 나무 몇 그루를 바라보았다. 곤충의 공격과 가뭄이 되풀이되어도 다시 잎을 틔우는 씩씩한 뉴잉글랜드 페퍼민트를 보면서 포기하지 말아야겠다고 생각했다. 나무 우듬지가 그토록 회복력이 강하다면 나 또한 현장 생물학자 며느리를 존중하지 않는 시가에서도 분명 살아남을 수 있을 것이었다. 내가 좀더 치밀하게 전략을 세우고 몰래 연구했어야 할까? 나는 속임수를 쓰기 시작했다. 『우먼스 위클리』*Woman's Weekly*에 학술지 『생태학』*Ecology*을 숨겼더니 조리법을 읽는 것처럼 보였다. 가끔은 아이들을 대학교로 데려가 멋진 동굴(내 책상 밑 공간) 안에서 장난감을 잔뜩 꺼내줬다. 제임스가 요람에서 주로 잠을 자는 동안 에디는 빠르게 자연주의자가 되었고, 학교와 집을 오가는 시간에 자동차 오디오로 호주 새소리를 익혔다. 그 작은 아이가 어른들이 대화하는 도중에 "엄마, 얼룩무늬커러웡 소리 들려요?"라거나 "검은할미새사촌이 우는 것 같아요!"라고 신나서 말할 때면 사람들은 에디에게 주목했다. 엄마의 연구에 일부 영향을 받아 두 아이는 어린 나이에 생물 다양성과 친밀해졌고 자연에 대한 사랑을 키웠다. 우리 가족은 목장에서 개를 열 한 마리 키웠지만 사랑을 주기 위한 것은 아니었다. 양 목장에서 개에게는 대부분 임무가 주어지며 주인의 지시를 따르도록 훈련받는다. 양치기 개가 방목지에서 임신한 암양 300마리를 한데 모을 때면 아름다운 군무를 보는 듯했다. 하지만 양치기 개가 집에서 말썽을 부리거나 사람을 너무 따르게 되면 보통은 총으로 쏴 죽였다. 반려동물처럼 굴거나 아이들에게 사랑받는 것은 양치기 개의 역할이 아니었다. 에디와 제임스는 미국에 방문했을 때 사람들이 밥벌이에 도움도 되지 않는 네 발 달린 동물들에게 아낌없이 사랑(그리고 돈)을 쏟는 모습을 보고 혼란을 느꼈다. 청년이 된 두 아들 모두 현재 반려견을 기르고 있으니 당시의 문화 충격을 극복한 것 같다!

시어머니와 며느리 사이에 불거진 또 다른 문제는 손자들이 일찍부터 책을 좋아한다는 점이었다. 에디는 세 살 때 열대림 나무의 개체 수를 조사하는 연구 팀 일원으로 퀸즐랜드주행 버스에 탔다. 집에 에디를 돌볼 사람이 없어 나는 탐사를 나갈 때면 대개 에디를 데려갔다. 제임스는 다행히도 어머니가 호주로 와서 봐주셨고, 덕분에 에디는 나와 단둘이 오붓하게 시간을 보낼 수 있었다. 버스에 앉아 있는 6시간 동안 에디가 갑자기 『닥터 수스의 초록색 달걀과 햄』 *Green Eggs and Ham by Dr. Seuss*을 읽기 시작했다. 나는 너무 놀라 정신을 잃을 뻔했다! 본문을 외운 걸까? 우림 숙소에 도착해 저녁 메뉴판을 건네주자 에디는 그것도 읽었다. 버스에서 긴 하루를 보내는 동안 〈세서미 스트리트〉Sesame Street를 보고 엄마가 큰 소리로 글을 읽어준 덕분에 에디는 글자 발음하는 법과 단어 조합하는 법을 깨우쳤다. 정말 기뻤다! 그런데 목장으로 돌아가자 시어머니가 나를 꾸짖었다. 시어머니는 에디가 유치원에 들어가면 지루해할 거라며 지금 글을 읽을 줄 아는 것이 끔찍하다고 했다. 제임스도 형 못지않게 배움에 열정이 많았다. 두 형제는 목축업자라면 쉴 틈 없이 해야 할 업무, 이를테면 암양에게 구더기가 들끓는지 확인하고 엉덩이가 감염되었다면 즉시 치료해주는 일보다 레고 놀이와 우림 탐사를 더 좋아했다. 그러던 어느 날 에디가 내게 여성은 절대 의사가 될 수 없다고 말했고, 내가 최선을 다해 양육했음에도 아들이 호주 시골 문화에 만연한 성 고정관념을 흡수하고 있음을 깨달았다. 어떻게 해야 어린 에디의 두뇌 회로에 스며든 편견을 바로잡을 수 있을까?

박사 후 연구원 계약이 끝나고, 나는 돈을 넉넉히 모아 두 아들을 데리고 매년 미국 가족을 방문하기 위해 민박집을 열었다. 우리는 호주 최초로 정통 팜스테이를 체험할 수 있는 민박집으로 알려지면서 다수 언론사에 주목받기도 했다. 나는 3가지 코스로 구성된 메뉴로 요리하기를 가장 좋아했고(어린 시절 어머니가 아주 적은 예산을 써서 창의적인 방식으로 건강한 요리를 만드시는 모습을 지켜보곤 했다), 집에서 키운 양고기를 활용하는 조리법을 잔뜩 모았다.(이때 모았던 조리법이 적인 하얀색 카드들은 내가 어렸을 때 모은 야생화 수집품의 또 다른 형태였을까?) 또한 객실을 특이한 호주 수공예품과 원목 가구로 꾸미고, 사륜구동 자동차에 손님들을 태우고 방목장을 누비며 새와 캥거루와 양을 보러 다니면서 자연 전문 투어 가이드로 활약했다. 손님들이 지역의 식물과 생태를 경험할 수 있도록 죽어가는 나무 사이를 거니는 자연 산책로를 만든 다음 팸플릿을 인쇄하기도 했다. 이렇듯 주부, 엄마, 민박집 주인 그리고 우듬지 데이터를 밤에만 몰래 연구하는 과학자로서 나는 시간을 쪼개고 또 쪼개 쓰며 정신없이 살았다.

민박 손님들을 만나며 사회적 욕구를 충족하는 한편, 아내와 엄마 노릇을 하느라 목장에 묶여 있는 동네 여자 친구들과도 가깝게 지냈다. 목장들이 수 킬로미터씩 떨어져 있었지만 우리는 아이들을 데리고 매주 만났다. 그리고 시골에 고립된 탓에 본인만의 능력을 펼칠 일자리를 구할 수 있을 거라고 기대하지 못하는 서로의 처지를 위로했다. 우리 지역에서 운영되는 양 목장들은 규모도 크고 재정도 튼튼했지만 많은 주부가 집 밖에서 직업을 갖고 싶어 했다. 한 여자 친구는 우리 작은 마을에서 자수 가게를, 다른 여자 친구는 그림 전시실을 운영하기 시작했다. 이들의 사업은 나무가 사라지며 관광업도 위축된 황량한 시골에서 간신히 버텼다. 호주 정부가 사실상 내 대학원 학비를 지원해줬으니 나는 대학원에서 얻은 지식을 바탕으로 사회에 크게 보탬이 되고 싶었다. 두 아들이 태어난 다음, 나는 지방 대학교 조교수직에 지원했다. 잎마름병 규명에 성공한 업적을 고려하면 동료들이 보기에는 내가 교수직에 가장 유력한 후보였다. 하지만 첫 번째 면접에서 목축업자의 아내, 특히 어린아이를 키우는 엄마는 교수직을 맡을 수 없다고 통보받았다. 나는 교수직에 탈락했고, 크게 실망했다. 여자 친구들이 호주에서는 남녀에게 기회가 평등하게 주어지지 않는다고 상기시켜주며 나를 위로했다. 내가 실망스러운 경험을 하는 동안 친구들이 내 손을 잡았다. '쉴라' 개념을 계속 부정했던 나와 달리 친구들은 대부분 남녀 불평등에 익숙한 터였다. 당시 친구들이 내게 보내준 지지와 자매애는 내가 살면서 손에 넣은 최고의 보물로 남았다.

우리 집에는 공용 전화선이 깔려 있어서 마을의 오지랖꾼 십수 명이 전화 통화를 엿들을 수 있었고, 실제로 몇 명은 전화상 수다를 들으면서 하루를 보내는 듯했다. 그래서 나는 미국에 도착하기까지 거의 한 달이 걸리는 항공 우편을 통해 어머니에게 속마음을 털어놓았다. 어느 날 아침, 부엌에서 애플파이를 만들다 레고 조각을 밟고 넘어졌는데 전화벨이 울렸다. 펜실베이니아 주립대학교에서 걸려 온 전화였다. 전화를 건 사람은 잭 슐츠Jack Schultz로, 공중에 화학 물질을 내뿜어 다른 임분에 초식곤충의 등장을 알리는 나무 간의 의사소통을 앞장서서 연구해 내게 놀라운 영감을 안겨준 학자였다. 우림의 나뭇잎 화학을 내게 가르쳐준 그가 출판물을 열람하면서 나를 수소문했다. 인터넷이 없던 시절 과학자들은 새 논문을 발표하면 복사해서 동료들에게 항공 우편으로 보냈는데, 내가 슐츠에게 그랬듯 슐츠도 멀리서 내 연구 성과를 지켜보고 있었다. 나는 육아와 살림을 병행하는 와중에 우림과 건조림 우듬지에서 풍부한 데이터를 수집했고, 그 덕택에 논문과 책을 많이 낸 편이었다. 그런 내게 연구 공백기가 생기자 슐츠는 갑자기 전화를 걸어 내 안부를 물었다. "도대체 뭘 하고 있나요?" 그가 수화기를 대고 외쳤다. 나는 "애플파이 구우면서 레고 주워요"라고 대답했다. 그러자 그가 "호주 오지에서 나와서 나무 꼭대기로 돌아와요. 당신은 과학계가 놓치기엔 너무 아까운 학자예요"라고 말했다. 나는 전화를 끊고 눈물을 흘렸다. 답은 보이지 않았고, 내 운명은 결정되었다. 그렇게 생각했었다.

일주일 뒤 전화벨이 다시 울렸다. 윌리엄스 대학교에 한 학기 동안 초빙교수로 와달라는 전화였다. 무척 놀랐지만 복권에 당첨된 기분이었다. 두근거리는 마음을 안고 남편에게 통화 내용을 알렸다. 앤드루는 별 반응 없이 어깨를 으쓱하더니 무뚝뚝한 말투로 말했다. "이제 그만하고 목장 일에 전념해." 시가 반응은 훨씬 부정적이었고, 어쩌면 큰 싸움이 일어날지 모른다는 생각이 들었다. 시가 식구들은 아이 양육과 바깥일을 동시에 해낼 수 있는 주부는 없다고 믿었다. 나는 위축되긴 했지만 반드시 해내리라 마음먹었다. 두 아이 장난감과 각종 물품을 챙기고, 부엌을 정돈하고, 남편 밥을 꼬박꼬박 차려 줘서 시어머니를 흡족하게 하고, 식물이 시들거나 죽지 않도록 정원을 가꾸고, 대학에서 생물학을 강의할 계획을 세우고, 교수답게 보이는 옷도 장만하고, 스마트폰이 없던 시절(휴대전화도 없었다!) 지구 반 바퀴 떨어진 동네에 아파트를 빌리는 등 출국 준비로 눈코 뜰 새 없었다. 절제해 표현하자면 석 달간 나는 거대한 불안에 휩싸인 채 짐을 꾸렸다. 누군가가 두 아들을 호주에 두고 가라고 했다면 나는 아이들이 눈에 밟혀 목장을 떠날 수 없었을 것이다. 아이들이 어렸을 때부터 남편은 새벽에 목장으로 출근해 해가 저물면 귀가했기에 이미 에디와 제임스는 한부모 가정의 자녀로 살고 있었다. 우리 세 모자는 텔레비전도 과학 기술도 없는 오지에서 길고 긴 시간을 함께 보냈다. 미국의 동료 과학자들이 업적을 쌓으며 성장했던 귀중한 시간을 놓치긴 했지만 나는 아이들과 셋이서 집에서 시간을 공유하며 진심을 나눴고, 말로 표현하지 못할 다양한 방식으로 성장했다. 우리 셋은 함께 독사 피하는 법을 배우고, 호주 산호초와 우림을 탐험하고, 심지어 지구 반 바퀴를 돌아 미국 가족을 만나러 가기도 했다. 미국에 갈 때 나는 에디를 태울 휠체어를 종종 예약했다. 비행시간이 너무 긴 데다 혼자서는 아이들을 데리고 짐 가방까지 끌면서 공항 게이트로 이동할 수 없었기 때문이었다. 국제선 항공기가 연착해 마지막 항공편을 놓치고 거의 실신 직전에 이르는 경험은 두 번 다시 하고 싶지 않다!

미국에서 초빙교수로 6개월간 머물기 위해 떠나기 전날, 앤드루는 월차 로드 펍이라는 동네 술집으로 사라져 집으로 돌아오지 않았다. 어떤 무언의 방식으로 남편이 내게 자유롭게 날아갈 날개를 준 것은 아닐까? 우리의 결혼 생활은 과학을 연구하는 나를 못마땅하게 여기는 호주 시골 문화와 앤드루의 미래를 시골 공동체라는 테두리 안에 가두는 가족 목장의 역사로 인해 결국 교착 상태에 빠졌으므로 나는 남편이 아내가 꿈을 좇을 수 있도록 마지못해 새장 문을 열어주었다고 믿는다. 새벽 4시에 공항까지 데려다줄 차편이 없다는 것을 깨닫고 믿음직한 여자 친구 네나 페이에게 전화를 걸었다. 네나는 우리 집에서 24킬로미터 거리에 사는 가장 가까운 이웃이었다. 전화를 받고 곧장 침대에서 일어난 그녀는 우리 모자를 시드니로 가는 비행기에 태우기 위해 공항까지 1시간을 운전해줬다. 앤드루는 작별하지 않았고, 그것이 우리 가족에게는 축복이었는지도 모른다. 탑승한 미국행 항공기가 시드니 공항에서 이륙하자 나는 눈물을 흘리며 안도의 한숨을 내쉬었다. 각각 세 살, 네 살이 된 두 아들은 공항 풍경을 보고 신나서 재잘거리며 비행기 헤드폰을 가지고 놀았다. 나는 이 '지적 망명'을 추진하면서 나 자신과 싸우며 감정적으로 탈진한 상태였다. 내 앞에 무엇이 기다리고 있을까? 우리 셋은 새로운 문화권에서 살아남을 수 있을까? 레고 조각을 줍던 내 지성을 숲 천이 연구까지 확장해 세계에서 가장 똑똑한 대학생들의 관심을 사로잡을 수 있을까? 보도블록이 깔린 길과 서점이 있는 마을에 두 아들은 언제쯤 적응할 수 있을까? 우리 모자가 생존을 넘어 성공할 수 있다고 생각하는 것은 큰 도박이었다. 우리는 미국으로 가고 있었다.

뉴잉글랜드페퍼민트

Eucalyptus nova-anglica

만약 에미 시상식에서 다리 6개 달린 적들의 치명적인 공격에도 살아남은 나무에게 베스트 퍼포먼스 상을 준다면 뉴잉글랜드페퍼민트가 수상할 것이다. 뉴잉글랜드페퍼민트는 한 계절에 한 번도 아닌 세 번이나 곤충이 잎 전체를 먹어치우는 것으로 관찰된 세계에서 유일한 나무이다. 게다가 몇몇 개체는 가까스로 네 번째 잎을 틔우기도 했다. 이 나무의 회복력은 내가 우듬지에서 만난 다른 어떤 나무보다 뛰어났으나 그 수치가 급격히 감소하고 있다. 뉴잉글랜드페퍼민트종은 한 잎당 연평균 50퍼센트씩 잎 면적을 잃으며, 현장 탐사 기간 동안 곤충에게 잎을 가장 많이 먹혔다. 1980년대에는 뉴잉글랜드 페퍼민트 잎 손실률이 300퍼센트가 넘어(이는 초식곤충이 우듬지 전체를 세 번 먹어치웠다는 뜻이다) 호주 경관이 온통 앙상한 나뭇가지로 뒤덮이기도 했다. 1800년대 후반에도 목축업자는 비슷한 현상을 관찰했다. 가뭄이 여러 번 발생한 이후 유칼립투스에 곤충 떼가 창궐한 결과였다. 다행스럽게도 1980년대 탐욕스러운 크리스마스 딱정벌레와 즙액을 빨아 먹는 진딧물이 일으킨 잎마름병에 맞서 뉴잉글랜드페퍼민트 몇 그루가 고립된 초원에서 살아남았고, 미래에는 그 살아남은 나무들이 인근 지역에 씨앗을 싹틔울 것이다. 20세기 후반 잎마름병의 여파가 지속되자 목축업자들은 양묘장을 만들고 토지 관리 단체를 결정해 토착 식물을 심었으며, 특히 뉴잉글랜드페퍼민트를 심었다.

뉴잉글랜드페퍼민트 이야기에는 호주 농업의 역사가 담겼다. 뉴잉글랜드페퍼민트라는 이름은 라틴어에서 유래했다. 학명에서 노바nova는 '새로운'new을, 앙글리쿠스anglicus는 '잉글랜드'를 뜻하는데, 서식지가 고도 900~1,400미터에 달하는 뉴사스웨일스주 뉴잉글랜드 고원이라는 점에서 유래했다. 초기 정착민들이 미국 북동부와 비슷하게 가을에 단풍이 드는 낙엽성 나무를 심은 덕분에 이 지역에는 뉴잉글랜드라는 이름이 붙었다. 식물학 문헌에서 뉴잉글랜드페퍼민트를 과학적으로 설명하는 내용을 해석하려면 라틴어 사전을 준비해야 한다. 어린잎은 마주나기로 배열되고, 형태는 원형orbiculate · 심장형cordate이고, 색은 회청색glaucous이다. 다 자란 잎은 십자돌려나기로 배열되며, 형태는 낫형falcate · 침형lanceolate이고, 색은 단색이다. 꽃은 홑꽃으로 잎겨드랑이에 돋아난 일곱 송이가 한데 뭉쳐 배열되며umbellaster, 꽃잎은 방사 대칭으로 돋고, 꽃자루는 원기둥형 또는 사각기둥형이다. 열매는 형태가 원뿔형conical 혹은 반구형hemispherical이고 작은 꽃자루에 달렸으며pedicellate, 3~4개의 소방이 있는locular 열매의 둥근 단면이 위를 향하고, 내과피가 열매 밖으로 노출되며exserted, 씨앗은 동종이형dimorphic으로 길쭉하거나 육면체이다. 쉬운 용어로 표현하면, 어린잎은 회색빛이 도는 녹색으로 형태가 둥글지만 다 자란 잎은 청록색으로 형태가 길고 가늘다. 비전문가가 읽기에 이런 전문 용어는 수준이 높지만 이 세부적인 특징을 토대로 식물학자들은 유칼립투스속에 속하는 나무 555종을 구별한다.

2018년 『사이언스』에 실린 리뷰에 따르면, 전 세계에서 삼림의 27퍼센트가 농업으로 손실된다고 한다. 호주에서는 가축을 방목하려고 건조림을 개간한 끝에 일부 나무만 고립된 채로 남았고, 때로는 주위의 임분이 사라지면서 외부 환경에 노출된 나무가 생존하기 어려울 만큼 스트레스를 받기도 했다. 1980년대 잎마름병을 초래한 인간 활동과 농업으로 인해 2020년까지 남은 뉴잉글랜드페퍼민트 삼림지는 10퍼센트도 채 되지 않는다. 호주는 1999년 제정한 환경보호 및 생물다양성 보전법Environment Protection and Biodiversity Conservation Act, EPBC Act에 근거해, 이제 완전히 사라질 위기에 처한 파편화된 숲을 보호하고 있다. 뉴잉글랜드 지역에 자라는 다른 식물에는 유칼립투스스노우검*E. pauciflora*, 블랙샐리, 유칼립투스마운틴검, 블레이클리붉은유칼립투스, 퍼지박스fuzzy box, *E. conica*가 있다. 이런 유칼립투스 나무로 조성된 숲에는 호주 토착 동물이 다양하게 산다. 깃꼬리유대하늘다람쥐와 유대하늘다람쥐, 회색캥거루와 붉은캥거루, 붓꼬리주머니쥐와 반지꼬리주머니쥐 등의 유대류, 가는꼬리두나트, 긴

꼬리왈라비, 갈색안테키누스 등의 약탈자, 딩고나 붉은여우 같은 육식동물, 아랫볏박쥐, 초콜릿색아랫볏박쥐, 토끼박쥐, 남부숲박쥐 등의 작은박쥐아목 그리고 수많은 새와 곤충(대부분 초식곤충)이 모여 산다.

뉴잉글랜드 잎마름병 사건은 단 하나가 아닌 여러 가지 요인이 얽히고설켜 발생한 참사였다. 크리스마스딱정벌레와 잎벌 유충을 비롯한 몇몇 곤충 떼가 창궐하고 시너지를 일으켜, 생존을 위해 몸부림치던 유칼립투스를 죽이는 마지막 스트레스 요인으로 작용했다. 뉴잉글랜드페퍼민트는 유칼립투스 멸종의 상징이 되었다. 다행히도 과학자와 경제학자, 목축업자와 농부, 삼림 관리인과 토지 관리인 그리고 정치인들이 유칼립투스를 복원하기 위해 발 벗고 나섰다. 지역 중심으로 농지 관리 단체를 조직해 토착 나무에서 종자를 채취해 심었고, 우리 단체 '2000년까지 나무 백만 그루'는 예정보다 10년 앞당겨 목표를 달성했다. 뉴잉글랜드페퍼민트는 뉴잉글랜드 고원을 복원하면서 우선순위로 두었던 식물 10여 종 가운데 하나였다. 기후가 극한으로 치달으면서 호주는 더욱 빈번하게 발생하는 가뭄과 폭염에 맞서 숲을 보전하는 과제에 직면할 것이다. 2019~20년에는 화재가 대규모로 확산하는 바람에 뉴잉글랜드 지역의 광활한 임야가 연기로 사라졌다. 여기에 더해 염도가 상승하며 지하수 사정도 나빠졌다. 유칼립투스는 숨 가쁘게 변화하는 기후를 견딜 만큼 회복력이 강할까? 종자 은행에 보관된 종자들의 유전자적 다양성은 변화한 기후에 대응할 수 있을 만큼 충분할까? 시간이 지나야 알 것이다. 인간이 저지르는 학살로 나무가 점점 더 많이 희생되고 있기에, 나는 나무탐험가로서 뉴잉글랜드페퍼민트를 비롯한 나무들을 위해 쉬지 않고 목소리를 낼 것이다.

6장
과학계에서 여성으로 살아간다는 것

나는 모든 소녀와 2가지 지혜를 공유하려 한다.

1. 똑똑하고 강해지는 것을 주저하지 말라.
2. 언제나 다른 여성을 보살피고 지지하라.

나는 평등을 추구하는 새로운 세대의 여성이었지만 아들을 데리고 병원에 가기 위해 퇴근을 허락받기 두려웠고, 교수 회의에서 커피를 타달라고 부탁받았을 때 감히 거절하지 않았다. 나는 학교에서 학생들을 가르치고 서둘러 집으로 돌아가 빨래하고, 저녁 차리고, 아들 숙제를 돕는 것이 인생의 성공이라고 믿었지만 많은 남성 동료는 죄책감 없이 늦게까지 일하고, 술집에서 동창들과 어울려 인맥을 쌓고, 승진을 목적으로 골프를 쳤다. 나와 여성 동료들이 현장 생물학 분야를 선도한 것은 맞지만 우리는 예상에서 벗어나는 지점에 도달할 때마다 유리 천장에 부딪혀 멍 들었고, 그래서 나는 멍이 든다는 걸 예상하고 더욱 부당한 일도 참게 되었다. 동료들이 상기시켜주었듯 '멍'이라는 말은 너무 순화한 단어이며 실제로는 '베인 상처'였다. 과학계 여성들이 결국 '유리 우듬지'를 산산조각 낸 결과는 혁신적이었지만 우리는 그 깨진 유리 조각에 베여 피를 흘렸고 여성은 그런 고통을 가볍게 여기도록 훈련받았다. 남성 위주로 돌아가는 분야에서 홀로 발끝으로 걸으며 경력을 쌓은 여성으로서의 경험을 들추려니 여전히 고통스럽지만 내 경험담을 바탕으로 여성 독자와 남성 독자 모두 예전의 나보다 많은 정보를 확보해 미래에 직장 내 불평등을 피하기를 바라면서 과거 이야기를 공유한다.

나는 물웅덩이에 뛰어들어 누군가에게 물방울을 튀기면서 웃는 소녀가 아니었다. 오히려 학교를 마치고 귀가하는 남자 고등학생 무리를 보면 나무 뒤로 숨는 아이였다. 초등학교 5학년 시절 어느 날, 교장 선생님이 교내방송에서 큰 소리로 나를 불렀다. 나는 몹시 부끄러워하며 선생님이 나를 찾을 수 있도록 소심하게 손을 들었다. 담임 선생님과 교장 선생님은 내가 교실에 앉아 수학 연습문제를 열심히 풀고 있다는 사실에 크게 안도하셨다. 알고 보니 정신이 온전치 않은 남성이 어머니에게 전화를 걸어 자신의 차 뒷좌석에 나를 묶어놨다고 주장한 것이었다. 어머니는 전화를 끊고 울면서 학교에 연락했다. 그때 나는 조용히 나눗셈과 곱셈을 하고 있었다. 당시에 나는 '호프만 에어'Hoffman Air라는 교향곡을 작곡하고 지역 신문에 실렸으며, 학교 이름을 따서 제목을 지은 이 곡은 오케스트라에 의해 연주되었다. 나는 자연 못지않게 음악도 열렬히 사랑했다. 평범한 피아노 교실을 다니면서 머릿속으로 선율을 떠올리고 학교 오케스트라가 연주할 수 있는 악보로 간신히 만들었다. 부끄럼을 심하게 타서 피아노 연주회 무대에는 오르지 못했지만 들으면 새소리가 떠오르는 곡을 어떻게 써야 하는지 터득했다. 자연 애호가에게는 짜릿한 성과였지만 신문에 내 이름이 실리면서 문제가 생겼다. 어머니가 학교로 와서 나를 와락 껴안으시고는 내가 무사해서 다행이라고 하셨다. 지역 경찰이 앞으로 몇 주 동안 공책을 들고 다니면서 의심스러운 것이 있으면 기록해달라고 요청했다. 이것이 1960년대의 범죄 해결법이었다. 휴대전화, 문자 메시지, 페이스북에 올린 사진, 쉽게 확인할 수 있는 아동 성추행범 공개 명단은 없었고, 그저 소녀의 도시락 가방에 공책과 연필만 들어 있었다.

다행히도 남성의 협박은 실현되지 않았다. 하지만 그 사건은 어머니를 불안하게 했고, 나를 완전히 겁에 질리게 했다. 나는 내 그림자조차 무서워져서 침실 실험실이라는 안전한 고치 속으로 들어가 말린 꽃을 바라봤다. 어머니의 소박한 지혜에 따르면, 태어날 때와 죽을 때만 뉴스에 이름을 올리는 것이 최선이며 탄생과 죽음 사이에 알려지는 건 좋지 않다. 내가 어릴 때에는 겸손과 편협한 가치관과 낡은 성 편견이 맹목적으로 뒤섞여 있어서, 여성들에게 본인이 이룩한 업적을 자랑하거나 주위에 알리거나 큰 소리로 떠벌려서는 안 된다고 요구했다. 어머니는 자신이 아는 유일한 조언을 내게 해주셨고, 그 조언은 성인이 된 내 앞에 다시 나타나 몇 번이나 나를 괴롭혔다. 이와 달리 로렐 대처 울리히Laurel Thatcher Ulrich는 다음과 같이 멋진 말을 남겼다. "조신한 여성은 역사를 세우지 못한다."

어린 시절 겪은 유괴 사건이 여전히 생생하게 떠올랐지만 건조한 야생화와 새알의 순진무구함에 언제까지나 둘러싸여 지낼 수는 없었다. 지난날을 돌이켜보면 내가 좀더 어렸을 때부터 세상 물정에 밝았더라면 좋았으리라 생각한다. 호주 정글에서 현장을 탐사하는 동안 나는 수많은 열대림 우듬지를 지배하며 숲 전체에 달콤한 열매를 퍼뜨리는 무화과나무를 존경하게 되었다. 800여 종을 포함하는 무화과나무속은 뽕나무과의 일부로 열대 지역에 형성된 촘촘한 먹이사슬의 토대를 이룬다. 무화과나무속은 다양한 생물종(아마도 수백만 종?)에 먹이와 서식지를 제공할 뿐 아니라 인도, 아프리카, 아시아에 사는 사람들 수십억 명에게 영적인 안식처가 되어준다. 대표적인 나무가 인도 및 동남아시아 토착 나무인 인도보리수로, 이 나무 우듬지 아래에서 부처는 깨달음을 얻었다. 만약 식물로 환생한다면 나는 무화과나무가 되고 싶다. 무화과나무는 영리한 전략을 구사해 자연에 성공적으로 살아남았을 뿐 아니라 온 생태계에 무화과 열매라는 이타적인 먹이를 제공하기 때문이다. 하지만 무화과나무 800여 종 가운데 일부는 자애롭지 않은 행동 양식을 보인다. 호주에서 가장 교활한 나무이자 내가 자주 등반했던 나무인 왓킨스무화과나무Watkins' fig, *Ficus watkinsiana*는 반얀나무banyan라고도 불리는 교살자 무화과나무와 함께 우로스티그마Urostigma아속에 포함된다. 왓킨스무화과나무는 다른 어느 열대 나무보다 놀라운 생존 전략을 발전시켰다.

교살자 무화과나무는 나무 위에서 생명을 시작해 아래로 자라나기에 구조상 덩굴과 비슷하지만, 햇빛이 비치는 공간을 선점해 성공한 나무로 입지를 굳힌다. 무화과새는 교살자 무화과나무 열매를 먹고 주로 상층부 우듬지에서 뻗어 나온 가지에 씨앗을 배설한다. 그 높이에서는 풍부한 빛과 물을 손쉽게 얻을 수 있어 교살자 무화과나무 씨앗은 숲의 어두운 바닥에서 자라는 어느 묘목보다 빠르게 발아한다. 떡잎으로 햇빛을 듬뿍 받아 빠르게 성장한 교살자 무화과나무 묘목은 공기뿌리를 아래로 신속히 확장해 토양에 도달한다. 그리고 이미 전략적으로 햇빛에 노출시킨 잎으로 활발하게 광합성해 폭발적인 에너지를 얻고, 뿌리로 물과 영양소를 풍부하게 섭취하면서 순식간에 성장한다. 이 독특한 하향식 성장법을 구사하며 교살자 무화과나무는 숙주를 감아쥐고 이따금(항상은 아니다) 숨통을 끊는다. 교살자 무화과나무의 생활사에서 이 대목은 그다지 존경스럽지 않고, 다른 여성들에게 경쟁자의 목을 조르라고 충고하고 싶지도 않지만 땅에 뿌리를 내리기 전에 햇빛이 잘 드는 자리를 선점하는 이 초기 전략만큼은 존경할 만한 성공 신화로 여겨진다. 게다가 교살자 무화과나무의 치명적인 포옹에도 긍정적인 측면은 있다. 연구에 따르면 교살자 무화과나무는 폭풍이 몰아치는 동안 숙주 나무를 꽉 붙들어 숙주가 쓰러져 죽을 확률을 낮춘다. 교살자 무화과나무는 직장에서 난관을 극복하려 고생하는 여성들에게 중요한 교훈을 제시한다. 우리는 피쿨네우스ficulneus, 즉 무화과나무속 식물과 비슷하게 전략을 세워 혁신적으로 사고하고, 타인을 돌보고, 자원을 현명하게 활용하고, 경쟁자를 넘어서야 한다.

나의 성장 과정은 숲 바닥에 싹을 틔우는 지극히 평범한 묘목의 성장 과정과 닮았다. 나는 경력을 발전시켜나가기 위해 필수적인 요소(묘목의 경우 빛과 물)를 전략적으로 찾는 일이 얼마나 중요한지 깨닫지 못했다. 여성 멘토의 부재를 인지하지 못했다. 고등학교와 대학교에 다니는 내내 숫기가 정말 없었고 또렷하게 내 주장을 펼치지도 않았다. 호주에서 11년을 지내는 동안 남성 동료들은 현장 탐사 도중 열 손가락으로 꼽을 수 없을 만큼 내게 성적으로 접근했다(이는 적어도 내가 성적 접근이라고 확신한 사건만 헤아린 것이다). 젊은 여학생들을 이끌어주는 선배 여성 연구자가 전무했던 내 학창 시절과 미투 운동이 전개되기 수년 전에도 상황은 마찬가지였다. 다행히도 나는 그런 위험한 성적 제안에서 놀라울 정도로 잘 빠져나갔다. 오늘날에도 무수한 여성 과학자들이 현장 탐사 도중 성희롱을 당했다고 보고한다. 일리노이 대학교 인류학자 케이트 클랜시Kate Clancy는 600명을 대상으로 진행한 설문조사에서 70퍼센트가 성희롱 피해를 당했으며, 때로는 강력한 성희롱 규정을 내세우는 캠퍼스로부터 멀리 떨어진 지역에서 성희롱 사건이 일어난다고 밝혔다. 현장 생물학을 연구하는 동안 나는 여성 동료들이 교살자 무화과나무처럼 목 졸라 마땅한 몇몇 모략가와 마주친 적이 있었다. 특히 타인을 괴롭히는 것이 천성인 남성도 여럿 있었다. 서서히 끓어오르는 냄비에 빠진 개구리처럼 나는 괴롭힘을 당하는 것도 업무의 일부라 여기며 꾹 참았다. 내게 주어진 가용 자원과 전략을 최대한 활용하지도, 진정 어떻게 해야 교살자 무화과나무처럼 효과적으로 성공을 거둘 수 있을지도 고민하지 않았다.

초빙 교수로 미국에 돌아왔을 때 나는 몹시 불안했다. 그래서 제멋대로인 두 아들을 둔 목축업자의 아내로 나를 규정하고, 대학 측이 제안한 급여를 두말없이 순진하게 받아들였다. 협상할 생각은 단 한 번도 하지 않았는데, 나중에야 알았지만 연봉 협상에서 여성은 남성보다 힘을 발휘하지 못한다. 최근 연구에 따르면 여성이 수령하는 은퇴 소득은 남성보다 평균 29퍼센트 낮다. 내가 받았던 초봉으로 두 아들은 학교에서 무상 급식 대상자였으며, 이는 내게 겸허함과 굴욕감을 동시에 안겼다. 나는 아들들이 괴롭힘을 당할까 봐 무상 급식을 신청하지 않았다. 같은 반 아이들 대부분이 호주 오지의 목장 출신이 아니라 명문 교수 집안 출신이었기 때문이다. 그래서 매일 부지런히 건강한 식단으로 점심 도시락을 싸줬지만 아들들은 이따금 손도 대지 않고 도로 가져왔다. 이유를 물으니 다른 아이들이 두 아들의 괴상한 억양을 비웃으며 점심시간 동안 쉬지 않고 이야기하도록 강요한다고 대답했다. 그러나 에디와 제임스는 곧 호주 억양을 잊었고, 난생처음 차가운 시선을 받았던 날의 충격을 제외하고는 미국 사회에 잘 융화되었다. 서부 매사추세츠의 혹독한 겨울을 쌀쌀한 임대 아파트에서 보내며, 우리 가족은 그리 운이 좋지 않은 편이라고 다시금 깨달았다. 그런데도 나는 운 좋게 큰아버지로부터 물려받은 금화 몇 닢으로 미국에 도착한 첫해 난방비를 냈다. 집에는 가구도 몇 개 없었지만 계단 아래에는 '타임아웃 의자'라는 악명 높은 의자가 있었다. 누군가 장난을 치면 타임아웃 의자에 앉아야 했다. 한번은(역사상 단 한 번!) 내가 욕설을 내뱉자, 아이들이 타임아웃 의자에 나를 30분간 앉혀두고는 무척 흡족해했다.

초빙교수로 일하면서 나는 여러 업적을 세웠다. 연구 보조금을 지원받았고, 강의 후기가 좋았고, 학부생들과 온대림에서 우듬지 연구를 개척했고, 그 덕에 모두에게 이득인 대학원 장학금도 마련했고, 결과적으로 대학을 홍보하는 좋은 기회가 되었다. 그러나 지난 11년간 호주에 살면서 여성은 2등 시민이라는 관념에 사로잡혔던 탓에 내가 수년간 쌓은 자아 존중감은 완전히 무너져 있었다. 아이들이 아파서 강의에 들어가지 못하면 어쩌지? 집안일과 병행하면서 강의 계획안을 제대로 작성할 수 있을까? 독사가 들끓고 산불이 빈번하게 발생하는 호주 오지에서 살던 아이들이 또 다른 위협으로 가득한 도시에 잘 적응할 수 있을까? 나는 두 아들이 하루빨리 마을 환경을 파악해야 한다고 생각하고 터널과 그네와 미끄럼틀이 설치된 세련된 놀이터로 아이들을 데려갔다. 제임스는 나무로 만든 미로에 들어가 울부짖기 시작했는데, 그런 놀잇감을 경험해본 적이 없었기 때문이다. 하지만 자연사에 대한 지식을 다른 사람과 공유하면서 두 아들은 얼마 지나지 않아 좋은 평판을 얻기 시작했다. 에디가 1학년 때 생일에는 내가 가르치는 생물학과 학생들이 대학교 숲 나무 꼭대기에 올라가 마법처럼 사탕 비를 뿌려줘서 기억에 남는 파티를 했다. 제임스는 대학교 부설 유치원에 다녔는데, 교무처장 아들이 놀이터에서 까마중 열매를 먹었다는 사실을 선생님께 알리고 동네 영웅이 되었다. 유치원 원장이 내게 전화를 걸어 제임스가 식물을 정확하게 식별할 수 있느냐고 질문했다. 나는 "물론이죠"라고 대답했고, 유치원 관계자는 아이들을 다른 장소로 대피시킨 뒤 교무처장 아들이 토하도록 유도했다. 그리고 곧바로 까마중을 놀이터에서 없앴다. 주말이면 우리 모자는 온종일 자연에서 조류를 관찰하고, 거품벌레를 세고, 뒤뜰 덤불에서 요새를 쌓는 등 무료 활동을 즐겼다. 커다란 변화였다. 유칼립투스나무와 갈색 뱀과 양검정파리가 없는 대신 자작나무와 참나무와 솔새와 다람쥐가 생겼고, 길가에 내 어린 시절 보았던 야생화가 피었다. 뉴잉글랜드 숲은 진정으로 아이들의 낙원이었다.

어린 탐험가들과 긴 시간을 공유하고 함께 놀면서 엄마로서는 기쁨을 만끽하면서도 종신 교수도 아니고 별다른 안전망도 갖추지 못한 한 부모로서는 불안감을 느꼈다. 그런데도 지구 반 바퀴 떨어진 나라에서 연구하며 힘들게 얻은 지식을 발판으로 과학계에 복귀하게 되어 기뻤고, 남녀가 좀더 평등하게 존중받는 듯한 나라에서 두 아들이 지내게 되어 마음이 놓였다. 목축업자의 아내로서 가정경제를 꾸리기 위해서가 아니라 뇌세포를 움직여 도전적인 과제를 해결하기 위해 매일 아침 침대를 박차고 일어났다. 첫 학기가 끝나고, 출판물 성과와 학생들에게서 받은 강의 평점이 모두 우수해 대학에서 초빙교수 자격을 갱신하게 되었다. 나는 큰 용기를 내서 학과장에게 수줍게 다가가 재계약을 하고 싶으나 현재 연봉으로는 남기 힘들다고 설명했다. 그는 경악하면서 내가 심각하게 낮은 연봉을 받았다고 인정하고 그 자리에서 연봉을 2배로 올려주었다. 성공이다! 이제 난방비도 낼 수 있고, 우리 집 생활비로 무상 급식 지원 자격에도 해당하지 않는다!

호주 문화에서 벗어나 미국 문화에 적응하는 일은 두 아들보다 내가 더 힘들었을 것이다. 호주에서 갓난아기를 키우는 목축업자의 아내는 교수가 될 수 없다는 연구위원회의 주장을 들으며 첫 취업

면접에서 잔인하게 탈락한 이후 나는 누군가가 내게 작은 부스러기라도 던져줄 때면 감사했다. 듀크 대학원 시절 EPA에서 시간제로 근무하며 남성 엔지니어들이 마실 커피를 탈 때에도 행복하다고 생각했다. 나는 대부분 현장 탐사에서 늘 식량과 필요한 용품을 준비했고, 목장에서는 수표책을 사용할 권한이 전혀 주어지지 않았는데도 비슷한 역할을 맡았다. 나는 남성들이 주인공인 무대에서 조연으로 등장해 미소 짓고, 고개를 끄덕이고, 우아하게 연기하는 일에 놀랄 만큼 익숙해졌다. 경력을 쌓는 동안 힘든 일들을 겪으면서 몸에 멍이 들었지만 그럴수록 조금씩 현명해지고, 대담해지고, 전략적으로 변했다. 하지만 학계에서는 성공했으나 20세기 후반 직장에서 사다리를 타고 오르는 수많은 여성이 직면하는 또 하나의 은밀한 위험인 '키 큰 양귀비'tall poppy 증후군을 만났다. 호주 영어에서 '키 큰 양귀비'는 본래 유명 인사, 성공한 사업가, 부유한 엘리트를 지칭하는 속어였으나 이후 직장 문화에도 스며들었다. 이 호주 단어에는 탁월한 인물을 평가절하하고 평범함을 장려하는 문화적 경향이 반영되어 있다. 내가 경력을 쌓아가는 당시, 직장 내 남성들은 평등을 추구하는 용감한 여성에게 점점 더 위협받고 있었다. 열심히 노력해 순탄하게 정상에 오른 여성 동료의 멋진 사례도 일부 있지만 그들에게는 대개 지원을 아끼지 않는 배우자나 무척 보기 드문 종족, 이를테면 여성 동료를 응원하고 승진시켜주는 동정심 많은 남성 상사가 있었다. 나는 그런 여성 동료의 성공을 지켜보면서 크게 감탄했다. 하지만 무수한 여성이 성차별이라는 장애물에 걸려 넘어졌다. 현장 생물학은 내가 고군분투하며 경력을 쌓는 동안에도 여전히 남성 위주의 분야로 남아 있었다. 나는 모든 성 불평등을 무시한 채 아이와 부엌에도 신경 써가며 연구 결과를 맹렬히 발표했다. 나는 직장 내 불평등에 관해 감히 이야기를 꺼낼 엄두도 내지 못했고, 대부분 여성 동료도 마찬가지였다. 우리에게 자리가 있는 것이 행운이라 여겼으며, 그 자리를 잃을까 두려웠다.

매사추세츠에서 초빙교수로 일하기 시작했을 때, 나는 진심으로 존경하는 스미스 칼리지 총장 질 커 콘웨이Jill Ker Conway에게 팬레터를 보내면서 그녀가 쓴 베스트셀러 『쿠레인에서 오는 길』*The Road from Coorain*에 감사한 마음을 밝혔다. 그 책은 내가 호주에 사는 동안 어머니가 보내주셨다. 질은 우리 가족 목장과 가까운 양 목장에서 유년 시절을 보냈으며, 남성 중심의 학계에서 치열하게 경쟁해온 여성의 회고를 책에 담아 무척 친숙했다. 도입부 2장을 읽고 앤드루는 비웃었지만 호주 오지의 여자 친구들은 좋아했다. 질에게 보내는 편지에 호주 목축업자의 아내로 살면서 7년간 경력을 쌓을 기회를 놓친 사연을 간단히 설명하면서도, 이런 내가 미국에서 한 학기 동안 초빙교수로 일하게 되었다는 생각에 감격스러웠다. 정말 놀랍게도 질은 진심 어린 조언을 적어 답장했다. 절대 호주로 돌아가지 말라며 미국으로 '지적 망명'을 하라는 충고와 함께 변호사 이름을 알려주며 이혼 소송을 하라고 제안했다. 성공한 여성으로서 내게 조언을 베풀고 사적인 문제도 해결하도록 도와준 질에게 무한히 감사한다.

당연하게도 호주와 매사추세츠주 간의 전화 통화는 시작부터 순탄하지 않았다. 시부모님이 그랬듯 앤드루도 우리가 첫 학기를 마치기 전에 돌아오리라 예상하고 도박한 것이라 추측할 뿐이다. 호주의 친구들이 귀띔해준 말에 따르면 시어머니는 문화적 관습에 얽매이지 않는 과학자 며느리를 대신할 다른 조신한 며느리를 찾으려고 시골을 샅샅이 뒤지고 있었다. 시어머니를 탓할 수 없었다. 나는 그분이 그토록 바라던 이상적인 며느리가 되지 못했다. 질 콘웨이가 추천한 변호사는 내가 호주에서 법률 대리인을 구해야 한다고 설명했다. 호주 시골에서 알고 지냈던 이웃이 뜬금없이 전화를 걸어와 이혼 소송 대리인이 되어주겠다고 했을 때는 마음이 싱숭생숭했다. 그를 비롯한 모든 호주 오지 이웃은 시어머니의 간섭이 우리 부부 문제를 부추겼다는 사실을 알았기 때문이다. 어떤 측면에서 나와 앤드루는 문화적 희생양이었다. 목축업자의 아내로서 나는 이혼 소송에서 목장의 절반을 요구할 권리가 있었고, 수백만 달러에 달하는 목장을 손에 넣어 평생 부유하게 살 수도 있었다. 하지만 윤리적으로 그렇게 하고 싶지 않았다. 목장은 가족 간의 불화로 분할되는 일 없이 온전한 상태로 유지되어야 하기 때문이다. 학교 일과 아이들 양육을 병행하는 동시에 장거리 전화로 분노를 터뜨리며 싸움을 이어갔다. 앤드루는 미국에 오고 싶어 하지 않았고, 나는 초빙교수 계약을 파기할 생각이 없었다. 서로 사랑하는 마음이 문화 차이에 부딪혀 서서히 금 갔다. 강의하는 일은 즐거웠지만 아침마다 부엌 창문 너머로 유칼립투스나무가 늘어선 초원에서 양들이 풀 뜯는 풍경을 바라보며 쿠카부라가 지저귀는 소리를 들었던 시간이 그리웠다. 하지만 일평생 연구하며 과학 분야에 도전하기로 마음먹었고, 홀로 아이들을 양육하며 불안정한 상황에 놓이더라도 남녀가 동등하게 존중받는 미국에서 두 아들을 교육하기로 했다. 에디와 제임스가 수년간 미국 공립학교에서 공부한 뒤에 언젠가는 호주로 돌아가 새로운 기술을 활용해 목장을 운영할 수도 있다고 생각했다. 양질의 교육을 받지 못하면 두 아이의 삶은 양 목장에 속박당할 것이었다.

나는 가르치는 일을 좋아했고, 앞서 만들었던 퀸즐랜드주 공중 통로를 토대로 대학교 연구용 숲에 북미 최초로 우듬지 통로를 건설해 전국적으로 명성을 얻었다. 우듬지 연구로 잘 알려진 덕분에 나는 매사추세츠의 수목 관리자 공동체에 빠르게 스며들 수 있었다. 내게 연구 보조금을 지원하라며 격려해준 수목 관리자 두 사람과 나는 기존 호주 공중 통로를 본떠 간단한 다리를 하나 짓고 통로 바닥 2개를 얹어 루브라참나무 몇 그루를 가로지르는 우듬지 통로를 만들었다. 이제 온대 우듬지를 탐사하는 길이 열렸다. 한 나무탐험가 학생은 높이 23미터에서 우듬지를 관찰한 끝에 뉴잉글랜드참나무 잎을 먹는 포식자로 악명 높은 매미나방을 남부하늘다람쥐가 잡아먹으며 자연 해충 방제단으로 활약한다는 사실을 밝혔다. 매미나방 창궐을 연구하려고 미국 농무부에서 수백만 달러를 썼지만 현장 연구는 대부분 지상에서만 이루어졌다. 내가 호주 우림에서 그랬듯 나무탐험가 학생들도 나무의 엄지발가락뿐 아니라 전체를 관찰해 독창적인 연구 성과를 도출했다.

이혼은 전화로 마무리되었다. 호주 변호사가 순식간에 서류를 처리하자 앤드루와 나는 어느 정도 마음을 놓았다. 앤드루의 어머니는 분명 폴카춤을 추었을 것이다. 그를 진심으로 사랑했기에 괴로웠으나 우리의 무능함 탓에 양과 나무가 하나의 삶으로 융합할 수 없을 것 같았다. 대학교 계약은 1년 더 갱신했고, 1월 학기에 아이들을 데리고 플로리다를 방문해 아열대 생태계를 공부했다. 여덟 살인 에디는 훌륭한 조류 설명가였으며 교수가 육아와 일을 병행하는 모습을 지켜보는 것은 학생들에게도 이로웠다. 학생들과 아들을 데리고 현장 탐사를 나가면 기진맥진했지만 1990년대 초 STEM(과학, 기술, 공학, 수학) 과목을 전공하는 여학생에게는 롤모델이 거의 없다는 점을 알았기 때문에 힘내야 했다. 생물학과의 다른 교수들에게는 전업주부 아내가 있었다. 하지만 내게는 긴 주말을 맞이할 때면 5시간 거리를 달려와주시는 부모님이 있어 답안지를 채점하거나 강의를 준비할 수 있는 것만으로도 행운이었다. 이따금 장기 현장 탐사를 떠날 때면 부모님은 두 손자를 돌보며 나를 전폭적으로 지원해주셨지만 딸이 외딴 지역으로 탐사를 떠나는 데에는 늘 불안해하셨다.

아프리카로 떠난 글로벌 연구 탐사에서 나는 세 번째 우듬지 접근 기술을 처음으로 접했다. 이 혁신적인 기술은 프랑스 식물과학자들이 설계한 팽창식 장치로 '지구 지붕 위의 뗏목'Radeau des Cimes이라 불렸다. 어느 날 『사이언스』에 실린 작은 광고가 눈길을 사로잡았다. "아프리카 카메룬에서 비행선을 타고 탐사할 현장 과학자 구함". 호기심이 발동해 지원했다. 여성이 수적으로 무척 열세하거나 아예 배제되었던 호주에서의 경험을 떠올리고 'M. 로우먼'으로 지원해야 한다고 직감했다. 나는 곤충과 식물의 상호작용을 탐구한 현장 전문가로 받아들여졌으며, 누구도 내 성별을 묻지 않았다. 이 탐사에서는 독특한 비행 장치 내부에 기체를 주입해 공기보다 선체를 가볍게 만들어 기존 열기구와는 조금 다른 비행선을 활용했다(열기구는 직물 주머니 안에 주입한 수소를 가열해 비행한다). 공중에 뜬 비행선은 공중 베이스캠프 역할을 하면서 팽창식 뗏목을 나무 꼭대기 사이사이로 끌고 다녔다. 무게가 적게 나가는 팽창식 뗏목은 가장 높은 나뭇가지에 묶어두어도 가지를 부러뜨리지 않아 며칠에 한 번씩 새로운 장소로 손쉽게 비행선으로 견인해 갈 수 있었다. 또 동그란 뗏목 내부는 바큇살처럼 중앙의 한 점에서 사방으로 연결되어 있어, 그 덕분에 매일 아침 탁월풍이 불기 전 1시간 동안 인접한 여러 나무에서 표본을 채취할 수 있었다. 비행선과 뗏목, 썰매 등의 팽창식 장치를 활용해 독특한 방식으로 최상부 우듬지에 접근했던 이 아프리카 탐사는 솔직히 말해 끝내주게 재미있었다!

아프리카 정글로 떠나는 새로운 모험에 이해되지 않는 면이 있었다. 비아프란 콩고Biafran Congo 우림의 분지로 알려진 그 광활한 대지는 어떻게 20세기 후반까지 아무런 과학적 발견이 이뤄지지 않은 미탐험지로 남았을까? 탐사대 목적지이자 적도 숲 중에서도 생물 다양성이 가장 높은 지역으로 손꼽히는 카메룬 남서부의 캄포 보호구역 지도에서 작은 점을 하나 발견했다. 나는 아프리카 우듬지와 호주 우듬지를 비교하고 싶었다.

프랑스 식물학자이자 나무 구조학자인 프랑시스 알레Francis Hallé는 숲 위를 나는 비행선과 나무 상층부 수관에 닻을 내리는 팽창식 뗏목을 발명한 창조적 지휘자였다. 프랑스는 나무 꼭대기에 접근하는 여러 도구를 한데 모아 오페라시옹 카노페Opération Canopée를 고안한 연구진을 무척 자랑스럽게 여기며 전국 TV 프로그램에 대대적으로 소개했다. 파리에 도착했을 때 세관 직원들은 내 짐 가방에 붙은 '지구 지붕 위의 뗏목' 스티커를 보고 나를 응원했다. 비행기를 여러 번

갈아탄 끝에 군사 정권이 지배하는 나라 카메룬의 수도 두알라(현재 수도는 야운데이다—옮긴이)에 착륙했다. 탐사대 중 6명은 미국 대표단 자격으로 사륜구동 자동차에 몸을 욱여넣어 탔으며, 군 검문소를 쉽게 통과하기 위해 여성인 내가 앞자리에 탔다. 우리가 탄 자동차는 몇 시간 동안 좁은 비포장도로를 달려 한밤에 목적지에 도착했다. 어둠에 몸을 숨기고 캠프에 잠입할 수 있어 마음이 놓였다. 나는 내 존재가 동료들에게 실망감을 안겨주리라 예상하고 있었다. 새로운 참가자인 'M. 로우먼'이 마크 로우먼이나 마이클 로우먼이 아니었기 때문이다. 비행선 팀이 차에서 내리는 나를 보고 별로 기뻐하지 않는 것 같았다고만 말해두겠다. 한 달간 진행되는 탐사에서 활동하는 50명 가운데 여성은 나뿐이라는 사실을 나중에 알아차렸다. 나중에 생각해보니 잘 알지도 못하는 남성 49명과 아프리카 정글로 잠입하다니 지나치게 순진했다. 그러나 탐사가 시작되자 남성 과학자들은 나를 존중했다. 아마도 내가 노련한 나무 등반가였기 때문일 것이다. 당대 현장 생물학계의 선구자였는데도 나는 성별로 인해 무수한 의심의 순간을 견뎌야 했다. 이런 남성 우위의 세계에서 내가 과연 성공할 수 있을까?

여성의 인내심을 시험한다는 명목으로, 나는 치명적인 독을 지닌 가봉북살무사가 사는 뱀 굴 바로 윗자리를 배정받아 해먹을 설치하게 되었다. 그 뱀은 크고 흉측할 뿐 아니라 독을 중화하는 해독제도 알려지지 않았다. 나는 심지어 몇몇 남성 동료가 올가미를 써서 굴 안의 그 매끈한 괴물을 수차례 끄집어내고 사진을 찍으려 해 살무사가 제법 짜증이 난 상태일 거라는 사실도 곧 알게 되었다. 화장실을 자주 오가며 뱀 굴 곁을 조심스럽게 지나갈 때면 나무 바닥에서 바로 볼일을 보는 남성 동료들이 몹시 부러웠다. 밤늦게 현장에 도착한 우리는 어둡고 비좁은 수면 막사에서 몸을 부딪혀가며 해먹을 매달았다. 베이스캠프는 여러모로 기발했다. 바닥에 기둥을 세우고 지면 위 1미터 지점에 나무 바닥을 설치한 다음 초가지붕을 얹은 임시 노천 구조물 4개로 구성되어 있었다. 길쭉한 구조물 하나는 해먹을 설치하는 오두막이었고, 다른 하나는 발전기로 작동하는 최첨단 컴퓨터 세 대가 설치된 실험 공간이었으며, 세 번째 구조물은 식당 오두막이었고, 멀리 떨어진 마지막 구조물은 중력으로 물을 공급하는 목욕통과 샤워실 다섯 칸과 변기 용도의 웅덩이 4개가 마련된 공간이었다. 첫날 밤은 고단했다. 날씨가 덥고 습했으며 남성 과학자 49명이 코 고는 소리가 들렸다. 하지만 2주가 끝나갈 무렵 나는 모든 팀원과 평생 친구가 되었고, 그들은 내게 코골이 습관은 물론 인생사도 털어놓았다. 보통 위스키를 몇 잔 마시고 나면 진솔한 이야기가 시작되었다. 탐사대의 용감한 리더 프랑시스 알레는 프랑스 빵과 그가 좋아하는 스카치위스키 한 상자를 들여와 우듬지 등반이 완벽하게 마무리되는 날이면 동료들과 나눠 먹었다. 이번 탐험에 지원한 참가자로서, 나는 조수 2명과 가까운 동료 또는 친구 2명을 데려갈 수 있었는데, 여성 동료가 아무도 없어 남성 2명을 데려갔다. 브루스 린커Bruce Rinker는 5~18세 아이들을 대상으로 탐험에 관한 글을 쓰려고 계획한 열정적인 교육자였고, 마크 모펫Mark Moffett은 생물 다양성, 특히 다리 6개 달린 작은 생물을 기록하는 곤충학자이자 전문 사진작가였다. 우리 셋은 식물·곤충 연합 팀을 결성했다.

한밤에 아프리카 정글에서 합창하는 쏙독새, 개구리, 매미 소리는 할리우드 영화 배경음악보다 좋았다. 동틀 녘에는 탐사대원들이 팽창식 설비에 기체를 채우며 탐사를 준비하는 동안 프랑스어로 대화하는 활기찬 목소리가 코뿔새 지저귀는 소리와 어우러졌다. 오전 10시가 넘으면 탁월풍이 불어 안전에 문제가 생기므로 비행선은 늘 해가 뜰 때 이륙해 최소 4~5시간 동안 공중에서 탐사를 진행했다. 늦은 밤에 현장에 도착했는데도 마크는 동트기 전 해먹에서 내려와 비행선이 떠오르는 장면을 열심히 사진으로 남겼다. 그러던 그가 느닷없이 비명을 질렀고, 나는 그의 발에 난 아주 작은 구멍 2곳에서 피가 솟구치는 것을 발견했다. 우리는 공포에 질려 서로 바라보았다. 가봉북살무사였을까? 마크는 사진 촬영 기회를 놓치고 싶지 않은 마음에 피를 닦고 다시 카메라를 잡았다. 과학자는 데이터 기준점을 잡고, 사진을 찍고, 연구 대상을 수집하려고 목숨을 거는 멸종 위기종이다. 마크도 예외는 아니었고, 실제로 독사에 물린 상처를 처치하기보다 새벽에 발사하는 비행선 사진을 찍고 싶어 했다. 이해가 안 된다! 몇 시간이 흘러 밝은 낮이 되자 우리는 오두막 바닥에 꽂힌 곤충용 버니어 캘리퍼스의 뾰족한 말단부가 어두운 밤에 마크의 발을 찔렀다는 사실을 알아차렸다. 그는 아직 죽음이 임박하지 않았다는 사실을 깨닫고 기뻐 정신을 잃을 뻔했다.

비행선은 하루도 빠짐없이 부풀려졌다가 쪼그라들었다. 비행선이 방치되어 자연에 계속 노출되면 거대한 꽃처럼 화려한 색에 이끌린 새들이 비행선의 줄무늬를 부리로 쪼을지 모르기 때문이었다. 새벽 4시, 비행선 내부의 기체를 데우기 위해 점화했다. 이륙! 매일 과학자 6명이 비행선 아래에 매달린 곤돌라에 앉아 공중에서 숲을 관찰했고, 때로는 과학자 3명이 비행선에 썰매를 걸어 타고 다니며 나무 여러 그루의 수관을 오갔다. 다양한 나무의 수관에서 샘플링하기 위해 5일마다 공중에서 새로운 위치로 뗏목을 이동했다. 과학자들은 비행선과 썰매 자리를 놓고 치열하게 경쟁했다. 우리 식물·곤충 연합 팀은 탐사 막판까지 썰매 탑승 시간을 배정받지 못해 밧줄과 하네스를 사용하는 기존 방식으로 일주일 내내 키 큰 나무 위에 수없이 올랐다. 10여 명에 이르는 연구원들이 밤낮을 가리지 않고 커다란 팽창식 뗏목에 올라탔고, 우리 팀은 어둠을 틈타 연회를 즐기는 야행성 초식곤충을 수집했다. 뗏목을 타고 탐사하는 도중 갑자기 집중호우가 내리는 바람에 비에 젖어 축축해진 샘플을 채취한 팀들도 있었다. 우리 팀도 비를 맞아 흠뻑 젖는 일이 잦았는데, 어느 날 밤에는 우듬지에서 샴페인 한 병과 질척거리는 토스트를 먹기도 했다. 탐사 마지막 주 우리 팀은 날씨에 촉각을 곤두세웠고, 우리가 썰매를 타고 샘플을 채취하는 마지막 날 바람이 불거나 뇌우가 몰아쳐 일정이 취소되지 않기를 간절히 바랐다. 우리는 새벽 3시경 일어나 썰매 탑승을 기대하며 한껏 흥분했다. 채집망, 비닐봉지, 식물용 절단기, 공책, 펜 등을 챙기고 물 적당량을 마시고는(아침까지 공중에서 화장실을 안 가고 버티려면 물을 많이 마시면 안 된다) 비행선을 부풀리는 작은 발전기 소리가 나는 방향으로 달려갔다. 비행선에 기체를 채우는 과정은 부족장이 특별 의식을 거행하는 일과 비슷했으며, 프랑스에서 온 엔지니어 팀과 설계 팀 전원이 팽창하는 선체를 둘러싸고 완전히 부풀어 오를 때까지 사랑스럽게 마사지해주었다. 선체가 적당히 부풀면 비행선 조종사 대니가 운전석으로 뛰어 들어가 내부를 데우는 장치를 점화했다. 내부 기체가 따뜻해지면 하부에 썰매를 매단 비행선이 땅에서 몇 센티미터, 몇 미터 위로 올라가다가 갑자기 공중에 떠올랐다. 우리 셋은 날렵하게 그 독특한 장치에 올라타 저 멀리까지 탐험했다. 팽창식 썰매를 타고 우듬지 위를 스치듯 날아가는 첫 비행에서 열대림에 대한 나의 인식은 완전히 바뀌었다. 아프리카 정글은 거대한 브로콜리가 빽빽하게 들어찬 드넓은 들판처럼 보였고, 서로 다른 높이에 매달린 수많은 잎이 저마다 다른 녹색을 띠었다. 45미터 넘게 상승했을 때, 우리 팀은 이롬바나무cardboard tree, *Pycnanthus angolensis* 꼭대기에 접근해 모든 잎사귀가 곤충에게 맹렬히 공격당한 특유의 흔적을 코앞에서 관찰했다. 대니가 비행선을 정교하게 조종해 그 이롬바나무 수관 위를 맴도는 사이, 우리는 가져간 채집망으로 곤충을 쓸어 담고 식물용 절단기로 잎을 자르며(밧줄을 자르거나 팽창식 뗏목에 구멍을 내지 않으려고 매우 조심했다) 계획을 실행에 옮겼다. 10분간의 샘플링 광풍이 순식간에 지나가고, 벨루도나무veludo, *Dialium pachyphyllum*라 불리는 두 번째 종으로 떠내려가 채집 절차를 반복했다. 거의 2시간 만에 나무 15그루의 정수리를 미끄러지듯 지나가면서 최상층 나뭇가지를 자르고, 채집망으로 나뭇잎을 훑어 곤충을 잡았다. 밧줄로 나무에 오른다면 이 정도 규모의 샘플링 작업은 거의 일주일이 걸릴 것이었다. 비행하는 내내 조종사는 우리의 안전, 궁극적으로 우리의 생명을 완전히 지배했다. 나무줄기나 커다란 개미집과 충돌하는 단 한 번의 사고로 치명적인 재앙이 일어날 수 있기 때문이었다.

지상으로 복귀해 나는 오후 내내 나뭇잎을 분류하고, 초식곤충이 잎을 얼마나 먹었는지 고성능 컴퓨터로 분석했다. 프랑스 기술자 피에르가 오두막 컴퓨터실에 스캐너 프로그램을 구축한 덕분에 나는 60메가바이트 컴퓨터로 최첨단 디지털 소프트웨어를 구동해 아프리카 가장 깊은 숲에서 자라는 나뭇잎의 면적을 측정했다. 이는 지난 15년간 호주, 뉴질랜드, 인도네시아, 스코틀랜드 그리고 미국 온대림 전역에서 이뤄진 어느 현장 연구보다 발전된 형태였다. 정교한 장비를 공수해 온 팀은 프랑스 팀만이 아니었다. 독일 막스 플랑크 연구소 소속 팀은 잎의 호흡을 측정하려고 1,300킬로그램에 달하는 첨단 장비를 가져왔으나 두알라 군부 정부에 압류되었다. 나는 식물용 절단기, 비닐봉지, 방수펜, 줄자 등 간단한 장비만으로도 샘플링할 수 있어 감사했다.

캠프의 유일한 여성 과학자로서 겪는 고충은 몇 가지 있었다. 먼저, 내 속옷이 하나둘씩 사라지더니 탐사가 끝날 무렵에는 한 벌밖에 남지 않았다. 세탁해 빨랫줄에 널어둔 내 속옷을 현지인들이 조용히 낚아채 가는 순간을 나중에 몇몇 과학자가 목격했고, 인근에 사는 피그미족이 여성 속옷을 탐내더라는 이야기를 해주었다. 두 번째는 샤워 문제였다. 내가 샤워실 칸막이로 들어갈 때마다 몇몇 현지인 근로자는 물탱크를 손봐야 한다며 지붕 위로 뛰어 올라가 샤워실 내부가 훤히 들여다보이는 위치에서 내 몸을 보았다. 베이스캠프에서 보내는 일상에도 유머는 있었다! 한 소소한 사건은 내가 깜빡하고 등반 장비와 함께 현장까지 가져온 모성애에서 비롯되었다. 탐사 오기 전 동네 은행에서 두 아들 몫으로 가지고 나온 사탕 두 개를 까맣게 잊고 있다가 개미 떼가 내 배낭을 약탈해가는 광경을 보고 나서야 떠올렸다. 당황해서 배낭에 달린 주머니를 모두 열어 남은 사탕을 찾아 개미 떼에게 줬다. 사탕은 완벽히 포장되어 있었으나 그 저돌적인 절지동물들에게 발각되어 남김없이 먹혔다.

'지구 지붕 위의 뗏목'은 당대 최고의 우듬지 탐사 도구로 내게 최고점을 받았다. 이 세 번째 탐사법은 모든 연구자가 한팀이 되어 과학적 발견이 주는 쾌감을 공유해 연구 협력 가능성 또한 상승한다. 카메룬과 같은 나라에서 한 달간 탐사대가 팽창식 장비를 설치하는 비용은 100만 달러에 육박하는데, 이는 연구 자금이 부족한 열대 현장 생물학계에서는 감당하기 힘든 비용이다. 그러면 결국 탐사 장비는 나무 꼭대기가 아닌 땅바닥에서 허송세월한다. 하지만 이번 카메룬 탐사는 초식동물이 일으키는 나뭇잎 손실 연구에서 탁월한 성과를 거두었고, 우리 팀이 수집한 데이터는 프랑시스 알레가 편집한 아프리카 우림 관련 서적에 수록되었다. 내가 전 세계를 대상으로 진행한 초식성 연구는 아프리카라는 새로운 지역으로 확대되었고, 나는 곤충이 숲에 얼마나 큰 피해를 주는지 계산하기를 멈추지 않았다. 우리는 이전에 탐사한 적 없는 최상부 나무 수관에서 '썰매 타고 쓸어내기'라는 새로운 곤충 채집 기술을 시도해보았고, 그 결과 채집망 1개당 곤충 2~32마리를 잡았다. 역사상 처음으로 샘플링된 아프리카 우듬지 나뭇잎은 초식곤충이 갉아먹은 상태였다. 디알리움 파키필룸*Dialium pachyphyllum*은 잎 표면적의 0~64퍼센트, 이롬바나무는 잎 표면적의 0~16퍼센트가 손실되었지만 알스토니아 부네이*Alstonia boonei*는 잎 대부분(전부는 아님)이 손실되지 않았다. (나는 개인적으로 곤충에게 전혀 공격당하지 않는 나무종을 하나 이상 찾아야 한다. 그런 종이 보유한 강한 회복력을 고려하면 의학적으로 놀라운 명약일지 모르기 때문이다!) 호주와 비슷하게 아프리카에서도 나뭇잎이 초식곤충의 공격으로 평균 15~30퍼센트 손실된다는 결과는 적어도 두 대륙의 열대 나무가 과거에 과학자들이 숲 바닥에서만 측정한 것보다 막대한 규모로 곤충이 가하는 공격을 견뎌왔음을 암시했다. 모든 현장 생물학이 그렇듯 이런 초기 단계의 발견을 구체화하려면 아프리카를 더 많이 탐사해야 한다.

나는 이후 카메룬으로 돌아온 유일한 팀원이었으며, 당시 탐사대에서 활동했던 유일한 현지 식물학자와 협력했다. 고故 버나드 엔콩메넥Bernard Nkongmeneck은 전 세계에서 과학자를 유치해 협력 관계를 구축하길 희망했고, 따라서 나는 그와 함께 현지 착생식물을 조사하고 지역 주민에게 재배법을 가르친 다음 유럽 시장에 착생식물을 선보이기 위해 내셔널 지오그래픽 연구 보조금 지원서를 제출했다. 버나드는 광활한 열대림이 외부인에게 벌목되고 있다며 한탄했다. 우리는 착생식물의 잠재적 가치를 인지하고, 난초 및 양치식물 재배 교육과정을 시범 운영하면서 지역 주민이 목재보다는 공기식물을 판매해 이전보다 지속 가능한 수입을 얻도록 장려했다. 또한 카메룬에서 자생하는 착생식물 목록을 논문으로 발표하고, 착생식물을 심은 직물판을 도르래로 나무 꼭대기까지 운반해 시장성 있는 식물로 재배하는 우듬지 농장을 시범적으로 운영했다. 우리는 마을에 착생식물 식별 수업을 열면서 맥주를 강의실에 가져다놓아, 마을 사람들이 강의실에 오도록 영리하게 유도했다. 결국 목표를 달성했다! 하지만 슬프게도 버나드는 카메룬에서 착생식물 농사를 지을 수 있게 되기 전 갑자기 세상을 떠났다. 이 아이디어는 지역과 전 세계를 무대로 활동하는 식물학자들이 협력한 덕분에 시행될 준비가 되었으나 성공을 거두려면 수많은 국제 자연보전 프로그램이 그렇듯 현지에서 탄탄한 신뢰를 쌓아야 한다.

수세식 화장실, 푹신한 침대와 베개, 마실 수 있는 물이 나오는 수도꼭지, 뜨거운 물이 쏟아지는 샤워기가 없는 험난한 환경에서도 나는 아프리카 탐사대 활동을 마치고 무사히 귀국했다. 하지만 사무실로 돌아와 보니 캠퍼스에 불행한 사건이 연쇄적으로 발생하며 학교 기능에 문제가 생기기 시작하고 있었다. 내가 탐사를 떠나기 전 환경연구단장이 새로 고용되었는데, 부임한 지 얼마 지나지 않아 일부 학생과 교직원들이 그와 대화하기를 불편해했다. 게다가 얼마 전에는 해당 부서에서 여성 연구자 몇 명이 뛰어난 업적을 남겼음에도 연구단장의 지시로 해고되었다. 나는 특히 성공적으로 학기를 마쳤지만 내 탁월한 실적을 주위 교직원에게 알리지 않는 연구단장을 보며 한 명의 싱글맘으로서 불안감을 느꼈다. 어느 날 연구단장은 우리 집에 찾아와 문을 두드리는 이상한 행동을 했고, 나는 이듬해 급여를 삭감당할 것이라는 소식을 들었다. 연구단장은 예산이 부족하다며 이해하기 힘든 설명을 늘어놓았다. 충족해야 할 모든 요건을 채우고도 실적을 더 쌓았기에 나는 연봉이 왜 삭감되는지 진심으로 이해되지 않았다. 그해 우리 대학은 북미 최초로 대학교 연구용 숲에 우듬지 공중 통로를 건설해 나라에서 인정받았고, 더욱이 연구 보조금과 학생 장학금도 유치했으므로 나는 감봉이 아닌 봉급 인상을 기대하고 있었다. 이 사건은 호주의 키 큰 양귀비 증후군의 전형적인 사례로, 궁극적으로 우수한 여성에게 적절한 보상을 하지 않으며 오히려 평범하게 살아가도록 부추기는 것이 목적이다. 연구단장과 이전에 같은 대학에서 일한 동료 2명은 그곳에서 연구단장과 함께 근무했던 여성들도 똑같은 사건을 겪었다고 고백했다. 나중에 연구단장이 캘리포니아의 어느 조직으로 자리를 옮긴 뒤에는 스탠퍼드 대학교에서 일하는 한 동료가 그 남성으로부터 아무 이유 없이 모욕을 당했다는 이야기도 들었다.

어린 두 아이를 키우는 유일한 양육자로서, 특히 지구 반대편으로 날아와 일하면서도 양육비를 넉넉히 모으지 못할 때, 나는 그런 불확실한 자리에서 일해야 하는 상황이 끔찍할 만큼 불안했다. 키 큰 양귀비 증후군은 특히나 괴로웠는데, 일을 훌륭하게 해낸 대가로 처벌받으면서 마음에 고통스러운 상처가 남았기 때문이다. 미국에서조차 성차별은 여전히 다양한 지뢰를 생산했고, 겉으로 드러나지 않는 편견은 특히 정치적으로 복잡한 사무실에서 알아차리기 어려웠다. 이 상황은 계속해서 내 마음에 불안을 증폭했다. 나는 지금까지 남성 위주의 세계에서 대등하게 경쟁할 만큼 잘해왔던 걸까? 앞으로도 잘해낼 수 있을까?

운 좋게도 플로리다 열대 우듬지 식물, 특히 착생식물을 전문으로 재배하는 식물원에서 일해달라고 제안받았다. 나는 사라소타에 설립된 학교들의 수준이 어떤지 긴급하게 알아보았다. 애초에 무엇보다 아이들을 훌륭한 공립학교에 보낸다는 생각에 미국으로 이주했으니 두 아들을 좋은 학교에 보내지 못한다면 어디에도 가지 않을 작정이었다. 플로리다는 5~18세 교육의 질이 나쁘다는 평판이 있지만 사라소타에 에디가 입학 자격을 얻을 수 있는 공립 특성화 학교가 있었다. 나머지는 더 언급할 필요도 없었다. 작은 대학교 캠퍼스라는 가뜩이나 좁은 세계에서 비협조적인 직장 상사로부터 조만간 위협을 당하기 전에 우리는 뉴욕주 북부에서 가구를 중고로 추가 마련한 다음 작은 트럭 한 대에 짐을 싣고 남쪽으로 이사했다. 그러는 사이 이혼 합의가 마무리되었고, 사라소타에 있는 평범한 주택의 보증금을 낼 수 있을 만큼 돈도 생겼다(호주에서는 전통적으로 이혼 합의금을 산출할 때 주부 기여도를 최저 임금보다 낮은 연간 1만 1,000달러로 계산한다).

식물원에서 나는 유일한 여성 과학자였다. 사실 비서 1명을 제외하면 연구 부서에서 유일한 여성 직원이었다! 그리고 다른 직원들의 상사이기도 했다. 내가 남몰래 '착생식물 같은 녀석들'이라 부르는 기존 식물원 직원들을 통솔하기란 쉽지 않았지만 그 일은 반드시 해야만 하는 일이었다. 직원은 대부분 분류학자였으며, 나는 그들이 겉으로 드러내지는 않지만 착생식물의 서식지를 연구하고 보존하는 내 생태학적 연구를 분류학 연구보다 낮잡아보고 있다고 눈치챘다. 그래서 기존 직원의 지지를 얻기 위해 전 세계를 대상으로 몇 가지 프로그램을 시작했다. 호주에서 했던 연구를 이어서 진행하고, 아프리카와 남아메리카 열대 지방에서 새 프로젝트를 추진하기도 했다. 식물원은 열대 식물을 탐구하고 식별하는 숭고한 임무를 맡았지만 자금 지원이 연기되면서 재정 관리에 어려움을 겪었다. 나는 국제 우듬지 학회를 두 차례 개최해 식물원의 국제적 명성을 즉각적으로 끌어올렸다. 두 학회는 각각 25개국, 35개국 과학자들을 불러 들이며 성공했다. 역사적으로 예술과 문화와 관계가 깊었던 도시 사라소타는 '과학 식물원'의 부흥을 기뻐했고, 플로리다 남서부 전역에서 '착생식물'과 '우듬지'라는 단어가 일상용어로 자리 잡았다. 제2차 국제학회가 막을 내리자마자 식물원 이사회는 나를 이사로 승진시켰다. 나는 나무 꼭대기의 '인디애나 존스'에서 푹신한 의자에 앉은 이사가 되었고, 숲과 식물을 보전하기 위해 지역 사회의 지원을 끌어모으는 일에서 큰 흥미를 느꼈다. 나는 여학생에게 롤모델이 되어야 한다는 의무감을 강하게 느꼈다. 당시 과학계를 이끄는 여성 리더 수가 매우 적은 상황에서 유리 '우듬지'를 깨뜨릴 기회가 내게 주어져 몹시 반가웠다. 나는 진작부터 유리 천장을 깨뜨리며 수없이 피를 흘렸고, 그런 과정에서 얻은 상처가 분명 다음 세대의 여성 동료들이 피 흘리지 않도록 막아주리라 기대했기 때문이다. 물을 흡수한 식물처럼 나는 이사로 일하며 한층 성장했고, 다트머스 대학교 경영대학원에서 최고경영자 과정을 수강하면서 직원 관리와 예산을 배웠다. 나는 식물을 대중에게 친숙한 존재로 만드는 일이 좋았고, 식물원 직원들이 결혼식장을 아름답게 꾸미고, 어린이 식물원을 기획하고, 기부자 관리용 소프트웨어를 업데이트하면서 성공을 거두도록 돕는 일이 즐거웠다.

자금을 조달하고, 공사를 집행하고, 기부금을 모으고, 식물원 공간을 확장하면서 3년이라는 시간을 성공적으로 보낸 뒤 나는 한 번 더 키 큰 양귀비 증후군과 마주했다. 난초 재배 분야에서 오랜 기간 경력을 쌓은 새 이사장이 식물원에 등장했다. 이사진 대부분이 독지가로 구성되었다는 점을 고려하면 식물원을 잘 아는 듯한 사람을 그들이 호의적인 시선으로 바라본 것은 이해할 수 있다. 페루에서 놀랄 만큼 아름다운 보라색 난초를 수입해 식물원에 새로운 종으로 심었을 때 새 이사장은 굉장히 감격한 듯했다. 처음에는 나 또한 난초 담당 직원들과 기쁨을 나눴으나 이후 난초가 불법으로 수입되었다는 사실이 밝혀졌다.

난초가 식물원에 도착한 첫 일주일간, 나의 또 다른 역할인 엄마로서 나는 오하이오를 방문해 보트 경주를 관람했다. 당시 나는 여성 CEO로 시험대에 오른 상황이라 느끼고 있었고, 모성애를 드러낼수록 내가 지닌 전문성을 폄하당할 것이므로 적어도 리더로서 직책을 유지하는 데에는 도움이 되지 않으리라 생각했다.

난초 분류학자들은 새로운 난초종을 들여와 설명하는 데 지나치게 치중했으며, 어떤 법적 서류도 갖추지 않은 듯했다(실제로는 갖췄으려나?). 수집품 관리자는 처음에는 수입 허가증을 잃어버렸다고 주장했고(실제로 잃어버렸을까?), 내가 보기에 허가증 관리는 그의 책임이었으나 나중에 가서는 수입 허가증을 본 적도 없다고 공언했다. 한 난초 연구자가 그 새로운 종의 매력에 빠져 있었음을 나는 한참 뒤에 알았는데, 그는 버몬트에 있는 자신의 집으로 몰래 난초를 가져가 집에서도 키울 수 있는지 확인하기도 했다. 더욱 대담하게는, 새로운 페루 난초가 식물원에 도착한 지 얼마 지나지 않아 마이애미 난초 박람회에 페루의 난초 재배장 주인이 나타나 같은 종을 엄청나게 비싼 가격에 내놓았다는 보고가 있었다. CITES(Convention on International Trade in Endangered Species, 멸종 위기에 처한 야생동·식물종 국제거래에 관한 협약)라는 국제 협약은 멸종 위기에 처한 동식물이 원산지 밖으로 수출되지 않도록 보호한다. 난초 담당 직원은 페루에서 난초를 허가 없이 수입했으므로 본질적으로 법을 어겼다. 내 충고에 따라 식물원 측은 워싱턴 DC에서 활동하는 법률 전문가를 고용해 허가되지 않은 난초를 난초 식별 센터에 도입한 사건에 복잡하게 얽힌 혐의를 규명했고, 그에 따라 비용도 발생하기 시작했다. 난초 담당 직원들은 서로 손가락질했고, 결국 이사회장은 사건 당시 1,000킬로미터 떨어진 지역에서 보트 경주를 관람했으며 난초 표본을 (지금까지도) 단 한 번도 보지 못한 나를 비난했다. 이사회의 목표가 난초 담당자들이 주목받지 않도록 보호하는 일이었다면 이사회에서 유일하게 여성이었던 내가 희생양으로 더할 나위 없이 적합했을 것이다. 이사장이 나의 경영 능력을 비난하고 다른 직원들이 내가 끌어들인 법률 회사가 청구한 자문 비용을 불평하는 동안, 나는 그런 집단 괴롭힘을 상대로 한 걸음도 물러서지 않으려 했다. 사라소타 지역 사회의 몇몇 리더는 내 편에 서주었고, 심지어 내가 개인적으로 진행하는 소송비 일부를 지원하기 위해 모금도 해줬다. 하지만 나는 내가 하지 않은 일을 해명하기 위해 싸우기를 거부하고 결국 이사직에서 물러났다. 이후 식물원 소속 난초 연구자 1명이 잘못을 인정했고, 다음에는 식물원, 그다음에는 난초를 불법으로 수입한 직원이 잘못을 인정했다.

이 사건은 꽤 소란스러웠으며, 생물종을 구하기 위해 최전선에서 연구하는 과학자의 잘못으로 보전 활동이 어떻게 타격을 입는지 분명히 보여주었다. 과학자의 열정이 법의 테두리를 넘어섰다. 이와 비슷한 사건은 다른 다양한 생물을 다루면서도 발생한다. 흡사한 사건으로, 2019년 말레이시아 타란툴라 표본이 영국으로 보내져 옥스퍼드 대학교 부속기관에서 과학적으로 분석·분류된 일이 있다. 거미 분류학자가 탐내는 화려한 코발트블루 타란툴라였다. 거미학자 1명과 공동 연구자가 거미 표본은 합법적으로 수입되었으며 필요 서류도 갖췄다고 주장했지만 실제로는 그렇지 않았다. 페루에서 들여온 난초처럼 타란툴라 표본도 불법으로 수입되었고, 엄밀히 따지면 여전히 원산지에 속한 상태였다.

난초 사건을 헤쳐 나가는 동안 이사회를 둘러싼 역학관계, 기관 내 괴롭힘, 날조의 세계를 경험하면서 나는 더욱 단단해졌다. 아름다운 난초 한 포기가 헌신적인 식물학자들이 서로 그토록 치열하게 책임을 전가하도록 유도할 수 있다는 사실이 믿기지 않았다. 마음이 통하는 여성 롤모델을 찾고 싶어 이사회실을 둘러보면 여성은 하나도 보이지 않았고, 그런 쓸쓸함 때문에 직장에서 여성 동료를 만나면 언제나 지지해야겠다는 마음이 강해졌다. 내가 일하는 동안 훌륭한 남성 롤모델을 만나지 못했다는 것은 아니며, 그들에게 진심으로 감사드린다.(짧게 언급하자면 페터 레이븐Peter Raven, 존 리플로글John Replogle, 밥 볼라드Bob Ballard, 그레그 패링턴Greg Farrington, E. O. 윌슨E. O. Wilson, 할 히트울Hal Heatwole, 톰 러브조이Tom Lovejoy 그리고 브라이언 로스버러Brian Rosborough, 고맙습니다!) 긍정적인 시각에서 보면, 식물원 CEO로서 위기를 헤쳐 나갔던 경험을 밑거름 삼아 나는 다른 박물관에서 리더 자리에 올랐고, 과학계에 성평등이 이뤄지는 날까지 끈질기게 일하겠다고 의지를 다졌다.

나는 8년간 플로리다에 설립된 우등 학부 기관인 플로리다 뉴 칼리지에서 환경학 종신 교수로 재직했다. 그러다 과학을 주제로 대중과 소통한 과거 경험 덕분에 새로 설립된 노스캐롤라이나 박물관 분관의 초대 센터장으로 채용되었고, 종신 교수직을 떠나 박물관의 세계로 돌아왔다. 이때 처음으로 여성 상사를 만나게 되어 기뻤다. 벳시는 긍정적인 에너지를 발산하는 인물로, 우리 둘은 매주 오랜 시간을 함께 보내며 혁신적인 새 박물관 분관을 구상하고, 직원을 고용하고, 박물관 기금을 유치했다. 개관 전까지 2년간의 일정표가 빡빡하게 채워졌으며, 나는 말 그대로 벳시가 안내하는 길을 따라 노스캐롤라이나를 배경으로 전력 질주했다. 우리가 이룩한 가장 거대한 업적은 새로 채용한 과학연구실장들이 각자 다른 주립대학교와 협력 관계를 구축하도록 이끈 것이다. 이처럼 독특한 협력 관계는 새로 취임한 큐레이터가 학문적 지위를 유지하는 동시에 대학생들이 박물관에서 활발하게 활동하도록 유도할 수 있다. 공격적으로 짜인 일정표를 맞추기 위해 나는 팀 단위로 고용하거나 다양한 직군의 큐레이터 모집 공고를 동시에 발표하고 한 번에 면접했다. 가능한 한 최고의 직원을 고용하기 위해 눈 뗄 수 없을 정도로 흥미로운 모집 공고문을 작성해 우리가 모집하는 팀이 전통적인 박물관의 팀은 아니라는 사실을 알렸다. 그 결과 수백 명이 지원했다. 과학자 10명이 성공적으로 채용되었고 그중 절반 이상이 여성이었다. 이는 수석 큐레이터가 여전히 남성인 박물관의 세계에서는 거의 전례 없는 비율이었다. 어느 한 성별을 우선시하지는 않았으나 여성 지원자 수준이 (남성 지원자보다) 더 높았으며, 그들도 나처럼 여성 상사 밑에서 일하기를 원했기 때문이라고 생각한다. 과학자가 어떤 과정을 거쳐 과학적 발견을 성취하는지 대중이 직접 관찰할 수 있도록 실험실 5곳의 벽면을 유리로 만들어 프로그램을 제공한 점도 혁신적인 성과였다. 그리고 박물관 소속 과학자들은 지구처럼 생긴 최첨단 극장인 데일리 플래닛에서 대중을 상대로 과학 발표를 진행하며, 사실상 주 전역의 공립학교와 교류하게 되었다. (1년 뒤 하버드 대학교 교수 E. O. 윌슨과 나는 데일리 플래닛에서 노스캐롤라이나에 설립된 모든 중학교와 생방송으로 대담을 진행했다.) 우리는 긍정적인 리더십을 발휘해 박물관 건설과 기금 모금을 마무리했을 뿐 아니라 적절한 시기에 유능한 팀을 조직해 주지사가 주최한 24시간 박물관 개관식에서 세계적인 고위 인사들과 랄리Raleigh 중심가를 행진하는 행사도 이끌었다.

박물관 분관이 새롭게 문을 연 직후, 친애하는 벳시는 평생의 꿈을 이루고 박물관을 유능한 사람들에게 맡긴 뒤(혹은 그렇게 생각하고) 은퇴했다. 나는 첫 여성 상사를 잃어 낙담했지만 인사위원회가 좋은 후임자를 찾기를 기도했다. 아, 구인 업체는 비밀리에 신임 박물관장을 찾았으며 내가 아는 한 채용 과정에 직원을 1명도 참여시키지 않았다. 그리고 신임 관장이 도착하고 얼마 지나지 않아 나는 또 한 번 키 큰 양귀비 증후군을 감내해야 했다. 박물관의 기부자와 과학자들이 놀랄 만큼 빠르게 일을 추진해 성공을 거둔 결과를 본 신임 관장은 나를 위협적인 존재로 여기며 이 박물관에는 우리 둘 중 한 사람을 위한 자리밖에 없다고 내게 알렸다. 그 사람은 나보다 직급이 위였다. 다음 날, 신임 관장은 경솔하게도 신입 직원들에게 내가 좌천당한다는 소식을 깜짝 발표했다. 그리고 내가 놀라운 성과를 거두기는 했으나 앞으로는 직원도 예산도 관리하지 않을 것이며, 박물관에 공식적인 직책이 없는 '대사'ambassador로 내 위치가 전환되는 중이라고 밝혔다.(업계 사람이라면 모두 알 듯 직책 없는 사람은 예산이 삭감되면 가장 먼저 해고된다.) 최근 임명된 한 큐레이터가 그 자리에서 일어나, 신입 직원 모두 부분적으로는 나와 함께 일할 수 있다는 생각으로 박물관 측의 채용을 받아들였다고 정중하게 설명하자 신임 관장은 냉소적으로 대답했다. "그럼, 이제는 나와 함께 일하게 되었다고 친구들에게 자랑하면 되겠군요." 직원 몇 명은 눈물을 흘렸고, 다른 몇 명은 화를 냈다. 같은 회의에서 어느 직원들은 그의 막힌 귀에 대고 항변하기도 했다. 노스캐롤라이나에서 가장 많은 방문객을 유치한 동시에 대통령 훈장까지 받은 모범적인 주립 박물관의 신입 직원들에게는 견디기 힘든 시간이었다. 내가 테드에 나가 강연하고 미국국립과학재단National Science Foundation에서 주요 협력 보조금을 끌어오는 등 열심히 일한 덕분에 박물관이 학계는 물론 노스캐롤라이나 대중에게서도 지지를 얻게 된 것은 명백했다. 다른 여성 경영진 전화번호를 단축번호로 저장해놓고 끈끈한 관계를 유지했더라면 신임 관장의 몰상식한 처분을 전략적으로 바로잡을 수 있었을까? 그것은 영원히 알 수 없다. 그가 판단한 대로 움직일 때 나는 그저 내가 사랑하는 박물관이 최고의 실적을 거둔다고 믿고 다른 일자리를 찾으며 소극적으로 대응했다. 여담이지만 당시 나는 국가 연금에 가입한 지 6개월밖에 되지 않았다. 문헌을 검색하다 2013년 켄트 주립대학교 앤 제퍼슨Anne Jefferson 교수가 온라인 학술지 『지질학과 지구과학의 세계』*World of Geology and Earth Science*에 발표한 논평을 발견했는데, 앤의 이야기는 내가 겪은 키 큰 양귀비 증후군 사건을 완벽하게 요약했다. 나와 한 번도 만난 적 없지만 앤은 이 책에 본인의 논평을 싣도록 허락했다.

> 옆방에서 딸이 고생물학자 놀이를 하는 동안 나는 지난 몇 달간 일어났던 3가지 사건을 떠올렸다. 최근 수십 년 동안 여성과 소수자들이 커다란 발전을 이뤘음에도 과학계와 조직을 운영하는 지도자들이 진정한 성평등에 근접하려면 아직 갈 길이 멀다는 현실을 보여주는 사례들이다. 이는 여성과 소수자를 침묵시키기 위해 몇몇 사람이 어디까지 갈 것인지, 침묵시키는 사람들이 어떤 식으로 권력을 얻거나 서로 돕고 악행을 부추기는지도 드러낸다.
> 지난 6월 유명 과학자 '우듬지' 메그 로우먼이 공개적인 해명 없이 노스캐롤라이나 자연사 박물관 자연연구센터장에서 해임되었다. 자연연구센터장이자 학계에서 손꼽히는 과학자인 로우먼은 과학자들을 이끌며 대중과 직접 소통하는 혁신적인 방안을 제시했다. 자연연구센터의 임무는 '과학자와 과학자가 수행하는 연구를 대중에게 알리고, 대중이 어려워하는 연구 분야를 친절하게 설명하며, 교육자와 학생에게 과학을 학습할 준비 과정을 제공하고, 새로운 세대의 젊은 과학자들에게 영감을 선사하는 것'이다. 자연연구센터가 그런 임무를 성공적으로 수행하도록 돕는 자리에 카리스마 넘치는 센터장 로우먼 박사보다 적격인 사람이 있을까? 하지만 박물관장은 로우먼을 수석과학자로 좌천시키며 관리자 권한을 빼앗았고, 대신 로우먼이 여전히 '여성 리더'이며 '과학계 여

성과 소녀들의 롤모델'임을 강조하는 긴 글을 남겼다. 과학계에서 일하는 여성이자 과학 좋아하는 소녀를 키우는 엄마로서 나는 로우먼 박사가 수석과학자로 남기보다는 자연연구센터를 이끄는 리더이자 롤모델로 활약하는 쪽이 적합하다고 생각했다. 하지만 권력을 가진 사람들은 로우먼의 목소리와 권한이 커지는 것을 분명 바라지 않았다. 로우먼 박사가 '여성의 일'에 관해 말하는 것은 괜찮았으나 그 이상은 허용하지 않았다.

신입 여성 큐레이터는 다른 박물관 고위직에 나를 추천하며 과학과 창의적 리더십의 다양성을 위해 내가 끊임없이 영향력을 행사해주길 바랐다. 나는 캘리포니아로 이사했다. 노스캐롤라이나에서와 마찬가지로, 선견지명 있고 카리스마 넘치는 상사와 함께 일하고 싶어 새로운 자리를 받아들였으나 또 실망했다. 그곳 박물관장은 임기 막판에 나를 고용함으로써 완벽한 리더십을 발휘할 팀을 만들었다고 판단하고, 내가 박물관에 부임하자마자 은퇴를 선언했다. 다시 한 번 새 박물관장을 찾는 인사 절차가 비밀에 부쳐졌고, 누가 선택받았는지는 기존 박물관장이 은퇴하기 전까지 아무도 알지 못했다. (어디에서 들었던 이야기인가?) 신임 박물관장은 박물관 세계에 새로 발을 들여놓아 수집품이나 기금 모금은 잘 모르지만 대중과 소통하는 생태학자로서 알고 지내는 동료도 거의 겹칠 정도로 나와 거울상처럼 닮았다. 하지만 박물관 큐레이터처럼 진흙투성이 과학자는 아니었다. 그가 진입한 세계에서 나는 갑자기 눈부시게 키 큰 양귀비가 되었고, 박물관과 소장품을 관리한 경험이 있었기에 신임 관장에게 더욱더 위협적이었다. 신임 관장의 리더십은 괴팍한 데다 하향식이었다. 관장은 박물관 CFO를 공개적으로 폄하했고, 그녀는 결국 사임했다. 비슷한 사건이 몇몇 사람에게 일어났다. 신임 관장은 내게도 돌아섰으며 나는 차가운 복수를 감지했다. 2년 만에 나는 좌천되었고, 내 자리는 리더로 일한 적이 거의 없으며 박물관 브랜드 강화에 필요한 다년간의 과학계 연결망 구축 경험도 부족한 젊은 초보자로 대체되었다. 설상가상으로 나는 3가지 다른 직책을 맡는 동시에 급여를 삭감당하면서 성공할 수 있다는 희망을 완전히 잃었다. 퇴근하고 나면 구토하고, 한밤중에 공황 발작을 일으켰다. 감봉과 직책 변경을 당했음에도(직책이 너무 빠르게 변경된 탓에 인사팀은 내게 새로운 직무 분석표도 제공하지 않았다) 나는 연구 성과를 발표하고, 기금을 모으고, 전 세계에 협력 관계를 구축하는 업무로 끊임없이 큰 성과를 냈다. 다른 박물관 동료들은 경악하면서 조용히 나를 안아주었다. 특히 내가 최근에 고용한 여성 직원들에게는 선배 멘토가 부족했다.

기관에 스며든 나쁜 리더십은 종종 오랜 기간 분위기를 망친다. 직원 사이에 팽배한 불안, 권리를 박탈당한 구성원, 모금 실패, 사기 저하 같은 문제를 회복하는 데 수년이 소요될 수 있다. 더 나쁜 것은, 직장에 만연한 나쁜 리더십을 어떻게 유지하고 휘두르는지 보고 배운 소수의 직원이 때로는 그런 행태를 지속한다는 점이다. 박물관 내에 리더십 혼란이 절정에 이르렀을 때, 나는 박물관장은 물론 박물관장이 아끼는 젊은 제자에게서도 공격당했다. 내가 박물관장 제자의 상사였을 때 나는 그 제자에게 금전적으로 보상하는 것은 물론 그녀의 남편도 고용하는 등 아낌없이 지원하며 가정을 든든히 유지할 수 있도록 도왔다. 나를 향한 그녀의 역공격은 마체테 칼을 휘두르는 것보다 위협적이었다. 희생양이 되지 않으려고 다른 여성을 지지하지 않는 어느 여성의 모습을 신입 여직원들에게 보여주면서 나는 가슴이 무척 아팠다. 박물관장 제자가 불만 사항을 줄줄이 적어 내게 건네주었을 때, 나는 그녀에게 잘못을 지적해 바로잡지 않기로 마음먹었다. 게다가 박물관장 제자는 내가 진행해온 보전 연구와 지속 가능성 연구를 박물관에서 더는 추진하지 않을 것이라 은밀히 알렸다. 그리하여 나는 내가 가진 2가지 강점을 기반으로 수행해온 방대한 연구 포트폴리오를 포기할 수 없다고 어렵게 결정 내리고 자리에서 물러났다. 씁쓸한 아이러니는, 내가 박물관 재직 중 추진한 주요 업무로 박물관 큐레이터 팀을 지원해 유네스코 세계유산으로 지정된 말레이시아 열대 우림의 생물 다양성을 조사하는 프로젝트가 사직 6개월 뒤 발행된 박물관 연례 보고서에서 중점적으로 다뤄졌다는 사실이다.

초등학교 5학년 때 야생화를 수집하던 소녀는 52년간 경력을 쌓은 끝에 국제적으로 인정받는 과학자가 되었으나 키 큰 양귀비처럼 꺾이며 가슴 찢어지는 고통을 느꼈다. 2018년 『뉴욕 타임스』*New York Times* 기사에서는 미국국립과학재단장 프랜스 코르도바France Córdova가 새롭게 제정한 괴롭힘 방지 대책을 다루었다. 성적 괴롭힘은 "적대감·대상화·배제 또는 낮은 지위를 표현하는 언어적·비언어적 행동"으로 정의되었으며 과학계에는 그런 형태의 괴롭힘이 성적 강요보다 훨씬 만연하다고 설명했다. 2020년 웰컴 트러스트Wellcome Trust

재단이 진행한 조사에 따르면 과학자 4,200명 중 60퍼센트는 직장 상사에게, 40퍼센트는 동료에게 괴롭힘을 당했다고 한다. 이 같은 상황에 직면한 나는 자비로운 무화과나무가 아닌 교살자 무화과나무처럼 살았어야 했다. 하지만 나는 괴롭힘에 맞서지 않으며 괴롭힘이 가능한 조건을 조성했고, 나 자신을 희생양으로 전락시켰다. 미투 운동은 직업이 있는 모든 여성에게 환영받을 만한 진보였지만 어떤 여성에게는 너무 때늦은 변화였다. 의사 결정에 참여하는 여성이 부재하다는 사실은 문제 해결을 방해하는 요소로 작용했으며, 리더 자리에 오르는 여성의 부족으로도 이어졌을 것이다. 2016년 『네이처』*Nature*에는 나와 헤더 탈리스Heather Tallis를 비롯한 저자 167명이 작성한 글이 실렸다. 모두 리더십 영역에 여성 대표성이 낮다고 설명하는 내용이다. 저자들은 포용 정책이 그런 문제를 해결할 것이라 제안했지만 진전 속도는 더디다. 2016년 세계경제포럼이 발표한 세계 성 격차 보고서Global Gender Gap Report에 따르면 현재 추세로 전 세계 남녀 급여 격차가 사라지기까지는 170년이 소요된다고 한다.(내가 이 기사를 박물관 복사기 뒷벽에 붙였으나 누군가가 한 번이 아니라 두 번이나 떼어냈다.) 같은 보고서에서 2010년대 미국은 남녀 임금 격차가 개선된 국가 순위에서 45위를 차지하며, 상위 25개국 안에 들지 못했다. 그리고 남녀 간 임금 균형과 산업화가 동일한 개념은 아니라는 점이 밝혀졌다. 르완다는 남녀 경제적 평등이 우수한 국가로 상위 10위 안에 들었으며 여성 국회의원 비율은 64퍼센트에 이른다.

나는 바람총, 방대한 데이터, 전 세계 과학자의 명함과 함께 온화한 품위를 챙겨 플로리다로 돌아가 자연보전 활동을 이어가는 동시에 프리랜스 탐험가이자 작가로 일하기 시작했다. 1년 내내 햇빛이 비치는 맹그로브 숲과 바닷새를 보면서 유리 우듬지에 부딪혀 생긴 상처와 멍을 치유했다. 컵이 절반 비워진 것이 아니라 절반이나 채워져 있다고 믿자 변화가 의심할 여지 없이 새로운 기회를 가져다주리라는 확신이 들었다. 그런 축복 중 하나는 플로리다로 이사한 연로하신 부모님 곁을 지키면서 아버지의 마지막 1년을 함께 행복하게 보내는 기회를 얻었다는 것으로, 어머니가 내게 평생 베풀어주신 변함없는 지원에 보답하는 좋은 기회이기도 했다. 그리고 앞으로 생산적으로 일할 수 있는 시간을 대략 계산한 수치에 근거해 내가 맞이하게 된 새로운 경력의 장을 '5,000일'이라 이름 붙였다. 나에게는 하루하루가 소중하니 앞으로 직장 내 정치 싸움에 휘말리거나 무의미한 서류 작업에 몰두하는 일이 없기만을 바란다. 부커 T. 워싱턴Booker T. Washington은 다음과 같이 현명한 말을 남겼다. "성공은 인생에서 얼마나 높은 지위에 올랐는가가 아니라 얼마나 많은 장애물을 극복했는가로 평가되어야 한다." 세계에는 우리의 자녀와 손주 들을 위해 지구를 정상 궤도에 올려놓을 과감한 리더십이 필요하다. 나는 사무실 임대료나 간접비에 한 푼도 쓰지 않고, 오로지 숲 재건에만 자금을 투입하는 자연보호재단에서 이사직을 맡아 무보수로 일하기 시작했다. 이 책에서 다루는 주제는 남은 5,000일간 내가 관심을 쏟을 대상들이다. 나는 다양한 나무의 경이로움을 연구하고, 발견하고, 탐험하는 데 일생을 바친 이야기를 독자와 나누고 싶었다. 무화과나무는 열매를 풍부하게 맺고 수관을 뻗어 자연 생태계를 보살핀다. 여성(그리고 남성)은 무화과나무처럼 자원을 효율적으로 활용하고, 외부와 상호작용해 풍성한 결실을 얻으며, 지역 사회에 자양분을 공급해야 한다.

무화과나무

Ficus spp.

내가 가장 좋아하는 우듬지 통로는 아름다운 무화과나무 곁을 지나는 곳으로, 예전에 서사모아라고도 불렸던 사모아 사바이섬에 자리 잡은 팔레알루포 마을에 건설되었다. 동료이자 민족식물학자인 폴 콕스Paul Cox는 1994년 이 섬이 역사상 가장 절박한 위기를 맞이했을 때 나를 섬으로 초대했다. 부족장 열여섯 명은 갈림길에 서 있었다. 야자 잎 지붕을 얹은 전통 건물은 잦은 폭풍우를 견디지 못해 서사모아 정부는 학교 건물을 시멘트로 지으라고 마을에 명령했다. 하지만 시멘트로 학교 건물을 지으려면 5만 달러 넘게 들었고, 사바이섬에는 그만한 현금이 없었다. 사모아인은 놀랄 만큼 아이들에게 헌신하며 최고 수준의 교육을 제공하길 바랐지만 대부분 바다에서 물고기를 잡고 정글에서 과일을 수확해 생계를 이었다. 아시아의 어느 벌목 회사가 새 학교를 짓기에 충분한 자금을 지원하는 대가로 사바이섬에서 목재를 수확하게 해달라고 제안했다. 모든 부족민은 대대손손 숲에 의존했고, 심지어 부족의 조상들도 우듬지의 왕박쥐가 되어 지구에 돌아와 생태계 일부가 되었기에 부족장들은 불안했다. 그래서 나는 부족장과 우듬지 통로 개념을 논의하려고 건설 엔지니어 2명과 동행해 사모아로 날아갔다. 부족장 16명과 환영식에 참석할 수 있어서 영광이었다. 부족장들은 노래를 부르고 신성한 음료 카바kava를 마시며 섬 나무의 운명을 결정할 2가지 선택지, 벌목과 생태관광을 주제로 토론했다. 그리고 다섯 시간이 넘는 토론 끝에 대출을 받아 숲우듬지 통로라는 신기한 아이디어를 구현하기로 전원 동의했다. 부족은 이전에 생태관광에 대해 들어본 적이 없었지만 방문객들이 사바이섬에 찾아와 돈을 내고 여덟 번째 대륙을 탐험할 것이라는 우리 팀 의견을 믿어주었다. 현재 사바이섬의 가장 큰 무화과나무를 둘러싼 우듬지 통로는 인근 지역 학교를 지나는 다리와 연결된다. 새 학교를 짓기 위해 빌렸던 돈은 2년 만에 벌목이 아닌 생태관광으로 전부 상환했다. 최고 부족장은 감사의 표시로 나에게 '무화과나무'를 의미하는 사모아 단어 '마티'Mati라는 칭호와 신성한 카바 뿌리를 선물했으며, 카바 뿌리는 요즘 내가 가장 아끼는 보물이다. 나는 무화과나무를 늘 존경하고 사랑했는데, 이번에는 키다리 무화과나무 한 그루가 섬에 사는 모든 나무를 구했다.

식물을 연구한 고대 그리스 철학자 테오프라스토스(기원전 300년경)는 식물학의 창시자이자 무화과나무종을 최초로 기술한 인물로 인정받는다. 그는 열매를 먹을 수 있는 종인 피쿠스 카리카Ficus carica에 집중했고 수백 종의 다른 무화과나무가 있다는 것은 알지 못했다. 테오프라스토스는 그와 동시대를 살았던 정복자 알렉산더 대왕의 이야기에서 주요 반얀나무인 벵골보리수를 배웠는데, 알렉산더 대왕은 지주뿌리를 거대한 우산처럼 뻗은 벵골보리수 한 그루에 병사 만 명이 숨었다고 주장했다. 그로부터 시간이 한참 흐른 20세기 초 영국 식물학자 E. J. H. 코너E. J. H. Corner는 무화과나무속을 집중적으로 연구하고 무화과나무속에 포함되는 수백 종을 기술했다. 코너는 우듬지에서 무화과 열매를 가져오도록 원숭이 4마리를 훈련하는 독특한 업적을 남겼고, 덕분에 직접 나무에 오르지 않고도 새로운 무화과나무종을 묘사할 수 있었다. 어떤 측면에서 그 훈련받은 원숭이들은 초기 나무탐험가의 연구 수단을 상징했고, 코너는 원숭이들에게 '식물학자 원숭이'라는 애칭을 붙였다. 코너와 원숭이들은 6개월 만에 무화과 열매 350종을 수집했는데, 이는 나무 등반가 1명이 소화할 수 있는 양보다 훨씬 많다.

속명이 라틴어에서 유래한 무화과나무속은 뽕나무과에 속하고, 낙엽수 또는 상록수 800여 종을 포함하며 그중에는 간생화(cauliflory, 꽃과 열매가 나뭇가지 끝이 아닌 중심 줄기에 돋는 종)와 관목과 덩굴이 몇 종 있다. 아메리카 대륙에는 무화과나무가 150여 종, 인도, 아시아, 호주 열대 지방에는 600여 종이 서식한다. 무화과 열매는 대부분 먹을 수 있고, 씨앗이 발아해 위쪽으로 자라 묘목이 되는 평범한 방식으로 성장한다. 착생식물로 생애를 시작하는 무화과나무는 반얀나무라 불리는데, 엄밀히 따지면 우로스티그마아속에 속하며 유명한 교살자 무화과나무가 여기에 해당한다. 나는 현장식물학자로 일하면서 교살자 무화과나무가 지구 상 어떤 나무보다 독특한 방식으로 살아간다는 점을 밝히며 국제적인 성과를 남기기도 했다. 교살자 무화과나무라는 이름은 제임스 본드나 셜록 홈스 시리즈의 살인 사건을 떠오르게 하지만 이 나무종이 실제로 살아온 역사는 충격과 경외심을 불러온다. 앨프리드 러셀 월리스Alfred Russel Wallace는 교살자 무화과나무를 '숲에서 가장 특별한 나무'라 불렀다.

나는 호주에서 나무에 오르며 교살자 무화과나무를 처음 접했다. 그중에서도 키가 큰 돌출목이며 퀸즐랜드주 제약협회 전 회장이자 식물 수집가였던 조지 왓킨스George Watkins의 이름이 붙은 왓킨스 무화과나무는 특히 주목할 만하다. 조지 왓킨스는 본래 영국인으로 1800년대에 퀸즐랜드주로 이주해 약학을 공부했다. 그리고 한가할 때면 자연사를 탐구하고 탐사에도 빈번하게 참여했다. 1891년 F. M. 베일리F. M. Bailey는 왓킨스의 이름을 따서 무화과나무종에 이름을 붙였다. 왓킨스무화과나무종은 열매의 구조 때문에 젖꼭지 무화과나무 또는 녹색잎모레턴만 무화과나무라는 이름으로도 불렸다. 무화과 열매는 형태가 공 모양이고 검보라색이며 독특한 '젖꼭지' 구조를 지니는데, 해부학적으로 진짜 과일이 아니라 매끈한 껍질에 둘러싸인 수백 송이의 꽃 무더기라는 점에서 '열매'라는 단어가 오해를 불러일으킨다. 다른 무화과종과 마찬가지로 왓킨스무화과나무는 암꽃과 수꽃이 한나무에 피는데, 이런 식물은 그리스어로 '한집'을 의미하는 단어 '자웅동주'monoecious라 불린다. 또 왓킨스무화과나무 잎은 질기고 표면이 밀랍을 바른 듯 윤기가 나며 가장자리는 톱니 없이 매끈하지만 다른 몇몇 무화과나무종은 잎 둘레가 조각조각 갈라져 있기도 하다. 호주에서 관찰되는 다른 유명한 반얀나무로는 퀸즐랜드주 애서턴 외곽에 서식하는 커튼 무화과나무가 있다. 이 나무는 알렉산더 대왕 이야기에 등장하는 나무만큼 거대하지는 않지만 공기뿌리가 땅 1에이커를 차지한다.

상대적으로 어둡고 척박한 숲 바닥에서 싹을 틔우는 대부분 나무 씨앗과 달리 교살자 무화과나무는 나무 꼭대기에서 햇빛을 충분히 받으며 생애를 시작한다. 무화과 새는 무화과 열매를 쪼아 먹고 씨앗을 나무 윗가지에 배설한다. 이 독특한 탄생은 교살자 무화과나무가 적당한 햇빛을 받고 싹을 틔워 착생식물로서 삶을 시작한 다음, 나중에 뿌리를 내려보내 물과 영양소를 흡수하게 된다는 점을 의미한다. 교살자 무화과나무 씨앗의 발아를 제한하는 요소는 습기로, 썩어가는 나뭇가지에서 가장 성공적으로 싹이 튼다. 내셔널 지오그래픽에서 일하는 동료 나무탐험가 팀 라만Tim Laman은 아시아에 서식하는 교살자 무화과나무종의 발아를 연구했다. 팀은 무화과나무가 성장하는 가장 이상적인 조건을 밝히기 위해 무화과 열매를 우듬지에 두었고, 부패하는 나뭇가지나 젖은 나무껍질 틈새처럼 축축한 곳에서 싹이 가장 잘 자라는 것을 확인했다. 또 코뿔새, 긴팔원숭이, 오랑우탄, 왕박쥐 등 무화과 씨앗을 퍼뜨리는 수많은 동물을 기록했다.

교살자 무화과나무는 일단 숙주의 수관에 자리를 잡으면 창살처럼 뿌리를 아래로 뻗고 부피를 늘려가며, 숙주의 목재가 부드러운 경우에는 내부에 공간이 생겨 점차 썩게 된다. 일부 목재가 튼튼한 숙주 나무는 교살자 무화과나무와 얽혀 거대한 한 쌍을 이루고 함께 살아가기도 한다. 교살자 무화과나무는 이따금 숙주를 옥죄어 질식시키지만 한편으로는 생태계에 사는 수없이 많은 생물을 보살핀다. 다른 나무종은 나무 꼭대기에서 싹을 틔워 빛과 공간 그리고 물을 쉽게 얻도록 진화하지 않았다는 것이 놀랍다. 숲 바닥에서 발아하는 묘목은 다른 나무가 쓰러져 우듬지 틈새로 빛이 새어 들어오기까지 인내심을 발휘하면서 때로는 수십 년에 이르는 긴 세월을 기다려야 하고, 더군다나 연약한 어린싹 시기에는 다른 생물에게 짓밟히거나 먹히거나 파묻히지 않는 행운까지 따라야 한다. 일부 무화과는 부벽뿌리buttress를 형성하는데, 부벽뿌리란 지면 위로 드러난 지주뿌리로서 얕은 뿌리 구조를 안정시켜 폭풍우에도 나무가 쓰러지지 않도록 막는다.

다 자란 무화과나무속(반얀나무 포함)에 열리는 열매 수천 개는 열대 지방의 먹이사슬에 중요한 식량 자원으로 공급된다. 우리가 먹는 잘 익은 무화과열매는 형태가 독특한데, 열매 내부의 표면에는 조그마한 꽃들로 레이스 무늬가 수놓여 있고, 열매 가운데는 비어 있으며, 과육은 부드럽다. 모든 무화과나무종은 작은 암꽃과 수꽃이 꽃대 안쪽 표면에 자라는 은화과syconium를 생성하고, 은화과는 궁극적으로 무화과열매가 된다. 무화과말벌과에 속하는 작은 암컷 말벌은 은화과 꼭대기에 뚫린 구멍으로 들어가 터널을 통과하는데, 터널 벽에 비늘이 아래를 향해 늘어서 있어 일방통행만 가능하다. 은화과 내부에서 말벌은 2종류의 암꽃을 발견한다. 첫째는 꽃대가 있는 단주화(short-styled flower, 꽃 중앙의 암술대가 짧은 꽃—옮긴이)이고, 둘째는 꽃대가 없는 장주화(long-styled flower, 꽃 중앙의 암술대가 긴 꽃—옮긴이)이다. 암컷 말벌은 수분하고 알을 낳은 다음 죽는다. 수주 뒤 말벌 알이 부화하면 날개가 없는 수컷은 날개가 있는 암컷과 짝짓기를 하고 무화과를 씹어 터널을 뚫는다. 암컷은 터널을 따라 밖으로 나가 다른 무화과로 들어가고, 같은 과정을 반복한다. 무화과 밖으로 나간 암컷 말벌은 성숙한 수꽃에서 꽃가루를 얻는다. 일부 식물학자는 원래 무화과나무 800여 종 모두 특정 꽃가루 매개자 말벌이 필요하다고 생각했으나 최근 분자 분석 결과 무화과나무 119종이 여러 종의 꽃가루 매개자 말벌을 공유한다는 사실이 밝혀졌다. 꽃가루 수분 뒤 말벌이 무화과 열매 안에서 죽으면 피케인ficain이라 불리는 효소가 사체를 분해하므로 무화과를 먹으면 말벌도 함께 섭취하는 셈이다. 싱가포르 국립대학교 과학자들이 실험에서 무화과말벌을 고온에 노출시키자 말벌의 수명은 상당히 줄었다. 이는 기후변화로 말벌에게 특정 열매를 찾을 시간이 충분히 주어지지 않으면 무화과나무속의 수분이 제대로 되지 않아 위험해질 수 있다는 사실을 암시한다. 하지만 늘 그렇듯 실험실에서 관찰한 내용만으로 숲을 추론하기는 어렵다.

대부분의 복잡한 상호작용과 마찬가지로 무화과를 둘러싼 상호작용에도 불청객이 끼어든다. 무화과에는 기생말벌이 들어간 뒤 안에 알을 낳아 유익한 꽃가루 매개자 말벌이 무화과로 들어가는 것을 막는다. 게다가 몇몇 기생말벌은 무화과 열매 표면을 뚫어 알을 주입하며, 그렇게 태어난 기생말벌은 꽃가루 매개자 말벌의 유충을 잡아먹는다. 꽃가루 매개자 역할을 하는 무화과말벌 수백 종 외에 수분하지 않는 말벌 35종도 무화과나무종에 서식한다고 알려져 있어 무화과나무 수관은 생물 다양성의 핵심지이다. 무화과나무속은 열대림 생물 다양성의 중추로 말벌, 새, 곤충, 박쥐, 인간을 비롯한 포유류 등 1,200여 종의 생물이 무화과 열매를 먹는다. 조류학자 존 터보그John Terborgh는 무화과나무가 사라지면 생태계 전체가 붕괴될 수 있다고 말했다. 생물학자 댄 키슬링Dan Kissling은 사하라 이남 아프리카 지역에서 과일을 먹고 사는 새와 무화과나무의 종 다양성에 어떤 상관관계가 있는지 밝히고, 무화과나무가 핵심 자원이라고 결론 내렸다.

무화과나무는 곤충, 새 등 다른 동물뿐 아니라 인간에게도 유용하다. 무화과나무에서 추출한 유액에는 의학적 효능이 있는데, 아마존에서는 마을 사람들이 아이에게 무화과나무 유액을 한 숟가락 먹여 위 기생충 감염을 치료한다. 브라질, 콜롬비아, 프랑스령 기아나 원주민에 따르면 무화과나무의 끈적끈적한 유액으로 베인 상처와 골절, 종기를 치료할 수 있다고 한다. 네팔에서는 20가지가 넘는 병을 고치는 데 벵골보리수의 잎, 나무껍질, 뿌리를 쓰고, 인도에서는 충치부터 치질, 당뇨, 변비에 이르는 다양한 질병을 벵골보리수로 치료한다. 한때 인도와 아프리카 일부 지역에서는 고무 유액을 생산하기 위해 무화과나무를 재배했다. 세계에서 가장 유명한 무화과나무는 인도와 동남아시아의 토착 나무로, 석가모니가 우듬지 아래에서 깨달음을 얻었던 인도보리수일 것이다. 인도보리수는 영적 수행으로 유명한 아시아 시골 마을의 중심에 우뚝 서 있는 나무종이기도 하다.

2020년대부터는 할머니라는 새로운 역할을 맡게 되면서 나는 할머니 대신 '마티'라는 사모아식 애칭을 쓰기로 했다. 손주들에게 내가 만났던 멋진 무화과나무에 얽힌 이야기를 전부 들려줄 것이다. 그리고 언젠가는 손주들을 사모아 사바이섬으로 데려가 키다리 무화과나무를 감싼 멋진 우듬지 통로를 보여주거나 호주에서 내가 사랑하는 교살자 무화과나무 위에 함께 오를 것이다.

7장
나무 위에 길을 만들다

어두웠다. 칠흑같이 어두웠다. 지역 주민에게 페케-페케peke-peke라고도 불리는 아담한 소형 보트는 작은 프로펠러 엔진으로 구동되지만 12명이나 태울 수 있었다. 나무줄기와 잔가지가 둥둥 떠 있는 진흙탕 물이 보트 엔진에 빨려 들어가 거칠게 소용돌이치는 동안 시민 과학자 팀은 오감을 동원해 숲의 모든 요소를 흡수했다. 시민 과학자 팀 중 다수는 과거에 그토록 새카만 어둠을 경험한 적이 없었다. 정글 바닥에서 별자리처럼 반짝이는 기묘한 인광성 균류를 제외하고는 수킬로미터 거리에 빛이 없었다. 사이렌 소리와 자동차 소음은 들리지 않았고 개구리, 여치, 귀뚜라미가 합창하는 소리와 좀처럼 발견하기 힘든 야행성 새 도요타조tinamou가 내는 날카로운 음이 이따금 들렸다. 인간이 버리는 오염물질의 유독한 냄새는 나지 않았고, 흙과 부엽토가 풍기는 향과 진한 초콜릿 냄새, 그리고 수많은 나무에서 동시에 개화한 꽃들이 내뿜는 매혹적인 향만 느껴졌다. 우리는 페루 도시 이키토스 위로 면적 500만 에이커(2만 제곱킬로미터) 대지에 지정한 파카야사미리아PacayaSamiria 국립보호구역을 여행하고 있었다. 장엄한 아마존강의 지류를 따라 천천히 미끄러지듯 가다가 가끔 멈춰서 헤드램프를 켜고 카이만을 찾았다. 앨리게이터의 사촌으로 몸길이가 4.5미터 정도인 카이만은 밤이면 어둠 속에서 몸을 숨기고 수영했는데, 헤드램프를 비추면 붉은 눈을 밝게 빛내며 수면 위로 불쑥 고개를 내밀곤 했다. 몇몇 털북숭이 거미들도 물 위에 쳐놓은 거대한 거미줄에 매달려 저녁 식사를 기다리고 있다가 우리가 빛을 비추면 눈을 반짝였다. 나는 지역 가이드이자 내 오랜 친구인 기예르모에게 문득 여행 중 아나콘다를 발견할 수 있는지 물어보았다. 기예르모는 보트를 잠시 멈추고 어두운 강둑을 바라보더니 갑자기 강물로 뛰어들었다. 그러고 잠시 헤엄치다 맨손으로 어린 아나콘다를 움켜쥐고 보트에 다시 올라탔다! 나와 시민 과학자들은 놀라서 입을 다물지 못한 채 4.5미터 길이 어린 아나콘다를 조심스럽게 관찰했다. 그는 수면 아래 아나콘다에게서 보글보글 올라오는 공기 방울을 발견하고 그곳으로 뛰어들어 어두운 물속에서 머리와 꼬리를 재빨리 붙잡았다. 우리는 그 거대한 생물체뿐 아니라 교과서나 대학 강의실에서는 배울 수 없는 지역 야생동물 지식에 해박한 기예르모에게도 경외심을 느꼈다. 사진을 찍고 나서 조용하고 탁한 물속 보금자리로 아나콘다를 얌전히 돌려보냈다. 세상에서 가장 웅장한 강에서 성장한 인간과 친구라는 것은 내게 축복이었다. 아마존에서의 삶은 사냥법과 꼭 필요한 천연자원의 매장지를 얼마나 잘 아는가에 따라 달라지며, 오늘날에는 그런 정보가 시민 과학과 교육에 적용되면서 보전 활동이 변화하고 있다.

이 여행을 하는 동안 내가 처음 과학자가 되기로 마음먹은 이유가 떠올랐다. 과학적으로 새로운 사실을 발견하고, 그것을 다른 사람과 공유하는 과정이 즐겁기 때문이다. 자연과 사람을 연결하는 일은 자연 보전 문제를 해결하는 데 무엇보다 중요하다. 현장 생물학에서 여러 사람의 눈과 귀를 빌리면 범위를 넓혀 데이터와 정보를 더 많이 얻을 수 있고, 참가자에게 개인적으로 과학 연구에 참여할 기회를 제공하면서 지구 홍보대사를 양성할 수 있다. 내가 대중에게 소개하기 가장 좋아하는 장소는 세계에서 가장 큰 숲우듬지인 페루 아마존 정글로, 생물 다양성이 여전히 풍부하다. 생물종의 개체 수를 상대적인 비율로 환산해 '12일간의 크리스마스'(twelve days of Christmas, 12가지 선물을 12일간 받는다는 가사의 크리스마스 캐럴—옮긴이)처럼 차례로 나열하면 다음과 같다. 나뭇잎 5조 개, 개미 1000억 마리, 딱정벌레 100만 마리, 난초 1,000포기, 박쥐 300마리, 거미원숭이 100마리, 맛있는 피라냐 63마리, 열정적인 탐험가 31명, 분홍발톱타란툴라 10마리, 아나콘다 2마리, 그리고 우듬지 위로 솟아오른 돌출목이자 주위에 우듬지 통로가 설치된 깍지콩나무 1그루.

시간이 흐를수록 아마존 시민 과학 탐험대는 세계에서 가장 긴 우듬지 통로인 '열대 연구를 위한 아마존 수목원ACTS 우듬지 통로'에 관심을 보였다. 다리 12개와 통로 바닥 13개로 구성된 우듬지 통로가 40미터로 이어진다. 숲 과학자들이 세계에서 여덟 번째로 놀라운 건축물이라 손꼽는 이 우듬지 통로에 오르면 숲 바닥에서는 보이지 않는 수백만 생물종의 삶이 엿보인다. 호주에 건설된 첫 번째 우듬지 통로는 이후에 등장한 수많은 다른 통로와 마찬가지로 경사진 지면에 기둥을 세우고 높이 15미터 지점에 통로 바닥을 설치했다. 아마존에서는 원하는 만큼 높은 기둥을 구할 수 없어 통로 바닥을 놓을 수 있는 2가지 기술 가운데 하나를 구현해야 했다. (1) 나무에 해가 가지 않도록 피어싱처럼 구멍을 뚫은 다음 볼트를 꽂고 스테인리스 스틸 케이블을 매단다. (2) 나무껍질이 다치지 않도록 고무 완충재를 댄 다음 나무줄기에 목걸이처럼 둥근 케이블을 끼운다. 나무 건강에는 볼트를 관통시키는 편이 안전했는데, 목재가 대부분 죽은 세포로 구성되어 장비로 충격을 가해도 괜찮기 때문이다. 하지만 나무껍질 밑 관다발 조직 내에 있는 얇은 층은 살아 있는 세포로 구성되었으며, 둥근 케이블로 몸통을 조이면 그 살아 있는 세포는 쉽게 손상된다. 페루 아마존에는 거대한 나무들이 들어차 있는 데다 베이스캠프를 외딴 지역에 마련한 상황이어서 대형 발전기를 건설 장소까지 끌고 가는 일도, 길이가 넉넉한 볼트를 구하는 일도 불가능했다. 그래서 단단한 나무 12그루의 줄기에 둥근 케이블을 조심스럽게 끼우고, 고무 완충재를 덧대어 케이블과 관다발 사이에 공간을 확보해 케이블이 나무를 옥죄지 않도록 보호했다. 초기에는 현지인들이 오로지 수작업으로 구멍을 뚫어야 했기에 통로의 첫 번째 바닥을 놓는 데 6개월이 걸렸다. 그러나 배터리로 작동하는 간단한 드릴이 현장에 도착한 이후로는 통로 바닥 10개를 놓는 데 3개월밖에 걸리지 않았다. 우듬지 통로의 건설 일정은 근처 대도시의 숲에서 비슷한 구조물을 세울 때와는 비교 불가능할 정도로 달랐다. 몇 주면 건설이 끝날 구조물도 허가받는 과정에서 법적 책임을 따지고 서류를 준비하는 데만 1년이 걸릴 수 있기 때문이다. 메릴랜드 출신의 창의력 넘치는 엔지니어 아이라 뮬Ilar Muul이 둥근 케이블을 활용한 아마존 우듬지 통로를 설계했다. 이 방식으로 건설한 통로는 나무줄기를 둘러싼 고무 완충재 밑으로 흰개미나 균류가 발생했는지 지속적으로 관찰하며 세심하게 유지 보수해야 한다. 다행히도 생태관광 사업을 자랑스러워하는 지역 주민들이 가이드로 고용되어 거의 매일 구조물을 점검한다.

시민 과학자들은 우듬지 통로에 올라 아마존 숲을 한눈에 내려다본다. 시민 과학자 팀에는 학생, 교육자, 지역 사회 지도자, CEO와 그들의 가족 등 7세부터 90세에 이르는 과학자들이 소속되어 있다. 여덟 번째 대륙에서는 모든 사람이 탐험가이다! 나는 호주에서 젊은 현장 생물학자로 일하던 시기에 환경 단체 지구 감시단과 함께 일하면서 시민 과학을 접하는 행운을 얻었고, 이후에는 박물관장으로 근무하며 수많은 과학 프로젝트에 대중을 참여시켰다. 내가 가장 좋아하는 시민과학 프로그램은 중학생들이 참여한 제이슨 프로젝트였다. 해양 탐험가 밥 볼라드는 대서양 바닥에서 타이타닉호를 발견한 이후 학생들에게서 편지 수천 통을 받았는데, 전부 그와 동행해 잠수정 앨빈호에 탈 수 있는지 묻는 내용이었다(그러나 잠수함에는 두 자리뿐이다!). 그래서 밥은 그가 가장 좋아하는 바다 영웅이자 황금 양털 전설 속 주인공인 제이슨(그리스 신화의 영웅 이아손으로, 왕국의 보물인 황금 양털을 손에 넣는 인물이다—옮긴이)의 이름을 따서 제이슨 프로젝트를 출범했다. 그리고 위성 통신을 이용해 탐사가 진행되는 외딴 현장과 학교 및 박물관을 연결했다. 또 해양 과학 분야 간 균형을 맞추기 위해 내게 지구과학자로서 프로젝트에 합류해달라고 요청했다. 나는 제이슨 프로젝트에 참여한 아이들 수백만 명에게서 '우듬지 메그'라는 별명을 얻었다. 우리는 서로 몸담은 세계를 알아가며 감탄했다. 습기와 땀과 곤충과 독을 품은 동물로 가득한데도 내가 사랑하는 우듬지, 그리고 잠수함의 밀실 공포증과 어둠과 해수압이라는 악조건에도 그가 열정을 바치는 해저 세계. 밥은 내가 측정하려던 곤충을 이따금 건드리긴 했으나 과학적 의사소통 능력이 탁월한 롤모델이었다. 얼마 지나지 않아 나와 밥은 제이슨 프로젝트가 우리 둘에게도 큰 도움이 되는 훈련임을 깨달았다. 만약 여러분이 13세 학생에게 아는 바를 명확하게 설명할 수 있다면 과학 지식 수준이 비슷한 정치인과도 효과적으로 소통할 수 있을 것이다. 파나마와 벨리즈의 열대림에서 촬영해 방송한 탐사 영상에서 나는 새로운 숲우듬지 통로 건설을 감독하고, 팀원들은 우듬지에 내린 빗방울이 숲 바닥을 흘러 산호초에 이르는 여정을 뒤쫓았다. 그리고 어느 파나마 토양 과학자와 협력 관계를 맺었는데, 그는 나뭇잎을 섭취한 곤충의 프라스가 흙으로 돌아가는 영양 순환을 조명한 우리 방송에 '배설물 특종'이라는 애칭을 붙여주었다. 초기 제이슨 탐사에서는 바지선으로 위성 안테나를 수송하고, 수백 킬로그램에 달하는 카메라와 전선을 숲으로 운반하고, 20명 넘는 기술자를 고용해 방송 제작 스튜디오를 운영하느라 수백만 달러가 들었다(요즘은 인터넷 연결이 가능한 노트북 한 대와 기술자 2~3명으로 방송하므로, 비용이 초기와 비교해 10분의 1도 들지 않는다). 제이슨 프로젝트는 1999년 시즌

방송을 아마존 숲우듬지 통로에서 시작했다. 높이 38미터 통로에서 300만 명이 넘는 학생들을 상대로 53시간 동안 방송하는 사이, 나는 햇볕에 피부가 그을리고 벌레에 물렸지만 수많은 중학교 과학 선생님들 사이에서 STEM 분야 유명 인사가 되었다. 방송이 끝나고 나서는 내 연구에 조수로 참여할 수 있는지 묻는 글도 올라왔다. 아마존에서 진행되는 시민 과학자 탐험은 곧 연례행사가 되었다. 그리고 25년간 아마존 현장에서 교사, 학생, 가족, CEO에게 나와 함께 장기 연구를 지속하는 기회를 제공했다. 탐험 지원자들은 나뭇잎의 초식성을 측정하고, 곤충을 발견하고, 매달린 높이와 종이 천차만별인 나뭇잎을 관찰하고, 생물 다양성을 예측했다. 탐험에 참여한 모든 사람은 집단 지성을 발휘해 열대 밀림 지식을 축적하는 데 공헌하고, 그렇게 축적된 지식은 실제적이고도 다양한 방식으로 자연 보전에 활용된다.

우듬지 통로를 거닐면서 바닥 12개를 지탱하는 위풍당당한 나무들을 관찰하다 보면 식물학적 교훈을 얻게 된다. 나무종과 나무에 서식하는 생물들은 제각기 복잡한 열대림 우듬지가 어떤 임무를 수행하는지 이야기해준다. 이를테면 잉가 스펙타빌리스(*inga spectabilis*, 페루식 이름은 심비요shimbillo)는 나무줄기가 튼튼해 통로 바닥 여러 개를 동시에 지탱하고, 지역 주민이 오두막을 짓거나 카누를 조각할 목재를 제공한다. 이 나무는 잎자루 하나에 작은 잎 여러 장이 돋으며 각 나뭇잎 사이에 컵 형태의 분비샘이 달렸는데, 이 구조의 기능은 아직 알려지지 않았고 다른 식물에서 발견된 적도 없다. 전설에 따르면 나비가 그 작은 컵에 담긴 물을 마신다고 하며, 제자들은 그것이 요정의 술잔이라고 상상했다. 아마존에는 잉가속 나무종이 350가지 넘게 존재하지만 초식동물이 잉가속 나뭇잎의 30퍼센트를 맛있게 먹어치웠다는 시민 과학자의 측정 결과를 제외하면 과학자들은 아직 잉가속 나무의 생태를 잘 알지 못한다. 잉가속 나무들은 습한 저지대 숲에서 가장 잘 자라는데, 기후변화와 아마존 온난화가 시작되면서 가뭄을 잘 견디는 다른 종보다 더욱 빠르게 죽는 현상이 관찰되었다. 우듬지 통로를 지지하는 다른 나무로는 아페이바 멤브라나케아(*Apeiba membranacea*, 페루 이름은 페이네 데 모노peine de mono)가 있다. 아페이바의 열매는 형태가 성게와 비슷해서 공예품 재료로 인기가 높다. 또한 아페이바 껍질은 난초와 브로멜리아드가 서식하기에 pH가 적합해 알록달록한 꽃과 파릇한 잎사귀가 위아래로 줄지어 돋으며 나무 표면을 장식한다.

세 번째로 신비로운 나무종은 케드렐링가 카테니포르미스(*Cedrelinga cateniformis*, 페루식 이름은 토르니요tornillo)로 높이가 45미터 넘게 자란다. 나는 이 나무에 '깍지 콩'이라는 별명을 붙였다. 이 나무가 작게는 15센티미터에서 크게는 6미터까지 자라는 콩과에 속하며 실제 저녁 식탁에 오르는 콩과 가까운 사촌임을 학생들에게 상기시키기 위해서이다. 케드렐링가는 돌출목으로, 제이슨 프로젝트의 공중 베이스캠프였던 통로 안에서도 38미터로 가장 높은 지점을 떠받친다. 촬영진은 내가 나뭇잎의 초식성을 측정하는 현장을 2주간 매일 촬영했다(나는 땀 냄새를 맡고 날아드는 꼬마꽃벌을 쫓으려 연신 뺨을 찰싹 때렸다). 이 나뭇잎 연구 과정은 전 세계 중학생들에게 실시간 생중계되었고, 밥은 숲 바닥에 남아 시청자에게 질문을 받으며 방송을 진행했다. 내가 고정해둔 실험 테이블 옆 나뭇가지에는 넓적꼬리도마뱀들이 살았는데, 부모 도마뱀과 자손 도마뱀 5마리가 나무 위 서식지에 머물며 내가 채집한 곤충을 잡아먹었다(그 도마뱀 가족의 후손들은 25년이 지난 지금도 같은 서식지에 산다). 제이슨 프로젝트 방송 중 5~10세 어린이들이 가장 자주 물었던 질문은 "우듬지에서는 화장실을 어떻게 가나요?"였다. 나는 이렇게 답했다. "숲 바닥으로 가기 위해 우듬지 통로 5개와 다리 6개를 서둘러 건넌 다음 계단으로 내려갑니다." 전원 남성인 촬영 팀은 우듬지에서 조심스럽게 소변통을 썼지만 여성은 간단히 해결할 방법이 없었다. 특히 우듬지 통로 밑에 사람들이 오가는 오솔길이 있다면 그런 높이에서 볼일을 보는 행동은 그야말로 실례이다.

제이슨 프로젝트에서 주목할 만한 점은, 온라인으로 방송에 참여한 수백만 명의 중학생에게 과학자 수십 명이 도움을 줬다는 것이다. 중학생들은 인근 지역뿐만 아니라 전 세계 학교에서 모집되었다. 그리고 공중 베이스캠프에는 페루 이키토스에 살면서도 아마존 열대 정글에 한 번도 와본 적 없는 5학년 학생 파멜라를 초대했다. 파멜라는 나뭇잎을 측정하는 동시에 꼬마꽃벌을 쫓는 전문가가 되었다. 그리고 15년 뒤 제이슨 프로젝트 참여 경험에서 영감을 받아 환경 교육과 생태관광을 공부하기로 마음먹고, 장학금을 지원받아 플로리다 대학교에 진학했다. 어느 학생은 방송 중 발견된 새로운 딱정벌레종의 이름을 지어주는 온라인 경연대회에서 우승해 이름을 널리 알렸다. 이름 짓기 경연대회에서는 제출된 응모작 1,000여 개를 두고 과학자 패널들이 투표했다. 우승작은 너트메그nutmeg 딱정벌레로, 숙주 나무(nutmeg family, 육두구과)와 딱정벌레 색(nutmeg, 회갈색)과 딱정벌레 발견자(Meg, 메그)의 이름이 전부 녹아 있다.

돌출목인 깍지콩나무 위로 올라가면 숲 구석구석이 훤히 보였다. 우리가 설치한 통로에서는 다양한 열대 식물들을 관찰할 수 있는데, 어떤 식물은 이름도 멋진 데다 의학적 효능도 놀라웠다. 옥산드라 크실로피오이데스*Oxandra xylopioides*는 나뭇가지 끝이 아닌 나무줄기에 꽃을 피우고, 중간 우듬지에 서식하는 꽃가루 매개자를 끌어들인다. 야자과에 속하는 레피도카리움 테스만니이*Lepidocaryum tessmannii*와 아스트로카리움*Astrocaryum sp.*은 이름을 발음하기 힘들며 정글에서 주술사가 약용 식물로 쓴다는 공통점이 있다. 비롤라*Virola sp.*는 아즈텍 개미에게 서식지를 제공하는데, 누군가가 비롤라의 잎을 따려고 하면 개미가 침을 쏜다. 체리와 닮은 열매를 맺는 우아한 식물 심포니아 글로불리페라*Symphonia globulifera*는 개화기에 화려한 꽃을 피워, 드론을 띄우면 인근 지역에 붉은 수관을 자랑하는 심포니아가 몇 그루 있는지 헤아릴 수 있다.

아마존 우듬지 통로에서 교사를 대상으로 첫 하계 워크숍을 마친 뒤, 나는 몇몇 시민 과학자 단체를 만들어 자원봉사자들이 의미 있는 방식으로 열대 지역 연구에 공헌할 기회를 제공했다. 이것은 까다로운 작업이다. 아마추어 과학자에게 곤충을 분류하거나 훈련된 눈에만 보이는 생물체를 찾는 등 복잡한 작업을 수행하도록 요청하는 일은 바람직하지 않다. 시민 과학자 활동은 연구 전반에 잘못된 데이터를 입력하지 않을 만큼 간단해야 하는 동시에 참여자가 보람을 느낄 정도로 흥미롭고 의미 있어야 한다. 이럴 때는 자원봉사자들을 우듬지로 초대해 초식곤충을 찾아 사진을 찍거나 채집하곤 했다. 나의 두 눈보다 40개의 눈이 복잡한 나뭇잎을 훨씬 꼼꼼하게 살펴볼 수 있었다. 시민 과학자들은 팀을 이뤄 나뭇잎을 수집하고, 잎이 차지하는 모눈종이 네모 칸 개수를 헤아린 다음 잎 손실 면적을 비례 계산하는 법을 배워 나뭇잎 초식성을 측정했다. 베이스캠프로 돌아온 시민 과학자들은 전기도 들어오지 않는 열악한 환경에서 원시적이고 품이 많이 드는 나뭇잎 측정에 열중했다. 각 봉사자 팀이 나무 한 그루를 정해 나뭇잎 30장을 채집하고 나뭇잎 손실률을 계산했다. 내가 잎 사랑 클럽Leaf Lovers Club이라 이름 붙인 이 시민 과학자 팀에는 현재 전 세계 회원 수백 명이 소속되어 있다. 나는 봉사자들이 제공한 데이터를 스프레드시트에 입력하고 나무종끼리 데이터를 상호 비교해 어느 나무종이 곤충 공격에 가장 강한지 밝혔다. 그리고 분석 결과에 관해서는 지역 주술사와 즐겨 토론했다. 우리 두 사람은 식물이 화학물질을 생산해 곤충을 물리친다는 점에 감사했다. 곤충에게 거의 또는 아예 먹히지 않는 식물종은 대개 독성이 강하며, 이는 그 식물이 중요한 약으로 쓰일 수 있음을 암시한다.

처음 몇 회를 교사 대상 워크숍으로 진행한 다음, 아마존 과학 탐사를 다양한 대중에게 개방했다. 나는 학생 및 자원봉사자들과 함께 아마존 착생식물과 초식성에 관해 기사를 쓰고, 과학사 최초로 우듬지에서 잎속살이애벌레가 잎을 얼마나 먹는지 계산했으며, 우듬지 통로를 건설하고 벌목 대신 생태관광을 선택해 원주민들에게 지속 가능한 일자리를 제공하면 지역경제에 얼마나 도움이 되는지 평가했다. 탐사는 리마에서 시작되고 현지 항공편을 거쳐 이키토스까지 이어지는데, 페루 북부 강 유역에 형성된 도시 이키토스는 아마존강 어귀에서 3,500킬로미터 떨어져 있으며 도로로 외부 세계와 연결되어 있지 않다. 아마존강은 물품 거래, 질병 치료, 결혼 등 모든 일상생활과 페루 북부 사람을 연결하기에 강 고속도로river highway라 불린다. 우리는 이키토스를 흐르는 강 하류에서 다섯 시간 가량 배를 타고 나포(에콰도르 국경선 인근 지역) 지류로 올라가, 두 강이 교차해 강물이 풍부한 지점에서 분홍색 돌고래를 찾았다. 탐사대의 목적지인 ACTS는 페루 북부에 형성된 100만 에이커(4,000제곱킬로미터) 일차 열대 우림의 가장자리에 설립된 국제적인 현장 연구 시설이다. ACTS에서 식물학자는 1헥타르(2.47에이커, 1만 제곱미터)당 식물을 750종 넘게 기록했으며, 이는 세계 신기록에 가깝다. 또한 이 수목원은 전기와 물이 들어오지 않지만 지구에서 가장 풍부한 야생동물과 가장 신선한 공기가 제공되는 연구 캠프를 개최해 한 번에 참가자를 최대 40명까지 맞이한다. ACTS는 마을에서 쓰는 담수를 정수하고, 학교에서 환경 교육을 실시하고, 생태관광을 바탕으로 지역 주민이 지속 가능한 소득을 얻도록 돕는 지역 비영리 단체인 페루 아마존 자연 보존Conservacion de la Naturaleza Amazonica del Peru, CONAPAC과 협력한다.

ACTS가 설립된 아마존 지역은 남위 3도에 해당하는데, 연간 강우량이 500센티미터가 넘고 기온은 27도를 웃돌며 평균 습도는 80~90퍼센트이다. 조사에 따르면 아마존 숲의 생물 다양성은 지구의 다른 어떤 지역과 비교해도 높고, 우듬지 서식지까지 포함하면 편차는 더욱 커지리라 추정한다. 미국에는 식물이 2만 종가량 서식하지만 아마존에는 8만 종 넘게 살고 있으며 그중 곤충은 200만 종, 물고기는 2,500종, 새가 1,500종 이상이다. 열대 지방의 생물 다양성은 어떻게 이처럼 풍부할까? 가설에서는 온화한 기후, 키 큰 열대림에 형성된 복잡한 3차원 공간 구조, 그리고 안정한 환경에서 생물들이 다양한 종으로 분화되고 진화할 수 있도록 주어졌던 기나긴 시간을 원인으로 꼽는다. 강둑을 따라 거주하는 리베레뇨스 부족민은 여러 세대에 걸쳐 그랬듯 땅을 일구고 식량을 수확한 다음 강의 흐름이 변화하거나 강물이 범람하면 거처를 옮긴다. 우리가 만든 베이스캠프 근처에 거주하는 아메리카 원주민 부족인 야과족은 탐사팀과 숲 지식을 공유한다. 야과족에게 가장 중요한 식물 종 2가지는 가방, 해먹, 장신구를 만드는 원료인 참비라 야자나무chambira palm, *Astrocaryum sp*와 하목층에서 자라며 지속적으로 베어내 지붕 재료로 활용하는 이라파이야자나무Irapay palm, *Lepidocaryum tessmannii*이다. 부족민들은 야자수 잎사귀 약 50만 장을 사용해 폭우에도 끄떡없는 지붕을 만든 다음 탐사대 식당 오두막에 얹어주었다.

시민 과학은 과학자의 연구를 돕는 비과학자의 행위로 정의된다. 자원봉사자는 탐사와 발견에 참여하는 대가로 무더위에 시달리며 땀을 흘리고, 잠을 설치고, 벌레를 먹었다. 심지어는 샤워하다 타란툴라를 만나고 밤에 아나콘다를 발견하거나 피라냐를 낚는 등 쉬는 시간에도 지루할 틈이 없다. 이처럼 생물 다양성이 풍부한 생태계에서는 해답보다 의문이 많이 떠오르게 된다. 이처럼 수많은 생물종은 어떻게 한 장소에서 살아갈 수 있을까? 나무는 배고픈 딱정벌레와 개미와 나무늘보에게서 달아날 수 없는데 동물들은 왜 나뭇잎을 전부 먹어치우지 않을까? 작은 난초벌은 녹색 바다에서 어떻게 특정 꽃을 찾아낼까? 주술사가 최고의 약용 식물을 발견하도록 암시하는 현상은 무엇일까? 아마존 정글에서 적자생존은 추상적인 개념이 아니다. 식물과 동물 모두 전략적인 행동과 방어 메커니즘을 발전시켜 누군가에게 먹히거나, 위로 그늘이 드리워지거나, 짓밟히거나, 옥죄어지거나, 바싹 말라붙거나, 경쟁에서 제압당하거나, 감염되지 않도록 대비한다. 정글은 장거리 여행과 마찬가지로 모든 것이 트렁크(영단어 trunk는 여행 가방과 나무줄기라는 의미를 동시에 지닌다—옮긴이)에 숨어 있다. 열대 우림에서 살아남는 데 필요한 가장 기본이자 핵심인 전략은 위장술이다.

아마존 현장 조사에서 눈여겨볼 요소는 열熱이다! 최상부 우듬지는 몹시 덥고 건조하지만 때때로 폭우에 가죽처럼 질긴 나뭇잎이 찢어지고 빗방울은 낮은 나뭇가지 층을 통과해 숲 바닥으로 흐른다. 나무 수관은 공중 사막과 같다. 쏟아지는 빗줄기가 순식간에 수관을 통과하면 숲의 상층부는 다시 덥고 건조해지며 강한 바람을 맞는다. 선인장을 비롯한 열대 착생식물은 사막이나 열대 우림 우듬지처럼 태양이 작열하고 수분이 부족한 환경에서 사는 데에 적응했다. 열대 우림은 너무 무덥고 습해 땀을 흠뻑 흘리고 나면 가끔 젖은 옷을 쥐어짜야 한다. 나는 이따금 북극 생물학자로 변신하는 꿈을 꾸는데, 그렇게 된다면 지금처럼 옷에 늘 곰팡이가 피지는 않을 것이다. 현지인들은 하루에 몇 번씩 강에서 목욕하면서도 피라냐를 두려워하지 않는다. 할리우드에서 피에 굶주린 포식자로 묘사된 바와 달리 이 일대에 서식하는 피라냐는 주로 풀을 먹어 인간을 공격하지 않기 때문이다. 현장 연구 시설 내 샤워실로 공급되는 물은 강에서 피라냐와 아나콘다를 거른 다음 여과 처리 없이 단순한 파이프로 보낸 강물이라 차갑지만 상쾌한 점이 특징이다.(하지만 샤워할 때는 입을 벌리지 않도록 조심해야 하는데, 우리 몸이 적응하지 못한 열대 미생물에 감염될 위험이 있기 때문이다!)

나뭇잎, 지구 상 모든 생명체의 근간을 이루는 수조 개의 작은 녹색 기계가 아마존 전역에서 인간의 오감을 압도한다. 우리는 초록 잎사귀를 보고, 잎이 썩어가는 냄새를 맡고, 잎에 돋은 털을 만지고, 때로는 약용 식물을 섭취한다. 나와 함께 아마존을 탐험하는 시민 과학자의 임무는 잎이 곤충에게서 입은 피해를 조사해 숲 건강을 측정하는 일이다. 그리고 25년간 연구한 결과, 초식곤충이 매년 아마존 우림 우듬지 나뭇잎을 4분의 1 이상 먹어치우는 것으로 밝혀졌다. 이 수치는 호주 우림에서 발견한 결과와 유사하다. 나무 수관에 서식하는 수없이 많은 곤충을 생각하면 이는 그리 놀랍지 않은 현상이며, 나무 꼭대기에 오른 사람이면 누구나 '구멍투성이 나뭇잎'을 보고는 깊이 감탄하고 돌아온다. 꼼꼼하게 살펴보면 잘려 나가거나 뜯어 먹히거나 굴이 뚫리지 않은 잎은 1장도 찾기 어렵다. 잎 1,000장당 평균 21장만 온전하다. 아마존 나뭇잎은 강우와 습기가 숲에 어떤 영향을 미치는지 의문을 해결하는 과정에 최근 결정적인 증거를 제공했다. 오랫동안 과학자들은 바다에 형성된 해류가 습한 공기를 공급하기도 몇 달 전부터 왜 장마가 시작되는지 설명하지 못했다. 열대림 전역에서 잎이 돋는 기간에는 광합성이 활발해 대기에 수증기가 상당량 발생한다. 잎에서 증산 작용이 일어나는 동안 기공

stomata이라 불리는 작은 구멍에서는 수분이 방출되는데, 이때 방출된 수분이 형성한 낮은 구름은 숲 위에서 NASA 위성으로 탐지할 수 있을 정도이다. 이처럼 나뭇잎이 생성한 비구름은 소나기를 내리게 해 대기를 따뜻하게 데우고, 바다에서 더 많은 습기를 가져오는 바람 패턴을 유발하는 등 열대 나무에서 잎이 돋는 시기와 강우 주기에 연결고리를 만든다. 나뭇잎 만세!

호주 우림처럼 아마존의 양지 잎은 대부분 작고 질기고 수명이 짧지만 음지 잎은 크고 색이 어두우며 오래 산다. 크기나 형태나 연령과 관계없이 모든 잎은 어느 정도 증산 작용을 하면서 대기에 수분을 보탠다. 그중에서도 직사광선을 받는 어린잎이 대기의 습기에 가장 큰 영향을 준다. 그런데 하목층에서 우듬지로 갈수록 잎의 크기가 작아진다는 보편적인 규칙을 깨는 기이한 식물이 있는데, 치과에 가면 종종 진열된 식물인 필로덴드론philodendron, *Philodendron spp.*이다. 필로덴드론의 양지 잎은 목욕 타월만큼 크지만 하목층 잎은 작아서 행주에 가깝다. 잎은 작을수록 뜨겁고, 건조하고, 바람이 강한 나무 꼭대기의 혹독한 환경에도 살아남도록 생리학적으로 잘 적응된 상태인데, 코끼리 귀처럼 생긴 거대한 잎은 말라 죽거나 증산 작용이 과도하게 일어나는 일을 어떻게 피할까?(이는 열정이 넘치는 식물학도에게 던질 만한 박사 연구 수준의 질문이다!) 필로덴드론은 반半착생식물로 생애 전반부는 착생식물로 살고, 후반부는 땅에 뿌리를 내리고 산다. 우리 탐사 팀이 조사한 결과에 따르면, 필로덴드론의 양지 잎은 평균 넓이가 무려 6,088제곱센티미터였고 초식성은 고작 1.8퍼센트였다. 즉, 필로덴드론은 높고 햇빛이 잘 드는 지점에서 자라는 덕분에 비교적 초식곤충에게 먹히지 않고, 시들거나 바싹 마르지 않도록 독특한 생리학적 기능을 발휘하며 꿋꿋이 살아나간다.

어림짐작해도 열대림 나무에 수조 개 매달린 나뭇잎만큼이나 수가 많아 흔히 발견되는 개미는 재미있는 볼거리를 쉴 새 없이 보여준다. 특히 짐 가방에 시리얼바를 몇 개 넣어 열대림에 온다면 개미는 여러분을 분노하게 만들 것이다. 튼튼한 지퍼락에 시리얼바를 포장해와도 아마존 개미들은 시리얼 부스러기를 찾아내 집으로 운반한다. 개미는 언제 어디서나 먹을 수 있는 모든 것을 발견한다. 지구상에서 가장 복잡한 사회를 이루는 이웃인 개미는 거대한 아파트를 짓고 공동체 구성원마다 제각기 다양한 직업을 갖는다. 개미 공동체는 분업과 협력이 필수적이며, 열대림 생물량의 25퍼센트를 차지하리라 추정할 만큼 개체 수가 많다. 땅속부터 숲 바닥, 나무껍질, 돌출목 나뭇가지까지 우림 어디에나 서식하는 저돌적인 사냥꾼 개미 떼는 이따금 서로 똘똘 뭉쳐 개미 공을 이루고 강 하류로 떠내려가기도 한다. 호주에는 없으나 아마존에는 개체 수가 풍부한 잎꾼개미는 나무줄기에 고속도로를 뚫은 다음, 동전 모양으로 자른 나뭇잎을 물고 땅속 집으로 가져간다. 이름에서 짐작할 수 있듯 잎꾼개미는 노련한 농부로, 잎을 먹지 않고 특정 균류가 서식하는 지하 농장으로 옮긴다. 지하 농장에 서식하는 균류가 신선한 잎을 분해하면 개미는 분해 반응에서 생성된 물질을 먹는다. 이해할 수 없다! 잎꾼개미가 숙주 나무 수관의 25퍼센트를 소비해 가꾸는 지하 농장을 곤충학자가 발견하기까지는 시간이 상당히 걸렸다. 시민 과학자들은 우듬지 통로를 걷다 상층부 나뭇가지에서 지하 농장으로 자기 몸무게보다 최대 10배 무거운 녹색 잎 조각을 운반하는 잎꾼개미 행렬을 밟지 않으려고 탭댄스를 추곤 했다.

잎꾼개미 외에 다른 개미종도 특정 식물과 공생하며 살도록 진화했다. 케크로피아는 수명이 짧은 개척종으로, 강물이 범람하면서 초목이 쓰러진 강 가장자리를 따라 자란다. 몇몇 케크로피아는 나무늘보의 먹이이자 주요 서식지이고, 다른 케크로피아는 속이 빈 나무줄기에 사는 개미에게 서식지를 제공한다. 공생 관계에서 나무는 개미에게 집과 먹이(개미는 잎자루 밑동에 맺힌 단물을 먹고 산다)를 제공하고, 개미는 초식동물을 물리치고 나무를 둘러싼 덩굴가지를 잘라내면서 숙주 나무를 보호한다. 나는 강을 따라 베이스캠프로 향하는 동안 케크로피아 나무에서 나무늘보를 제일 먼저 발견한 시민 과학자에게 늘 상을 준다. 개미와 공생 관계를 형성하는 다른 식물로는 야모란Melastomaceae과 관목이 있는데, 야모란과 잎자루에서 불룩하게 부푼 주머니는 보디가드로 활동하는 개미에게 피난처가 되어준다. 개미 공생식물을 건드리면 급히 달려 나온 개미들에게 맹렬히 물어뜯기며 고통을 경험하게 된다. 원시(일차) 우림이 벌목되면 복잡다단한 열대 우림 생태계는 완벽하게 복원될 수 없다.

아마존에서 가장 많은 개체는 개미이지만 곤충 가운데 의심할 여지 없이 가장 규모가 큰 목目은 딱정벌레목으로, 수백만 종이 여기에 속한다. 일부 과학자는 그동안 분류된 생물들이 지구 생물 다양성의 5퍼센트 미만에 속하며, 나머지 95퍼센트는 대부분 딱정벌레라 추정한다. 딱정벌레의 색과 무늬는 금속성 광택이 나는 녹색, 파란색 물방울무늬, 인광성 분홍색, 선홍색, 갈색과 녹색이 뒤섞인 위장 무늬 등으로 다양해 갖가지 색 크레용이 담긴 커다란 상자 같다! 일평생 밧줄에 매달려 살면서 나는 탐정으로 변신해 강박적으로 특정 나뭇잎을 먹는 딱정벌레를 찾아왔다. 호주에서 밝혀냈듯 초식곤충은 밤에 먹이를 먹는 경우가 많아 우듬지 통로는 야행성 딱정벌레를 발견하는 동안 안정적인 발판이 되어준다. 시민 과학자 팀은 저녁 식사를 마치면 헤드램프를 쓰고 키 큰 숲우듬지에 오르곤 했다. 시민 과학자 팀이 활동을 시작하고 25년이 지난 지금까지 단 한 명만이 어둠 속에서 독사를 밟았다. 그 독사는 중앙아메리카살모사로, 통로 한가운데에 똬리를 틀고 있었다. 미네소타 시골 지역에서 온 연구조교 디시 랜들DC Randle이 부츠 신은 발로 살모사를 밟기 전까지 10명 남짓한 사람은 아무것도 모른 채 살모사 위를 지나쳤다. 디시가 깜짝 놀라 공중으로 6미터쯤 펄쩍 뛰고 나서 가이드가 손전등을 비추자 가엾은 살모사가 충격에 휩싸여 스르르 사라지는 모습이 보였다.

내 아들 제임스가 밤에 사고를 친 적도 있다. 제임스가 열한 살 때 우리는 우듬지 통로에서 브로멜리아드 잎만 먹는 특정 잎딱정벌레를 2주 가까이 찾아다녔다. 나는 브로멜리아드 잎사귀에 남은 독특한 자국을 보고 특정 잎만 먹는 딱정벌레가 남긴 흔적이라 추론했는데, 브로멜리아드에 속하는 특정 종에서 거의 모두 지그재그로 씹어먹힌 자국이 발견되었기 때문이다. 도대체 어느 곤충이 그토록 질긴 잎을 먹었는지 알고 싶었다. 아마존에서 살모사를 밟은 동료 디시와 제임스는 헤드램프를 켜고 일곱 번째 우듬지 통로 근처에서 브로멜리아드 잎을 관찰하고 있었다. 그러던 중 갑자기 제임스가 "우와!"라고 외친 다음 "오, 안 돼!"라고 절규하는 소리가 들렸다. 제임스는 잎을 먹는 딱정벌레를 발견하고 손을 뻗어 잡았으나 나무에 손이 부딪히는 바람에 딱정벌레를 29미터 아래 하목층으로 떨어뜨리고 말았다. 이 사고에 팀원들은 모두 슬퍼하면서도 우리가 진행하는 연구에 가치가 있음을 알게 되어 기뻐했다. 그렇다. 브로멜리아드만 먹는 딱정벌레는 존재했다. 그리고 다음 한 주가 끝나기 전에 제임스와 디시는 딱정벌레를 한 번 더 발견했다! 이 지역에서 흔한 브로멜리아드인 숙주 착생식물 아이크메아 날리이*Aechmea nallyi*는 다른 아마존 지역에서는 상당히 드물었다. 언급한 딱정벌레와 숙주 식물 모두 표면적으로는 멸종 위기종이다. 이는 두 콤비가 전 세계를 통틀어 숲의 어느 한 지역에서만 서식한다고 알려져 있기 때문이다. 열대우듬지에서는 개체 수 데이터를 정확하게 얻기가 어렵다. 우리 팀은 숙주 식물의 포엽bract이 10.4퍼센트라는 엄청난 규모로 곤충에게 피해를 입었다고 계산했다. 평균 수치인 25퍼센트보다는 낮지만 브로멜리아드 잎이 극도로 질기다는 점을 고려하면 대단한 규모이다. 딱정벌레는 비교적 덩치가 작지만 주둥이에 놀라운 능력이 있다! 한 브로멜리아드 전문가는 초식곤충이 착생식물의 질긴 잎은 절대 먹지 않는다고 쓴 적 있다. '절대'라는 말은 절대 해서는 안 된다! 곤충이 식물을 뜯어 먹거나 식물이 곤충을 방어하는 등 생태계 현상 대부분은 나무 꼭대기에서 일어나지만 그 전문가는 나무 꼭대기에 올라간 경험이 없다. 생물학자들은 여덟 번째 대륙을 간과한 채 지표면에서 발견되는 현상만 훑어보고 부정확한 정보를 끊임없이 퍼뜨린다.

초식의 세계에는 2가지 섭식 형태가 존재한다. 식물종을 한 가지만 먹거나 다양하게 먹는 것이다. 두 형태에는 장점과 단점이 공존한다. 인간인 여러분이 한 가지 음식만 먹는다면 음식 저장고를 늘 곁에 두고 지내야 한다. 수백 가지 다양한 생물종이 모여 사는 열대나무 수관에서 숙주 특이성 곤충은 숙주 나뭇가지를 떠나면 생명이 위험할 수 있으나 숙주 곁에 늘 머문다면 살기 편안하다. 여러 종류의 나뭇잎을 먹는 곤충이라면 다양한 푸성귀가 차려진 샐러드바에 머물러야 생존할 가능성이 올라간다. 열대림은 질감과 소화 흡수율이 제각기 다른 잎사귀가 셀 수 없이 돋아나며 시간이 갈수록 빠르게 복잡해지고, 그런 잎의 특성은 초식 딱정벌레에게 특히 중요하다!

나무가 빽빽하게 들어찬 열대림에서 우듬지는 때때로 수십 미터에 걸쳐 이어진다. 모든 요소가 숲 바닥에서 나무 꼭대기로 올라갈수록 극적으로 변화하는데, 생물종 대다수는 전체 높이의 약 3분의 2보다 위에서 산다. 3마리 곰 이야기처럼 그 위치는 너무 덥거나 춥지도, 너무 어둡거나 밝지도 않으며 바람이 적당히 불고 습도도 알맞다(뜨겁지도 차갑지도 않아 먹기에 적당한 수프가 등장하는 『골디락스와 곰 3마리』 이야기를 말한다—옮긴이). 또한 광반이 나뭇잎 사이로 적당히 비쳐서 잎이 돋고 꽃이 피기에 알맞아 난초과 등 다양한 생물에게 매력적인 공간이다. 난초는 속씨식물 가운데 가장 큰 식물군으로 2만 종이 넘으며 대부분 착생식물이다. 모든 난초종이 매년 꽃을 피우지는 않는다. 어떤 난초는 10년에 한 번 꽃망울을 터뜨린다. 꽃이 피지 않는 시기에 난초는 녹색 바닷속에 자신을 숨기며 탁월한 위장술을 선보인다. 그러나 한 종의 난초에서만 꿀을 얻는 영리한 난초벌은 녹색 물결에 에워싸인 숙주 식물을 끝내 찾아낸다. 난초의 영어명 orchid는 '고환'을 뜻하는 그리스어 órchis에서 유래했고, 역사적으로 사랑과 관련이 있었다. 수많은 이야기에서 인간은 특이한 난초를 손에 넣으려다 목숨을 잃으며 터무니없는 대가를 치른다. 안타깝게도 난초는 여전히 암시장에서 너무나도 빈번하게 밀거래되고 있어, 난초를 온실에 가두는 대신 그들의 서식지를 되살리는 활동에 관심을 더 많이 쏟았으면 좋겠다. 아마존 숲우듬지 통로를 따라 자라났던 난초 또한 애호가에게 난초를 불법 판매하며 이 중요한 식물군의 보전을 위협하는 채집꾼에게 대부분 도둑맞았다.

나무 꼭대기에 서식하는 그 밖의 생물들은 시민 과학자들에게 그리 사랑받지 못한다. 박쥐는 해 질 무렵이나 어두워진 시간대에 리어제트기처럼 고요히 저공비행하지만 사람들은 박쥐를 좋아하기보다 두려워한다. 하지만 현장 생물학자들은 모기를 잡아먹는다는 점에서 박쥐를 환영한다. 우리 베이스캠프에서도 박쥐는 옥외화장실 냄새를 맡고 날아든 벌레를 공격하고 잡아먹는다. 박쥐가 휙 날아들면서 일으킨 바람을 엉덩이에서 느끼는 경우도 드물지 않은데, 우리는 박쥐 덕분에 모기가 그 민감한 부위를 물지 못한다고 농담한다. 박쥐는 또한 숲의 주요 꽃가루 매개자로, 중간 우듬지를 날아다니면서 초음파로 나무줄기 중간에 피어난 꽃 위치를 파악해 수분한다. 콜리플라워와 생김새가 흡사해 콜리플로리(cauliflory, 간생화)라 불리는 꽃들이 야행성 박쥐나 나방 같은 몇몇 생물에게 수분을 의존하는데, 그런 식물 중에는 카카오나무*Theobroma cacao*도 있다. 카카오나무는 중앙아메리카와 남아메리카가 원산지이지만 가장 규모가 큰 생산지는 코트디부아르, 가나, 인도네시아이다. 전 세계에서 카카오는 90퍼센트가 2~5헥타르(2만~5만 제곱미터) 정도로 작은 가족 농장에서 생산되며, 원주민이 생계를 이어가는 데 특히 중요한 작물이다.

박쥐뿐 아니라 무수한 야생동물 개체 군집이 베이스캠프 근처에서 번성하는데, 이 주변이 밀렵꾼의 위협에서 벗어날 수 있는 피난처이기 때문일 것이다. 베이스캠프 근처에서는 최근 들어 현지 가이드가 포유류를 목격하는 횟수도 증가했으며, 이는 캠프 주변 안전지대에서 포유류들이 사냥으로 인한 스트레스를 적게 느끼는 까닭이리라 추정한다. 특히 원숭이가 정말 많다! 시간이 흐르면서 나는 높은음으로 끽끽대는 흰손티티와 낮은음으로 그르렁거리는 붉은고함원숭이, 그리고 다양한 중간 음역대 소리를 내는 양털원숭이, 다람쥐원숭이, 올빼미원숭이, 대머리우아카리원숭이, 수사사키원숭이, 갈색이마꼬리감는원숭이, 흰이마꼬리감는원숭이, 갈색망토타마린, 검은망토타마린, 피그미마모셋 등의 소리를 구별할 수 있게 되었다. 몇몇 원숭이와 새가 내는 높은음은 시끄러운 도시 소음으로 귀가 무뎌진 도시 방문객의 귀에는 들리지 않는다. 아마존 상류를 보전하려는 노력에도 원숭이들은 여전히 벌목업자의 손에 사냥당해 야생동물 고기로 거래되고 있다. 벌목으로 인한 나무 수 감소보다 동물 개체 수 감소를 측정하기 더욱 어려운 탓에 포유류 밀렵은 열대림을 은밀히 훼손한다. 드론을 띄워 공중에서 조사하면 벌목은 쉽게 포착할 수 있지만 동물의 죽음은 발견할 수 없다. 과학자들은 밀렵으로 급격히 줄어든 일부 열대 포유류가 개체 수를 다시 회복하기까지 수백 년이 걸릴 것으로 추산한다. 때때로 시민 과학자들은 벌목꾼이나 불법 야생동물을 거래하는 밀렵꾼에게 어미를 잃은 새끼 원숭이를 우연히 발견한다. 이키토스 인근에서는 고아 원숭이를 키우고 성체가 되면 야생으로 돌려보내며 지역 개체군의 유전적 다양성을 높이는 활동을 전개한다. 나무늘보 또한 나무가 잘려 나가고 어미가 사냥당해 야생동물 고기로 유통되면서 고아 원숭이와 비슷한 운명에 처한다. 우리가 만든 우듬지 통로가 일부 공헌한 덕분에 아마존 우림 보존은 더욱 강력한 기반을 마련하게 되었다. 많은 시민 과학자가 집에 돌아가서도 우림 보존을 지지한다. 이처럼 시민 과학자들이 아마존을 방문하게 되는 가장 결정적인 이유는 생태관광이 벌목 대신 지속 가능한 수입을 원주민에게 제공해 경제적 원동력으로 작동하기 때문이다. ACTS 우듬지 통로에서만 100여 가구가 보트 운전사, 요리사, 청소부, 가이드, 주술사, 공예가, 지붕 기술자, 우듬지 통로 건설자로 일하며 생계를 꾸린다. 나는 자원봉사자가 일주일 내내 해먹에 누워 빈둥거린다 해도 원주민이 나무를 목재로 팔고픈 유혹을 느끼지 않도록 그들에게 지속 가능한 일자리를 제공하면서 우림을 살리는 데 일조한다는 점을 자주 언급한다. 게다가 우듬지 연구에도 참여한다면 우림 보전에 대한 기여도는 두 배로 상승한다.

숲우듬지 통로에서 연구하는 25년간, 나는 그 특별한 공간을 혼자 경험한 적이 거의 없다. 아무리 덥고 비가 오고 어두워도 자원봉사자들은 늘 나와 동행하기를 바란다. 그리고 일분일초도 놓치고 싶어 하지 않는다. 한번은 부지불식간에 목숨을 걸고 혼자서 우듬지 통로를 산책했던 기억이 있다. 아침에 끊임없이 쏟아지는 질문 세례에 답변을 마친 뒤, 고요한 시간을 보내려고 더위로 펄펄 끓는 한낮에 몰래 밖으로 빠져나왔다. 자연에 혼자 머무는 시간은 만병통치약이다. 주위의 무수한 나뭇잎이 증산하면서 내뿜는 수증기에 폭 잠긴 다리 6개와 통로 5개를 건너며 콧잔등으로 흘러내리는 땀을 연신 닦아냈지만 결국 안경에 김이 서리지 않도록 막는 데에는 실패했다. 한낮 무더위로 모기마저 피신했다. 제이슨 프로젝트가 진행되는 2주 동안 나는 우듬지 통로에 6번 앉아 방송을 53회 진행했고, 그사이 통로는 내게 고민거리를 해결해주는 제2의 집이 되었다. 청개구리가 언제 노래를 부르기 시작하는지, 어느 브로멜리아드 식물에 타란툴라가 사는지, 지평선의 어느 나뭇가지에 큰부리새가 앉아 아침 모임을 여는지 나는 정확히 알았다. 깍지콩나무가 뻗은 나뭇가지에 걸쳐진 세상의 꼭대기에 서면, 고민이 정말 눈 녹듯 사라졌다. 이 과정은 언제나 영적으로 느껴졌고, 혼자서 한껏 들이마시는 신선한 공기는 대단히 특별한 자양강장제였다. 멀리서 고성우산새가 구석에서 똬리를 튼 뱀이나 도마뱀을 발견하고는 날카롭게 울었다. 무화과 열매를 찾는 듯한 금강앵무 떼가 날아오는 모습을 경외의 눈으로 지켜보았다. 서쪽에서 불길한 먹구름이 몰려오는데, 혹시 새들이 피난처를 찾는 것은 아닐까? 1밀리초 만에 번개가 인근 나무에 떨어지며 소름 끼치도록 날카로운 소리가 났다. 기적적으로 내 주위에 심각한 응급상황은 일어나지 않았다. 우듬지에는 천둥 번개가 치면 즉시 땅으로 내려가야 한다는 규칙이 있다. 하지만 나는 꼼짝 못 하고 공중 보금자리에 가만히 서 있었다. 뜨거운 태양이 떠 있던 하늘은 2분 만에 시커먼 천둥 구름으로 가득해졌고, 돌풍이 소용돌이치기 시작했다. 빗방울이 점차 빠르고 격렬하게 내 몸을 휘갈겼다. 몇 초간은 공포를 느꼈지만 내가 가장 사랑하는 장소에서 강력한 폭풍우를 경험하며 전율했다. 번개 빛이 비친 나무 꼭대기에서 바람을 맞으며 마구 춤추는 나뭇가지를 보자 주위의 모든 잎사귀처럼 나 또한 빗물에 흠뻑 젖었다는 생각이 들어 신이 났다. 맹렬히 몰아치던 폭풍우가 잦아들자 마음이 깨끗해졌고, 열정 넘치는 시민 과학자들의 꼬리를 무는 질문을 받아줄 준비가 되었다. 가끔 우두커니 서서 대자연의 맹렬한 에너지를 흡수하면 기분이 전환된다.

폭우가 몰아칠 때를 제외하면 우듬지 통로는 나무탐험가에게 안전하다. 자원봉사자는 계절이 지나고 날씨가 변화하는 동안에도 매일 우듬지로 올라가 나무와 덩굴, 착생식물과 반착생식물 수십 그루를 관찰해 초식성을 장기 측정했다. 내가 아마존 우듬지에서 수년간 연구한 결과, 나뭇잎 손실률은 필로덴드론이 1.8퍼센트로 가장 낮고, 브로멜리아드에 속하는 아이크메아는 10.4퍼센트, 잉가속은 약 30퍼센트에 달할 만큼 다양했다. 하지만 과학자들은 기후변화로 곤충 창궐에 이상적인 조건인 폭염과 가뭄의 빈도가 증가하고 있어 숲 우듬지의 미래가 위태로우리라 전망한다. 열대림에서는 앞으로 곤충으로 인한 피해가 늘어날 것이다. 나뭇잎 구멍에 대한 이 같은 인간의 판단을 제외하면 '높은 수준의 초식성'에는 어떤 의미가 있을까? 초식곤충이 배설한 프라스가 하늘에서 비처럼 쏟아질 때 얻는 이득이 공중 샐러드바에 차려진 나뭇잎 조직에 조금 발생한 손실을 넘어서는지, 그렇지 않은지 인간은 어떻게 파악할 수 있을까? 햇빛에서 출발해 나뭇잎, 배설물, 토양, 식물 뿌리를 거쳐 나무 수관으로 돌아오는 영양소의 순환은 여전히 수수께끼로 남았다. 숲우듬지는 지구 건강에 무척 중요한 역할을 하지만 기후변화가 시작되면 우듬지가 어떤 운명에 처할지는 지금도 알려지지 않았다. 높은 습도와 부족한 전기 그리고 통제된 실험실의 부재로 과학자 대부분은 페루, 에티오피아, 카메룬과 같은 지역에서 현장 연구하기를 단념했다. 따라서 연구 보조금이 상대적으로 원활하게 지원되고, 제대로 설비를 갖춘 연구소가 설립된 멕시코, 파나마, 코스타리카, 브라질 열대림에서 연구가 활발하게 진행되었으며, 그 결과 지구 생태계에 관련한 지식은 지역별로 고르게 발전하지 않았다. 생물학자들이 일하기 편리한 지역이 아니라 생물에게 중요한 서식지에서 연구를 진행해 과학적 도구와 지적 자본이 지역적으로 더 고르고 평등하게 분배되기 전에는 여전히 미탐험지로 남은 나무 꼭대기의 복잡성을 알아내지 못할 수도 있다.

외딴 열대 정글에서 마주치는 야생동물은 시민 과학자들에게 월마트나 패스트푸드와 멀리 떨어져 있다는 사실을 상기시킨다. 우리의 삶이 인터넷 쇼핑 사이트가 아닌 강에 의존할 때 '아마존'이라는 단어에는 새로운 의미가 부여된다. 자원봉사자들은 나무 막대기를 낚싯대 삼아 피라냐를 낚으면서 자급자족해볼 것을 제안받는다. 한번은 보트를 타고 다니면서 물고기를 31마리나 낚았으나 물고기 크기가 너무 작아 전채 요리 조금밖에 만들지 못했다. 또 한번은 물고기를 1마리도 낚지 못해 지역 주민들이 잡은 물고기를 친절히 나눠주지 않았다면 쫄쫄 굶었을 것이다. 언젠가는 수줍고 자신감 없던 대학생이 기록적인 크기의 피라냐를 낚았다! 그때가 그녀에게는 활동 중 가장 신나는 순간이었을 것이다. 나는 5학년 때 과학박람회에서 야생화 수집품을 전시하고 받았던 우수상 플라스틱 트로피를 떠올리며 그녀에게는 피라냐를 낚아 올린 일이 영광의 순간으로 남으리라 생각했다.

열대 나무는 거의 1년 내내 온전한 타원형 잎과 매끄러운 갈색 나무껍질을 유지하는 것처럼 보인다. 지역 주술사는 모든 나무종을 꿰뚫고 있으며 대대손손 전해 내려오는 이야기를 토대로 중요한 식물이 무엇인지 안다. 반대로 전문 식물학자는 일평생 공부하면서 열대 식물이 꽃과 열매를 맺을 때까지 수년간 고생하며 기다리기도 한다. 때로는 꽃과 열매가 한 종과 다른 종을 구분 짓는 유일한 특징이기 때문이다. 식물 식별은 단 한 번의 짧은 탐사로 익힐 수 없다. 나는 사람들을 데리고 우듬지로 들어갈 때면 그들에게 미술관에 방문할 때와 어떤 유사점이 있는지 생각보라고 제안한다. 미술관에서 익숙한 화가를 1~2명 만나게 되면 '편안함'을 느낀다. 우림도 마찬가지이다. 요정의 술잔이 매달린 잉가속 식물이나 성게와 닮은 아페이바 열매를 발견하게 된다면 온통 똑같은 나뭇잎으로 들어찬 샐러드바에서 갑자기 친구를 만난 듯한 기분이 들 것이다. 하지만 나무를 한 번에 많이 배우기는 불가능하다. 나뭇잎이 전부 녹색에 타원형이고 가장자리 톱니도 없어 서로 매우 비슷해 보이기 때문이다.

아마존 상류에 사는 리베레뇨스 부족이 열대 식물을 실용적으로 쓰는 방식 중 하나는 강가에서 지속 가능한 사냥을 할 때 필요한 무음 바람총을 만드는 것이다. 먼저 바람총의 총대는 야과족 원주민에게 푸쿠나 카스피pucuna caspi라 불리는 바람총 나무를 조각해서 만든다. 부족민들은 마체테 칼로 가늘고 긴 목재를 반으로 자르고, 잘린 절단면부터 통로를 뚫기 시작한다. 통로가 뚫린 쪽이 마주 보도록 두 목재 조각을 일렬로 두고 식물성 수지로 통로가 막히지 않도록 주의하며 이어붙인 다음 통로를 마저 뚫는다. 필로덴드론이 뻗는 납작한 공기뿌리로 바람총대 양 끝을 감싸고, 인근 지역에 서식하는 뽕나무에서 가벼운 목재를 얻어 마우스피스를 조각한다. 야자나무를 깎아 만드는 화살에는 퀴라레curare라는 독성 물질이 있어야 사냥감을 잡을 수 있다. 퀴라레는 리아나나무liana, *Curarea toxicofera*와 스트리크노스strychnos, *Strychnos panurensis* 관목 껍질에서 추출하는데, 이 물질에 생물이 노출되면 신경 근육 활동이 둔화되면서 마비와 호흡 부전이 일어나 결국 목숨을 잃는다. 케이폭나무kapok 씨앗에서 명주 섬유를 뽑아 바람총 화살을 감싸면 화살은 1.8미터 길이 총대를 통과하는 동안 공기역학적으로 추진력을 얻는다. 바람총 화살은 빠르고 조용하고 완벽하게 원숭이나 카피바라를 사냥하게 해주는 동시에 원주민이 수세대에 걸쳐 야생동물들을 멸종시키지 않고 사냥을 지속할 수 있도록 도왔다.

에디와 제임스는 각각 열한 살, 열 살이었던 해에 나와 함께 크리스마스 휴가 기간 아마존으로 갔다. 한 부모 가정 자녀들은 부모 없이 집에 있을 수 없고, 나는 부모님의 호의를 마냥 이용하고 싶지 않았기에 다른 선택지가 없었다. 난생처음 초대받은 새해 전야제 파티에 참석하지 못하게 된 제임스가 안쓰러웠다. 그런데 마을 주술사가 제임스를 데려가더니 바람총 사용법을 가르쳐주겠다고 했다. 제임스는 바람총을 쏘는 족족 명중시켰고, 야과 원주민이 만든 바람총을 선물 받았다. 집으로 돌아온 뒤에도 제임스는 전야제 파티에 참석못 한 일을 아쉬워하지 않았고, 5학년 과학 수업에 바람총을 (화살 없이) 가져가 식물학적 요소를 설명했다.

나는 아이들을 데리고 우림에 가기를 좋아한다. 두 아들이 이따금 최고의 시민 과학자로 변신해 나보다 빠르게 오감을 연마하기 때문이다. 벨리즈에서 아이들은 먹잇감에게 다가가면서 번개 같은 속도로 거미줄을 던지며 분주히 사냥하는 새총거미의 새로운 종을 발견했다. 거미학자는 나중에 새총거미가 던진 거미줄의 가속도를 1,097미터/초제곱으로 계산했다(치타는 12미터/초제곱밖에 되지 않는다). 제임스와 에디는 매의 눈으로 나뭇가지 아래에 매달린 거미나 잎을 먹고 사는 작은 딱정벌레를 발견하는 것은 물론 브로멜리아드가 서식하는 웅덩이 가장자리에서 몸을 완벽히 숨기고 먹잇감을 사냥하는 분홍발톱타란툴라도 찾아냈다. 어린 시절 두 아들은 잦은 탐사 일정을 고려해 개와 고양이보다 관리하기 수월한 반려 타란툴라를 키웠다. 처음에는 털 많고 독특한 외골격 때문에 타란툴라를 해리라고 불렀지만 성장해 몸집이 커지고 보니 암컷이어서 해리엇으로 개명해주었다. 거미의 세계에서는 암컷이 수컷 배우자보다 몸집이 100배 더 클 수 있다. 우리가 2주에 한 번씩 해리엇이 사는 유리용기에 귀뚜라미를 넣어주면 해리엇은 은밀하게 접근하다 귀뚜라미를 덮쳤다. 이웃집 아이들은 해리엇의 사냥 과정을 즐겨 보았다. 눈을 깜빡했다가는 해리엇이 날쌔게 사냥하는 솜씨를 놓칠 수도 있었다. 2주에 한 번씩 귀뚜라미 1마리만 주면 될 정도로 해리엇은 완벽한 반려동물이었다. 분홍발톱타란툴라는 아마존에 비교적 흔하며 브로멜리아드 근처에 사는데, 물을 마시거나 알을 낳으려고 다가

오는 곤충을 사냥했다. 또 우리 탐사대의 침대 맞은편 서까래에 거처를 마련하고 인간에게 몰려드는 곤충들도 잡아먹었다. 어느 해에는 한 시민 과학자 가족이 10대 네 자매를 데리고 아마존에 와 침실에서 타란툴라를 발견하고는 비명을 질렀다. 이 순간이 탐사의 성패를 결정하리라 직감하고 나는 즉시 네 자매에게 가장 멋진 방을 배정받았으며 그런 멋진 곤충을 처음으로 발견하다니 대단하다고 칭찬했다. 아이들은 눈을 크게 뜨고 서로 바라보더니 이내 다른 아이들에게도 놀라운 룸메이트에 대해 자랑했다. 이 가족들은 어느 학교 교실에서도 가르쳐주지 못하는 과학을 배우고 추억을 쌓으며 삶을 바꾸는 탐험을 이어나갔다. 이 가족들은 며칠 뒤 손으로 보아boa를 들었다. 영원히 잊지 못할 가족 여행 사진을 찍었을 것이다!

많은 과학자가 오랜 기간 헌신적으로 연구했음에도 아마존은 큰 문제에 직면했다. 현존하는 세계 최대 우림이지만 개간, 화재, 벌목, 도로 건설 등으로 미래가 불확실하다. 40억 에이커(1605만 7,926제곱킬로미터)에 달했던 일차 우림이 2020년 기준 22억 4000만 에이커(906만 4,958제곱킬로미터)로 절반 줄었다. 아마존 삼림 벌채는 내가 태어나 살아가는 대부분 시간 동안 진행되었다. 소고기, 콩, 야자유 등 다양한 농산물을 얻으려는 북미인의 욕망이 주된 원인이었고, 일단 도로가 건설되기 시작하자 금 채굴과 석유 시추가 무분별하게 추진되면서 숲이 파괴되고 유독성 오염물질이 배출되었다. 2017년 중반부터 2018년 중반까지 1년간 아마존 삼림 벌채는 13.7퍼센트 증가했다. 생물학자 안토니오 도나토 노브레Antonio Donato Nobre에 따르면(2020년 3월 16일 기후 뉴스 네트워크), 설상가상으로 2018년 한 해

동안 브라질 아마존은 전년도보다 삼림 벌채가 200퍼센트 증가했다. 2018년부터 브라질 대통령 자이르 보우소나루Jair Bolsonaro 집권기 내내 우림 보전 규정은 느슨해졌고 대규모 화재가 잇따랐다. 노브레 말마따나 토지 불법 점유자들은 아마존 우림의 가치를 무시하는 보우소나루를 지지하기 위해 2019년 8월 10일을 '불의 날'로 정했다. 브라질 동부 아마존에 이처럼 심각한 손실이 발생하자 페루 서부에 형성된 우림의 가치가 상승했다. 열대 우림은 지구 전체 면적의 10퍼센트 미만을 차지하지만 전 세계 다양한 생물종의 약 3분의 2가 서식하며 그중 상당수가 우듬지에 산다. 아마존 우림은 지금과 같은 모습으로 발달하는 데 5800만 년이 걸렸지만 나뭇잎이 과도하게 손실되면서 정상적인 강우 패턴이 무너지고 있어, 향후 50년 안에 임계점을 지나 건조한 사바나 기후로 변화할 수 있다고 과학자들은 예측한다. 노브레와 그의 동료인 조지메이슨 대학교 톰 러브조이는 아마존 삼림이 현재 기준으로 20퍼센트 이상 벌채되면 전 지구적 물 순환을 통해서는 세계 숲과 인류에게 필요한 만큼 비가 충분히 내리지 못할 것으로 추정했다. 우림은 지구의 물 순환에 기여할 뿐 아니라 이산화탄소(인간이 배출하는 이산화탄소 오염물질 포함)도 흡수하는데, 거대하고 오래된 나무줄기의 건조 중량에서 절반가량이 나무에 저장된 탄소이다. 숲에 화재가 발생하면 불은 탄소를 대기로 다시 방출한다. 아마존이 개간되면 습기를 재순환하는 나뭇잎이 우거진 우듬지가 사라져 강우량이 대폭 감소한다.

우림을 보전하려면 대중이 정보를 받아들이고 적극적으로 참여해야 한다. 시민 과학은 박물관부터 NGO, 주 정부, 지역 정책 수립

기관, 유치원 및 초·중·고등학교 교실에 이르기까지 활동을 넓혀가는 데 성공했다. 그릇된 정보가 배포되어 수많은 대중이 과학에 의구심을 품는 오늘날의 정치 풍토에서 시민 과학은 판도를 바꾸는 혁신이다. 21세기 들어 환경 문맹 퇴치가 중요하게 다뤄진 덕분에 전 세계 수많은 사람이 천연자원에 한계가 있다는 점을 인식하고 있다. 아마존을 포함한 방대한 생태계가 더는 과거 상태를 회복할 수 없는 임계점에 빠르게 가까워지고 있다. 한편 인류가 사실상 오늘날만큼 전 세계 거의 모든 곳에서 협업하고, 여러 분야에서 아이디어를 도출하고, 수많은 데이터 요소를 분석하고, STEM에 도움이 되는 새로운 도구를 만들며, 문제를 혁신적으로 해결할 만큼 뛰어난 기술을 보유한 적은 없었다. 전 세계 과학자는 단일 세포 대 다세포 유기체의 생물학, 가상 모델 대 실시간 데이터 간의 균형을 추구하고 정책과 과학을 적절하게 융합해야 한다. 그리고 미래의 과학자는 급격하게 바뀐 지구 환경에서 일어나는 생태학적·사회학적 변화를 평가하고, 예측하고, 관리하고, 소통할 수 있는 기술을 익혀야 한다. 하지만 차세대 실무자를 교육하다 보면 현장 업무와 온라인 기술을 통합하는 과정에서 커다란 장애물에 부딪히게 된다. 나이 든 생태학자 대부분은 본래 현장 연구에서 영감을 받았지만 젊은 과학자는 온라인 공간과 소셜 네트워킹, 컴퓨터 모델을 토대로 생태계와 상호작용해 실내에만 머무르는 아이들이 겪는 '자연 결핍 장애'에 종종 노출된다. 작가 리처드 루브Richard Louv의 베스트셀러 『자연에서 멀어진 아이들』*Last Child in the Woods*에서 한 아이는 이렇게 외친다. "나는 실내에서 놀고 싶어, 왜냐하면 전기 콘센트가 있으니까." 그렇다면 환경 실무자는 실제 현장 업무와 온라인 기술을 어떻게 융합할 수 있을까? 이 난제는 현재 논의 중이며, 시민 과학은 참신한 해결책 가운데 하나이다.

어느 국가이든 글로벌 경쟁력을 갖추려면 STEM 교육이 활발히 진행되는 동시에 그 분야에서 혁신을 끌어내야 한다. STEM 분야 연구에 투자한 중국과 싱가포르, 대한민국의 시민 과학자와 학생들은 과학 문해력 순위에서 상위권을 차지한다. 미국 국립과학아카데미National Academy of Sciences, NAS에 따르면 미국은 순위가 점차 뒤처지고 있으며, 연방 정부의 에너지 연구개발 예산보다 감자칩에 돈을 더 많이 쓴다. NAS의 보고에 따르면 미국인의 4퍼센트만이 과학과 공학 분야에서 일하며, 이들 그룹이 나머지 96퍼센트를 위한 일자리를 창출한다. 과학자가 암을 진단하는 새로운 도구나 친환경에너지 기술 특허를 출원하면 그런 혁신은 교육뿐 아니라 제조, 마케팅, 운송, 판매, 유지 보수 분야에 속하는 직종으로 퍼져나간다. 최근 STEM 분야가 이룩한 혁신은 인류의 생활방식을 놀라우리만치 변화시켰다. 이를테면 녹음기는 아이팟, 지도는 GPS, 유선전화는 스마트폰, 2차원 X-ray는 3차원 CT로 대체되었고 계산자slide rule와 다이어리는 컴퓨터가 되었다. 하지만 걸림돌은 여전히 존재하는데, 미국 공립학교 약 1만 4000곳에서 학생들의 수학 및 과학 성취도가 점차 하락하고 있다.

시민 과학은 이처럼 후퇴하는 STEM 지표를 뒤집을 수 있는 폭넓은 해결책이다. 아이들이 새의 개체 수를 세고, 바닷가 쓰레기를 줍고, 지역 바이오블리츠BioBlitz에 참여하고, 도시에 나무를 심고, 수질을 검사해보는 것은 좋은 출발이다. 수많은 시민이 아이내츄럴리스트iNaturalist라는 스마트폰 앱으로 다양한 생물의 사진을 수집하고, 분포 지도를 작성한다. 갤럭시 주Galaxy Zoo는 컴퓨터 기반의 이미지 시스템으로 NASA가 실제 촬영한 사진에서 별과 은하, 그 외 외계 물체를 찾는다. 이외에도 새롭게 등장하는 다양한 프로그램들이 시민과학과 학술적인 과학연구를 통합한 사례를 제시한다. 국립생태관측소네트워크National Ecological Observatory Network, NEON는 21세기에 들어 미국 국립과학재단NSF이 추진하는 프로젝트로, 학생과 시민 과학자와 정책 입안자들이 접근할 수 있는 대규모 데이터베이스를 활용해 대륙 단위로 환경 모니터링을 수행한다. 과학자 16명이 NSF에서 3억 달러가 넘는 연구 보조금을 지원받아 NEON 프로젝트 기금을 조성했으며, 여기에는 나도 포함된다. 전략적 사고를 바탕으로 수년간 논의한 끝에, 우리 위원회는 이처럼 새로운 시도에서 장기 데이터가 축적되면 기후 및 생태계 변화를 더욱 깊이 이해할 뿐 아니라 다양한 플랫폼을 기반으로 대중을 과학 활동에 참여시킬 수 있다는 결론에 도달했다. 시민이 참여하는 모니터링 활동을 바탕으로 값진 데이터를 수집하는 비슷한 시도가 다른 국가에서도 추진되고 있다. 싱가포르는 2000만 달러가 넘는 자금으로 도시 숲을 통과하는 대규모 산책로를 조성해 시민들에게 조류를 관찰하고, 생물계절학을 접하고, 곤충 개체 수를 헤아리는 소중한 기회를 제공한다. 박물관에서는 시민 과학과 대중 과학 활동을 전면에 슬로건으로 내세운다. 내가 노스캐롤라이나 롤리에 설립된 자연연구센터 센터장으로 근무할 때, 우리 센터는 노스캐롤라이나 주립대학교와 함께 시민들의 배꼽에서 박테리아를 채취하고 페트리 접시에 채취한 박테리아를 배양하며, 시민에게 자신의 몸에 존재하는 생물 다양성에 관한 통찰을 제시했다. 몇몇 과학적 질문을 해결하는 과정에 대중이 참여하게 되면 승수 효과가 일어나면서 더욱 포괄적인 답을 도출하게 된다.

새로운 도구와 기술만으로는 생태계를 보전하거나 생물종을 구할 수 없다. 지적인 시민 과학자들은 대중의 일원으로서 아마존 우림에서 곤충을 찾고, 인간 배꼽에 사는 박테리아 정보를 수집·분류하고, 나뭇잎을 세는 등 거의 모든 활동을 수행할 것이다. 특히 코로나19바이러스의 세계적 대유행 이후 많은 교사가 교실 벽에 구애받지 않으며 교육 과정을 확장하고, 아이폰 애플리케이션 같은 손안의 기술을 교육에 점점 더 많이 활용하고 있다. 앞으로 해결해야 할 과제는 부족한 정보를 획득하는 것이 아니라 미래 세대가 곤충 창궐이나 도시 우듬지 같은 개념과 전체적인 맥락을 명확하게 인식해 생태계 보전에 책임 의식을 느끼도록 동기 부여하는 일이다. 건강한 생태계를 인간의 건강과 경제에 연결하는 일은 하나의 중요한 디딤돌이다. 학생들은 온갖 기술을 접하는 와중에도 새로운 것에 대한 갈증과 호기심을 늘 마음에 간직해야 한다. 여기에는 비싼 장비가 필요하지 않으며, 그저 밖에서 뛰어놀며 오감을 자극할 기회만 있으면 된다. 학생과 시민 과학자 들이 비디오 게임기 버튼만 누르지 않고 자연에 대한 호기심도 키운다면 가까운 미래에 심각한 과학 문제를 해결할 가능성은 더욱 늘어날 것이다.

2022년에는 내가 이끄는 25번째 시민 과학 탐사대가 페루 아마존으로 날아가 세계에서 가장 긴 산책로 위에서 열대림을 탐험할 수 있기를 소망한다. 탐사 기간에는 자연에 완전히 푹 빠져 지내지만 수년간 우리는 이키토스 강물에 둥둥 뜬 통나무 뗏목이 강 상류까지 빽빽하게 차 있는 광경을 종종 목격했다. 우듬지 통로 베이스캠프에서 수킬로미터 떨어진 지점에는 정유 공장이 있는데, 아마존강 어귀에서 온갖 화물과 독성 화학물질을 싣고 3,200킬로미터 넘게 항해한 바지선이 현재 그곳에 정박해 있다. 『사이언스』에 실린 논문에 따르면, 2020년 1월부터 8월까지 브라질 우림은 6,700제곱킬로미터가 불탔고, 그사이 대기오염물질 2억 2580만 톤이 배출되었다. 아마존이 불타면 탄소가 방출되고 생물 수백만 종이 살아가는 주요 서식지가 파괴될 뿐 아니라 인간 건강을 해치는 대기 오염이 발생한다. 하지만 삼림 벌채는 항공 지도에 분명히 드러나는 부분만 논의되며 도로 건설, 선택적 벌목, 가장자리 효과 등 지상에서 실측(예컨대 인간의 근접 정찰)하지 않는 한 드러나지 않는 은밀한 파괴는 거론되지 않는다. 나는 시민 과학자들에게 탐사대 활동이 세상에서 가장 아름다운 열대 숲우듬지를 경험하는 특권이라는 점을 늘 강조한다. 우리가 기후변화의 흐름을 바꿀 극적인 일을 하지 않는다면 열대 숲우듬지는 곧 사라질 것이기 때문이다.

케이폭나무

Ceiba pentandra

아마존강에서 보트를 타고 자주 여행하던 시기, 페루 이키토스에서 약 8킬로미터 떨어진 지점의 강둑 위로 우뚝 선 케이폭나무 한 그루를 발견했다. 매년 7월 시민 과학자들을 우듬지 통로로 데려오면서 그 나무의 멋진 실루엣을 볼 때면 가슴이 벅찼다. 나는 그 케이폭나무에 오르고 싶었고, 결국 나무 등반을 하는 동료를 설득해 함께 오르기로 했다. 우리는 지역 주민을 수소문해 해당 구역의 주술사가 어디에 사는지 알아냈다. 주술사 허락 없이 나무에 오르는 일은 예의에 어긋났기 때문이다. 주술사는 우리를 친절히 맞이하면서 정령이 허락하면 나무에 올라가도 괜찮다고 말했다. 우리는 가장 긴 밧줄을 어깨에 걸치고, 주술사의 말이 무슨 의미인지 궁금해하면서 나무를 향해 걸어갔다. 가까이 다가가니 멀리서 볼 때보다 나무는 훨씬 거대했다. 대부분 케이폭나무처럼 나무줄기가 30미터 넘게 솟아 있고, 그 위로 두툼한 나뭇가지 수백 개가 지평선을 따라 30미터 더 뻗어나가며 공중에 선반과 같은 구조를 만들었다. 첫 번째 나뭇가지에서 덩굴 줄기와 착생식물이 붙어 있지 않은 틈으로 밧줄을 단 한 번 쏠 수 있었다. 우리는 슬링샷 중 크기가 가장 큰 '빅 보이'를 사용했다. 이 슬링샷은 발사대 역할을 하는 1미터짜리 기둥을 지면에 세우고 낚싯줄을 날리는 구조였다. 우리 두 사람은 이를 악물고 얼굴을 찡그리며 기둥에 걸린 굵은 고무줄을 당겼다. 탁! 고무줄이 굉음을 내며 끊어졌고, 낚싯줄은 하늘 높이 날아 시야에서 사라졌다. 눈을 가늘게 뜨고 바라보다 쌍안경을 눈에 갖다 댔다. 명중했다! 아마존 정령들은 우리가 나무에 오르기를 바랐다. 내가 먼저 나무에 올랐다. 꼭대기에 가까워질수록 천국으로 가는 길의 절반쯤 다다른 것 같았으며 밧줄에서 떨림이 전해졌다. 무슨 일이지? 높이 올려다보니 커다란 새가 나뭇가지에 앉아 밧줄을 쪼고 있었다. 그 새는 뿔스크리머였으며, 우리는 새들이 긴급 상황에 처했었다는 것을 나중에야 깨달았다. 뿔스크리머는 밧줄을 뱀으로 착각하고 횃대를 방어하고 있었다. 나는 하는 수 없이 나와 나뭇가지를 공유하는 멋진 뿔스크리머를 부드럽게 밀어내면서 생명 줄이 끊어지지 않도록 막았다. 높이 올라가보니 케이폭나무 수관은 브로멜리아드, 난초, 필로덴드론이 나무 표면을 뒤덮고 곤충들이 윙윙 날아다니며 넝쿨이 사방으로 줄기를 뻗은 풍요로운 정원이었다. 가장 흔한 잎 샘플을 수집해 초식성을 계산했지만 한 번 더 그 나무에 오르지는 않았다. 도달할 수 없어 보이는 나무의 높이에 개인적으로 경의를 표하고 싶었기 때문이다.

중앙아메리카의 마야 신화에서는 케이폭나무가 중요한 '생명의 나무'이며 지구의 세 단계(지하계, 중간계, 상층계)를 아우르는 의사소통을 상징한다고 설명한다. 뿌리는 지하계, 줄기는 사람이 사는 중간계, 우듬지는 상층계를 상징한다. 케이폭나무 줄기는 유년기에 가시가 돋으며 그 가시는 마야 도자기에 존경의 상징으로 자주 묘사된다. 성목은 가시 대신 부벽 뿌리가 발달하고 지면 위로 우뚝 솟으며 그 형태가 수십 킬로미터 밖에서도 보인다. 케이폭나무는 키가 커서 불행하게도 벌목꾼의 눈에 쉽게 띈다. 따라서 대부분 벌목으로 잘려 나가 아마존 상공에서 내려다봐도 지역 주술사가 영적·의학적 목적으로 보호하는 한두 그루를 제외하면 거의 남아 있지 않다.

케이폭나무는 하늘 위 약국이다. 케이폭 잎은 옴, 설사, 피로, 허리 통증에 사용하고 변비약으로도 쓰며 심장 질환에도 효과가 있다. 케이폭 수액은 정신질환, 사지 마비, 피로, 두통, 기침, 안구 손상 등을 겪는 환자가 마시고, 아이들에게 먹여 위 기생충을 예방한다. 케이폭나무 줄기는 끓여서 치통, 위장병, 탈장, 임질, 부종, 열, 천식, 구루병뿐 아니라 상처, 염증, 궤양, 심지어 한센병 반점 같은 질병에도 쓴다. 케이폭나무 껍질 추출물은 관장약으로 효과가 있고, 케이폭의 여린 싹은 피임약으로 만든다. 마지막으로 뿌리에도 약효가 있어 설사, 이질, 한센병, 고혈압을 치료한다. 케이폭나무에 오르기 위해 주술사에게 허락을 구해야 하는 것은 새삼 놀라운 일이 아니었다. 기본적으로 이 나무가 숲에서 주술사의 약국 기능을 하고 있기 때문이다.

케이바*Ceiba*는 카리브어로 더그아웃 보트를 의미하고, 펜탄드라*pentandra*는 라틴어로 '5개의 줄기'를 의미하는데 이는 작은 잎 다섯 장으로 구성된 복엽compound leaves을 가리킨다. 미국 열대 지방에서 진화한 종으로 알려져 있지만 아프리카 케이폭이 언급된 기록을 보면 여기에 의문이 생긴다. 케이바속에는 15종이 포함되는데, 각 종은 손바닥 형태의 복엽 구조를 지니며 낙엽성 식물이어서 건기를 맞이하면 몇 달간 잎을 떨군다. 꽃은 잎이 돋기 전에 먼저 피며, 해가 지면 크림색과 붉은색을 띠는 꽃망울이 벌어지면서 불쾌한 냄새를 내뿜어 박쥐를 유혹하고 꿀을 먹게 한다. 박쥐는 꽃가루를 털에 묻히고 다른 꽃으로 옮겨 수분을 돕는다. 나방 또한 밤에 꽃가루 매개자로 활동하지만 모든 케이폭나무가 매년 꽃을 피우지는 않기 때문에 수분에는 시기와 장소가 매우 중요하다.

케이폭나무는 과거 물밤나무Bombacaceae과에 속했지만 오늘날에는 아욱Malvaceae과로 분류되며, 아욱과는 대략 25가지 속을 포함한다. 아마존에서 가장 높이 자란 케이폭나무는 높이가 76미터에 달한다. 다른 나라에서는 다른 케이바종 나무가 만남의 장소를 제공하거나, 커피 작물에 그늘을 드리우거나, (인도) 사원 근처에서 영적인 나무로 자라거나, 가축에게 쉼터가 되어준다. (바람총 화살에 추진력을 부여하는) 하얀 솜털은 케이폭나무 씨앗을 퍼뜨리며, 이 솜털에서 '명주나무'silk-cotton tree라는 일반명이 유래했다. 케이폭나무는 페루 아마존 상류를 지배한 종으로 루푸나lupuna, 세이보ceibo, 세이보테ceibote라고도 불린다. 케이폭 면화는 아시아와 인도네시아에서 지금도 수확되고 있으며, 예전에는 구명조끼와 매트리스 충진재로 쓰였지만 요즘은 인조섬유로 대체되고 있다. 유럽인이 남아메리카에 도착하기 전 케이폭나무의 아름다움에 반한 원주민들이 다양한 케이폭나무종을 경작하면서 잡종이 생겼고, 결과적으로 종을 식별하기 어려워졌다.

내 작은 아파트 한쪽 벽에는 바람총들이 걸려 있다. 각 바람총은 지난 25년간 아마존에서 현장 탐사대를 이끌며 쌓았던 추억을 상징한다. 긴 탐험을 마치고 집으로 돌아올 때면 이따금 내가 없는 사이 바람총 주머니에서 빠져나온 케이폭 솜털이 날려 눈처럼 내리는 모습을 발견한다. 그 솜털을 볼 때면 아마존 우듬지 상층을 대표하는 특별하고 유용한 나무가 떠오른다.

8장
호랑이가 사는 숲

우리는 인도 방갈로르에서 출발해 서고츠산맥까지 8시간 넘게 차를 타고 달렸다. 서고츠산맥에는 인도에서 생물 다양성이 가장 높은 숲이 조성되어 있고 숲 생태계 연구에 활용되는 현장 연구 시설이 세워져 있다. 길에서 먼지를 잔뜩 뒤집어쓴 데다 도로 사정이 열악해 기진맥진했지만 우리 팀은 우점종 베디팔라vedippala, *Cullenia exarillata* 나무 우듬지를 관찰하려고 등산화를 꺼내 신었다. 동료 T 가네시 T Ganesh와 소우바드라 데비Soubadra Devy가 베디팔라 자연사 전문가인 덕분에 나는 그 나무가 숲의 먹이사슬에 열매를 공급하는 중요한 역할을 한다는 이야기를 들은 적이 있다. 인도 아열대 숲우듬지와 짧게나마 첫 만남을 가지려고 소박한 베이스캠프를 나서는 순간 T 가네시가 갑자기 흥분해 소리쳤다. "호랑이, 큰 호랑이다!" 심장이 쿵쾅거렸다. 30미터 위에서 베디팔라 잎사귀가 바스락거리는 소리를 제외하면 아무런 소리도 들리지 않았다. 가네시가 모래 바닥에 방금 찍힌 커다란 발자국을 가리켰다. 발자국은 사람 손보다 훨씬 컸고, 가네시는 호랑이가 우리보다 앞서 걸어가 우리가 사자꼬리마카크를 관찰하기 위해 나무에 오르는 모습을 불과 몇 분 전 지켜봤으리라 판단하고는 입을 다물지 못했다. 근처 나무줄기에서 발견한 발톱자국 단서를 토대로 우리는 그 덩치 큰 짐승의 영역에 무단 침입했으며, 우리의 경솔함이 호랑이가 나무껍질을 긁어 자신이 그곳을 점유했다고 표시하도록 부추겼다는 사실을 깨달았다. 무서웠지만 한편으로는 '정글의 왕'을 잠시 볼 수 있기를 간절히 바라며 발끝으로 살금살금 걸어 캠프로 돌아왔다.

인도 남부 서고츠산맥에 지정된 칼라카드 문던투라이 호랑이 보호지역Kalakad Mundanthurai Tiger Reserve, KMTR은 인도에 공식적으로 지정된 생물 다양성 보호구역 50곳 중 하나로 인도에 남은 호랑이 1,500마리를 보호한다. 이 보호구역에 서식하는 꽃 가운데 3.3퍼센트는 고유성을 띠는데, 고유성이란 이곳에 사는 특정 식물종이 세계의 다른 어느 지역에서도 발견되지 않는다는 점을 뜻한다. KMTR은 호랑이와 식물뿐 아니라 멸종 위기에 처한 영장류, 사향고양이, 박쥐, 수많은 종의 새, 나비, 양서류, 파충류에게도 은신처가 되었으며, 이것이 가능하려면 먼저 우듬지가 건강해야 한다. 하지만 보호구역 900제곱킬로미터는 커피 및 차 재배, 논농사, 밀렵 등에 위협받고 있다. KMTR에서 처음 호랑이를 접하고 수개월 뒤, 호랑이 8마리가 밀렵꾼에게 희생되어 랜탐보어 국립공원에서 사라졌다. 호랑이는 멸종 위기에 처했는데도 가죽과 신체 일부를 얻으려는 사람들에게 사냥당하고 있으며, 중국에서는 호랑이의 몇몇 부위가 정력제 원료로 판매된다. 세계는 호랑이가 멸종 위기에 처했다는 사실은 잘 알지만 호랑이들이 실제 서식하는 숲이 광범위하게 개간되는 중이라는 사실은 알지 못한다. 나와 두 인도인 동료는 나무탐험가로서 포유류 개체 수 연구를 직접 수행하지는 않았지만 머리 위 우듬지 건강을 기록으로 남겼다. 생물종을 살리는 일도 중요하지만 그러려면 서식지 살리기가 선행되어야 한다. 이것이 내가 인도에 온 이유였다. 나는 국제 협력을 기반으로 자연보전을 촉진해 바닥부터 꼭대기까지 숲 전체를 구하고 나무탐험가 활동에 필요한 도구들을 모든 사람과 공유하고 싶었다.

현장 생물학은 시간과 자금이 만들어낸다. 그래서 오랜 시간 연구를 지속할 기회를 얻기가 무척 어렵다. 호주에서는 운 좋게도 대학원에서 3년간 연구비를 지원받아 잎을 대상으로 장기 데이터를 수집할 수 있었다. 내가 시민 과학자 탐사대를 이끌면서 수행한 아마존 연구는 자원봉사자 참여 상황에 따라 열흘 동안만 운영했기 때문에 단시간 데이터를 수집했다. 따라서 장기간 같은 나무로 돌아가 관찰하는 행운을 누릴 수 있었으나 짧은 탐사를 통해 답을 얻을 수 있는 의문을 중심으로 연구를 설계해야 했다. 세 번째 유형의 현장 연구는 현장을 단 한 번 방문하는 형태로, 유용한 결과를 얻도록 연구 설계하기가 가장 어렵다. 나는 이를 '스냅숏 연구'라 부른다. 그런 조건에서도 목표를 달성하기 위해 때로는 기관으로부터 도움을 받는데, 이를테면 과학계 여성 인력 멘토링, 바이오블리츠, 공개 강연, 학생 훈련 활동 등이 있다. 스냅숏 연구는 한 장소에서 한 가지 활동을 아주 오랫동안 반복했던 기존의 연구방식에서 벗어나 새롭게 과학을 탐구하는 방식을 보여준다. 지구가 빠르게 변화하자 과학계도 과감한 보전 목표를 달성하기 위해 이전과는 다른 형태로 활동하기 시작한 것이다.

1994년 나는 숲 과학, 환경보전과 연관된 글로벌 협업 과제를 논의하기 위해 플로리다주 사라소타에 설립된 셀비 식물원에서 처음으로 국제 우듬지 학회를 조직하고 개최했다. 최신 문헌을 검색해 인도에서 근래에 주목받기 시작한 나무 전문가 몇 명을 초청하기로 정해두고, 그들 가운데 4명에게 지원할 수 있는 연구 보조금을 찾았다. 그 4명의 전문가에 속하는 T 가네시와 소우바드라 데비는 인도에서 여덟 번째 대륙을 탐험하는 데 인생을 바친 부부였다. 또 다른 학자 팔라티 시누Pallaty Sinu는 나중에 인도의 신성한 숲을 나와 공동 연구했다. 첫 번째 우듬지 학회에 참가한 25개국 출신 250명의 나무 탐험가가 대부분 서로 만난 적 없다는 사실에 깜짝 놀랐다. 지난 수십 년간 우리는 말 그대로 외딴 지역에서 밧줄에 매달리고, 비행선에 탑승해 숲 위를 탐험하고, 우듬지 통로를 만들고, 그 높은 지대에 서식하는 낯선 생물 수백만 종을 정신없이 헤아리며 살았다. 첫 우듬지 학회는 큰 성공을 거뒀고, 연구자들은 지금까지 개발한 연구법을 동료들과 공유하며 글로벌 협력 관계를 강화했다. 첫 학회를 개최하고 4년 뒤, 나는 사라소타에서 두 번째 국제학회를 개최해 35개국에서 나무탐험가들을 초청하고 팽창식 뗏목, 취침용 특수 해먹, 날렵하고 성능 좋은 슬링샷, 가벼운 등반 도구 등 나무 등반용 첨단 장비를 공개 전시했다. 전 세계에서 우듬지를 연구하는 학자들이 쇼핑몰과 골프장을 세우려고 숲을 개간하는 플로리다주에 비공식적으로 모여 협력 관계를 구축했다고 생각하면 웃음이 난다. 세 번째와 네 번째 학회는 각각 독일과 호주 우듬지 학자들이 주최했다.

첫 학회에서 소우바드라와 T 가네시를 만나고 수년 뒤, 나는 풀브라이트 학자(Fulbright scholar, 미국 국무부 산하 풀브라이트 재단이 주관하는 학자 파견 프로그램에 선발된 전문가—옮긴이)로서 인도 삼림학자들과 나무 꼭대기 연구를 활성화하고 우듬지 통로 건설을 논의하기 위해 인도를 방문했다. 당시 나는 나뭇가지가 아닌 전깃줄이 우듬지를 이루는 도시 방갈로르에 설립된 환경과 생태계 연구를 위한 아쇼카 재단Ashoka Trust for Research in Ecology and the Environment, ATREE에 머물고 있었다. 인구가 늘고 기술이 발전하면서 순식간에 녹지를 침범한 전깃줄과 시멘트로 자연 공간이 줄어드는 변화는 그리 놀랍지 않다. 방갈로르와 연결되는 모든 길은 늘 그렇듯 자전거와 트럭과 자동차 사이사이로 수레를 끄는 소와 당나귀가 끼어들어 북적였다. 향긋한 카레 향이 디젤차 매연 냄새와 뒤섞였다. 방갈로르에 도착한 첫날은 주 전체가 파업해 식당을 포함한 모든 사업장이 문을 닫았다. 시간대가 바뀌는 긴 비행 끝에 도착한 처지라 배가 무척 고팠기에, 소우바드라는 작은 식당을 운영하는 친구를 기적적으로 찾아내 점심 식사를 준비해달라고 설득했다. 우리는 아무도 보지 못하게 뒷방에서 조용히 밥을 먹었다. 인도의 식당 주인에게는 장보기가 일상생활이어서 음식 재료도 거의 남아 있지 않았다. 와인, 우유, 얼음물은 물론 치즈, 과일, 고기, 샐러드도 없어 밥과 향신료, 채소와 육수만으로 만든 요리였지만 그래도 맛있었다! 이튿날 파업이 끝나자 거리는 여느 때처럼 혼란스러워졌으며 노점상들은 방문객의 손금을 봐주고 살아 있는 닭과 플라스틱 용기, 음식, 장작, 청바지, 목재, 철사 등 갖가지 물건을 팔았다. 수년간 인도를 수차례 방문하면서 나는 애벌레가 나비로 성장하듯, 혹은 묘목이 울창한 나무로 자라듯 인도가 변화하는 모습을 지켜보았다. 당시 인도에서 쓴 일기에는 호스텔 침대에 누워 밤새 개 짖는 소리를 듣고, 볼일을 본 뒤 휴지 대신 물주전자를 쓰고, 소와 손수레로 혼란한 길에서 택시를 타고는 덜덜 떨고, 서양인 소화기관에 길거리 음식을 밀어 넣는 도전을 하는 등 다양한 경험이 생생하게 묘사되어 있다. 인도에서 삼림 보전과 관련된 연구를 진행하며 얻은 가장 큰 교훈은 일을 완수하려면 예상보다 시간을 넉넉하게 배정해야 하고 인내심을 길러야 한다는 점이었다. 장시간 비행기를 타고 내려 다시 8시간 동안 택시를 타고 현장 연구 시설까지 이동하거나 숲으로 들어가도록 허가받는 데 2주나 지연되는 일이 비일비재했다. 동료 나무탐험가인 소우바드라와 T 가네시는 무언가를 기다려야 하거나 교통 체증으로 일정이 지연될 때면 언제나 깍듯이 사과했지만 사실 나는 도시에서 멀리 떨어진 목적지로 가면서 덤으로 얻게 된 그 시간 동안 주변 풍경과 소리를 즐겨 감상했다. 어느 날 우리는 보행자 도로로 주행하면서 자전거와 소에게 경적을 울리는 택시를 탄 적이 있다. 두 사람은 그 자리에 얼어붙었지만 나는 불가능을 가능으로 만드는 운전사의 능력에 완전히 매료되었다. 그리고 우리는 제시간에 도착했다.

인도 과학계에서 여성의 역할도 만족스러울 만큼은 아니지만 빠르게 발전했다. 소우바드라는 인도 최초이자 여전히 유일한 여성 우듬지 생물학자로, 인도는 우듬지 과학자의 약 10퍼센트가 여성인 미국과 유럽보다 뒤처져 있다. 나는 소우바드라의 개척 정신을 무척 존경해 수년 전 미국 탐험가 클럽이 주관하는 로웰 토머스 상Lowell Thomas Award에 후보로 추천했다. 호주나 캘리포니아와 비교하면 연구 지원과 인프라 모두 열악한 인도에서 나무 꼭대기를 연구하는 일은 차원이 전혀 다른 도전이었다. 풀브라이트 학자로 인도에 머무는 동안, 나는 케랄라주의 주도 티루바난타푸람 산림관리국에서 강연했다. 관리국장 슈리 N.V. 트리베디 바부Shri. N.V. Trivedi Babu를 비롯해 전원 남성인 직원 45명이 대형 마호가니 탁자에 각자 마이크를 하나씩 두고 앉았다. 짧은 정전이 끝나고 내가 작은 화면에 발표 자료를 띄우자 참석자들은 눈을 가늘게 뜨고 화면을 응시했다. 나는 소우바드라의 현명한 충고를 받아들여 인도 전통 의상인 사리를 입었고, 덕분에 강연장을 가득 채운 남성들은 어느 정도 만족스러워 보였다. 발표 자료에 첨부한 사진들이 너무 작아 보기 힘들었는데도 숲우듬지의 중요성을 강조하는 나의 메시지에 참석자들은 관심을 보였고, 인도에 우듬지 통로를 건설한다는 아이디어에 열광했다. T 가네시가 나중에 내게 전하기를, 강연 참석자들은 여성이 토론을 주도하고 있다는 사실에 깜짝 놀라 말도 제대로 못 했다고 한다. 당시 인도는 어려운 문제에 직면한 상황이었다. 삼림을 전문가가 관리하는 정부의 자원으로 여기고, 삼림 보호구역을 대중과 공유하는 계획을 마련하지 않았다. 그렇게 나무는 대부분 사람이 접근할 수 없는 자산이 되었다. 아이러니하게도 지난 200년 동안 미국은 일차림의 97퍼센트를 벌채했으나 인도에는 아직 숲이 21퍼센트나 남아 있다. 이는 믿기지 않을 만큼 귀중한 보물이다. 인도 나무는 대부분 잠긴 문 뒤에 남아 있었고, 정부 관계자들은 생태관광이 나무를 되돌릴 수 없을 만큼 훼손하리라 걱정했다. 자국의 자연 자원에 접근하고 싶어 하는 사람들을 보면서 나는 그들의 걱정에 공감했다. 미국 옐로스톤 국립공원도 매년 여름마다 방문객으로 들끓지만 미국 인구는 3억 3000만 명에 불과하다. 인도의 수십억 명 인구에게 귀중한 삼림 보호구역 접근을 허용한다면 분명 관리하기 어려울 것이다. 산림 관리국 직원들은 인도에 우듬지 통로를 건설할 가능성을 염두에 두고 훌륭한 질문을 던졌다. 통로는 야생동물을 해칠까? 우듬지 다리에는 몇 명이나 올라갈 수 있을까? 통로 접근을 제한할 방법은 있을까? 우듬지 통로에 신호 체계를 도입하면 어떨까? 그날 나는 풀브라이트 학자로서 세웠던 목표, 즉 나무를 대중과 공유한다는 개념을 진지하게 생각해보도록 인도 삼림 관리국 직원들을 자극한다는 목표를 달성했다. 우듬지 통로 아이디어가 즉시 받아들여지고 건설되는 과정을 지켜보고 싶었지만 특히 서로 다른 문화권과 아이디어를 공유할 때는 그런 활동이 조금씩 서서히 진행된다는 사실을 깨달았다. 우리는 지금도 서고츠산맥의 우듬지 통로와 관련해 일하고 있으며, 이 프로젝트는 조만간 결실을 맺을 것이다.

강연이 끝나고 소우바드라와 T 가네시는 새를 관찰하기 위해 나를 습지로 데려갔다. 우리 세 사람은 깃털 달린 생명체를 향한 애정을 공유했다. 이날 나는 일평생 작성해온 새 관찰 목록에 붉은볼망태물떼새, 알락검은코뿔새, 인도강제비갈매기, 인도검은따오기, 열린부리황새 등 새로운 종 5가지를 추가했다. 어린 시절 새알을 모으고 여름 야생동물 캠프에서 황금방울새를 붙잡아 꼬리표를 붙이는 마법을 경험한 이후, 새는 여전히 내가 열정을 쏟는 존재로 남아 있다.

소우바드라와 T 가네시는 국제 협력을 바탕으로 삼림 연구에 박차를 가할 수 있으리라 확신했고, 우리 셋은 방갈로르에서 다섯 번째 국제 우듬지 학회를 공동 개최한다는 큰 꿈을 달성하기 위해 기금을 모으기로 했다. 전문 나무탐험가도 몇 명 없는 나라로서 큰 데뷔 무대였지만 한편으로 인도는 알려지지 않은 고유종으로 가득한 일차림의 나라이기도 했다. 우듬지 학회가 개발도상국에서 열리는 것은 이번이 처음이며, 이는 전 세계에 변화를 일으키는 데 관심 있는 전문가 네트워크에도 긍정적인 자극을 줄 것이다. 나는 중견 과학자가 되면 인적 자원이나 연구 자금이 열악한 국가에서 일하는 것을 우선순위에 두기로 계획했었다. 여성, 소수민족 학생 등 다양한 사람을 대상으로 STEM 교육을 확대하는 일처럼 과학계는 연구비와 지적 자본을 전 세계에 균등하게 분배하기 위해 노력해야 한다. 북미나 남아메리카와 비교하면 인도는 삼림 과학을 현실에 적용하는 면에서 뒤처졌다. 인도는 환경보전에 관한 해답을 구하기에 완벽한 페트리 접시이지만 좋은 성과를 얻으려면 인도 과학자와 전 세계 과학자들이 헌신적으로 협력해야 한다.

우리 세 사람은 저명한 연사를 유치하기 위해 학회 보조금 지원서를 제출하고, 선한 본성을 지닌 동료들이 재능과 장비와 시간을 기부해주기를 바라기도 했다. 우리가 확보한 예산이 모든 참가자에게 여행 경비나 일당을 제공할 만큼 충분하지는 않았지만 산업화된 국가에서 활동하는 동료 나무탐험가들이 기꺼이 참여해주기를 희망했다. 다른 나라로 출장이나 학회를 갈 기회가 주어질 때면 현장 생물학자들은 문자 그대로 '나무에서 내려와' 다른 학자들과 문화적 차이를 공유하며 궁극적으로 깊은 존경과 신뢰를 구축한다. 학회는 과학 정보를 공유하는 전통적인 방식이지만 일부 학자들을 초청하려면 항공료를 지원하거나 그들의 발견을 전파할 출판물을 발행하겠다고 약속해야 한다. 우리는 언급한 모든 지원을 시도했다. 가장 저명한 강연자에게는 여행 자금을 지원하고(다른 학자들도 참석하게 만드는 낙수 효과를 일으킨다), 학술대회 논문집을 발행할 출판사를 찾고, 학생과 젊은 연구자 들을 유혹할 생동감 있는 의제를 만들었다. 호텔에 모기가 너무 많고 일부 호텔 직원에게 문제가 있는 등 몇 가지 시시콜콜한 걸림돌은 있었지만 우리는 나무 등반 워크숍을 개최하고 연회에 맛있는 인도 음식을 준비하는 등 다양한 활동으로 부족한 부분을 채웠다. 맞다. 항공편, 택시, 심지어 호텔에서 잇달아 발생한 놀라운 사건들은 학회 참가자가 전설로 남을 경험을 하게 해주었다.

인도에서 열린 제5차 국제학회의 제목은 "숲우듬지: 보전, 기후변화와 지속 가능한 사용"으로, 5가지 특별한 주제에 집중하며 숲 보존에 경각심을 불러일으켰다.

1. 삼림 벌채: 우듬지 과학이 발전하면서 우리는 벌채된 지역의 지도를 더욱 정확하게 그릴 수 있게 되었다. LIDAR(Light Detection and Ranging, 나무에 포함된 탄소나 수분 함량 같은 숲의 고유

정보를 상세하게 제공하는 새로운 이미지 기술), 위성 기술, 그 밖에 공중 정찰을 구현하는 새로운 도구들을 활용해 우리는 2009년 약 3000만 에이커(12만 헥타르)에 달하는 우림이 사라졌다고 계산하며 심각한 현실을 인지했다. 더욱 비극적인 사실은 아마존에서 반출되는 목재의 약 80퍼센트가 불법으로 벌목되었으며, 대개 수입품을 철저히 감시하지 않는 항구를 거쳐 북미 지역으로 이동했다.

2. 아마존 분지: 기후변화를 모델링하는 과학자들은 아마존 열대림이 20퍼센트 파괴되면 임계점을 돌파해 더는 이전으로 돌아갈 수 없게 되고 지구 날씨 패턴이 변화해 재앙을 불러오리라 예측한다. 학회의 기조 연설자인 톰 러브조이는 항공 조사 결과를 근거로, 아마존 열대림이 2009년 이미 17퍼센트 파괴되었다고 밝혔다.(보충 설명: 아아, 그로부터 10년이 지나기도 전에 20퍼센트를 초과했다.) 나무 밑동이 아닌 숲 전체를 탐구하는 비교적 새로운 접근 방식인 숲우듬지 연구는 미래의 지구 건강을 지키려면 가장 먼저 해야 하는 일로 이 학회에서 인정받았다.

3. 탄소 저장: 최근 숲 전체를 대상으로 진행한 연구에서, 특히 키 큰 나무가 대기에서 이산화탄소를 대규모로 흡수하는 덕분에 나무가 탄소를 저장하는 중요한 저장고 역할을 한다는 사실이 드러났다. 우리는 원시림(일차림)이 새로운 형태의 국제 통화가 될 수 있을지 논의했다. 최근 과학자와 경제학자는 열대 지방 국가가 숲을 온전히 보호하는 데 쓰는 비용을 대규모 이산화탄소 배출국이 대신 지불해야 한다고 제안했다. 나뭇잎이 대

기 이산화탄소의 약 20퍼센트를 제거하며 기후변화 억제에 중요한 역할을 하기 때문이다.

4. 생물 다양성: 새로운 생물종이 대부분 나무 꼭대기에 서식한다는 점에서 우듬지 과학은 21세기 초 새로운 종 발견에 몰두한 '그린 러시'green rush에 영감을 주었으며, 특히 인도는 비교적 탐험하지 않은 상태로 남아 있는 대표적인 영토였다. 1980년대 나무탐험가들이 밧줄과 우듬지 통로로 나무 꼭대기에 접근하기 전까지 우듬지의 생물 다양성은 밝혀지지 않았다. 인도코브라, 날도마뱀, 파란날개잉꼬, 큰코뿔새, 사자꼬리마카크, 검은두건랑구르, 인도호랑이 등 인도에 서식하는 카리스마 넘치는 생물들이 1980년대 학회에서 주목받았다. 당시에는 인도의 다양한 생물들이 90퍼센트 넘게 과학 문헌에서 분류되지 않은 채로 남아 있다고 추정되었다. 우리가 주최한 이 우듬지 학회는 아직 탐험하지 않은 인도의 숲에 관심을 불러일으켰고, 언론은 우리의 선언을 머리기사로 다루었다.
5. 국제 협력: 미래에 전 세계의 나무는 홀로 일하는 생물학자가 아니라 함께 일하는 현장 생물학자 팀을 필요로 할 것이다. 인도 학회는 생물학자들이 미래의 협력 관계를 구상하는 계기가 되었다. 모든 나무탐험가는 자국으로 돌아가 현장 연구에 온힘을 쏟아 숲을 이해하고 경제와 과학을 연결하며 인간의 건강한 삶을 보장하고, 나무 꼭대기에서 발견한 새로운 사실을 대중과 지도자들에게 공유하기로 결의했다.

제1회부터 4회까지 학회에서는 숲우듬지 연구법과 연구 성과를 공유했다. 여기에 더해 인도에서 열린 제5회 학회에서는 처음으로 전 세계 숲이 비상 상황을 맞이했다고 명확하게 알렸다. 지난 30년간 우듬지 접근을 돕는 도구들은 35개국이 넘는 나라로 전파되어 현장 생물학자들이 끊임없이 연구 성과를 낼 수 있도록 뒷받침했고, 그 덕분에 지구가 지속 가능하려면 반드시 숲이 건강해야 한다는 사실은 점차 명확해졌다. 간단히 말해 숲은 죽었을 때보다 살아 있을 때 훨씬 가치 있었다. 숲은 목재를 제공할 뿐 아니라 탄소를 저장하고, 물을 정화하고, 토양을 보존하고, 작물을 생산하고, 다양한 생물에게 서식지를 제공하는 등 여러 측면에서 금전적인 가치를 지닌다. 나무는 지구에서 새로운 통화로 빠르게 자리매김했다. 제5회 우듬지 학회가 열릴 무렵 콜로라도에 자리한 로키산 연구소Rocky Mountain Institute에서는 삼림이 지닌 '자연 자본' 가치를 4조 7000억 달러로 추산했다. 이 엄청난 금액조차도 삼림이 주는 혜택을 반영했다고 하기에는 턱없이 부족하다.

인도 학회에서 모든 나무탐험가는 자국으로 돌아가 쉼 없이 연구해야 한다는 절박감을 느꼈다. 인도 언론은 우리가 이룩한 과학적 성과를 공유했고, 그 내용은 인도 전역에서 머리기사로 보도되었다. 『방갈로르 미러』*Bangalore Mirror* 『더 힌두』*The Hindu* 『더 타임스 오브 인도』*The Times of India* 『데칸 헤럴드』*Deccan Herald*는 가슴 아픈 동시에 영리하게 "말라가는 나무 꼭대기"라고 이름 붙인 사진을 첨부해 인도 숲이 파괴되었음을 강조한 특집 기사를 발표했다. 인도 언론인들의 활약으로 특집 기사가 인기를 끈 덕분에 2500만 명 넘는 사람이 우듬지의 중요성을 깨달았다. 현지에서 인도인 10여 명이 한 신문사 주변 길거리에 쪼그리고 앉아 기사에 대해 토론하는 모습을 보고 나는 미소 지었다.

인도 학회에서는 최근 우듬지 연구 분야에서 눈에 띄는 발전상 2가지가 소개되었다. 첫째는 LIDAR, 드론, 위성 등을 활용한 공중 감시이고, 둘째는 현장 생물학 및 환경보전에 관련한 의사 결정에 참여하는 여성이 증가했다는 점이다. 드론과 항공 촬영 기술이 발전하면서 시간과 에너지가 절약되었고, 과학자가 들여야 하는 수고도 줄었다. 드론을 띄워 사진을 촬영하고 꽃이 핀 덩굴의 수를 세거나 영장류 서식지 지도를 그리면 과학자는 몇 주간 수십 그루의 키 큰 나무 수관에 오를 필요가 없었다. LIDAR 같은 기술이 점차 정밀해지면서, 과학자는 가뭄이나 곤충의 창궐 등 숲의 생명력과 연결되는 다양한 요소를 분석하게 되었다. 이는 해상도가 높은 이미지에서 나뭇잎의 수분 함량과 임분의 건강, 탄소 저장과 관련된 정보까지 기술적으로 얻을 수 있기 때문이다. 이런 유형의 정보는 삼림을 관리하는 데 매우 중요하며, 특히 지상 실측 정보와 결합하면 빛을 발한다. 공중 감시 기술만 있으면 과학자가 직접 몸을 움직이며 땀을 흘리지 않아도 되는데 왜 아직도 누군가는 지상 실측에 착수해 나무에 가까이 다가가 수관을 관찰하는 것일까? 가장 화려한 LIDAR 지도에도 어떤 곤충이 무슨 종류의 나뭇잎을 먹는지, 어떤 착생식물의 어느 잎사귀 층이 노랗게 보이는지 정확하게 알 수 없기 때문이다. 간단히 말해 공중 감시는 경험 많은 나무탐험가(혹은 현재는 경험이 없으나 장차 훌륭한 식물학자로 성장할 나무탐험가)의 관찰력을 여전히 대체하지 못한다.

이번 인도 학회가 남긴 또 다른 중요한 성과는 학술 토론회 논문집을 출간한 일이다. 그런 간행물은 2가지 이유에서 중요하다. 첫째, 첨단 과학 프로젝트를 추진하는 지역 전문가와 함께 출판할 기회를 신진 과학자에게 제공해, 그들도 현지에서 인정받고 인지도를 높여 승진할 수 있도록 돕는다. 둘째, 학술 토론회 논문집에는 최신 연구 결과가 수록된다. 카메룬 출신의 한 여성 삼림학자는 논문집 출간에 감격했고, 그 경력을 발판으로 고국에서 승진할 수 있었다. 젊은 생물학자 알렉스 라클리스Alex Racelis와 제임스 바르시만토프James Barsimantov는 논문집 첫 장에서 다음처럼 근본적인 질문을 던졌다. 특정 지역에 형성된 열대림 연구에 투자를 집중하면 삼림 벌채를 억제할 수 있을까? 이 물음에 답을 구하기 위해 두 학자는 과학 논문의 수(과학자와 그들이 연구에 투자한 비용을 가늠하는 척도)와 삼림 보전 효과를 연관 지었으나 출판물 발표 건수와 삼림 보전 사이에는 연관성이 없었다. 현재 과학을 탐구하는 과정이 성공적인 삼림 보전으로 이어지지 않을 수도 있으므로 과학자는 주요 성과를 학술지에 단순히 발표하는 선에서 만족해서는 안 된다. 인도 학회는 동료 평가가 이뤄지는 논문뿐 아니라 전 세계 학생에게 조언하고, 삼림 연구 인프라가 부족한 국가를 과학계가 나서서 돕고, 나무 우듬지를 보전하는 활동 등이 성공을 판가름하는 중요한 요소라는 사실을 내게 일깨워주었다.

인도의 삼림 보전은 기로에 서 있었다. 이 나라는 거의 하룻밤 사이에 기술이 폭발적으로 발전하며 현대화되기 시작했다. 우듬지 생물학자들이 학회에 모여 있는 동안 인도를 대표하는 자동차 회사 '타타 모터스'는 출력 33마력인 신차 '나노'의 가격을 겨우 2,500달러로 발표하며 전 세계에 돌풍을 일으켰다. 인도에서 중산층은 증가하고 있으나 천연자원, 특히 나무는 점점 줄어들고 있었다. 21세기 초 인도 삼림은 매년 1.5~2.7퍼센트 감소하고 있었고, 그 자리에 차밭과 열대 나무를 생산하는 목재 농장이 생겨났다. 공중 감시만으로는 녹색을 띠는 대지를 구체적으로 구분할 수 없으며, 따라서 일차림(원시림)이 농경지로 얼마나 전환되었는지는 계산하기 어렵다는 의미에서 보전생물학자는 삼림을 벌채해 농경지로 활용하는 사례를 '수수께끼 벌채'cryptic deforestation라 부른다. 인도가 중국과 더불어 천연자원 소비를 어떤 식으로 늘려나갈지, 그리고 두 나라에 사는 수십억 명의 인구가 지속 가능한 관행을 채택하는지가 향후 수십 년간 지구의 운명을 크게 좌우할 것이다. 이런 상황은 여러모로 불공정하다. 지난 수십 년 동안 서구 국가들은 무분별하게 자원을 소비했지만 이제 세계는 그처럼 무자비하게 자원을 낭비했다가는 80억 인구가 끔찍한 결과를 맞이하리라는 사실을 깨달았다.

학회가 끝나고 나와 T 가네시, 소우바드라는 허니밸리라는 근처 보호구역에서 미래의 나무탐험가를 대상으로 나무 등반 워크숍을 진행했다. '근처'라는 단어는 상대적이다. 가축이나 소달구지가 길을 막거나 트럭으로 도로가 혼잡하거나 날씨가 궂으면 지도상 매우 가까운 거리라도 몇 시간이 걸려 도착할 수 있다. 목적지는 해발 1,250미터에 자리해 거리상 가장 가까운 상록수 일차림이며, 하이킹 장소로 유명한 산봉우리 타디얀다몰Thadiyandamol에 있었다. 방갈로르에서 약 200킬로미터 떨어진 이 지역은 한동안 인도에서 꿀을 가장 많이 생산해 허니밸리라 불렸으나 태국 낭충봉아부패병이 퍼지면서 꿀벌이 멸종하는 바람에 지역 주민은 양봉을 지속할 수 없게 되었다. 대신 생태관광으로 눈을 돌려 새를 관찰하며 휴식할 수 있는 수로를 개발했으며, 이는 유연하고 민첩한 인도인의 정신을 드러내는 멋진 사례이다. 소우바드라와 T 가네시는 학회에 참석한 전문가들과 함께 방갈로르 지역 학생들에게 나무 등반을 체험하는 특별한 기회를 제공하려고 오두막 몇 채를 예약했다. 그리고 우듬지 연구를 주제로 강의를 준비하고, 싱글 로프 기술로 나무에 오르는 체험 시간을 마련했다. 학회 참가자들은 학회 참석으로 이미 인도에 와 있었기에 일정에 사흘을 추가해 인도의 차세대 우듬지 과학자들에게 나무 등반을 가르치는 일을 그리 고단해하지 않았다.

우리는 새벽에 방갈로르에서 자동차로 한 시간을 달려가 아침을 먹고, '근처'인 허니밸리까지 5시간 운전해서 갔다. 아침 식사로 나온 놀랍도록 맛있는 요리에 소스를 곁들여 순식간에 먹어치웠다. 외딴 현장에 갈 때면 늘 배가 고팠지만 인도 음식은 조심해서 먹어야 했다. 나의 장내 세균들이 인도 요리를 구성하는 다채롭고 독특한 향신료를 이따금 거부했기 때문이다. 그래도 인도 음식은 늘 맛있었고 특히 향이 좋았다. 허니밸리에 도착하자마자 우리는 우림의 키 큰 나무들을 보고 감탄했으며, 그 나무는 대부분 서고츠 숲 먹이사슬 속 생물 대다수를 먹여 살리는 귀중한 열매를 생산하는 베디팔라였다. 나는 공동 객실에 딸린 방으로 일인용 침대와 작은 탁자, 전등, 의자가 마련된 작은 침실을 배정받았다. 창밖을 내다보며 시끌벅적한 방갈로르 거리에서 벗어나 초록빛 오아시스에 오게 된 데에 감사했다. 인도에 생태관광이 자리 잡을수록 자연과 더불어 살아갈 인도 가정이 늘어나리라 생각하는 것만으로도 가슴이 벅찼다. 허니밸리 안의 광활한 땅은 이미 개간되고 농지로 쓰여 더는 일차림 생태계로 기능하지 않는다는 점이 분명했으며, 따라서 남아 있는 자투리 숲은 보전 가치가 높았다. 오두막에 서둘러 짐을 풀고 난 뒤, T 가네시는 야생동물을 보여주며 우리를 놀랬다. 그는 한 파충류학자를 소개했다. 뱀을 연구하며 부업 삼아 코브라 조련사로 일하면서 농장에서 뱀을 찾아내 포획하는 인물이었다. 시골 주택에 은신처를 둔 코브라는 수가 많은 데다 위험해서 농부들에게 공포심을 안긴다. 진정 바람직한 부업이다! 젊은 파충류학자가 상자를 여러 개 가져왔다. 뚜껑을 열자 첫 번째 상자에서 거대하고 공격적인 코브라가 튀어나왔다. 그는 뱀 지팡이로 매끈한 야수를 교묘하게 조종했다. 모두 헉 소리를 내며 몇 걸음 물러섰다. 나는 다른 사람 뒤에 서서 겨우 마음을 놓고 사진을 몇 장 찍었다. 오랜 세월 뱀과 마주치긴 했지만 내게 뱀 공포증이 있는 것은 아닐까?

다음은 등반 수업이다! 학생 팀은 방갈로르의 환경과 생태계 연구를 위한 아쇼카 재단에서 인턴으로 근무하는 여성 8명과 남성 12명으로 구성되었다. 전통 의상을 입고 나무에 오르기는 쉽지 않았기에 다음 수업에는 여행 가방에 여성용 카키색 바지를 잔뜩 담아 가져와도 되는지 질문하려고 메모해두었다. 수업에서 나는 과학 강사였고, 수석 등반 강사는 동료 나무탐험가 팀 코바르Tim Kovar였다. 팀은 빈틈없이 안전하게 나무를 타도록 가르치는 강사로, 나와 함께 전 세계를 누볐다. 우리는 아마존에서 케이폭나무에 오르기가 평생 꿈이었던 80세 할머니를 가르치고, 노스캐롤라이나에서 공식적인 '나무 등반의 날'을 맞이해 아이들 100명을 초대하고, 휠체어를 타는 학생들에게 싱글 로프 기술을 전수하는 등 몇몇 놀라운 경험을 했다. 우리 두 사람은 '모두를 위한 나무 등반'에 몰두했다. 코브라 수업이 진행되는 동안 팀은 인근 우림의 나무 3그루에서 높이 27미터 나뭇가지에 밧줄을 걸고 등반할 준비를 신속하게 마쳤다. 코브라를 소개하는 시간이 끝나자 인도 학생들은 울창한 초목 곁을 조심스레 지나 숲속으로 들어간 다음 조그마한 공터에 앉아 등반용 밧줄이 걸쳐진 베디팔라 우듬지를 바라보았다. 인도 숲에는 호주와 달리 다리를 기어오르는 거머리 떼도 없고, 중앙아메리카와 달리 속옷 라인을 따라 깨물어대는 털진드기도 없었다. 사실 인도 우림은 특이한 코브라와 코끼리, 호랑이 등 몇몇 덩치 큰 동물을 제외하면 위험한 생물이 적고 비교적 온화한 편이었다. 그런 차이가 있는데도 서식하는 나무속이 비슷하고, 숲 바닥을 채우는 덩굴의 구조와 묘목의 밀도가 흡사하며, 우듬지 및 나뭇가지의 높이도 닮아 여러 면에서 호주를 떠올리게 했다. 가까운 식물과에서 진화적 유사성이 발견되듯 인도와 호주 숲이 공통 유산을 물려받아 구조적 유사성을 지니기 때문이다. 그런데 인도 숲에는 세계 어디에서도 볼 수 없는 생물종이 있었다. 전 세계에서 생물 다양성 핵심지로 손꼽히는 서고츠산맥에는 속씨식물 5,640종(그중 100종 이상이 고유종이다), 민물고기 165종, 양서류 76종, 파충류 177종, 새 454종, 포유류 187종이 서식하며, 이 숫자는 새로운 종이 발견될수록 증가한다.

하루가 끝나갈 무렵이 되자, 처음에는 겁에 질렸던 인도인 생물학 전공자 20명(거의 절반이 여성)은 잠재력 높은 나무탐험가로 변신했다. 우듬지 생태학처럼 새롭게 떠오르는 분야일수록 다음 세대를 훈련하는 일은 대단히 중요하며 과학자로서의 성공을 판가름하는 지표가 된다. 학회에 참석한 전 세계 과학자에게 인도 학생의 삶을 바꿀 현장 워크숍에도 참여하도록 제안한 소우바드라와 T 가네시의 전략은 현명했다. 3년 전 두 사람에게서 삐걱대는 사다리를 빌려 힘겹게 베디팔라 나뭇가지에 올랐던 일을 생각하면 미소가 떠오른다. 그로부터 1년 뒤 나는 그들에게 밧줄과 등반 도구를 선물했다. 인도 공동체가 추구하는 가치와 신성한 종교적 믿음에 현장 연구를 융합할 수 있다면 나와 인도 동료들은 상향식, 즉 지역 공동체 기반의 보전 활동에서 성공을 거둘 것이다. 나무탐험가로서 나는 인도인들이 카메라 트랩과 같은 새로운 도구와 싱글 로프 기술을 활용해 성스러운 나무의 가치를 확인하고, 나무 꼭대기에 서식하는 영장류는 물론 숲 바닥에 사는 호랑이나 표범에게도 나무 우듬지가 중요하다는 점을 깨닫는 등, 숲 전체에 접근하며 현장 생물학을 발전시켜 가는 과정을 지켜보았다. 나무탐험가들이 협력한다면 인도 같은 나라는 다른 지역의 모범 사례를 도입해 과학 발전을 촉진할 수 있고, 위협에 맞서 생태계를 온전히 지킬 수 있을 것이다. 소우바드라와 T 가네시는 새로운 도구를 받아들이고 전 세계 과학자와 함께 일하며, 그들 머리 위로 뻗은 나뭇가지에서 중요한 것들을 발견해냈다.

T 가네시는 베디팔라 상층부 우듬지에서 동식물의 상호작용을 기록한 연구를 시작으로, 인도의 숲우듬지에서 카메라 트랩 사용

을 개척했다. 3년간 그가 카메라 렌즈를 갖다 댄 베디팔라 꽃을 방문한 생물로는 사자꼬리마카크, 검은두건랑구르, 인도큰다람쥐, 붉은날다람쥐, 가시겨울잠쥐, 널기리팜다람쥐, 갈색사향고양이가 있고, 박쥐 2종류도 발견되었지만 교란된 가장자리 근처로 한정된다. 사자꼬리원숭이는 베디팔라 열매뿐 아니라 잎, 꽃봉오리, 꽃도 먹었다. 서고츠산맥의 베디팔라는 12월부터 4월까지의 건기 동안 경생꽃차례cauliflorous cluster로 배열된 어두운 노란색의 통상화tubular flower를 300~3만 송이 틔운다. 꽃의 다육질에 과즙이 배어 있어 동물들은 그 부분만 찾고 나머지 꽃 구조는 버린다. 베디팔라의 초식성은 연구되어 있지 않으나 언젠가 돌아가 그 흥미로운 현장 연구에 도전하고 싶다. 한편 소우바드라는 날아다니는 곤충(특히 나비)이 수많은 인도 나무를 수분하는 과정을 기록했으며, 다른 열대 지역과 비교하면 인도에서는 조류와 나무 위 포유류 연구가 거의 이루어지지 않았다고 인정한다. 서고츠산맥에서는 나무 89종 가운데 2종만이 포유류에 의해 수분되며 이는 유대류, 설치류, 기린, 영장류를 비롯한 주요 동물 매개자가 수분에 관여하는 호주, 아프리카, 아메리카 열대 지역의 나무들과 극명히 대조된다. 왜 인도는 포유류나 조류보다 곤충 매개자가 더 많을까? 아직은 아무도 그 이유를 모르지만 소우바드라와 T 가네시가 나무탐험가 등반 도구를 써서 그 수수께끼를 풀지도 모른다.

전 세계를 누비는 나무탐험가로서 내가 극복해야 하는 가장 힘든 과제는 현장 근무에서 돌아와 가족과 함께 보내는 일상으로 복귀해 마음가짐을 전환하는 일이었다. 현장과 집을 아무리 많이 오갔다고 해도 다른 나라로 떠나 낯선 장소에서 일하는 과정에서 오는 정서적 대변동과 물리적 타격에 적응하는 일은 그리 쉽지 않다. 특히 인도에서 그랬다. 소우바드라와 T 가네시와 나는 생물 다양성을 조사하거나 나무를 심기 위해 현장에 나갔을 때 다양한 경제적·문화적 세계 사이에서 마음의 전환을 자주 겪었다. 다음은 어느 날 서고츠산맥 근처에 자리한 호랑이 보호구역에서 겪은 사건을 기록한 일기를 발췌한 내용으로, '도심 정글'로 복귀하는 구절이 압권이다.

오전 6시. 자명종이 울린다. 아직 어두운 카라푸라 마을 인근 나가라홀 국립공원에서 새벽부터 코뿔새들이 지저귀며 일출을 알린다. 카비니강 산장에 마련된 바위처럼 단단한 나무 침대 위에서 얇은 담요를 누에고치처럼 온몸에 둘둘 말고 버둥거리며 카키색 옷을 더듬어 집는다. 공기는 쌀쌀하지만 상쾌하다. 우리는 숲 서식지라는 맥락에서 호랑이를 조사하고 보전을 논의한다는 임무를 수행하기 위해 이곳에 왔다. 인도 남서부에 자리 잡은 서고츠산맥은 국제보호협회Conservation International가 정한 지구 생물 다양성 핵심지 25곳에 속한다.

오전 6시 14분. 치렁치렁한 하얀색 바지인 전통 의상 도티dhotis를 입은 인도 웨이터 2명이 노크하고, 아침잠을 깨우는 차를 가져다준다. 개미들이 문간에 몰려 내가 어제 오후 티타임에 먹다가 흘린 빵 부스러기로 축제를 벌인다. 나는 발바닥에 붙은 개미를 떼어내느라 탭댄스를 춘다.

오전 6시 30분. 어둠 속에서 몸을 떠는 미국인 1명과 인도인 4명이 지붕 없는 지프에 올라탄다. 길을 따라가다 보니 벌써부터 여성들이 마을 우물에서 물을 길어 플라스틱 항아리에 담고 초가집까지 나르고 있다. 조리용 나무 화덕에서 향기로운 연기가 작은 소용돌이를 그리며 하늘로 올라가 아침을 알린다. 화덕에 불을 피우면 은밀하게 공기로 퍼지는 검은 그을음이 냄비를 휘젓는 여성의 호흡기로 들어가 건강에 문제를 일으키고, 수백 킬로미터 떨어진 히말라야 빙하의 표면에 내려앉아 색을 어둡게 만들어 얼음이 더욱 빠르게 녹도록 부채질한다.

오전 6시 50분. 우리가 탄 지프가 덜덜거리며 망고나무 우듬지를 지나가는 동안 경비원 2명이 곧 무너질 듯한 나무집에 앉아 그 모습을 내려다본다. 그들은 공중에서 호랑이와 코끼리가 마을의 농작물을 약탈해가지 않도록 지킨다.

오전 7시. 국립공원 정문에서 우리가 가져온 서류를 확인한다. 입장 허가증은 제한된 인원에게만 발급된다. 최선을 다해 노력하고 있지만 인도에 걷잡을 수 없이 만연하는 밀렵으로 호랑이는 멸종 위기에 처했다.

오전 7~10시. 지붕 없는 지프가 울퉁불퉁한 도로를 달리는 동안 우리는 차 내부에 몸을 부딪히면서도 오감을 곤두세운다. 가이드는 위험을 알리는 특정 새소리를 듣는데, 이는 포식자(대개 호랑이)의 위치를 알리는 단서를 준다.

오전 8시 13분. 운전사가 끼익 하고 차를 멈추더니 "들어봐"라고 속삭인다. 암컷 물사슴이 근처에서 비명을 지른다. 우리가 멈춰 선 흙길 위로 드리워진 나뭇가지에 표범이 드러누워 막 잡은 새끼 사슴을 먹는다. 정글의 법칙은 냉혹하다. 어미와 새끼가 한 걸음 내딛기를 주저하는 틈에 1마리가 희생되었다. 힘이 센 포식자가 아침 식사를 하려고 나무 꼭대기로 오른다. 우리는 모두 지상을 누비는 포식자가 우듬지를 안전한 쉼터로 활용하는 모습에 감탄했고, 숲 전체를 관찰해 나무 생태계를 이해한다는 우리 접근 방식의 근거는 더욱 탄탄해졌다. 표범은 호랑이처럼 인도 전역에서 개체 수가 빠르게 감소하고 있으며, 생존하기 위해서는 두 동물 모두에게 건강한 숲이 필요하다.

오전 9시 15분. 표범을 2마리 더 보고 나서 아아, 호랑이는 없는 숲을 빠져나와 도시로 복귀할 준비를 한다. 출입 제한 때문에 공원 측이 사륜구동 차량에서 내리지 못하게 막은 관계로 우리는 인도 호랑이 보호구역에서 숲우듬지를 '연구'한다는 목적에 맞게 관찰하고, 사진을 찍고, 메모만 했다. 이번 방문은 몇 년간 비슷한 관찰을 반복하는 정식 연구 프로젝트가 아닌, 신속한 지상 실측 훈련에 가까웠다. 그러나 소우바드라와 T 가네시 그리고 나는 숲 생태계의 풍경과 소리를 함께 느끼고 대화를 통해 새로운 아이디어를 도출하면서 국제적 협력 관계를 다시 한 번 굳건히 다진다. 차 안이 토론으로 활기가 넘쳤다. 이 신속한 방문을 끝으로, 나는 외딴 야생동물 보호구역에서 공항 4곳과 북적이는 도시 몇 군데를 거쳐 플로리다에 착륙해 집으로 돌아갈 것이다. 시간이 너무 부족해 샤워는커녕 짐도 2분 만에 챙기고 전통 채식 요리를 몇 입 만에 꿀떡꿀떡 삼킨다.

오전 10시 10분. 그 길에서 나는 긴 여정의 첫 번째 관문인 지방

공항을 향한다. 인도인들은 염소 떼, 우마차, 학교로 걸어가는 아이, 어마어마한 짐을 실은 자전거, 떠돌이 소, 낡아 빠진 시내버스가 뒤엉킨 길을 여섯 시간 동안 택시로 이동하기를 대수롭지 않게 여긴다. 여느 탐험가가 그렇듯 내가 가진 건 물병 하나이다. 우마차를 타다가 한나절 만에 갑자기 점보제트기로 갈아타려니 마음이 싱숭생숭하다.

오후 4시 45분. 방갈로르에서 뭄바이로 가는 국내선이 연착되었다. 나는 몹시 흥분한 채 다른 비행기를 알아보려고 긴 줄에 서 있다. 짐이 보이지 않는다.

오후 8시 30분. 뭄바이 국내 공항에 늦게 도착한 탓에 약 20킬로미터 떨어진 국제선 터미널까지 2시간 안에 가야 한다. 기적적으로 여행 가방이 수하물 수취대에 나타난다. 택시를 기다리는 데만 1시간 넘게 걸린다. 더 나은 판단이라 믿고, 나는 뉴욕 비행기 출발까지 1시간 조금 넘게 남은 9시 15분에 터미널 수송 버스에 올라탄다.

오후 9시 35분. 국제선 터미널에서는 승객들이 좁은 게이트로 몰려들어 여권과 탑승권을 미친 듯이 흔든다. 여행 가방들이 날아다닌다. 공기가 욕설로 가득하다. 공항은 혼돈의 도가니이다.

오후 9시 45분. 유나이티드 항공사 카운터에서 탑승 수속을 밟자 직원이 나를 게이트까지 서둘러 데려다준다. 늦지 않고 도착할 수 있을까? 상기된 얼굴로 땀을 뚝뚝 흘리자 공항 직원이 신종플루 검사를 해야 한다며 나를 막아선다. 아니요, 내 말 좀 들어봐요, 비행기를 갈아타느라 땀을 좀 흘렸어요. 달린다, 내가 마지막 탑승자이다. 호화로운 좌석에 몸을 파묻자 황홀감이 밀려온다. 헤드폰을 쓰고 화장지가 마련된 푹신한 좌석에 앉아 선반을 내리고 식사를 하는 이 열여섯 시간의 비행은 저주라기보다 사치처럼 느껴진다. 숲과 시멘트 건물을 자주 오가는 나무탐험가로서 나는 세계가 정의하는 '문명'에 대해 곰곰이 생각한다. 오늘날 세계인의 50퍼센트는 도시에 살면서 도시 생활이 제공하는 문화적·물리적 편의 시설을 향유하지만 몇 안 되는 현장 생물학자들은 여전히 콘크리트 밀림 속 차량이 아닌 녹색 정글 속 표범과 맞선다. 북적이는 개발도상국 인도의 나무들이 '진보'의 결과로서 파괴를 눈앞에 두고 있다. 우리가 수행하는 우듬지 연구가 인도에서 삼림 연구와 보전을 추구하는 열정을 불러일으키길 바란다.

세계 곳곳을 방문할 때뿐 아니라 특히 아이들과 멀리 떨어진 외딴 지역에서 나무를 탈 때면 복잡한 감정이 나를 압도한다. 나무 꼭대기에 오르는 일은 즐거운 경험이지만 한편으로는 적절한 무게감으로 걱정스럽고 불안하며 두려운 활동이다. 나무에 오르려면 나뭇가지의 힘, 대자연의 협력 그리고 '땅'(땅바닥에서 안전을 감시하는 사람)이라는 신뢰가 필요하다. 인도, 에티오피아, 페루 같은 나라에서 수년간 연구를 진행한 시기에는 이따금 외로움이 사무쳤다. 상층부 나뭇가지에 올라가면 언어 장벽 때문에 밑에 서 있는 사람들과 의사소통이 늘 원활하게 이뤄지지 않았다. 지구 반 바퀴 건너편 가족들과는 연락 수단이 없어 거의 소통하지 못했다. 생일 같은 기념일을 자주 놓쳤고, 현장에서 느끼는 감정을 가족에게 쉽게 전하지 못했다.

험난한 원정을 마치고 돌아와서는 국제 현장 연구에 뒤따르는 일들을 수행해야 하기에 가족이나 친구들을 만나 에너지를 쏟기란 쉽지 않다. 집에 도착하자마자 두 아이와 나무 이야기를 나누고 싶다는 마음은 언제나 굴뚝같았지만 늘 시차에 적응하기 위해 싸우는 중이었으며 양치하고 포근한 침대에 눕고 싶어 견딜 수 없었다. 어느 직업이든 일하다 보면 온갖 고난을 맞이하기 마련이다. 그런데 세계를 누비는 나무탐험가로 사는 삶은 문자 그대로, 그리고 비유적으로 오르락내리락한다!

나는 밧줄에 매달려 있는 동안 같은 나무 꼭대기 거주민으로 나를 받아들여주는 야생동물을 만날 때 삶의 상승을 경험했다. 그리고 혼자 긴 시간 매사추세츠주 온대림에서 애벌레를 먹어치우는 즙빨기딱따구리를 구경하고, 호주 오지에서 코알라와 함께 유칼립투스 나뭇가지에 걸터앉고, 아마존에서 자기 몸보다 훨씬 큰 잎을 나르는 개미 떼를 보고 감탄했다. 인도에서도 마찬가지였다. KMTR에서 소우바드라, T 가네시와 함께 우듬지 등반 도구를 활용해 인도의 생물다양성을 조사하던 도중 나는 영장류 친척을 코앞에서 만났다. 당시 우리가 수행했던 프로젝트는 장기 계획을 설정해 우듬지 우점종인 베디팔라가 계절 변동에 따라 어떤 식으로 열매를 맺는지 모니터링하는 것이었다. 우리는 두려움에 떨면서 나뭇가지로 만든 엉성한 사다리를 아슬아슬하게 타고 올라가 상층부 나뭇가지에 접근했고, 과일 잔치를 즐기는 먼 친척 무리 사이에 앉게 되었다. 호랑이와 마찬가지로 사자꼬리마카크도 베디팔라에 서식하는데, 사자꼬리마카크는 나뭇가지 위에서 열매를 섭취하고 시간을 보내는 반면 호랑이는 베디팔라 숲 바닥에만 머무른다. 소우바드라는 직접 만든 허술한 사다리를 타고 올라가 목숨을 걸고 베디팔라의 거대한 수관을 연구했다(그 형편없는 사다리를 보자 스코틀랜드 고지에서 서툴게 만들어 썼던 발판이 떠올랐다). 사자꼬리마카크는 만날 때마다 스릴 넘쳤고, 인도 숲 속에 사는 주홍할미새사촌, 갈색빰풀베타, 평원꽃새류, 작은거미잡이새 등 놀라운 이름이 붙은 새들은 나의 어휘력을 풍부하게 해주었다. 이 새들은 대부분 곤충을 잡아먹었으며, 미각이 곤충에 길들여져 있었는데도 베디팔라에 의존해 살았다. 곤충은 나무에 이끌려 열매를 먹고, 새와 파충류는 곤충을 먹고, 원숭이는 곤충과 나뭇잎과 열매를 먹는다. 생태계는 먹고 먹히는 복잡한 관계로 엮인 사슬이며, 인도 열대림도 예외는 아니다. 인도의 건강한 우듬지는 호랑이나 표범 같은 상징적인 야생동물을 뒷받침하고, 위에서 아래로 이어지는 생태계 내 상호관계를 강화한다.

베디팔라 나무는 전체 생태계 건강에 영향을 주는 생물의 한 예로, 생태학자는 핵심종이라 부르기도 한다. 또 다른 핵심종 사례로 북아메리카 태평양 연안에 서식하는 불가사리가 있다. 이들의 포식성은 조간대 군락에 사는 어느 한 종이 다른 종들을 압도하지 못하도록 막는다. 이와 비슷하게 핵심종으로 손꼽히는 플로리다의 앨리게이터와 아프리카의 크로커다일은 가뭄기에 깊은 물웅덩이를 만들며, 이는 다른 야생동물에게 오아시스가 되어준다. 인도에서는 코끼리가 핵심종이자 생태계의 공학자로 여겨진다. 코끼리는 이따금 나무를 뿌리째 뽑아 우듬지 지붕을 제거해 나뭇잎 공급을 줄이고, 나무가 뽑힌 빈 공간에 새로운 나무종이 자라도록 유도해 다른 초식동물에게도 연쇄 효과를 미친다. 열대림은 온대 생태계만큼 포괄적으로 연구되지 않아 밝혀진 핵심종이 더욱 적다. 현장 생물학자들은 지금도 열대림에 어떤 생물이 살고 있는지조차 구체적으로 모른다. 생태계에서는 복잡한 관계를 규명하기가 쉽지 않으므로 핵심종이 어떤 역할을 하는지는 생태학자들 사이에서 여전히 논란이 된다. 하지만 핵심종으로 분류된 어느 종의 개체 수가 감소하면 생태계가 변화하거나 파괴된다고 예상하므로 그런 종은 대개 생태계 보전에 중요한 요소로 주목받는다.

몇 초 만에 정보를 전 세계로 전송하고 우주 공간을 촬영할 만큼 과학 기술은 발전했지만 자연에 얽힌 무수한 수수께끼는 여태껏 풀리지 않은 채로 남아 있다. 과학자들은 아직도 베디팔라 종자가 땅에 뿌려지고, 싹을 틔우고, 수분하는 과정에 동원되는 전략은 물론 이 핵심종 나무 수관 안에 사는 다양한 생물 간의 복잡다단한 상호관계에 대해서도 밝히지 못했다. 호랑이와 사자꼬리마카크의 개체 수가 줄어드는 현상을 인류가 더욱 깊이 있게 이해할 수 있기를 바란다. 두 생물종의 생존은 베디팔라가 계속 열매를 맺는 것뿐 아니라 숲 전체가 어떻게 작용하는지 분명하게 이해하는 데에 달렸다. 최근 『방갈로르 미러』에 "사야드리 보호구역에서 발견된 호랑이"라는 머리기사가 실렸다. 호랑이 한 마리가 목격되자 전국 언론에 첫머리로 발표된 것이다. 사건 이후 생물학자들은 호랑이를 직접 보지는 못했지만 보호구역 안 오솔길에서 그 호랑이의 배설물을 채취해 유전학적으로 분석했다. 신비감이 조금 낮아지긴 했지만 중요한 것은, 앞으로 과학자들이 호랑이가 서식하는 우듬지를 연구하면서 우듬지 생태계를 건강하게 유지하는 방법도 도출하리라는 점이다. 프린스턴 대학교는 대학교 마스코트가 멸종했는데도 괜찮을 걸까? 서커스 극단은 대형 천막 안에 호랑이나 코끼리를 두지 않고도 명맥을 유지할 수 있을까? 인도에서 가장 사랑받는 야생동물 일부가 멸종한다면 세상은 예전 같지 않을 것이고, 이 고귀한 생물들의 운명은 다가오는 몇 년 안에 결정될 것이다.

덩치 크고 카리스마 넘치는 인도 코뿔소도 같은 위기에 처했다. 나는 소우바드라와 T 가네시와 함께 카지랑가 국립공원에서 코끼리를 타고 코뿔소 개체 수를 세는 영광을 누렸다. 이 놀라운 동물은 당시 전 세계에 고작 2,093마리 남아 있었는데, 밀렵꾼이 사냥해 중국에 약재로 팔면서 멸종에 이르렀다. 나는 코뿔소 개체 수를 세기도 전에, 호텔에 앉아 저녁을 먹는 도중 한 미국 생물학자가 코뿔소가 짝짓기하는 모습을 25분간 목격했다고 떠벌리는 이야기를 들으며 코뿔소 멸종의 원인을 파악하게 되었다. 그 생물학자는 25분이 (코뿔소에게는) 세계 기록이라고 주장했다. 이 같은 코뿔소의 체력이 널리 알려지면서 사람들은 사실이든 아니든 코뿔소의 뿔을 성적 능력과 연결하게 되었다. 코뿔소 개체를 세러 가는 날, 우리는 날이 밝기에 앞서 국립공원 입구 앞에 도착해 그날의 이동 수단인 코끼리를 찾았다. 가는 도중 등유 화덕을 내놓은 노점에 들렀는데, 노점 주인은 내가 여태까지 보았던 가장 작은 컵에 차를 담아 팔고 있었다. 아마도 우유와 설탕을 듬뿍 넣은 차 한 모금이었을 것이다. 우리는 용기를 내 어두운 안개 속으로 들어가 곧 약속 장소를 발견했다. 쉽게 코끼리에 올라탈 수 있도록 준비한 사다리 받침대 근처에 안장을 얹은 코끼리 떼가 서성이고 있었다. 소우바드라와 나는 라쿠마나(Rakumana, 인도 신화에서 따온 이름)를 탔다. 카지랑가 국립공원은 세계에서 코뿔소가 가장 많이 사는 동시에 호랑이가 대략 90마리 서식한다는 세계 기록을 보유하고 있다. 토착 (그러나 길들인) 아시아 코끼리를 타자 우리는 인간으로 인식되지 않았고, 따라서 코뿔소 6미터 이내로 가까이 접근할 수 있었다! 안개가 내린 아침에 키 큰 풀밭에서 먹이를 찾아다니는 어미와 새끼 코뿔소를 관찰하고 있다는 사실이 믿기지 않았다. 나는 덤불 사이로 쏜살같이 지나가는 주황색과 검정색 줄무늬를 자세히 보려고 코끼리 엉덩이 쪽으로 고개를 돌렸다. 호랑이였다고 증명할 수는 없지만 근처를 거닐던 인도돼지사슴의 불안해하는 움직임이 호랑이가 지나갔다고 암시하기에 나는 내 주장을 고수하고 있다. 해가 뜰 무렵 코끼리 등이라는 유리한 위치에 앉아 세계에서 가장 독특하고 위협적인 종들을 관찰하며 나는 그 특별한 장소에 영적으로 연결되어 있다고 느꼈다. 국립공원을 떠나려는데 지역 경비원들이 파업하고 있는 모습이 보였다. 자연보전에서 비롯한 난제 때문이었다. 최근 한 조사에서 카지랑가 국립공원 내 호랑이의 서식 밀도가 높다는 사실이 드러나자 국제 NGO들은 그 공원이 호랑이 보호구역으로 지정되기를 바랐다. 하지만 실제 보호구역으로 지정되면 방문객 출입이 더욱 엄격하게 제한되어 지역 주민들은 일자리를 잃고, 일부 주민은 어쩔 수 없이 다른 지역으로 이주해야 할 것이었다. 국립공원 관리인들은 코뿔소 보호구역으로 지정된 현 상태가 유지되고, 다른 어느 공식적인 지위로도 호랑이와 관련되지 않기를 희망했다. 지역 주민이 일자리를 잃으면 일부는 밀렵에 의존할지 모른다. 지구 반 바퀴 떨어진 지역에 사는 탓에 현지 문제를 늘 이해하지 못하는 국제 환경보전 단체들이 어떤 이유로 원주민 공동체를 원망하게 되었는지 쉽게 이해할 수 있었다. 이런 갈등 때문에 동료들은 국립공원에서 나오는 동안 인도 경비원에게 호랑이 보호구역 옹호론자로 의심받지 않도록 나를 지프 뒤에 숨겨주었다. 생계와 환경보전을 위해 노력하는 현지인이 보기에 국제기구 관계자들의 행동은 선의에서 비롯하긴 했으나 현실과 동떨어진 간섭이었다.

의심할 여지 없이 오늘날 인도 시민 대다수가 도시에 산다. 인도가 일차림의 21퍼센트를 성공적으로 보전하게 된 원인은 나무를 존중하는 태도에도 있지만 수많은 인구가 도시로 이주한 결과이기도 하다. 인구가 늘고 경제가 발전하면서 인도는 천연자원을 개발하려는 열망도 커졌다. 그래서 인도에서는 파격적인 협력 관계를 구축해 환경보전을 촉진한다는 방안을 검토하고 있다. 생물학자 E. O. 윌슨은 논란을 일으킨 저서 『지구의 절반』*Half-Earth*에서 지구의 절반은 한 생물종(인류)을 위해 보전하고, 지구의 다른 절반은 나머지 99.9퍼센트 생물들에게 양보해야 한다고 주장한다. 윌슨이 선정한 '구해야 하는 장소'에는 인도의 서고츠산맥이 포함되었으며, 인도에서 수행한 초기 우듬지 연구는 그 지역 생물 다양성의 독특함을 확인시켜준다. 서고트산맥은 나무에 대한 인도의 영적 감각을 드러낸다. 인도인은 대부분 힌두교를 믿는데, 힌두교 성전 『바가바드 기타』*Bhagavad Gita*는 중요한 도덕적 의무로 자연 숭배를 설파한다. 인도에는 세계에서 성스러운 숲이 가장 많으며, 임분으로 따지면 대략 10~15만

곳이다. 역사적으로 인도인은 자연을 숭배의 대상으로 삼았고, 오늘날에도 힌두교 신자는 신성한 나무 아래에 램프를 밝히는 영적 의식을 수행한다. 인도에 자리한 대부분의 신전과 마을에는 피팔peepal 또는 인도보리수 또는 석가모니나무bodhi tree라고도 불리는 거대한 무화과나무가 적어도 한 그루씩 있었다. 『바가바드 기타』에 따르면 크리슈나 경Lord Krishna이 그 무화과나무를 종교적인 나무종으로 가정했다고 한다. 신성한 나무라는 개념은 인도의 토착 종교 신앙을 깊이 존중했던 영국 통치자들이 인도의 일차림을 베어내는 일을 막았을 수도 있다. 이와 비슷하게 킹코브라는 카스트 계급이 낮은 사람들 사이에서 신성한 숲과 관련이 있다고 여겨진 신이었으며, 따라서 죽이면 안 된다는 인식이 퍼졌다. 이처럼 종교와 자연 간의 상호작용은 신성한 믿음이 생존 위기에 처한 생물종을 어떤 방식으로 구하는지 가르쳐준다.

인도의 천연자원은 종교와 불가분의 관계에 놓였으며, 그 덕분에 성공적으로 보전되고 있다. 오늘날 수많은 신성한 숲은 힌두교 신자나 사원이 운영하는 신탁 단체가 관리하는데, 인도 케랄라주에서만 5,000곳 넘는 자투리 숲이 서고츠산맥 남쪽에 존재한다. 국가가 소유한 보호구역으로 신성한 숲을 통합하는 방식은 20세기에도 숲을 지속해서 보전할 수 있는 현실적인 해결책이 되었다. 예컨대 케랄라 정부는 주 전역에 5,000곳 넘게 남아 있는 신성한 숲에 울타리를 설치하기 위해 자금을 투입했다. 다른 서양 국가에서도 그렇듯 인도에 서식하는 수많은 나무는 목재로서의 가치가 아닌 독특한 종교적 특성 때문에 오늘날에도 보호받고 있다. 종교를 환경보전의 가장 중요한 만트라로 여긴다는 맥락에서 숲 과학자들은 동남아시아 삼림을 평가하는 참신한 측정 기준을 찾는 일에 도전하고 있다. 신성한 숲에서 올린 기도의 수가 달러나 센트로 환산될 수 있을까?

전 세계가 나무에 목재 이외의 가치를 두기 시작하면서 인도는 이산화탄소 배출을 상쇄하기 위해 숲 복원을 장려했다. 2019년 인도 우타르프라데시주에서는 시민들이 24시간 동안 묘목 2억 200만 그루를 심었는데, 이는 사실상 시간 대비 묘목 수 기준으로 세계 신기록이다. 우듬지 연구에서 나무가 이산화탄소를 흡수해 탄소를 저장하는 정확한 데이터를 측정한 덕분에 이제 숲은 기후변화에 대항하는 중요한 무기로 인식되고 있다. 나무 10억 그루는 현재 이산화탄소 배출량의 25퍼센트를 제거할 수 있으리라 추정하며, 인도는 이미 하루 만에 10억 그루의 4분의 1을 심었다. 오래된 나무의 줄기와 수관이 탄소를 더 많이 저장하므로 원시림이 가장 효과적인 탄소 저장 단위이지만 우타르프라데시주에 심은 묘목들도 언젠가는 성목이 될 것이다. 인도의 미래를 고려할 때 나무 심기에 대한 집중적인 투자는 현명한 전략이며, 인구 10억이 넘는 나라라면 나무 심기에 반드시 투자해야 한다.

베디팔라

Cullenia exarillata

스코틀랜드 식물학자 로버트 와이트Robert Wight는 인도 마드라스주 코임바토르 근처에서 수집한 표본을 근거로 쿨레니아속을 정의하며, 꽃 수술통staminal tube이 갈라진 조각이 훨씬 길쭉하다는 특징을 관찰해 가장 가까운 친척인 두리오속과 구별했다. 쿨레니아속은 물밤나무과에 포함되며, 명주솜나무silk floss 또는 자바코튼java cotton이라 불리는 케이폭나무와 함께 전 세계 열대 지역에 분포한다. 식물학에서 새로운 종으로 분류된 첫 번째 개체는 기준 표본이라 불린다. 이 표본은 분류의 기준이 되어, 박물관의 식물 표본집에 안전하게 보관된다. 최근 발표된 문헌에서 쿨레니아속은 형태학적 변이가 심도 있게 분석되어, 개정된 분류 기준으로 서술되었다. 분류학적 설명에 등장하는 거의 해독 불가능한 전문 용어와 학술 용어를 풀어서 설명하면 다음과 같다.

> 나무는 키가 크고 상록수이며 나뭇가지가 비늘에 덮여 있다. 나뭇잎은 잎차례가 어긋나기로 돋고, 잎자루가 있으며, 턱잎stipule이 빨리 지고, 잎자루에 잎이 1장만 돋는 홑잎이고, 잎 가장자리가 매끈하며, 잎의 위 표면은 털 없이 반들반들하고 아래 표면은 투명하고 얇은 방패 형태 비늘막으로 겹겹이 덮여 있다. 꽃은 나뭇가지와 꽃자루가 곧장 연결되어 있고, 오래된 목재에 돋아난 돌기에 빽빽한 다발 형태로 꽃봉오리가 맺히며, 작은 꽃자루가 있고, 그 꽃자루는 중간에 마디가 있으며 비늘로 빼곡히 덮여 있다. 꽃받침 밑에서 돋아나며 구조가 꽃받침과 비슷하게 생긴 덧꽃받침조각epicalyx은 겹치지 않게 돌려 나고, 잎 끝부분apex이 불규칙적으로 3~4개씩 한 방향으로 갈라졌으며, 낙엽성이고, 비늘로 빽빽이 덮였다. 꽃받침은 겹치지 않게 돌려 나고, 5개 전후로 불규칙하게 톱니처럼 갈라졌으며dentate, 다육성carnose이고, 낙엽성이며, 투명하고 얇은 방패 형태 비늘막으로 겹겹이 덮여 있다. 꽃부리corolla는 없다. 수술통은 5개 조각으로 갈라졌거나 5개로 갈라진 조각들이 또다시 잘게 쪼개져 있고, 수술통이 갈라진 각 조각에는 공간에 따라 수술이 7개부터 11개까지 달려있다. 수술대stamens filament는 길이가 짧고, 꽃밥부리connective는 구형에서 곤봉형까지 형태가 다양하며, 수술대 하나에 꽃가루주머니theca가 한 쌍씩 달려 있다. 꽃가루주머니는 거의 구형이고, 크기가 작으며 젖꼭지

> 형태인 탈락성 돌기로 빽빽하게 덮여 있으며, 꽃가루주머니 중앙의 틈새는 1년에 한 번 벌어진다(횡열circumscissile).
>
> —앙드레 로빈스, 「쿨레니아 와이트속 개정 사항(물밤나무과—두리안과)」, 『벨기에 국립식물원 회보』 40, no. 3 (1970): 241~54쪽

내가 처음 식물학 공부를 시작했을 때는 단어 하나하나를 일상 언어로 옮겨야 했으므로, 식물학 사전 없이는 아무것도 할 수 없었다. 그런데 수백 년 동안 식물학자들이 분류학적 명명법을 공식화한 덕분에 식물의 씨방ovary이나 암술, 수술 같은 용어들은 상당히 정확한 의미를 지니게 되었다. 현장 생물학자가 자연에서 새로운 종을 발견하는 것은 엄청난 일이지만 그 발견물을 분류하는 것 또한 대단한 일이다. 생태계를 탐험해 생물종 찾는 방법을 익히는 과정과 마찬가지로, 생물의 분류를 배우는 과정에도 평생을 바치게 될 수 있다. 식물을 비롯한 다양한 생물을 분류하는 연구는 항상 목표가 변화한다. 현미경이 발전하고 DNA 분석법이 개선됨에 따라 생명의 나무는 수정되고 갱신되며 때로는 명백한 오류가 있었음이 밝혀진다. 쿨레니아속에는 3종이 속하며, 그중 베디팔라는 인도의 숲에서 중요한 임무를 맡는다.

베디팔라의 분류학적 위치는 알려졌지만 생태와 생활사는 제대로 밝혀지지 않았다. 베디팔라는 인도 숲을 상징하는 핵심종으로, 박쥐와 새 그리고 몇몇 포유류를 비롯한 꽃가루 매개자와 긴밀하게 상호작용하리라 추정한다. 다시 한 번 말하자면 인도 우듬지는 숲 생태계의 복잡한 상호작용을 완전히 이해하기에 아직 충분히 연

구되지 않았다. 수없이 많은 동물뿐 아니라 기록된 착생식물의 약 40퍼센트가 쿨레니아속에 서식한다는 점에서 쿨레니아속의 나무 수관은 꽃식물 다양성의 중심지이기도 하다. 그리고 꽃받침이 발달하면서 열리는 다육질 열매는 느림보곰이나 사향고양이 같은 대형 꽃가루 매개자의 먹이가 된다. 검은두건랑구르, 사자꼬리마카크, 회색랑구르, 인도큰다람쥐, 인도야자다람쥐 등 육상에 사는 설치류와 나무에 사는 생물들도 베디팔라 열매를 먹는다. 땅이나 개울로 떨어진 열매는 곤충, 연체동물, 게, 물고기, 설치류, 다람쥐 그리고 땅에 둥지를 짓는 새들이 차지한다. 호랑이와 표범, 아시아 코끼리를 비롯한 인도 숲을 상징하는 생물종이 베디팔라 하목층에 서식하려면 베디팔라의 우듬지 또한 번성해야 한다. '빈 숲'empty forest이라는 시나리오가 있다. 개간으로 숲이 파편화되면 나무는 생물 다양성이 결여된 고립 상태에 빠진다. 인도가 무수한 생물종에 피난처를 제공하며 노아의 방주로 기능하려면 베디팔라는 건강한 임분에서 구심점이 되는 나무로 남아야 한다. 인도 숲에서 주요 나무 연구를 활발하게 수행하는 콤비 T 가네시와 소우바드라는 거액의 연구비나 정부 기금, 비영리 단체 지원금을 받지 않고 일하는 새로운 유형의 환경보호 활동가로, 인간종의 '기준 표본'이다. 두 사람처럼 삼림 분야에 연구비가 거의 지원되지 않는 나라에서 지칠 줄 모르고 일하는 소규모 팀들은 오늘날 세계 환경을 지키는 생명 줄이다. 비슷한 활동가들이 스리랑카, 카메룬, 에티오피아, 부탄 외 생물 다양성 핵심지에서 활약한다. 이 영웅들은 지구에서 제대로 인정받지 못하고 있다. 나는 이 활동가들에게 도구와 아이디어를 제공하고 지지와 국제 협력을 끌어내며 이들이 영역을 더욱 넓혀나갈 수 있도록 돕는 일에 전념하고 있다.

9장
모두를 위한 지구, 지구를 위한 모두

짙은 안개 솜뭉치가 산비탈에 내려앉아 숲을 신비롭게 감싸고 있었다. 나와 함께 수년간 전 세계를 누빈 나무탐험가 동료로, 등반 장비 설치를 담당하는 팀 코바르크가 상층부 나뭇가지로 오르기 위해 슬링샷 '빅 보이'로 목표 지점을 겨냥하고 줄을 쐈다. 높이높이 날아간 줄이 적나왕나무*Shorea curtisii*가 뻗은 튼튼한 나뭇가지를 넘었다. 우리는 동남아에서 유명한 딥테로카르푸스과 나무 우듬지를 조사하기로 하고, 등반 장비를 설치했다! 그리고 첫 등반에서 페낭 언덕을 감싼 하얀 안개 담요 속으로 들어가며 영적 경험을 했다. 마카크원숭이 무리가 밑에서 깩깩거린 것은 우리가 원숭이들의 거처를 침범해서였을까? 다른 날에는 검은잎원숭이 몇 마리가 나타나 우리의 등반을 축복했고, 좀처럼 눈에 띄지 않는 날여우원숭이는 가까운 나뭇가지에 걸터앉아 우리를 조용히 지켜보았다. 나무 수관이 하늘 높이 뻗은 말레이시아 숲(대부분 딥테로카르푸스과)은 갖가지 생물로 가득하지만 숲에서 가장 높은 공간은 아직 개척되지 않은 여덟 번째 대륙으로서 여전히 베일에 싸여 있다.

나는 어떤 이유로 동남아시아로 날아와 딥테로카르푸스과 보전을 연구하게 되었을까? 구글에 '우듬지 생물학'이라고 검색하면 거의 맨 위에 내 이름이 뜬다. 구글 검색으로 캐나다에 설립된 우듬지 통로 건설회사가 나를 찾아냈다. 회사는 곤경에 처해 있었다. 공사 중인 새 우듬지 통로 위치를 과학자가 직접 평가하라고 고객에게 요청받은 까닭이었다. 비행기를 타고 말레이시아 페낭으로 날아가 우듬지 부지를 과학적으로 평가하게 되는 걸까? 1996년 나는 인도네시아 보고르 식물원에서 나무 등반을 가르쳤는데, 당시 소피와 마티라는 두 현지 동료가 화려하고 걸리적거려 등반하는 데는 불편한 전통 복장에 머리쓰개를 걸치고 가까스로 나무에 올랐다. 2013년에는 말레이시아 조호르Johor 왕실에 초청받아 말레이시아 환경보호의 날 기념식에서 기조연설을 했다. 그보다 훨씬 전에는 대학원에 진학하고 모험을 시작했던 시드니 대학교로 가는 길에 쿠알라룸푸르를 경유한 적이 있다. 나는 세계에서 가장 키 큰 나무로 돌아올 기회가 주어져 감격했고, 새로운 우듬지 통로를 과학적으로 평가할 수 있어서 더욱 행복했다.

몇 달 뒤 나는 페낭에서 새로운 우듬지 통로를 평가하는 일과 함께 코앞으로 다가온 유네스코 세계유산 신청 마감일까지 인근 열대림에서 생물 다양성 조사를 신속하게 마치는 프로젝트를 진행하면서 이전과는 완전히 다른 일상을 보냈다. 말레이시아에서 환경보전 활동과 생태관광 프로젝트가 성공할 수 있었던 것은 숲을 사랑하는 마음으로 페낭에 우듬지 산책로를 조성하고 해비타트 재단을 운영하는 등 지역 자선사업에 몰두하는 코크렐Cockrell 일가 덕분이다. 과거 나는 자선단체에 대형 프로젝트를 제안한 경험이 있는데, 거액의 기부금을 쓸 수 있다면 보조금 지원서를 작성했다가 예산을 줄여 지원서를 다시 제출하는 등 비효율적인 절차를 밟지 않아도 되어 프로젝트를 신속하게 추진할 수 있다. 나는 중견 과학자로서 입지를 다진 뒤에는 여러 나라를 방문하며 우듬지 등반 도구를 전파하는 일을 꾸준히 추진했고, 평범한 나무과학자가 아닌 환경보전 전문가 활동에 초점을 맞췄다. 나무 탐험에 필요한 장비를 다른 나라와 공유하는 활동이 얼마나 중요한지 인도에서 처음으로 깨닫고, 더욱 큰 성과를 얻기 위해 아마존에서는 시민 과학자들의 손을 빌렸다. 그리고 에티오피아로 날아가서 데이터를 모아 학술 문헌을 발표하는 동시에, 보전된 숲 면적을 기준으로 삼아 보전 활동이 얼마나 성공적으로 이루어졌는지 측정하는 방식을 습득했다. 말레이시아에서는 기존 연구 보조금 지원 기관이 아닌 자선단체와 협력하고, 새로운 대중 과학 활동인 바이오블리츠의 힘을 빌려 생물종을 조사했다.

바이오블리츠는 한정된 기간에 자원봉사자가 도시 공원이나 해변 등 거의 모든 생태계를 신속히 조사해 보전 관리를 돕거나 멸종 위기에 처한 생물종을 평가하는 활동으로, 2006년 워싱턴 DC에서 몇몇 어린이가 9점박이 무당벌레를 찾으면서 시작되었다. 북아메리카에는 무당벌레가 약 500종 서식하는데, 등에 박힌 점의 수와 색이 종마다 다르다. 20세기 대부분의 시기에는 9점박이 무당벌레가 가장 흔해 뉴욕주 곤충으로 선언될 정도였다. 그런데 유럽에서 들어온 침입종인 7점박이 무당벌레가 빠르고 공격적으로 9점박이 무당벌레를 대체하기 시작했다. '사라진 무당벌레 프로젝트'Lost Ladybug Project는 멸종 위기에 처한 9점박이 무당벌레를 목격한 기록을 남기기 위해 시작되었다. 프로젝트가 시작되자 북버지니아에 사는 두 어린이 질렌 펜헤일Jilene Penhale과 조너선 펜헤일Jonathan Penhale이 집 근처에서 9점박이 무당벌레를 발견했다. 지원자 수백 명이 9점박이 무당벌레 찾기에 도전했고, 당시 무당벌레를 수색했던 활동은 정해진 기간 많은 지원자가 특정 지역을 조사하는 바이오블리츠의 시초로 여겨진다. 하지만 불행하게도 첫 활동 당시 9점박이 무당벌레는 워싱턴 DC 일대에서 더는 발견되지 않았고, 그 이후 조사 활동 중 롱아일랜드에서 최소 생존 가능한 개체군(생물종이 자연 상태에서 존속하는 데 필요한 최소한의 개체 수—옮긴이)만큼 발견되었다. 온라인에는 전국 9개 지점에서 발견한 40가지 넘는 다양한 무당벌레 사진이 저장되었다. 오늘날은 비슷한 조사 활동에서 수천 가지 생물의 사진이 촬영되고 있으며, 이는 9점박이 무당벌레가 결정적인 계기를 마련한 덕분이다.

이후 바이오블리츠는 전문 현장 생물학자와 아마추어 박물학자가 팀을 이뤄 짧은 시간 생물종을 찾고, 확인하고, 조사하는 훌륭한 도구가 되었다. 생물종의 정보와 사진이 소셜 미디어에 업로드되면 전 세계 대중이 그 조사 결과를 이용할 수 있다는 점에서 바이오블리츠 활동은 더욱 가치 있다. 이런 개념은 대중과 과학적으로 소통하고픈 나의 열망이나 복잡한 숲 서식지에서 새로운 종을 발견하려는 나의 도전과도 연결되었다. 시민 과학자를 참여시킨다는 개념은 과학 활동의 판도를 뒤집었다. 『생태학 및 환경 프런티어』*Frontiers in Ecology and the Environment*에 실린 최신 논문에 따르면 바이오블리츠는 산업화된 국가에서 더욱 활발하게 진행된다고 하는데, 이는 그런 지역의 국민이 자원봉사자로서 긴 시간을 투자해 온라인에 전송할 데이터를 모을 수 있고 기술 접근성도 우수하기 때문이다. 따라서 앞으로는 유럽 및 북미 이외 지역에서도 대중이 참여하도록 유도하며 과학적 포괄성을 끌어내는 활동이 중요해질 것이다.

나는 말레이시아에 뿌리를 두고 여러 국가에서 사업체를 운영하는 가족 고객을 페낭에서 만난 적 있다. 우듬지 통로를 개발하는 동시에 건설 자금도 투자하는 고객이었다. 이들은 대중에게 열대 우림을 교육하는 생태공원을 조성해 지역 사회에 환원하고 싶어 하면서, 우듬지 통로를 기반으로 열대 우림을 경험하는 독특한 기회를 제공해 방문객을 끌어모은다면 지역 경제에도 도움이 되리라 믿었다. 이것이 타인이 투자한 거액의 자금을 기반으로 내가 추진했던 첫 보전 프로젝트였다. 내 역할은 보전 사업을 과학적으로 수행해 그 결과가 효과적이며 오래 지속될 수 있도록 유도하는 것이었다. 내가 해결한 첫 번째 과제는 우듬지 통로가 설치되는 부지를 점검하고, 그 통로에 맞는 환경 교육 프로그램을 설계하는 것이었다. 두 번째 과제는 통로 시공 도중 몇 가지 문제를 겪는 캐나다 출신 공사 팀을 돕기 위해, 이전 통로 시공 경험을 바탕으로 통찰력을 제시하는 일이었다. 공사 팀은 180만 달러에 해당하는 800만 말레이시아 링깃RM을 들여, 리본 교량이라는 특별한 형태로 하나가 아닌 두 개의 통로를 만들었다. 이런 형태의 우듬지 통로는 시멘트로 만드는데, 이는 통로가 문자 그대로 수백 명을 동시에 수용할 수 있음을 의미한다. 지나치게 욕심을 부린 설계였는지 모르겠으나 결과적으로 높이 38미터, 길이 137미터인 다리 사이에 넓은 통로 바닥이 걸쳐진 우아한 구조물이 탄생했다. 나는 공원 교육 담당 직원들을 상대로 수업을 여러 번 진행하면서 우듬지를 해설하는 가이드로 일할 때 도움이 될 만한 여덟 번째 대륙 관련 사실과 경험담을 들려주었다. 세 번째 과제로, 자금 투자자들은 본인들이 건설한 우듬지 통로가 세계적 수준의 연구지로 발전하려면 어떻게 해야 하는지 궁금해했다. 따라서 나는 다음과 같은 방안을 제안했다. (1) 현지 과학자와 협력하는 국제 연구팀을 조직하고 일차림을 소개할 생물 다양성 조사를 실시하라. (2) 우듬지 통로에서 보이는 경관을 영구 보전하라. (3) 생물학자가 장기 연구를 수행할 수 있도록 나무 꼭대기로 접근 가능한 위치에 현장 연구 설비를 마련하라. 언급한 3가지 요소 가운데 1~2가지를 다른 현장에서 감독한 적은 있지만 3가지를 한 프로젝트로 구성한 적은 없었다. 문득 정신을 차리고 보니 나는 생물 다양성 조사를 공동 기획하고, 유네스코 세계유산 등재에 협력하고, 훗날 세워질 현장 연구 설비에 관해 조언하고 있었다. 찰스 다윈이 비글호를 타고 탐험하면서 열대 지방에서 생물 수천 종을 수집한 이후, '생물 다양성'은 '생태계 건강 및 회복력'과 동의어가 되었다. 그러나 유전학, 농학, 심지어 천문학과 비교해도, 열대 생물종을 조사하기 위한 도구는 최근 수십 년간 크게 발전하지 못했다. 국제보호협회는 20세기에 신속 평가 프로그램Rapid Assessment Program, RAP을 개발해 전문가 팀을 영입하고 다양한 지구 생태계를 조사해 어느 서식지가 환경보전에 가장 중요한지 결정했다. 21세기에는 시민 과학이라는 개념이 신속한 생물 다양성 조사의 폭을 넓히고 있는데, 오늘날 대중이 참여하는 신속한 생물 다양성 조사가 바로 바이오블리츠이다. 수집된 생물종 데이터는 아이내추럴리스트 같은 휴대전화 앱의 도움을 받아 보전 전문가와 과학계가 학술정보 저장공간으로 활용하는 소셜 미디어 플랫폼으로 통합될 수 있다. 캘리포니아 박물관 재직 시 나는 박물관 연구 팀의 일원으로서 아이내추럴리스트를 후원해 협력 관계를 구축하는 좋은 기회를 얻었고, 이는 궁극적으로 학계와 박물관 업계에도 주목받았다. 현재는 내셔널 지오그래픽이 다른 단체와 함께 아이내추럴리스트가 전 세계로 뻗어나갈 수 있도록 앱을 공동 운영하고 있다.

말레이시아 풀라우피낭주 페낭 언덕에 위치한 해비타트 생태공원에 건설된 숲우듬지 통로와 2개의 리본 교량(랑구르Langur길이라 불린다), 그리고 집라인이 설치된 또 다른 공중 통로가 도시 방문객을 끌어모은다. 해비타트 후원자, 지역 대학교 과학자, 정부 관계자들은 공원과 인접한 면적 7,285헥타르(73제곱킬로미터) 숲과 5,196헥타르(52제곱킬로미터) 해양 보호구역이 유네스코 생물권 보전지역으로 등재되기를 갈망했다. 유네스코는 인간과 생물권 프로그램Man and the Biosphere Programme이라는 제도 안에서 국제적으로 인정받는 해양·육상 생태계 영역을 생물권 보전지역으로 정한다. 유네스코는 인간과 자연의 관계를 연결한다는 차원에서 보전지역을 설정하므로, 성공적으로 유네스코에 등재되려면 현장에는 생물학적·문화적 자원이 모두 존재해야 한다. 페낭 언덕은 저지대 일차 열대 우림이 형성되어 있고, 딥테로카르푸스과 나무가 우점종이다. 언덕 비탈에 어떤 생물들이 다양하게 서식하는지 확인하고 딥테로카르푸스과 나무 꼭대기부터 뿌리까지 샅샅이 뒤질 국내외 전문가를 모집한다는 흥미로운 업무가 제안되었다.

페낭 언덕은 명문 대학교가 있는 주요 도시에서 쉽게 방문할 수 있을 정도로 접근성이 좋지만 조직적으로 자연사 조사가 이루어진 적은 없었다. 페낭 언덕에 처음 방문해 후원자를 만나고 탐사 현장을 찾았던 기간에, 나는 말레이시아 주요 과학 기관인 말레이시아 과학대학교USM 소속 학자들과 세미나를 진행하며 우듬지에 관해 이야기를 나누고, 말레이시아가 보유한 생물 다양성을 강조했다. 생물학과장은 얼마 지나지 않아 무보수이지만 존경받는 직책인 연구교수로 나를 초청했다. 첫 세미나가 끝난 뒤 나는 열정 넘치는 USM 소속 교수들과 긴밀히 협력했고, 페낭 언덕을 국제연구센터로 만드는 3단계 계획 중 첫 번째 계획인 바이오블리츠 기획 팀을 조직했다. 기업에서 기획 팀 참여자를 초청하는 데 필요한 보조금을 지원받았고, 그 덕분에 전 세계 과학자 약 30명과 USM 소속 생물학자 및 대학생 50명, 그리고 정부 관계자와 생태공원 직원들에게 지원금을 지급할 수 있었다. 우리는 말레이시아 과학자와 해외 과학자들을 대상으로 신중하게 협력 관계를 구축해 생물종 조사가 훗날 공동 연구를 장려할 수 있도록 기획했다. 탐사 현장을 전 세계 학교로 실시간 생중계하는 청소년 팀을 조직하고 추가로 보조금을 지원받은 덕분에 이 탐사에 총 117명이 참여할 수 있었다. 물론 각종 장비를 실어

나르는 어려움을 피할 수는 없었다. 일부 과학자는 준비된 예산보다 많은 지원금을 바랐고, 어떤 이는 아이들을 데려오고 싶어 했으며(이는 괜찮긴 하지만 현장 탐사 중 안전을 위해 별도로 해결해야 하는 과제가 생긴다), 다른 어떤 이는 탐사를 마치고 생물 표본을 본국으로 가져가기를 바랐다. 우리 팀이 추진하는 일의 범위를 고려하면 대체로 원활하게 진행된 편이었다.

바이오블리츠 조사 절차를 꼼꼼히 검토한 뒤, 우리는 여섯 가지 방식으로 기존 절차를 개선했다. (1) 숲 바닥뿐 아니라 나무 꼭대기부터 토양에 이르는 숲 전체를 포괄적으로 샘플링한다. (2) 완보동물부터 균류, 늘보로리스에 이르는 주요 생물군에 속하는 종을 분류할 수 있는 전문가를 모집한다. (3) 말레이시아 전문가와 전 세계 과학자 간에 전략적 협력 관계를 구축한다. (4) 학생, 시민 과학자, 정부, 대학 관계자, 분류학자가 골고루 포함되도록 팀을 구성한다. (5) 여성 및 소수자를 참가자로 초청한다. (6) 소셜 미디어를 활용해 전 세계에 연구 결과를 공유한다. 기존 문헌에는 바이오블리츠가 이 모든 요소를 전부 아우른 적이 없다고 분명히 기록되어 있었다. 페낭에서 개최된 두 차례의 과학 정상 회의를 포함해 바이오블리츠 조사를 계획하는 데 꼬박 1년이 걸렸고, 그 후 10일간 조사를 수행해 결과를 정리하는 데 또다시 2년이 소요되었다. 지금 내가 글을 쓰는 동안에도 몇몇 새로운 종은 여전히 과학적 분류 절차를 기다리는 중이고, 아마 과중한 업무에 시달리는 과학자의 책상 한구석으로 밀려나 있을 것이다. 이는 분류학이 어떻게 병목현상에 부딪히는지 보여주는 완벽한 사례이며, 슬프게도 생물 다양성이 규명되기 훨씬 전에 일부 숲이 먼저 파괴될 것이라 과학자들이 한탄하는 이유를 설명한다.

바이오블리츠를 준비하는 사이, 지역 삼림 관리원으로 구성된 용맹한 팀이 페낭 언덕 비탈을 조사하기 위해 고용되었다. 이들은 반드시 식별해야 하는 나무를 목록으로 만들고 나뭇잎을 먹는 곤충과 우듬지에 둥지를 튼 새의 위치를 기록하는 등 중요한 역할을 담당했다. 말레이시아에서는 의사 결정이나 토지 관리에 정부 기관이 막중한 기능을 수행하기 때문에 나 또한 유네스코 등재와 관련해 미묘한 사항을 토론할 때면 정부 관계자(대부분 남성)가 일하는 넓은 집무실에서 긴 시간을 보냈다. 바이오블리츠 조사 결과는 페낭 언덕이 유네스코에 등재되어야 하는 근거로 제출된다. 유네스코에 일련의 서류를 제출할 때는 물론 생물 분류 정보 확인을 위해 특정 표본을 외국 기관에 대여하는 때도 이송 절차상 법적 문제가 생기지 않도록 세심하게 서류를 준비해야 했다. 말레이시아뿐 아니라 다른 수많은 나라에서도 외국 과학자가 수집한 표본은 반드시 현지 규정에 맞게 다뤄져야 한다. 유네스코 후보 등록에 필요한 문서는 지방 정부가 제출해야 해서 바이오블리츠 조사가 진행되는 사이 대학뿐 아니라 여러 정부 기관이 서류 작성에 적극적으로 참여했다.

말레이시아에서 활동하는 주요 환경보전 지지자 중 한 사람으로, 조호르주를 통치하는 술탄의 부인과 사전에 친분을 쌓아두는 일도 나쁘지 않았다. 3년 전 나는 왕실, 특히 술탄 부인이 주최하는 환경보호의 날 행사에 기조연설자로 참석하면서 부인의 이름을 외워뒀다. 술탄 부인은 라자 자리스 소피아 빈티 술탄 이드리스 샤Raja Zarith

Sofiah Binti Sultan Idris Shah로 조호르주의 술탄인 이브라힘 이스마일Ibrahim Ismail의 아내이다. 강연이 끝난 뒤 라자 자리스 소피아는 밀렵을 줄이기 위한 대책으로 공원 경찰관의 봉급 인상을 공개적으로 약속했고, 호랑이를 암시장에 팔아 얻는 수익보다 공원 경찰관으로 일하면서 받는 봉급이 높도록 조정했다. 말레이시아에 서식하는 호랑이 개체 수는 2014년 300마리로 줄었으며, 밀렵꾼은 호랑이를 밀렵하면 5만 RM(약 1400만 원)을 벌 수 있었다. 라자 자리스 소피아는 또한 정부에 밀렵꾼 처벌 강화를 촉구하며 비정부 기구들이 환경보전 의식을 대중에게 전파하도록 격려했다. 소피아는 지금도 생물 다양성 보전 활동을 지지한다.

말레이시아는 우림을 보전하기 위해 호랑이 밀렵과의 싸움보다도 치열한 전쟁을 치르는 중이다. 현재 말레이시아 우림을 위협하는 가장 큰 요인은 야자유 산업으로, 2017년 순수익 500억 달러를 낸 이후 계속해서 성장하고 있다. 야자유 산업은 브라질과 아프리카에도 진출했지만 전 세계 야자유 생산량의 4분의 3 이상이 인도네시아와 말레이시아에서 나온다. 아시아에서는 식물성 식용 기름을 얻을 뿐 아니라 다양한 용도로 판매할 수 있는 상품 작물을 재배하기 위해 딥테로카르푸스과 나무가 서식하던 광활한 삼림을 벌채했다. 소비자 대부분은 야자유가 포함된 샴푸, 패스트푸드, 비누, 플라스틱, 제과·제빵 제품 등 수천 가지 생활용품을 구입하면서도 그 야자유가 무엇이며 지구를 얼마나 희생시키는지는 전혀 모른다. 바이오연료 또한 말레이시아 삼림에 죽음의 신호를 보냈다. 바이오연료 수익성이 높으리라 전망되자 삼림이 대규모로 벌채되었기 때문이다.

딥테로카르푸스과가 서식하던 키 큰 일차 열대림이 개간되고 아프리카 토착종인 기름야자나무가 광막한 농장에 단일 품종으로 재배된다. 기름야자를 심으려고 일차림을 개간하면서 숲에 불을 지르기도 하는데, 그로 인해 지난 10년간 동남아시아에서는 세계 최대 규모의 화재가 여러 번 발생했다.

딥테로카르푸스과는 말레이시아 숲 생태계의 중심축이자 열대 생태계를 탐구하도록 내게 특별한 영감을 준 나무였다. 스코틀랜드에서 석사 과정을 밟던 당시 지도교수였던 피터 애시턴은 딥테로카르푸스과를 연구한 세계적인 전문가로, 말레이시아에서 수많은 현장 연구를 수행했다. 딥테로카르푸스과는 현존하는 나무 중 가장 경제적으로 중요한 목본 식물임이 분명하다. 내가 추운 스코틀랜드 고지에서 자작나무가 얼마나 싹을 틔웠는지 측정하려고 몸부림치는 동안 피터는 더운 열대 지방에서 연구하다 스코틀랜드에 여름이 오기 전 귀국했다(분명한 건 스코틀랜드는 여름에도 그리 따뜻하지 않았다!). 말레이시아의 덥고 습한 숲에서 자라는 키 크고 카리스마 있는 나무 이야기를 들으며 나는 열대 지방에 푹 빠졌다. 호주에서 대학원생으로 연구하는 동안에도 딥테로카르푸스과가 간접적으로 나의 레이더망에 잡혔다. 호주 남극너도밤나무 숲과 호주 시골의 광활한 유칼립투스 지대, 트리니다드 토바고 공화국의 모라나무 숲, 코스타리카의 펜타클레트라나무 숲, 그리고 동남아시아의 딥테로카르푸스과 숲처럼 일부 숲은 나무 한 종이 우점종이라는 사실을 두고 박사 과정 지도교수인 유명 생태학자 조 코넬과 나는 5년간 골똘히 고민했다. 나무가 6만 종 넘게 존재하는 세상에서 어떻게 한 종이 숲의 우점종이 될 수 있었을까? 생태학자들은 대부분 열대 지방이라는 단어를 높은 다양성이라는 단어와 동의어로 간주하고, 온대 지방에 거주하는 생물학자들은 생물 다양성이 극도로 높은 숲을 탐구하기 위해 낮은 위도 지역으로 장거리 여행을 한다. 조 코넬 교수와 나는 장기 연구를 진행하며 호주의 다양한 구역에서 모든 묘목과 나무를 조심스럽게 식별하고 있었고, 임분을 구성하는 나무종이 자못 단조롭다는 사실을 알아차리기 시작했다. 나는 3년간 수행한 남극너도밤나무 연구를 막 끝낸 참이었는데, 남극너도밤나무는 상량온대 우림의 거의 95퍼센트를 차지하고 있었다. 조와 내가 그런 우점종들을 관찰한 끝에 찾아낸 유일한 공통 요소는 경쟁에서 우위를 점하도록 돕는 듯한 특정 균류와 우점종이 지하에서 협력 관계를 맺고 균근을 형성한다는 점이었다. 그 특정 균류는 특정 나무종과 함께 살면서 토양의 물과 영양분을 흡수하는 메커니즘을 나무에게 추가로 제공했다. 이처럼 균근을 토대로 한 해석은 우듬지 전문가인 내게도 매혹적으로 느껴졌고, 나무 전체의 성장 역학에 대한 인식까지 변화시켰다.

나와 조 코넬은 균근 관계를 형성한 특정 나무종이 그렇지 않은 종을 능가해 우점종이 되었다는 가설을 세우고, 공동 저자로 논문을 발표했다. 우리는 열대 지역과 온대 지역 둘 다 사례로 들었다. 1987년 우리의 논문이 발표되자 많은 학생이 그 논문의 가설을 다른 지역에서도 시험했다(그리고 가설이 옳다고 밝혀졌다!). 그 후 나무들이 뿌리털로 '소통'한다는 사실이 드러나며, 뿌리를 더욱 자세히 연구하는 새로운 도구들이 개발되었다. 태평양 북서부 같은 일부 온대림에서는 지하 연결망을 통해 다 자란 나무나 어미 나무와 묘목이 자원을 공유한다. 토양에는 어찌 보면 부모와 자식이 자원을 주고받는 경로로 균근과 뿌리털이 복잡하게 얽힌 통로가 놓여 있다. 열대 지역에서 생물 다양성이 낮은 임분은 다양성이 높은 임분만큼 폭넓게 연구되지 않았다. 이런 결과는 온대 지역 출신으로 열대 지방을 여행하며 현장 조사하는 과학자 대부분이 본국에 있는 다양성 낮은 숲이 아니라 다양성이 매우 높은 숲만 찾아다니는 편협한 사고에서 비롯한다. 나는 이를 '온대성 편향'이라 부르며, 호주에서 남극너도밤나무가 단일 우점종인 임분을 놓고 고민한 이후, 마침내 말레이시아에서도 그와 흡사하게 단일 우점종인 딥테로카르푸스과를 현장에서 연구하게 되어 매우 기뻤다.

드디어 2017년 10월 13일이 왔다. 이날 개막하는 바이오블리츠의 참가자들이 동틀 녘 페낭 언덕으로 모였다. 제자리에, 준비, 출발! 모든 사람이 생물을 찾아 베이스캠프로 데려오기 위해 정글 속으로 허겁지겁 뛰어들었다. 베이스캠프에는 간단한 접이식 테이블이 야외에 설치되고 현미경과 알코올램프와 전등, 푸짐한 음식과 간식 그리고 생물을 세는 데 필요한 다양한 장비가 마련되어 있었다. 한 곤충학자는 작은 팽창식 욕조를 공수해 물에 몰려드는 곤충을 가두는 장치로 썼다. 다른 참가자는 특별한 체를 들고 와 토양 표본에서 작은 절지동물을 발견하는 도구로 활용했다. 분류학자들은 작은 샘플 병을 우듬지로 가져가 개미, 전갈, 딱정벌레, 응애, 선충, 유충을 비롯한 다리 6개 혹은 8개 달린 생물을 현미경으로 보면서 개체 수를 열심히 셌다. 나무 등반가 8명은 나무 수관에 올라가 생물 다양성 전문가가 요청한 샘플을 전부 수집했다. 등반가들이 나무 위에 서식하는 개미와 착생식물을 수집해 새로운 기록이 수립되자 특히 많은 사람이 흥분했다. 해비타트 생태공원으로 몰려든 방문객은 과학자들이 테이블에 앉아 신나게 생물을 발견하는 모습을 경외심에 찬 눈으로 바라보았다. 조사하는 생물이 어느 군에 분류되는지에 따라 각 팀의 조사 방식은 사뭇 달랐다. 생물학자는 대개 연구하는 생물과 행동 패턴이 닮아갔다. 박쥐나 거미 또는 다른 야행성 생물을 세는 사람들은 밤에 활동성이 높았다. 어떤 이는 새를 보려고 새벽에 일찍 일어났고, 다른 이들은 전갈을 잡고 이내 잠자리에 들었다. 우듬지 팀은 싱글 로프 기술로 키 큰 나무에 올라가 나뭇가지를 치면서 나뭇잎, 꽃, 과일 표본을 모았다. 그리고 수집한 표본들을 USM의 식물 표본집에 등록하는 동시에 다른 외부 기관에 대여하는 용도로 표본 복제품을 보관하도록 관계자를 압박했다. 국제 생물 다양성 조사에서는 생물 표본을 현지 기관에 보관하는 것이 상당히 중요하지만, 때로는 복제품을 다른 기관에 대여할 수도 있다. 조류 팀은 하루 중 특정 시간에 한 자리에 서서 조류를 관찰하고 소리를 기록하는 정점 조사를 수행했다. 또한 조류를 기록하고 사진을 찍어 아이내추럴리스트 웹사이트에 업로드했다. 한편 개미 팀은 문자 그대로 숲을 기어가면서 흡인기로 개미 표본을 빨아들이고, 마체테 칼로 썩은 나무를 파헤치고, 관찰한 사항을 공책에 기록하는 재주를 부렸다. 개미학자는 노란색 팬트랩(pan trap, 날아다니는 곤충을 물과 노란색으로 유인하는 장치), 핏폴 트랩(pitfall trap, 동물이 다니는 길목에 구덩이를 파두고 주변을 막아 동물이 구덩이에 빠지도록 유인하는 채집 도구—옮긴이), 채집망, 포충등 등 몇 가지 장치를 다른 곤충학자들과 공유했다. 발레 공연에서 본 한 장면처럼 숲은 아름답게 움직이며 생물 수집에 몰두하는 인간과 함께 살아 있었다.

바이오블리츠에 참여한 과학자는 땀을 흘려가며 생물 분류에 집중하다 새로운 사실을 발견할 때면 감탄사를 내뱉었다. 조사 현장은 대체로 무덥고 지저분했다. 우리는 흰개미 43종을 잡아 분류했는데, 실험실 현미경으로 관찰하고 같은 종끼리 분류해 알코올과 갈색 부유 물질이 담긴 작은 샘플 병에 담았다. 이 샘플 병은 박물관 서랍에 보관되어 후대에 전해질 것이다. 우리는 또한 말레이시아에서 처음으로 완보동물문門 수집 목록을 만들고 완보동물 11종을 분류했으며, 이 가운데 2종은 세상에 처음 알려진 종이었다. 랜디 '물곰' 밀러 Randy "Water Bear" Miller 박사는 너무 작아 맨눈에는 보이지 않는 완보동물을 식별하기 위해 오랜 시간 주사전자현미경scanning electron microscope, SEM으로 축축한 이끼, 나뭇잎, 나무껍질을 들여다보면서 완보동물을 찾았고, 이후에는 SEM으로 촬영한 완보동물 사진을 전 세계에 현존하는 완보동물 표본과 비교하느라 1년 더 추적 연구했다. 덩굴나무 220종과 파리목(파리와 파리 친척들) 300종을 식별한 것은 거미강 490종을 식별한 일만큼이나 놀라웠다. 작은 야행성 영장류이자 커다란 눈으로 앞을 응시하는 순다로리스Sunda slow loris, *Nycticebus coucang*를 목격한 일 또한 가치 있었다. 늦은 밤 헤드램프 불빛에 발견된 순다로리스는 거의 외계인 같았다. 바이오블리츠 참가자들 사이에서 마스코트가 된 순다로리스는 오로지 나무 위에서만 생활한다. 잡식성 동물로 식물, 새알, 곤충, 그 외 동물성 먹이를 섭취한다. 또한 세계에서 유일하게 독을 품은 영장류로, 팔꿈치에 있는 분비샘에서 독을 분비해 팔꿈치를 핥은 다음 적을 문다. 순다로리스는 불법 애완동물 거래에 갈수록 심각하게 희생되고 있지만 생활사가 아직 베일에 가려져 있어 개체 수를 정확히 파악하기 어렵다.

나무 등반 팀을 배치해 우듬지에서 폭넓게 샘플을 수집한 덕분에 과학자들은 숲 바닥에서 나무 꼭대기까지 각각의 분류군에 속하는 종들을 조사할 수 있었다. 각 나무종 꼭대기에서 잎 샘플을 수집하고 특정 시점을 기준으로 나뭇잎 손실률을 '스냅숏 연구' 했는데, 이는 내가 다른 나무종에서 수년간 잎을 관찰한 결과만큼 정확하지는 않지만 곤충과 식물의 상호작용을 대략적으로 파악하는 데 도움이 되었다. 제이슨 프로젝트에 참여한 고등학교 학생들은 나무종, 매달린 높이, 연령별로 잎 표본 30장을 샘플링해 나뭇잎 손실률을 계산했다. 초식성은 0퍼센트(무화과나무)부터 61.9퍼센트(시나모뭄 포렉툼 *Cinnamomum porrectum*)까지 다양하며, 페낭 언덕에 서식하는 모든 시나모뭄 포렉툼을 합치면 평균 31퍼센트였다. 나무 수백 그루에서 잎을 샘플링하고 빠른 측정(다른 말로 스냅숏 연구)을 진행하면서 나는 일평생 처음으로 페낭 언덕에서 곤충이 잎을 전혀 먹지 않은 나무를 발견했다. 이 지역 무화과나무 잎은 곤충이 전혀 먹지 않았고, 앞서 언급한 나뭇잎 손실률 0퍼센트를 기록했다! 나는 아마존 주술사 친구 기예르모를 떠올리고는 극단적으로 독성이 강한 나뭇잎에 어떤 특별한 약효가 있는지 그에게 신나게 묻고 싶었다. 하지만 불행하게도 무화과 열매가 남아 있지 않아, 우리는 그 키 큰 무화과나무가 어느 종인지 식별할 수 없었다.

바이오블리츠는 다양한 방법으로 자연사 연구 도구를 발전시켰다. 첫째, 우리는 전문 나무 등반가 8명을 투입해 토양부터 나무 꼭대기까지 숲 전체에 접근하는 방식을 성공적으로 구축했다. 페낭 언덕 우듬지 곳곳에 등반용 밧줄을 설치했으며, 여기에는 이 지역을 상징하는 키 큰 나무종으로 높이 60미터까지 성장하며 현지 여기저기서 흔히 발견되는 딥테로카르푸스과 적나왕나무도 포함되어 있었다. 둘째, 미생물, 조류, 완보동물, 절지동물, 양치식물, 덩굴식물, 나무, 척추동물 등 다양한 분류군을 조사했다. 열흘간 우리는 현장에서 새로운 사실을 발견하고 기록으로 남겼다. 이를테면 이 지역에서 처음으로 발견된 새로운 종의 전갈과 완보동물, 조류藻類, 나무 꼭대기에 서식하는 개미, 바위에 붙어 사는 희소 양치식물이 기록되었고, 밤에 박쥐를 뒤쫓던 생물학자는 야행성 순다날여우원숭이가 초음파로 의사소통한다는 사실을 발견했다. 새롭게 발견된 채찍거미종은 우듬지 통로를 만들고 바이오블리츠 조사에 자금을 댄 기부자들의 이름을 따서 명명되었다. 일부 분류군은 2020년대에 들어서야 종의 수가 확정되겠지만, 탐험 마지막 날 열린 심포지엄에서 우리가 발견한 생물종은 총 1,659종으로 집계되었다.

우리가 추진한 바이오블리츠 조사의 또 다른 차별점은 현지 및 전 세계 관계자가 공동 참여했다는 점과 참가자 117명 가운데 65퍼센트가 여성이었다는 점으로, 이는 내가 아는 한 우림 탐사 역사에 남을 놀라운 기록이다.(카메룬에서 비행선을 타고 탐사했던 당시 여성은 나뿐이었던 기억을 돌이켜보면 웃음이 난다.) 이번 바이오블리츠 조사에서는 말레이시아 및 홍콩의 고등학생들이 과학자와 함께 탐사하고,

탐사 현장을 초·중·고등학교 교실에 온라인으로 생중계하는 등 직간접적으로 전 세계 청소년들을 참여시켰다. 나는 거의 20년 전 아마존 우듬지 통로에서 방송을 진행한 이후 처음으로 제이슨 프로젝트 원격 학습을 재개하기 위해 보조금을 별도로 받았다. 기술이 발전하고 방송 환경도 혁신적으로 변화했다. 과거 제이슨 프로젝트에서는 장비를 실어 나르고, 영상을 촬영·편집해 전 세계에 위성 중계할 방송 팀을 꾸리는 과정에 수백만 달러가 들었다. 그런데 이번에 재개한 방송에서는 노트북 한 대, 기술 담당자 3명, 학생 한 팀과 그들을 인솔한 교사 몇 명이 필요했고, 소요된 비용은 총 5만 달러였다.

바이오블리츠가 놀라운 성공을 거둔 비결은 무엇이었을까? 조사가 끝나고 일주일 후, 비가 너무 많이 내려서 페낭 언덕의 절반이 물에 잠겨 두 달 동안 폐쇄되었다. 현장 조사는 이처럼 위험하다. 그런데 이때까지도 몇몇 팀은 여전히 국제 프로젝트에 협력하고 있었을 정도로 현장 팀은 호흡이 무척 잘 맞았다. 하지만 우리가 거둔 성공의 본질적인 요인은 정부와 혜안이 있는 투자자의 지원, 그리고 현지 및 전 세계 과학자들 간의 협력이었다. 이런 협력과 더불어 보전 활동 강화라는 근원적 목표를 다양한 이해관계자에게 강조한 정부와 기업도 언론으로부터 주목과 찬사를 받았다. 우리는 광란의 열흘간 페낭 언덕에서 공식적으로 기록된 바 없는 1,500종이 넘는 생물을 발견해 기록으로 남겼다. 전 세계 박물관이 소장품 담당자를 현장에 파견해 지구 미탐험지의 생태계를 조사한다면, 그리고 제각기 다른 장소에서 수집된 표본을 대상으로 모든 박물관이 힘을 모아 전략을 세운다면 어떨까? 아마도 세계 종 다양성에 대한 과학자들의 지식은 지금보다 10배 이상 향상할 것이다. 현장 생물학자는 경력 전반에 걸쳐 같은 지역으로 되돌아가 중요한 탐사지 1곳에만 집중하는 관성에 젖곤 한다. 그 결과 어느 지역은 활발히 연구되었지만 다른 지역은 여전히 미탐험지인 채로 남았고 지원도 열악하다. 우리는 바이오블리츠 조사를 계기로 미탐험지의 한 사례였던 말레이시아 열대 우림에서 비밀을 열흘 만에 밝혀냈다.

페낭 언덕의 독특한 특성은 주민 약 200만 명이 자동차로 15분 거리에 살고, 연간 300만 명 넘는 관광객이 방문한다는 점이다. 따라서 대중이 접근하기 힘든 위치에 형성된 대부분 열대 생태계와 달리 환경보전과 시민 과학과 교육활동을 알리는 훌륭한 홍보대사가 될 수 있다. 유네스코는 페낭 언덕을 보전지역으로 등재하면서 "페낭 언덕 생물권 보전지역: 섬 안의 보석—자연을 보전하고 문화를 기념하는 곳"이라고 제목을 붙였다. 188쪽짜리 유네스코 서류 사본이 내 책상에 놓여 있고, 이것과 같은 서류가 지구 반대편 정부 기관 책상에 놓여 국제위원회 심의를 기다리고 있다. 페낭에는 유네스코 문화유적이 8곳 지정되어 있으나 생물권 보전지역은 없으므로 열대림이 보전지역으로 등재되어 영구히 보호받을 수 있으리라 전망한다.

페낭 언덕이 지닌 또 다른 혁신적인 특징은 해비타트 생태공원에 구축된 친환경 비즈니스 모델로, 이곳에는 열대 나무 꼭대기를 집중적으로 연구하고 교육할 수 있는 첨단 리본 교량이 2개 건설되어 있다. 해비타트를 지원하는 투자자들은 미래에 우듬지 연구소도 지을 계획이다. 호주에서 내가 홀로 나무에 오를 때처럼, 현장 탐사하며 홀로 분전하는 나무탐험가는 더 이상 없을 것이다. 바이오블리츠는 수많은 다양한 기관과 포괄적으로 협력해 새로운 현장 조사 모델을 제시했으며, 협력 기관에는 해비타트 재단, 페낭주 산림부, 캘리포니아 과학 아카데미California Academy of Sciences, USM, 트리 파운데이션TREE Foundation, www.treefoundation.org, 페낭 언덕 해비타트 생태공원, 말레이시아 국립공원 및 야생동물부, 페낭 언덕 관리위원회, 캘리포니아 대학교 버클리 캠퍼스, 제이슨 프로젝트, 풀브라이트, PBS 네이처, 싱가포르 국립대학교, 트리 클라이밍 플래닛Tree Climbing Planet, 세계자연기금 홍콩지부, 트리 프로젝트Tree Projects 등이 있다.

나는 말레이시아 우듬지 프로젝트에서 보전 사업을 추진하는 새로운 방법을 습득했다. 첫째, 연구 보조비를 지원받기 위해 수년간 지원서를 여러 번 제출하는 대신 기부자를 유치해 시간과 에너지를 절약했다. 둘째, 바이오블리츠 프로젝트를 통해 생태관광이 환경을 보전하는 중요한 수단이라는 점을 명백히 확인했다. 내가 30년 전 호주에서 설계를 도왔던 첫 번째 우듬지 통로는 지구 감시단 자원봉사자와 퀸즐랜드주의 작은 숲 오두막을 방문한 소수 인원을 돕는 용도로, 구조가 비교적 단순했다. 하지만 페낭에 건설된 2개의 숲우듬지 통로는 매년 방문객 500만 명을 교육할 수 있는 잠재력을 지닌다. 셋째, 지역 사회와의 신뢰 구축과 다양한 이해관계자의 참여가 관건이었다. 이번 조사에는 학생, 공무원, 지역 대학교 소속 과학자, 국제적으로 활동하는 전문가, 언론, 아시아 NGO 등이 참여했다. 이는 대학원에서 배운 공식이 아니라 수십 년간 삼림 벌채를 막고 효과적으로 보전하기 위해 씨름한 끝에 배운 공식이었다. 나무 보전 사업은 아직 갈 길이 멀지만 성공을 위한 공식이 점차 개선되고 있다!

바이오블리츠는 오늘날 다양한 생태계에 서식하는 생물을 조사하기 위해 널리 활용되는 국제적 도구이다. 일주일 내내 일을 쉬고 아마존 정글을 여행할 수 없는 사람들은 대신 바이오블리츠 조사에 참여해 가까운 삼나무 숲을 둘러볼 수 있다. 수많은 공원과 보호구역, 도시 환경, 심지어 뒤뜰에서 진행되는 조사에서는 대상이 특정 분류군으로 한정된다. 생물 다양성 조사에 쓰이는 휴대전화 앱 아이내추럴리스트는 발견한 생물의 정보를 전문가에게 원활히 전달하는 플랫폼 역할을 한다. 사람들이 온라인에 생물의 사진을 올리면 분류학자는 그 생물을 식별한다. 일련의 데이터를 정확히 기록하고 널리 확산하는 이 모든 활동은 대중과 자원봉사자의 능력에 달렸다. 시민 과학 프로그램의 눈부신 장점은 자연사 연구에 대중의 참여를 더 많이 유도한다는 것이다. 하지만 학술 연구와 비슷하게 바이오블리츠와 같은 활동은 멸종 위기에 처한 생물종의 존재 여부를 알리지만 그 생물을 직접 구하지는 않는다. 과학계는 정보를 단순히 보고하는 선에서 그치지 않고, 생물종과 서식지의 손실을 막는 실현 가능한 대책을 확보하기 위해 노력하고 있다. 과학과 기술이 결합하면 지금보다 많은 사람이 바이오블리츠에 참가하고, 앱을 활용하고, 야외로 나가 지역 야생동물을 관찰하는 등 현장 생물학에 참여하는 기회를 얻으며 지구 생물 다양성에 책임 의식을 느끼게 될 것이다.

적나왕나무

Shorea curtisii

세계에서 경제적으로 가장 중요하고, 탄소를 가장 많이 저장하는 식물과의 이름을 알고 있는 사람은 지구에 얼마나 될까? 딥테로카르푸스과는 16가지 속과 695가지 종을 포함하며 동남아시아 저지대에 주로 분포한다. 이 과의 일반명은 딥테로카르프dipterocarp로, 대부분 사람에게 낯선 이름이다. 딥테로카르푸스과에 포함되는 속 중에서는 쇼레아속(196종), 호페아속(104종), 딥테로카르푸스속(70종), 바티카속(65종)의 규모가 가장 크다. 딥테로카르푸스라는 이름은 그리스어에서 유래했다. 디di는 '둘'을, 프테론pteron은 '날개'를, 카르푸스karpos는 '과일'을 뜻한다(딥테로카르푸스과의 나무 열매에는 단단하고 기름진 씨앗이 들어 있으며 '날개'가 1~2개 달렸다). 딥테로카르푸스과의 나무줄기는 매끄럽고 곧으며 높이가 91미터에 달하는데, 30미터 위부터는 곁가지를 뻗지 않는 개체도 있다. 키가 가장 크다고 널리 알려진 딥테로카르푸스과 나무종은 높이 93미터인 쇼레아 파구에티아나*Shorea faguetiana*이다. 보르네오는 딥테로카르푸스과의 중심 서식지로, 자생하는 전체 나무 중 22퍼센트를 차지하는 270종이 딥테로카르푸스과이며 그중 155종이 고유종이다. 딥테로카르푸스과는 보르네오섬뿐 아니라 자바섬, 수마트라섬, 말레이시아 및 필리핀 습윤 지역에서도 생물량 대부분을 차지한다.

딥테로카르푸스과는 목재가 가늘고 곧아 합판, 가구, 바닥재, 보트, 악기, 아로마 오일, 레진 등을 만드는 원료로 인기가 매우 높다. 페낭 언덕에서 진행된 바이오블리츠 조사 현장의 우듬지를 점유한 나무는 흔히 적나왕나무라 불리는 쇼레아 쿠르티시이*Shorea curtisii*였다. 당시 조사에 참여한 나무 등반 팀은 훗날 나무탐험가로 활동할 지역 공원 가이드를 훈련하고, 샘플을 수집하기 위해 울창한 적나왕나무 표본 한 그루에 등반 장비를 설치했다. 말레이시아와 인도네시아에서는 적나왕나무를 선택적으로 벌목하는데, 주변이 다른 넓은 숲으로 둘러싸인 구역에서 동종 집단이 적절한 개체 수로 유지되고 있는 큰 개체만 벌목할 수 있다. 그러나 벌목업자가 이런 법적 요구사항을 늘 정확히 따르는 것은 아니며, 벌목으로 인해 이 나무종의 개체 수가 얼마나 불가피하게 감소하는 중인지를 밝히는 데이터도 많지 않다. 자연 상태에서 적나왕나무는 멸종 위기에 처한 수많은 야생동물, 이를테면 보르네오오랑우탄, 수마트라코뿔소, 보르네오코끼리, 코주부원숭이, 보르네오검은띠다람쥐, 삵 등에게 서식지를 제공한다.

적나왕나무는 인도네시아, 보르네오, 싱가포르, 태국 토착종으로 이 지역에서 가장 흔한 나무이다. 60미터 넘게 자라는 돌출목으로, 회색 또는 적갈색을 띠는 나무껍질에 거칠고 길게 갈라진 틈이 있다. 적나왕나무의 잎은 털이 없고 매끄럽고 타원형이며 길이가 약 10센티미터이다. 꽃은 크기가 작고, 보통 흰색 또는 옅은 노란색이며, 꽃잎은 5장, 수술은 15개이고, 총채벌레라는 작은 곤충이 수분을 돕는다. 딥테로카르푸스과의 꽃은 대개 진한 향기로 총채벌레나 딱정벌레 같은 꽃가루 매개자를 유혹한다. 열매는 긴 날개 3개와 짧은 날개 2개가 달렸고, 붉은색으로 변한 다음 열매가 익으며, 날개의 작용으로 헬리콥터처럼 날아 숲 바닥으로 떨어져 발아한다. 날개 달린 씨앗이 부모 나무에서 멀리 날아가지는 못하므로, 종종 부모 나무 곁에서 발아해 묘목으로 자란다. 너도밤나무처럼 적나왕나무도 10년 또는 그보다 긴 기간 동안 한두 번 꽃을 피워 날개 달린 씨앗을 생산한다. 느린 열매 생산 주기는 시간을 활용한 생존 전략인데, 열매 생산 주기가 길수록 맺히는 열매 수가 많아 과일을 먹는 동물이 순식간에 열매를 전부 먹어치울 수 없기 때문이다. 보르네오섬의 식물들은 엘니뇨와 남방 진동의 영향을 받아 꽃을 피우거나 열매를 맺으므로 향후 기후가 변화하면 식물 생식에 문제가 일어날 수 있다. 다른 딥테로카르푸스과와 마찬가지로 쇼레아종은 땅속에서 균류와 독특한 관계를 유지하며, 나무의 뿌리털이 균류와 뒤얽혀 외생균근이 형성되면 그렇지 않은 나무에 비해 물과 영양분을 더 많이 흡수할 수 있는 경쟁력이 생긴다. 숲 바닥과 우듬지 등 모든 공간에서 경쟁해야 하는 열대 지방에서는 균류와 관계를 맺고 균근을 형성하는 쪽이 분명 유리하다.

지하에서 딥테로카르푸스과와 균류가 전하는 흥미진진한 이야기와 더불어, 쇼레아 나무 수관에서는 꽃가루 매개자가 또 다른 훈훈한 이야기를 들려준다. 이야기에 따르면, 스리랑카 대학원생 2명은 키 큰 딥테로카르푸스과 나무에 사다리를 걸치고 나무 꼭대기에 베이스캠프를 차린 끝에 어느 꽃가루 매개자가 수분하는지 끈기 있게 밝혀냈다. 어느 날 밤, '떡갈나무 씨 뿌리기'처럼 한 번에 대규모로 수분이 이루어졌다. 몸길이가 1밀리미터 정도로 작고 별 특징이 없으며 날개 가장자리에는 술 장식을 매단 총채벌레가 수백 마리 내려와 쇼레아 나무 수관에서 빠른 속도로 잇달아 꽃가루를 옮겼다. 나무에서 내려온 두 대학원생은 곧 약혼했고, 나무탐험가들의 역사에 진정한 로맨스를 꽃피웠다! 이 놀라운 사건 이후 벌, 딱정벌레, 나방과 같은 몇몇 다른 꽃가루 매개자도 간혹 관찰되었으나 경제적·생태학적으로 중요한 쇼레아의 번식에는 총채벌레가 특히 중요하다. 쇼레아 우듬지에 대해서는 알려진 사실이 많지 않은데, 이는 우듬지에 접근하기 어렵기 때문이다. 쇼레아 나뭇잎은 쓴맛을 내는 타닌을 함유해 초식동물이 접근하지 못하고, 심지어 나뭇잎을 주로 먹는 날여우원숭이조차 한 입도 먹지 않는다. 페낭 언덕 해비타트 생태공원에 우뚝 솟은 울창한 적나왕나무에 늘 등반 장비가 걸려 있으니 그 나무 위에 숨겨진 비밀들도 분명 밝혀질 것이다.

10장
숲을 지키는 사제

임시변통으로 수리한 발전기가 덜덜거리면서 불꽃을 튀기자 에티오피아 주민들이 자급자족하는 광활한 갈색 농지 속에서 작은 녹색 점으로 보이는 파편화된 숲의 항공 사진이 구글 어스에 나타났다. 하얀 예복을 입고 터번을 쓴 에티오피아 사제 100여 명 사이에서 카키색 작업복을 걸친 내 모습이 도드라졌다. 우리는 에티오피아에 마지막으로 남은 토착 나무를 구한다는 공통 임무를 띠고 모였다. 나는 바히르다르로 날아와 에티오피아 북부에서 활동하는 정교회 지도부와 긴히 이야기를 나누었다. 정교회 건물이 지역에 마지막 남은 토착 나무 숲, 이른바 교회의 숲에 둘러싸여 있었다. 이처럼 파편화된 숲은 토착 나무뿐 아니라 새, 곤충, 포유류를 보호하는 최후의 보루였다. 그런 숲이 없으면 꽃가루 매개자와 담수가 사라져 사람들의 삶은 열악해지고, 생물 다양성은 절멸할 것이다. 정교회 사제들은 호기심이 무척 많아 그들이 차분하게 토론하는 모습은 내 상상 속에서나 가능할 정도였다. 에티오피아 정교회(정확히는 에티오피아 터와호도 정교회Ethiopian Orthodox Tewahedo Church, EOTC라 부름) 신자도 아닌, 백인 여성인 내가 홀로 이곳까지 힘겹게 날아와 지역 숲을 주제로 토론한 이유는 무엇일까? 내가 해야 할 일은 좁은 숲 파편이 에티오피아뿐 아니라 전 세계에도 귀중한 존재인 이유를 설명하는 것이었다. 당시 나는 경험 많은 나무탐험가였고, 나무에 관한 지식을 기반으로 숲과 숲에 사는 고유종, 숲의 종 다양성을 보전하기 위해 일의 우선순위를 재편했다. 에티오피아는 국가 전반에 걸쳐 극심한 빈곤으로 고통받고 있었고, 이는 과학이나 환경보전에 대한 투자 부족으로 이어졌다. 하지만 아프리카에 자생하는 나무와 곤충은 아프리카 생태계에서 중요한 기능을 수행하며 고유의 위치를 차지한다는 점에서 캘리포니아 또는 페루에 사는 생물만큼이나 지구 건강에 큰 영향력을 발휘한다.

에티오피아 정교회 건물은 신성한 숲으로 둘러싸여 있는데, 이 숲은 조성된 지 1,000년이 넘은 원시림(일차림)이다. 교회는 인간의 정신뿐 아니라 하느님의 피조물을 보호한다는 사명에 헌신한다. 신성한 숲은 망치머리황새, 코뿔새, 태양새 같은 고유종 새들의 보금자리이자 2007년 어느 에티오피아 학생이 박사학위 논문에서 밝혔듯 168종이 넘는 나무가 자생하는 보물창고이다. 자연을 보전하는 과학자로서 내가 사용하는 어휘는 사제들과 다르지만 마음에 품은 사명은 같다. 생물 다양성을 보전한다는 것이다.

낡은 노트북은 전압 불안정으로 인해 원활히 작동하지는 못했으나 어찌어찌 버텼다. 갈색 흙먼지와 건조한 농경지로 둘러싸인 신성한 숲이 찍힌 항공 사진을 보고 사제들은 탄식했다. 파편화된 숲 개념을 설명하는 섬 생물지리학을 공부하는 데 필요한 컴퓨터나 구글 어스 사진, 심지어 생물학 서적에도 사제들은 접근할 수 없었다. 내가 강연에서 숲의 항공 사진을 예로 들어 설명한 덕분에 그들은 녹색 보물을 보전하려면 종교계와 과학계가 긴급히 협력해야 한다는 내용을 명확히 이해했다. 에티오피아는 내가 본 삼림 벌채 사례 중에서도 가장 극단적인 편이었다.

자급 농업이 이루어지는 메마른 농지 위로 나무 수백 수천 그루가 빼곡히 서 있는 작은 숲이 3만 5,000군데 있다고 상상해보자. 이 녹색 파편은 크기가 500~600에이커에 달했는데 숲 파편 개수를 두고 논란이 일었다. 숲 조각 하나를 어떻게 정의해야 하는지 아는 사람이 없었기 때문이다. 나무 10그루가 모이면 숲 조각 하나일까? 아니면 10에이커? 어떤 이는 에티오피아의 숲 파편을 5만 5,000개로 추정하고, 또 어떤 이는 2만 1,000개로 예상한다. 본래 대지의 42퍼센트를 차지했던 숲이 이제 3퍼센트도 남지 않았다는 사실만은 분명히 알려져 있다. 이는 자급 농지 2,500만 헥타르에 둘러싸인 녹색 점이 100만 헥타르 미만이라는 뜻이다. 수천 년간 지역 공동체는 교회가 숲 안에 있으면 모든 생물에게 쉼터를 제공할 수 있으리라 믿었고, 그런 숲을 교회 숲이라 불렀다. 자녀가 굶주리거나 가뭄으로 농작물 수확량이 감소하는 상황에서 생존을 위해 숲을 이용한다는 발상은 분명 유혹적이다. 현지인들은 이따금 주위 나무를 가지치기해 땔감을 얻고, 묘목이나 하목층 나뭇잎을 소에게 먹이고, 커피나무를 과도하게 경작하고, 나무껍질을 한 바퀴 둘러 벗겨내는 방식으로 오래된 나무를 넘어뜨려 목재를 얻고, 가족이 끔찍한 굶주림에 시달리면 새총을 쏴서 포유류나 새를 몰래 사냥한다. 사제들은 신성한 숲이 훼손된 현실에 한탄했으나 정부가 영향력을 행사하지 않거나 자금이 지원되지 않는 한 그들이 할 수 있는 것은 해결책을 찾도록 기도하는 일뿐이었다. 사제들에게는 정치적 문제를 다루는 요령도, 넉넉한 활동 자금도 없었다. 사제 다수는 수도원에서만 생활했기 때문에 내가 강연에서 항공 사진을 보여주기 전까지는 교회 주위가 완전히 벌목되었다는 사실도 알지 못했다. 그 사진들은 종교 지도자들에게 충격을 안겼고, 마침내 우리는 다양한 측면에서 독특한 협력 관계를 구축하기 시작했다. 과학과 종교가 만나고, 수백 명의 남성 사제가 여성과 함께 일하고, 에티오피아 정교회 신도 수천 명이 미국 출신 기독교인과 손을 잡고, 세계에서 가장 오래된 영적 철학이 고도로 발전한 최신 항공 기술과 융합되었다.

에티오피아의 이런 긴박한 상황을 나는 어떻게 알았을까? 열대생물보전협회Tropical Biology and Conservation, ATBC에서 회계를 담당한 지 17년째 되던 해, 멕시코 모렐리아에서 ATBC 국제 학술대회가 개최되었다. 나는 학회에서 논문상을 받은 학생에게 소액의 상금을 수여했는데, 그해 수혜자는 국제자연보전연맹IUCN이 발표한 적색 목록을 토대로 에티오피아 북부 전역에서 토착 나무 실태를 조사해 박사 학위를 막 취득한 알레마예후 와시에 에세테Alemayehu Wassie Eshete였다. IUCN는 개체 수가 감소해 대책을 시급히 마련해야 하는 종을 적색 목록에 등재한다. 나는 알레마예후에게 상금과 축하 인사를 건네며 정중히 "다음으로는 무슨 일을 할 예정인가요?"라고 물었다. 그러자 그는 이 긴급한 문제를 다루는 사람은 자신이 유일하다고 설명하며 울음을 터뜨릴 뻔했다. 거기에서 내가 어떻게 멘토링이나 공동 연구를 제안하지 않고 '행운을 빌어요'라고 말하며 떠날 수 있었을까? 나는 30년 가까이 우듬지를 연구해왔고, 지난 20년간 서로 다른 대륙 3곳에서 삼림 보전에 헌신했다. 그 수십 년의 경험을 에티오피아에 적용해보는 것은 어떨지 궁금했다. 과거 아마존과 인도에서 현장 탐사하며 경력을 확장하긴 했으나 중견 과학자로서 나무를 보전하는 직접적인 활동에 우선순위를 두지 않았던 결과가 어떤지 반추해보았다. 나는 공공 플랫폼을 기반으로 각계각층의 대중에 다가가기 위해 안정된 생활이 보장된 종신 교수직에서 두 번이나 물러나 박물관 업계에 뛰어드는 결정을 내렸다. 또한 인기 있는 자연사 책을 썼고, 중학교부터 대학교 졸업식에 이르는 다양한 자리에서 강연자로 활약했으며, 중학생을 대상으로 탐사 현장 방송을 처음 선보였다. 그런 경험은 단순히 연구 실적을 내기 위해서가 아니라 실제로 삼림을 보전하기 위해 일하는 과정에 큰 도움이 되었다.

에티오피아인이자 새로운 동료인 알레마예후는 종교와 과학, 양쪽 세계에서 독특한 이력을 쌓았다. 어린 시절 정교회 신부가 되기 위해 공부한 그는 오랫동안 숲에서 고독한 시간을 보내며 어린 제자로서 원로 사제를 섬겼다. 10년간 신앙 훈련을 받은 뒤, 알레마예후는 자신이 사랑하게 된 교회를 둘러싼 생태계가 사라지는 광경을 목격했다. 알레마예후의 부모님은 고등 교육을 받으면 종교와 생태학에 관한 전문 지식을 모두 얻을 수 있다고 아들을 설득했다. 마침내 알레마예후는 생태계를 보전한다는 자신의 목표가 제단이 아니라 과학과 종교의 결합에서 성취된다는 점을 깨달았고, 숲 생태학을 연구하기 위해 네덜란드 바게닝겐 대학교에 장학생으로 입학해 아내와 자녀들과 멀리 떨어진 타국에서 홀로 연구에 전념했다. 그 또한 생태계를 보전하려면 나와 힘을 합쳐야 한다고 결론 내렸다. 알레마예후와 나는 서로 영감을 주었다. 세계에서 가장 시급히 해결해야 하는 과제로 손꼽히는 에티오피아의 마지막 남은 숲 파편, 즉 교회 숲을 구하는 일에 도전하는 건 어떨까?

호주는 아프리카 국가에 비해 과학 투자 수준이 훨씬 높다. 환경보전에 사람들을 참여시키는 활동이 자원 부족국에서도 성공을 거둘 수 있을까? 그리고 학계나 규제 기관이 아닌 종교계와 협력 관계를 구축해 환경보전을 달성할 수 있을까? 알레마예후는 에티오피아에서 기술, 자금 조달, 지속 가능한 해결책에 거의 접근할 수 없었다. 그래서 지역 사회 구성원에게 숲이 인간 건강에 얼마나 중요한지 이해시키기 어려웠다. 하지만 지역 사제들에게는 신뢰를 얻었다. 나는 기술과 자금, 생태학과 관련한 최신 지식을 접할 수 있었다. 우리는 멕시코에서 커피를 마시며 에티오피아의 급격한 생태계 파괴를 두 사람이 어떻게 막을 수 있을지 의견을 나누었다. 그리고 마지막 한 잔을 마시면서 종교와 과학이라는 이질적인 자산을 바탕으로 힘을 모아 에티오피아가 잃은 토착 숲을 되살리자고 다짐했다. 숲은 전 세계 인구 수십억 명에게 영적으로 매우 중요하며, 이는 향후 지구 생태계 보전에 중요한 원동력으로 작용할 수 있다. 나무, 물, 꽃가루 매개자를 화폐 가치로 환산해 나무가 인류에게 주는 혜택을 계산하기는 비교적 쉽지만 영적 가치는 추산하기 어렵다. 사람들이 숲에서 올리는 기도의 수를 가치 산정의 주요 척도로 삼는다면 궁극적으로 숲에서 뭔가를 수확하기보다 보전한다는 관념에 더욱 큰 힘을 보탤 수 있지 않을까?

알레마예후는 박사학위 논문을 쓰는 동안 지역 교회 숲 28군데에서 나무 168종의 생육과 분포를 측정하고, 국제 협약에 근거해 나무종의 멸종 위험도를 평가하고 분류했다. 그는 인간의 활동, 특히 과도하게 방목한 가축이 하목층 나뭇잎과 즙액이 많은 묘목을 먹자 숲이 파괴되는 현상을 관찰했다. 그 결과 작은 구역 내에서 임분의 밀도와 묘목 감소율을 계산하는 법은 배웠으나 사제들이 직접 상황을 반전시킬 수 있는 해결책은 찾지 못했다. 가정에서는 대부분 식탁에 음식을 올리는 데 허덕였고, 토착 식물이 조금씩 죽어가는 문제에는 관심이 없었다. 더욱이 줄어드는 교회 숲과 과도한 가축 방목량을 정확하게 측정할 만큼 과학을 공부한 사제도 없었다. 그저 그들만의 방식으로 나무가 갈수록 파괴되는 모습을 관찰할 뿐이었다. 알레마예후가 2007년 대학원을 졸업하고 학위를 받자 사제들은 그의 연구를 비판하기 시작했다. 나무종을 단순히 나열하고 보고서를 썼던 그의 연구 활동이 신성한 성지에 있는 나무들을 직접 살려내지는 못한다는 사실을 깨달았기 때문이다. 사제들이 옳았다. 알레마예후는 숲이 쇠퇴하고 있다고 확인했으나 그 상황을 피하는 데 도움이 되는 대책은 마련하지 못했다. 그를 더욱 좌절하게 만든 것은 매일 집안일을 도맡아 하는 지역 여성들이 지역 사회의 환경 관리자로 적합하지만, 문제 해결에 조금도 나서지 못한다는 점이었다. 여자아이들은

5학년을 마치면 학교를 떠나 열세 살에 첫아이를 낳고 물을 긷거나 땔감을 모으거나 정원을 가꾸며 자연과 교류하면서도 지역 환경 관리자로서 제 목소리를 내지 못했다. 알레마예후는 숲의 파편이 줄어드는 에티오피아의 현실에 절망했고, 환경 문제를 해결하는 과정에 여성의 지식을 배제하는 사회 인식에 좌절했으며, 정부 지원은커녕 지역 NGO 협력조차 얻지 못한 상황에 낙담했다.

멕시코에서의 약속을 지키는 첫 단계로, 나는 알레마예후가 플로리다 뉴 칼리지에서 진행되는 환경 연구 프로젝트에 방문 연구원으로 참여할 수 있도록 비행기 표를 구입했다. 그가 우리 집에서 머물게 되어 가족 모두 기뻐했다. 어느 날 새벽 2시, 알레마예후는 우리 가족 컴퓨터로 웹서핑을 하던 중 구글 어스를 발견했다. 문득 잠에서 깨어난 나는 프린터가 윙윙 돌아가는 소리를 들었다. 항공 사진에 매료된 알레마예후가 사제들과 공유하기 위해 사진을 인쇄하는 소리였다. 항공 사진에는 농부가 교회 부지에 무단침입해 농사를 지으며 들쭉날쭉해진 부지의 가장자리, 아프리카벚나무가 불법 벌목당하면서 빈틈이 생긴 우듬지, 그리고 땅 위에 격자무늬가 생길 만큼 과도하게 뚫린 산책로가 나타나 있었다. 구글 어스는 알레마예후가 지상에서 관찰했던 것, 즉 에티오피아 북부에 남은 토착 숲이 심각한 위험에 처했다는 사실을 확인시켜주었다. 좁은 녹색 거주지를 떠난 사제가 소수에 불과해 사제 다수는 교회 숲 인근에서 파괴가 얼마나 심각하게 진행되었는지 인식하지 못했다. 지역 정교회 신도들 또한 사는 곳에서 멀리 나가본 적이 없어 에티오피아 삼림 벌채를 폭넓은 맥락에서 이해할 수 없었다.

2008년 알레마예후가 플로리다에 방문한 이후, 나는 기존에 발표된 (제한된) 문헌으로 아프리카 식물 보전을 공부하면서 남은 한 해를 보냈다. 알레마예후가 쓴 논문을 여러 번 읽으면서 주제가 같은 출판물 몇 건도 참고했는데, 대부분 토착종이 아닌 식물로 삼림 복원을 시도하는 연구에 초점을 맞추었다. 에티오피아 정부가 발표한 문헌에는 호주산 유칼립투스를 도입한 사례가 압도적으로 많았다. 유칼립투스나무는 아프리카 우듬지 복원에 유망한 작물로 소개되었지만 이는 허풍에 가깝다. 첫째, 침입종인 유칼립투스는 해충이 없는 호주 밖에서 더욱 빠르게 자랐지만 호주에서와 비교해 목재가 약할 뿐 아니라 인화성 물질을 분비해 화재를 일으킬 위험도 컸다. 둘째, 유칼립투스 우듬지에서는 휘발성 유칼립투스 오일로 인해 다양한 토착 생물들이 서식하지 못했다. 셋째, 유칼립투스나무는 생존하려면 토착 나무보다 약 4배나 많은 물을 흡수해야 하기에 지하수면이 위험할 정도로 낮아질 때까지 물을 빨아들였다. 우리는 두 가지 빠른 조치를 취해야 했다. 하목층과 묘목의 나뭇잎을 보호하기 위해 교회 숲에 가축을 들이지 않고, 토착종이 아닌 유칼립투스나무를 제거하는 것이었다. 그리고 돌담을 쌓아 숲을 보호하는 것이 효과적인 해결책이라고 결론지었다. 나는 호주 시골에서 환경보전을 위한 나무 심기 프로그램을 진행하며 철조망 전략으로 성공을 거뒀던 사례를 떠올렸다. 철조망만 쳐도 교회 숲을 지킬 수 있지 않을까? 나는 교회 숲에 임시로 세워둘 거대한 철조망을 기부하라고 농업 대기업을 설득하려 노력했다. 하지만 내가 그렇게 운이 좋을 리 없다!

이듬해에는 성스러운 숲을 직접 보고 알레마예후와 함께 풍성한 실행 전략을 마련하기 위해 비행기 표를 사서 작은 가방을 들고 에티오피아로 떠났다. 탬파에서 뉴욕으로, 뉴욕에서 프랑크푸르트로, 프랑크푸르트에서 아디스아바바로, 아디스아바바에서 에티오피아 북부로 들어서는 관문인 바히르다르까지 20시간을 비행했다. 마지막 구간을 비행하면서는 창문에 얼굴을 가까이 대고 구글 어스 항공사진과 비슷하게 흩뿌려진 녹색 점을 찾으려 애썼다. 하지만 녹색 점은 드물었고 간격도 멀었다. 에티오피아의 풍경은 내가 상상한 것보다 훨씬 척박했다. 팔걸이를 움켜잡은 채 이런 힘든 도전에 맞서면서도 낙천적으로 지내려면 어떻게 해야 하는지 고민했다. 알레마예후는 숲 파괴 대부분이 지난 50년간 일어났다고 확신했지만 그와 관련해 남아 있는 문서 기록이 없어, 우리는 근래에 가축과 유칼립투스가 교회 숲으로 침입한 역사를 사제들에게 직접 물어봐야 했다. 1,000년이 넘는 세월 동안 에티오피아 고지대 전역에서 정교회 거주지는 신앙의 상징이었다. 그런데 관개수로를 내지 않고 금속 농기구 없이 농사를 짓다 보니 20세기에 들어 농작물 수확량은 밑바닥으로 떨어졌고, 따라서 가족을 먹여 살리려면 더 많은 땅을 개간해야 했다. 알레마예후는 학위 논문 연구를 수행하면서 에티오피아인이 마지막 남은 토착 나무 숲 파편마저 파괴하면 담수가 솟는 샘, 생물 다양성, 토양 보존성, 그늘, 꿀, 무수한 꽃가루 매개자의 서식지, 탄소 저장고, 종교 벽화와 의복에 쓰이는 염료의 원재료, 종자, 미래에 사용할 목재, 그리고 에티오피아인에게 가장 중요할 영적 안식처를 잃게 된다는 점을 배웠다.

에티오피아 토착 나무 다수는 고유종이다. 이는 세계의 다른 어느 곳에서도 발견되지 않는 나무라는 의미이다. 놀라운 식물인 아프리카벚나무는 장미과 중에서 가장 키가 큰 종으로, 외형이 우아할 뿐 아니라 아프리카 전역에서 약용 식물로 쓰인다. IUCN 적색 목록에 등재된 위기종 및 위협종에는 에티오피아 고유종이 다수 포함된다. 여기에는 바오밥나무, 산호나무, 빗자루무화과 등이 있다. 게다가 아프리카벚나무 우듬지는 농작물을 수분해 경제적으로 이득을 안겨주는 곤충, 관광업계에서 지역의 상징으로 여기는 독특한 새, 포유류 등 에티오피아의 생물학적 유산을 대표하는 수많은 토착 동물과 곤충에게 서식지를 제공한다는 점에서 중요하다. 마지막 남은 숲 파편은 에티오피아판 노아의 방주이자, 훗날 생태계를 복원하는 데 꼭 필요한 생물종 유전자의 도서관이다. 지역 주민들이 볼 때 에티오피아의 개간 속도가 점차 빨라지고 있다는 점을 고려하면, 이 유전자 도서관이 영원히 사라질 날은 얼마 남지 않았다. 남아 있는 숲 파편도 이미 심각하게 훼손되었으므로 긴급히 대책을 수립해 소 방목, 장작 모으기, 농지 가장자리에서 이루어지는 과도한 경작, 불법 수렵, 그리고 토착 나무 우듬지를 파고드는 침입종 유칼립투스 문제 등을 바로잡아야 한다. 비행기가 바히르다르에 착륙했을 때 나는 진정 무엇을 기대해야 하는지 알 수 없었다. 귀중한 교회 숲을 되살린다는 어려운 목표를 나와 알레마예후가 달성할 수 있을까?

해결책을 마련하는 첫 단계로, 종교 지도자들과 소통하고 성직자와 과학자 간에 신뢰감을 구축할 필요가 있었다. 그래서 우리는 구글 어스 항공 사진을 제시하며 숲 황폐화를 진지하게 논의하는 워크숍을 개최했다. 나는 사제들에게 나눠주려고 항공 사진을 묶은 팸플

릿도 제작했다. 현장 생물학자들이 늘 그러듯 나는 바히르다르에서 베이스캠프로 턱없이 저렴한 호텔을 선택했다. 당시에는 참고할 스마트폰 앱이 없었고, 하루에 10달러 미만으로 묵을 수 있는 숙소로 기온 호텔을 언급하는 론리 플래닛 여행 안내서만 있었다. 녹슨 수도꼭지에서는 (마시지 못하는) 물이 거의 나오지 않아 목욕통에 컵을 두고 물을 받아 천을 적셔서 간신히 '샤워'했다. 전기는 천장에 매달린 전구 하나에만 연결되었고, 침구는 수십 년 전 마련해 한 번도 세탁하지 않은 듯 보였다. 노숙자가 객실로 들어오지 못하도록 경비원들이 주위를 배회했다. 그래도 호텔에는 커피가 정말 맛있다는 장점이 있었다. 에티오피아산 커피였다. 재미있는 전설에 따르면, 먼 옛날 염소가 키 작은 관목에서 야생 열매를 따 먹고 힘차게 뛰어다니는 모습을 양치기들이 보았다. 이후 양치기들은 피곤할 때면 그 야생 열매를 씹으며 힘을 얻었고, 마침내 커피가 탄생했다고 한다. 바히르다르에서 맞이하는 첫 번째 아침, 호텔 전체에 울창한 우듬지를 드리운 무화과나무의 높은 나뭇가지에 앉아 경쾌하게 뛰어놀며 요란하게 지저귀는 은빛뺨코뿔새 소리를 들으며 잠에서 깨어났다. 코뿔새는 매일 새벽 확성기에 대고 큰 소리로 기도문을 낭독해 거리 곳곳으로 기도 소리를 송출하는 무슬림 사제와 경쟁했다.

2009년 첫 방문 기간 나는 매일 아침 서리가 내린 호텔 정원에서 손모아장갑을 끼고 에티오피아산 커피를 마시며 코뿔새 모닝콜을 즐겼다. 첫째 날, 쌀쌀한 1월의 아침 공기를 맞으며 식사를 마치고 알레마예후가 바히르다르에서 약 24킬로미터 떨어진 자라Zhara라는 이름의 교회 숲으로 나를 데려갔다. 자급 농업이 이루어지는 갈색 언덕길을 지나자 총면적 18에이커(7만 2,843제곱미터)에 달하는 녹색 오아시스가 모습을 드러냈다. 숲의 내외부가 지극히 대조적이었다. 숲에서는 새 지저귀는 소리와 윙윙대는 곤충 소리가 어우러진 합창곡이 우리를 감쌌지만 숲 바깥에 펼쳐진 벌거숭이 들판은 고요했다. 강렬한 풀 내음이 꽃향기, 나무 썩는 냄새와 어우러져 그늘이 드리워진 안식처에 퍼져나갔다. 태고의 모습을 간직한 망치머리황새 몇 마리가 나무 꼭대기에 앉아 푸드덕 날갯짓을 하고, 작은 새 수십 마리가 우거진 풀숲에서 마음껏 노래를 불렀다. 잎이 무성한 우듬지 아래에서 우리는 샘에 몸을 담그고 신비의 명약으로 몸을 씻는 사람들 곁을 지났다. 나무 그루터기는 하목층 커피나무까지 햇볕을 비추기 위해 지역 주민이 귀중한 나무 수관을 베어버린 장소를 가리키고 있었다. 이 활동은 지속 가능하긴 하지만 사람들이 너무 남발하는 탓에 오늘날 삼림 건강을 위협한다. 나는 이 지역에서 가장 널리 영향력을 미치는 종교인이자 자라 숲 교회에서 사제로 활동하는 예네타 티베부Yeneta Tibebu를 만났다. 예네타는 (나처럼) 몹시 수줍음을 타고 조용히 말하는 성격이었으나 내가 고개 숙여 인사하고 그의 십자가에 키스하도록 허락했다. 이는 신뢰를 기반으로 우정과 존경을 나눈다는 의미였다. 알레마예후가 우리 워크숍에 초대하자 예네타는 참석하겠다고 조용히 답했다. 마른 풀과 나무가 뒤엉킨 자라 숲 가장자리를 거니는 도중, 나는 무심결에 반갑지 않은 공격을 당했다. 이틀 후 내 몸에서 털진드기에 물린 자국 26군데를 발견했다. 물린 자국은 자라 숲에 다녀온 첫날 저녁부터 다음 날 내내 모습을 드러냈는데, 그 게걸스러운 털진드기는 내 몸에서 가장 따뜻한 부위를 돌아다니며 물어뜯고, 그 자리에 가려움을 유발하는 독성 물질을 남겼다. 이 진드기들은 특히 탄력 있는 속옷 라인을 좋아했다! 오, 마른 풀숲을 탐사하는 즐거움이여. 맹렬한 가려움증이 사그라지기까지 일주일이 걸렸고, 다음 방문부터는 털진드기가 숨어 있지 않은 그늘진 숲 안에만 머물렀다.

워크숍은 이틀 뒤 정교회 지역 본부인 시골 마을 데브레타보르에서 열리기로 예정되어 있었다. 새벽녘에 빌린 지프를 타고 출발해 먼저 자라에서 예네타 사제를 태우고, 8에이커(3만 2,375제곱미터)에 달하는 또 다른 녹색 오아시스 원쳇Wonchet에 잠시 들러 대사제 아바 테와추Aba Tewachew를 태웠다. 뒷좌석에 앉아서 가던 아바 대사제가 구토를 했다. 알레마예후가 서둘러 설명하기를, 아바 대사제는 이전까지 자동차에 타본 적이 없다고 했다. 그동안 여기저기 여행을 많이 다녔지만 동아프리카 풍경은 여느 곳과 달랐다. 온통 갈색인 풍경에 무화과나무와 아프리카벚나무가 드문드문 흩어져 있고, 땅에는 계절성 작물 테프teff가 자랐다. 초가지붕을 얹은 작은 진흙 오두막이 세워진 넓은 농경지에는 새나 야생동물이 살지 않았다. 찌는 듯이 덥고 먼지가 풀풀 날리는 흙길을 따라 시장에 가면서 사람들은 종종 활기차게 대화를 나누었다. 여자들은 다른 물건과 교환할 곡식이나 농산물을 헝겊 자루에 담아 머리에 이고 운반했다. 때로는 가족 구성원 전체가 판자처럼 단단하고 거대한 소가죽을 날랐다. 어떤 남성은 나뭇가지에 붙은 벌집을 들고 갔다. 산업화된 국가에서는 물건을 머리에 이고 시장까지 수 킬로미터를 걷는다는 개념을 상상도 할 수 없다. 이처럼 극심한 경제적 차이를 고려하면 어떻게 해야 가까운 미래에 전 세계 여성이 평등한 삶을 살게 될 수 있을지 마음속에 그려보는 일조차 어렵다.

마침내 고속도로가 비포장도로로 바뀌고 나는 인생에서 가장 험난한 길을 경험했다. 거대한 먼지 폭풍이 일어나 시장을 향해 길을 걷는 사람들은 물론 운전자의 시야도 가렸다. 에티오피아 흙먼지를 너무 많이 마셔서 목이 메었고, 데브레타보르에 도착했을 때 내 옷은 먼지로 두껍게 덮여 있었다. 운전기사는 진흙투성이 트럭들이 타이어를 갈아 끼우는 비포장 도롯가의 밝은 분홍색 호텔로 접근했다. 여기가 우리의 새로운 베이스캠프였다. 정면에서 보면 화려한 풍선껌 색 페인트가 칠해진 새 건물 같았지만 내부는 그렇지 않았다. 나는 먼지, 타이어를 교체하는 자동차, 아이들이 콜라와 풍선껌을 사 먹는 가판대가 보이는 3층의 '전망 좋은 객실'로 안내받았다. 호텔 수도 공급이 잠시 끊긴 줄로 알았으나 계속 끊겨 있는 것으로 밝혀졌고, 도착한 지 1시간 정도 지나자 전기도 나갔다. 나는 계단으로 3층까지 올라오는 동안 쓸 수 있는 헤드램프를 갖고 있다는 데 감사하고, 방이 어두우니 제공되는 현지 음식은 먹지 않기로 마음먹은 뒤 더러운 옷을 입은 채 침대에 쓰러졌다.

알레마예후는 워크숍 장소를 빌리고, 바히르다르에서 데브레타보르까지 일행과 장비를 나를 수 있는 튼튼한 지프를 가진 운전사도 고용했다. 지금까지 교회 숲 생태학 강연에 참석한 적이 있는 성직자는 아무도 없었기 때문에 알레마예후는 그들에게 좋은 인상을 남기고 싶어 했다. 첫 번째 난관은 워크숍에 참석하도록 종교 지도자들을 설득하는 것이었다. 알레마예후가 지도자들에게 일일 경비를 제공해야 한다고 조언했을 때 나는 걱정했다. 연구 보조금을 지원받지 못한 상태에서 이미 비싼 비행기 표를 끊고 항공 사진 팸플릿 150부를 제작하느라 돈을 써버렸지만 나는 그가 옳다는 것을 알았다. 이런 행사에서는 종교 지도자들의 참여가 필수적이었다. 나아가 알레바예후는 종교 지도자들에게 3일간 경비를 지원해야 한다고 내게 설명했다. 첫날은 워크숍 장소로 이동하고, 둘째 날은 워크숍에 참석하고, 셋째 날은 거주지로 되돌아가는 일정이며, 이 기간의 식사비와 숙박비와 교통비를 지급해야 한다는 말이었다. 북미 학회 참석자에게 지원하는 평균 경비를 생각하면서 그 추가 비용을 어떻게 감당해야 할지 마음을 졸였다. 하지만 알레마예후가 계산한 경비가 사제 1인당 10달러인 것을 알고는 에티오피아 시골과 다른 나라 간의 생활비 격차를 실감했다. 1,500달러를 지출해 사제 150명을 워크숍에 초청하고 나니 마음이 놓였다.

사제들은 우리를 실망시키지 않았다. 첫 워크숍은 입석 전용 홀에서 개최되었고, 어떤 우주의 기운이 모여 기적처럼 발전기가 작동했다. 내가 영어로 발표하면 알레마예후는 모국어로 통역했다. 에티오피아에는 여성 수도자도 소수 있지만 대부분의 종교 지도자가 남성이어서 탁자에 앉은 여성은 나뿐이었다. 사제들은 지역 항공 사진을 보고 입을 다물지 못했고, 주변 지역의 많은 면적이 개간되어 테프, 수수, 옥수수밭으로 변해가는 모습을 보고 크게 충격받았다. 그리고 토론에도 활발히 참여하면서 유칼립투스를 심으려는 정부 정책을 비판하고, 그 침입종 나무들이 땅에서 다량의 물을 빨아들이는 동시에 지역 생물 다양성을 파괴하는 상황을 분명히 인지했다. 워크숍이 더욱 활기를 띠면서 25세부터 85세 사이의 남성 150명은 환경 보전용 돌담을 세우고, 유칼립투스 묘목을 제거하고, 토착종을 복원하는 등 다양한 해결책을 논의하기 시작했다. 이날 사제들은 한목소리를 내야만 지역 사회에 더 큰 힘을 실어줄 수 있다고 강조하며, 힘을 모아 남아 있는 숲을 구하자고 다짐했다.

과학과 영적 믿음을 맞서 싸우는 적으로 규정하는 경우가 많지만 에티오피아에서는 그렇지 않다. 현재 정교회 사제들은 과학을 밑거름 삼아 교회 숲을 복구하는 활동에 적극적으로 나서고 있다. 전 세계에서 20억 명 넘는 인구는 신성한 숲을 영적 유산으로 여기며 아끼고 보전하고 있고, 에티오피아에서 도출되는 해결책은 13억 명 넘는 사람이 살아가는 타국의 황폐화된 농경지에도 적용될 수 있을 것이다. 종교에 내재한 강력한 힘이 뒷받침된다면 보전 활동에 정부나 기업이 제공하지 못하는 강력한 지렛대가 주어진 셈일 것이다. 워크숍이 끝난 직후 에티오피아 북부 교구의 주교가 외부인에게 처음으로 수여하는 공식양해각서를 내게 전달했고, 그 덕분에 나는 교회 숲에 언제든 접근할 수 있게 되었다. 이 특권에는 우리가 팀으로 움직일 때 더욱 강력하다는 사실을 인정하는 동시에 공유하는 임무를 절대 포기하지 말아달라는 주교의 개인적인 간청이 반영되었다. 30년간 나무탐험가로 일한 뒤 에티오피아 교회 숲에서 현장 연구를 진행하며 나는 수년 전 호주 오지에서 배웠던 것들을 떠올렸다. 지역 사회를 기반으로 생태계 보전이라는 목표를 달성하는 과정에 가장 유용하게 쓰이는 자산은 신뢰 구축이다.

에티오피아 터와흐도 정교회는 흔히 비교되는 이집트 콥트교보다 역사가 오래되었다는 점을 자랑스러워했다. 시골의 정교회 공동체는 매일 기도 모임을 하고, 종교 행사(출산, 세례, 결혼, 장례)를 자주 열고, 일상적으로 사제에게 축복을 받았다. 교회 부지의 중심에 세워진 에티오피아 정교회 건물은 대부분 형태가 둥글고 건물 안에 삼위일체를 상징하는 3개의 원형 구역이 있다. 교회 숲 안에는 치유의 물과 식수를 공급하는 샘이 있다. 나는 과학자이므로 기도에 긴 시간을 할애하지는 않았으나 에티오피아 숲 보전 협력자로서 그곳 문화에 빠르게 적응했다. 현지인과 함께 원만하게 일할 수 있는 가장 좋은 방법은 현지인의 문화 활동을 수용하는 것이다. 숲 바닥에 앉아 갓 구운 양고기를 먹고, 직접 담근 술을 18리터 술통에서 퍼 마시고, 어떤 재료로 만들었는지 모르는 스튜를 먹고, 음식을 한 입 먹을 때마다 기도하는 등 종교 의식에 참여했다. 시골 주민들은 끝없이 샘솟는 기쁨과 생명에 대한 경외심을 표현했다. 나는 아버지가 어린 아들을 데리고 밭을 갈고, 어머니가 딸과 함께 물을 길어오는 풍경을 보면서 하마터면 질투가 날 뻔했다.

현지 주민들은 병을 치료할 때면 대부분 교회 숲에서 자라는 약용 식물을 썼다. 지역 약용 식물을 대표하는 아프리카벚나무는 전립선암을 치료한다고 알려지면서 이 나무의 또 다른 이름인 붉은취목red stinkwood에 걸맞게 열매에서 악취가 나는데도 과도하게 수확되었다. 다른 약용 나무로는 분비하는 유액이 장내 기생충을 죽이는 무화과나무(아마존에 자생하는 무화과나무도 비슷한 용도로 쓰인다), 촌충 감염을 치료하는 아프리카삼나무, 몰약의 원천인 코르크나무, 다양한 증세에 약으로 쓰는 바오밥나무 등이 있다. 신성한 동아프리카향

나무는 건축 자재로 꾸준히 수확되었는데, 십자가를 만드는 목재로 쓰인 역사를 고려해 교회 건축에만 쓰였다. 현지 사제들은 대부분 예배용 십자가를 향나무로 조각했다. 식물학자들이 민족식물학을 상당히 체계적으로 기록해둔 아마존 지역과 달리 에티오피아는 약용 식물의 쓰임새를 정리한 출판물이 거의 없다. 대신 사람들은 입에서 입으로 전해 내려오는 이야기에 의존하고, 과학은 그 뒤를 좇는다.

토착 나무는 대부분 침입종인 유칼립투스보다 느리게 자랐는데, 에티오피아 토착종이 성장을 억제하는 천적과 마주하며 살았기 때문이다. 빠른 성장 속도만으로도 침입종 재배는 매력적이었다. 그러나 지역 주민은 잎과 나무껍질에서 분비되는 독성 물질로 인해 유칼립투스 우듬지에서 토착 생물이 살지 못하는 데다, 토착 나무보다 유칼립투스가 약 4배 많은 물을 빨아들여 지하수를 고갈시킨다는 사실을 관찰했다. 그렇게 정규 교육 기관에서 생태학을 공부한 적 없는 사제들조차도 유칼립투스를 '악마의 나무'라고 불렀다. 토착 나무는 성장 속도가 느리지만 지역의 척박한 토양과 잦은 가뭄에 적응하도록 진화했고, 토착 나무 우듬지는 토착 생물의 주요 서식지가 되었다. 버빗원숭이는 바위너구리와 함께 중간 우듬지를 신나게 뛰어다녔고, 다이커영양과 하이에나, 그리고 아비시니아제넷이라고도 불리는 점박이 고양이는 토착 나무 하목층에서 살았다. 타나 호숫가에 늘어선 토착 나무에는 희소종인 노란이마앵무새를 포함한 에티오피아 토착 새 100여 종이 서식해 나의 새 관찰 목록에도 새롭게 추가되었다. 마지막 남은 숲이 사라지면 다양한 토착종은 멸종할지 모른다.

첫 번째 워크숍이 끝나고 1년 만에 두 번째 워크숍을 진행하게 되었다. 자라에서 활동하고 선견지명이 있는 사제 예네타 티베부가 들뜬 표정으로 내게 희소식을 전했다. 자라 교회는 직접 나서서 인근 들판에 널린 돌을 가져다 교회 숲 둘레를 따라 1.6킬로미터에 걸쳐 아름다운 돌담을 쌓았다. 이 숲 돌담은 소와 염소의 침입을 막고, 농가와 숲의 경계를 구분하고, 숲 가장자리에서 채취되는 땔감의 양을 감소시키며, 종자 및 생물 다양성을 살리고, 지역 주민에게 커다란 자긍심을 심어주는 영리한 해결책이었다. 주민들은 돌담을 '교회가 입는 옷'이라 부르며, 담을 세우지 않은 종교 거주지는 완벽하지 않다는 믿음을 받아들였다. 돌담은 높이가 약 1.2미터, 두께가 60센티미터로 유지 보수할 필요가 없으며, 일부 구간에서는 지난 수십 년간 쪼그라든 숲 경계를 보상하기 위해 현재 남는 숲의 가장자리보다 몇 미터 밖으로 돌담을 쌓았다. 우리가 개최한 첫 워크숍 이후 1년간 몇몇 다른 교회 숲에서도 자라 교회와 같은 활동을 추진했다. 데브레세나 교회는 나무 40종을 보호하기 위해 1.9킬로미터에 걸쳐 돌담을 쌓았고, 모샤 교회는 나무 53종을 에워싸고 2.8킬로미터에 달하는 돌담을 세웠다.

알레마예후는 돌담 설치를 장려하려면 완성된 돌담에 설치할 출입구(사방으로 하나씩 총 4개)의 구입 자금을 기부하겠다고 사제들에게 서약하는 쪽이 좋다고 설명했다. 사제들은 현금을 지니지 않으니 기부금은 교회 지붕을 수리하거나 악천후에 빈번하게 노출되는 귀중한 종교 벽화를 보전하는 활동에 쓰일 것이다. 현재 나는 에티오피아에서 돌담 쌓기에 지원할 기금을 조용히 모으고 있으며, 알레마예후는 현지에서 기금 배분을 담당한다. 에티오피아 사제들이 나와 알레마예후의 노력을 높이 평가한 덕분에 신뢰는 갈수록 두터워지고 있다. 전 세계의 수많은 기부자가 내가 운영하는 웹사이트에서 돌담 프로젝트를 발견하고, 갈색 자급 농지에 에워싸인 녹색 숲 조각을 위해 기부하겠다고 의지를 내비쳤다. 우리는 매년 워크숍을 열고 돌담 40군데에 지원하는 총 비용을 약 50만 달러로 책정했으며, 이 예산이면 세계에서 가장 낮은 비용으로 추진되는 생물 다양성 보존 프로그램이 된다. 우리는 목표 달성에 필요한 기금을 반 이상 모았고, 현재까지 기부자 대다수는 에티오피아에서 지구 반 바퀴 떨어져 사는 초등학생들이며, 이들은 페니 드라이브(penny drive, 1센트 동전인 페니를 모금하는 활동—옮긴이)나 베이크 세일(bake sale, 빵을 만들어 판매해 기부금을 마련하는 활동—옮긴이)에도 후원한다. 내가 북미 학교에서 '과학자를 만나다'라는 온라인 강연을 하고 나면 아이들은 보통 에티오피아 나무를 위해 기부한다. 내게 깊은 감동을 준 사례는 브롱크스에 거주하는 저소득층 6학년 학급 학생들이 일주일 치 점심값을 기부한 것이다. 독일에서는 한 가족이 세상을 떠난 아버지를 추모하며 기부했다. 캐나다에서는 어린 소녀가 돌담 기금을 모으기 위해 가판대에서 레모네이드를 팔았다. 온라인 접속을 돕는 각종 도구와 소셜 미디어 덕분에 어린이도 지구 반대편에서 사는 나무 보전에 참여할 수 있다! 지역 주민들이 돌담 위치가 바뀌었다고 의심할 수 있어 과학자 동료들은 완공된 돌담을 서로 연결하는 통로를 놓으면 어떨지 의견을 낸다. 교회 숲을 서로 연결할 좋은 아이디어이다! 이미 사제 2명은 돌담을 옮겨 숲 경계를 넓혔는데, 이는 지역 주민들이 돌담 위치를 변경하고 교회 숲을 확장하는 일에 기꺼이 나서서 노동력을 제공한 덕분이다. 보전 관점에서 서식지 조각들을 서로 연결하면 생물이 머물 수 있는 구역이 늘어나므로 상당히 바람직하다. 에티오피아는 현대화된 관개 시설이나 트랙터 등 농업 생산량을 높이는 데 필요한 최신 기술이 여전히 부족하다. 따라서 지역 주민이 식량을 충분하게 재배하려면 지금 당장은 농경지가 넓어야 한다.

에티오피아는 보전 활동을 둘러싼 배경이 복잡하다. 아프리카에서 인구가 많은 편으로 총인구 1억 명이 넘고, 나일강의 발원지이며, 인류의 조상이 살았고(호미노이드 루시의 고향), 종교적 가치를 높게 평가하고, 광물이 풍부하게 매장되어 있고, 세계 어디서도 찾아볼 수 없는 고유의 생물 다양성이 발견되는 등 천연자원이 풍부하고 독특하다. 현지 조력자 알레마예후는 에티오피아의 천연기념물 목록을 장점으로 여기면서도 이 나라가 다른 아프리카 국가들처럼 자원을 전략적으로 활용하지 않았다는 사실에 좌절했다. 그러나 에티오피아는 다른 국가를 빠르게 따라잡는 중이다. 에티오피아 정부는 심각한 기후변화로 가뭄이 들고 메뚜기 떼가 창궐하는 등 다양한 문제가 발생하면서 환경이 파괴되고 있다는 점을 인지한다. 미래에 대응하기 위해 2019년 에티오피아 대통령은 나무 심는 날을 선포했고 국민은 정부가 지원하는 양묘장에서 키운 묘목 3억 5,200만 그루를 국토에 심었다. 물과 원예 기술이 부족한 탓에 묘목의 고사율이 분명 높겠지만 나무 심기는 현재까지 세계 어느 나라보다도 에티오피아가 앞서고 있으며, 이는 에티오피아 지도자에게 남다른 선견지명이 있음을 보여준다. 에티오피아는 녹색 미래로 나아가는 활동을 점차 늘려가는 중이다. 나는 앞으로도 워크숍을 열고, 함께 기도하고, 과학계와 종교계를 잇는 가교 역할을 하며 사제들과 신뢰를 구축할 것이다.

교회 숲을 보존하기 위해 확고한 실행 계획을 세우자 사제들은 알레마예후와 내가 현장 탐사를 나갈 때 더욱 열린 마음으로 대해주었다. 우리가 단순히 자료를 수집하며 생물종을 문서화하는 선에서 그치지 않고, 에티오피아의 나무를 구하며 '하느님의 피조물을 보호할' 해결책 마련에 전념한다는 것을 알기 때문이다. 다음 단계로, 나와 알레마예후는 내셔널 지오그래픽이 지원하는 연구 보조금을 받아 교회 숲우듬지의 생물 다양성 연구에 착수했다. 먼저, 우리는 절지동물 분류군을 탐구하는 전 세계 전문가 12명에게 주어지는 연구 보조금을 유치하기 위해 지원서를 제출했다. 결과는 성공이었다! 내가 모험심 강한 곤충학자들에게 교회 숲우듬지 탐사에 동참하라고 제안하자 개미, 딱정벌레, 응애, 파리, 선충을 비롯한 다양한 절지동물 전문가에게서 긍정적인 답변이 산더미처럼 쏟아졌다. 우리는 나무 우듬지에 밧줄을 타고 올라가 새로운 종을 발견하고 생물 분포도를 기록하는 한편, 에티오피아 절지동물에 대해 배우고 싶어 하는 현지 학생들도 탐사에 참여시켰다.

우리는 곤충을 조사하기 위해 교회 숲 2곳에 걸쳐 기준선을 긋고, 그 선을 따라 포충등을 놓거나, 쟁반으로 받치고 나뭇가지를 털거나, 채집망을 휘두르거나, 덫에 미끼를 두거나, 핏폴 트랩을 설치하거나, 말레이즈 트랩을 세워두는 등 다양한 장비를 동원했다. 교회 숲은 본질적으로 자연에서 섬 생물지리학을 실험하기에 더할 나위 없이 적합한 장소이다. 면적, 구성하는 나무의 종류와 수령, 높이가 다양한 교회 숲들을 대상으로 서식하는 생물종의 다양성과 풍부함을 비교할 수 있기 때문이다. 그런데 현장 탐사에는 다른 나라에서 일할 때와 비교해 시간이 많이 소요되었다. 운전기사를 고용하고, 사륜구동 자동차에 짐을 싣고, 식량을 구입하고, 성직자를 만나 생물 샘플링을 허락받은 다음 우듬지 서식 곤충을 샘플링할 때 필요한 장비를 나무에 설치해야 했다. 이 모든 준비를 마치려면 곤충 1마리를 잡기까지 며칠이 걸렸으며, 우리가 아무리 노력해도 모든 난관을 피해갈 수는 없었다. 한번은 나무에 올라가 곤충 덫을 설치하려고 우듬지 30미터 나뭇가지에 밧줄을 걸어놓았더니 다음 날 아침 나뭇가지에 밧줄이 전부 조용히 사라지고 없었다. 마을에서 밧줄을 구할 수는 있었지만 그 불행한 사건을 겪은 뒤 알레마예후는 나무에 걸어놓은 장비를 밤새워 지킬 경비원을 고용했다. 지역 주민들이 시장에서 구매한 물품을 묶거나 정원을 가꿀 때 쓰려고 신나서 밧줄을 집으로 가져가는 바람에 탐사에 쓰는 나일론 끈과 플라스틱 샘플 병까지 전부 사라졌기 때문이다. 그 뒤 우리는 탐사 장비를 24시간 감시하는 경비원 비용도 포함해 예산을 수정했다. 비용이 많이 들지는 않았지만 일할 남성(여성은 밤새 숲에 앉아 있을 수 없다)을 찾는 데 며칠이 더 소요되었다.

모든 현장 탐사는 교회 활동에 대한 존중을 바탕으로 진행되어야 했으므로 장례식이나 교회 예배, 그 밖의 종교 행사 일정을 상세히 알아두었다. 나무들 사이로 종교 행렬이 이어질 때는 숲에서 숨을 죽이고 기다렸고, 지역 주민이 숲에 있을 때는 사진을 찍지 않았다. 탐사 기간 내내 우리는 수많은 구경꾼을 초대했으며, 이왕이면 지역 학생을 초청해 에티오피아 생물 다양성을 가르치기로 했다. 샘플링 기간이 끝날 무렵이 되자 아이 수십 명(대부분 소년)이 우리를 따라다녔고, 그들은 진심으로 지역 자연사에 대해 더욱 깊이 있게 배우고 싶어 했다. 알레마예후 말마따나 컴퓨터와 교과서, 현장 안내서가 없는 실정인지라 학교는 환경 교육을 제대로 하지 않았고, 교사들은 현장으로 나와 학생을 가르치지 않았다. 나는 세계적인 교육 자원의 불평등을 타파하고, 차세대 에티오피아 사제(그리고 생물학자)를 교육하는 2가지 과제에 동시에 도전하려면 어떻게 해야 하는지 오랜 시간 머리를 굴렸다. 그리고 2가지 아이디어를 실험했다. 첫 번째, 티셔츠에 토착 꽃가루 매개자 그림을 넣고 에티오피아 언어인 암하라어로 꽃가루 매개자 정보를 삽입해 아이들에게 나눠주면 티셔츠가 곤충 안내서 역할을 할 것이다. 티셔츠가 없어 담요를 판초처럼 몸에 걸치고 학교에 가는 남학생이 많으므로 학교에 입고 갈 옷을 제공한다는 이점도 추가된다. 티셔츠는 수명이 길다는 점에서 또한 실용적이다. 종이에 정보를 적어 나눠주면 금세 물에 젖거나 벽난로 안으로 던져질 것이다. 티셔츠 인기는 폭발적이었고, 심지어 사제들도 하늘거리는 흰 예복 안에 티셔츠를 입고 싶어 했다. 아프리카로 운송하는 비용이 높아 물량을 많이 공급할 수 없었기에 조만간 환경 교육 패션을 한층 발전시킬 현지 제조업체를 찾을 수 있길 바란다. 지역 아동 교육을 개선할 두 번째 혁신적 활동으로, 나무가 귀중한 지역 자원인 이유를 설명하는 어린이책을 만들었다. 나는 한 소녀가 지역 숲 보전을 돕는 이야기를 에티오피아 동료와 공동 집필해 『베자, 에티오피아 교회 숲을 구한 소녀』*Beza, Who Saved the Forests of Ethiopia, One Church at a Time*라는 책으로 출간했다. 아마존Amazon.com에서 이 책의 영어판이 한 권씩 팔릴 때마다 내가 운영하는 작은 재단 트리파운데이션에서 에티오피아 시골에 사는 어린이나 학교에 이 책의 암하라어판을 한 권씩 기부한다. 소녀(혹은 소년)에게 그들이 구사하는 언어로 인쇄된 인생 첫 책을 주게 되어 영광이었다.

각 구역에 곤충 덫을 설치하고, 경비원을 고용하고, 종교 행사장 인근에서 작업을 수행한 다음 곤충을 모으고/건조하고/고정하고/정보를 기록한 결과를 얻기까지 꼬박 일주일이 걸렸으므로 우리 탐사대가 희망한 대로 2주간 교회 숲 10군데를 돌아 샘플링하기는 불가능했다. 하지만 두 구역에서 귀중한 자료를 모을 수 있었으며, 교회 숲에 서식하는 절지동물을 대상으로 현장 탐사가 진행된 사례는 이번이 처음이었기 때문에, 우리는 새로운 발견에 대한 기대감으로 마음이 들떴다. 곤충 채집법 중에서는 4가지(포충등, 말레이즈 트랩, 채집망 휘두르기, 덫에 미끼 놓기) 방법만이 비교 가능한 일관된 샘플링 데이터를 도출했다. 우리가 채집한 딱정벌레목은 형태학적으로 따지면 253종으로 분류되며 37과로 나뉘었고, 날개응애목은 적어도 45종으로 분류되었으며, 이들을 비롯해 수집한 절지동물을 전부 합치면 8,200마리에 달했다. 나중에 러시아 응애 전문가는 교회 숲 탐사대장에게 경의를 표한다는 뜻에서, 갈색이고 털이 많으며 볼품없는 새로운 종의 응애에 필로바텔라 로우마나이*Pilobatella lowmanae*라는 학명을 붙였다(두 아들이 나를 놀려대며 그 초라해 보이는 생명체에 이름을 붙여준 것이 진정 존경의 의미인지 궁금해하지만).

내셔널 지오그래픽에서 지원받은 두 번째 프로젝트는 파충류 및 양서류 조사였다. 우리는 교회 숲은 물론 돌담에서도 현장 탐사를 하려고 계획했다. 석조물이 뱀과 도마뱀의 서식지인지 궁금했기 때문이다. 대규모 팀을 초청해 탐사를 한 번으로 끝내는 대신 돌담이 있는 숲과 없는 숲을 반복해 오가는 대학원생을 한 명 모집했다. 이 지역에 서식하는 파충류의 생물 다양성은 발표된 적이 거의 없었기에 우리가 발견한 사항은 과학계에 새로운 기록으로 남았다. 우리는 돌담이 파충류와 양서류에게 안전한 서식지라는 사실 또한 확인했다. 실제로 조사한 대부분 종이 돌담 틈새에서 발견되었다.

나와 알레마예후는 10년 넘는 시간 동안 신뢰라는 중요한 요소를 기반으로 숲 보전 활동을 전개했다. 그리고 진심을 다해 서로에게 협력한 덕택에 탁월한 성과를 거두게 되었다. 우리 두 사람은 공동 연구를 수행하면서 상대방에게 부족한 부분을 채워주었다. 종교 지도자들에게 존경받는 현지인 동료가 없었다면 나는 에티오피아 터와흐도 정교회 사제와 우정을 나누지 못했을 것이다. 또 국제적으로 관심을 유도해 연구 보조금을 받는 국외 협력자가 없었다면 알레마예후는 그토록 대담하게 숲 보전 활동을 이어나가기 어려웠을 것이다. 알레마예후는 현지 홍보 대사이고, 나는 에티오피아와 외부 세계를 잇는 연락 담당자이다. 우리는 지속적으로 숲 돌담을 세우는 자금을 지원하고, 에티오피아 북부 지방 곳곳에서 매년 신진 사제를 대상으로 워크숍을 개최하고, 책과 티셔츠를 배포하며 에티오피아 교회 숲 보전이 얼마나 시급하고 중대한 과제인지를 전 세계에 알린다.

지난 2018년, 나는 새롭게 돌담을 쌓은 교회 숲이자 토착 새가 가장 다양하게 서식하는 숲으로 기록된 깁스타와이트Gibstawait에 다녀왔다. 내가 도착하자 깁스타와이트에 머무는 사제와 그의 제자들은 매우 기뻐하며 이내 양 1마리를 제물로 바쳤다(가뭄이 심각한 이 지역에서는 보기 드문 대접이다). 2시간도 채 지나지 않아 신성한 숲 보전에 성공한 것을 축하하는 자리가 마련되었다. 우리는 우듬지 아래에서 양고기찜을 먹고, 기도하고, 특별한 술을 마셨다(깁스타와이트 사람들은 술이 넘쳐 흐를 때까지 잔을 채운다). 정교회 사람들은 숲 보전 해결책을 제시한 독보적 인물 알레마예후에게 존경을 표했다. 내면이 굳건하면서도 겸손한 이 지역 사람들과 함께 일하면서 나는 지속 가능한 방식으로 지구를 이용하고 관리한다는 개념의 의미를 깊이 이해하게 되었다. 우리가 목소리를 낼수록 숲 보전 패러다임은 정부가 의사를 결정하는 하향식에서 지역 사회가 주도하는 상향식으로 변화한다. 하지만 큰 의문이 남는다. 그러다 너무 늦지는 않을까? 변화를 견디기에 너무 작은 에티오피아 숲 파편에서 토착 생물종은 다양성을 유지할 수 있을까? 고립된 나무와 포유류 개체군은 이제 시작되는 기후변화에도 살아남을 만큼 유전적 다양성이 충분할까? 임분마다 한두 그루씩 남은 아프리카벚나무는 어떤 운명을 맞이할까?

나는 풀브라이트 학자로서 에티오피아에 돌아가 숲을 보전하고, 나무 우듬지를 연구하고, 여성의 과학계 진출을 돕는 활동에 열중했다. 그리고 에티오피아에서 가장 큰 고등 교육 기관인 짐마 대학교에 소속되어 새로운 아이디어를 자극할 독창적인 활동을 시작했다. 먼저 생물학과 학생들에게 나무 등반을 가르쳤다. 안타깝게도 참가자는 남학생뿐이었다. 우리가 나뭇가지에 밧줄을 걸고 등반 기술을 익히느라 진땀을 빼는 동안 개코원숭이는 나무 잔가지를 영장류 사촌들에게 던지며 우듬지 공간을 놓고 경쟁했다. 등반 수업이 진행되는 사이 숲 하목층에서는 커다란 천을 두른 여성들이 커피를 수확했다. 에티오피아의 성 불평등은 여전히 해결하기 어려운 문제이기에 나는 학내에 STEM 분야에 종사하는 여성을 위한 모임을 만들었다. 모임에 나타난 여성은 여섯 명뿐이었고, 모두 기술직 종사자였다. 이들은 채용 중인 대학교수직에 남성이 지원하면 여성은 제대로 된 경쟁조차 할 수 없다고 설명했다. 세 번째 과제는 훗날 에티오피아 남부에 최초로 설립될 식물 전시관인 짐마 대학교 식물원에 관해 조언하는 것이었다. 우리는 부지를 선정하고, 식물원이 지역 주민에게 제공하는 복지에 대해 논의했으며, 그런 대중을 위한 공간이 에티오피아의 미래가 될 것이라며 성공을 기원했다.

다음으로 할 일은 무엇일까? 이 책을 쓰는 시점에 알레마예후와 나는 생물 다양성이 가장 높은 교회 숲 40곳 주변에 돌담을 세우는 데 필요한 자금을 50퍼센트 이상 유치했다. 에티오피아판 노아의 방주를 완성하기까지 20만 달러도 남지 않았다. 우리는 에티오피아에서 삼림 손실이 가장 큰 북부 지역에 촉각을 곤두세웠다. 트리 파운데이션은 기금을 유치하는 중심 창구이다. 하지만 에티오피아의 생물 다양성을 보전하려면 빠르게 움직일 필요가 있다. 우리는 대규모 NGO 또는 한 나라에 서식하는 모든 생명체를 구하는 일이 얼마나 중요한지 이해하는 자선사업가 한 명과 협력 관계를 맺고 돌담 설치에 필요한 자금을 지원받길 희망한다. 돌담은 다른 나라의 열대림을 보전하는 활동에 비해 비용이 적게 들기도 하지만 가장 중요한 것은 사제들이 신뢰할 수 있는 이해당사자이며 지역 사회가 숲 보전을 목적으로 세운 아름다운 돌담에 기뻐한다는 점이다.

우리가 이야기하는 숲 보전은 윈-윈-윈-윈이다. 농지의 돌을 없애 농작물 수확량이 늘어나면 농부가 승리하고, 하느님의 피조물을 모두 구하면 사제가 승리하고, 숲이 다양한 혜택을 제공해 생활이 윤택해지면 지역 주민이 승리하고, 돌담이 성목과 묘목을 보호하면 나무가 승리한다. 암하라어로 메나그menagn라 불리는 종교적 은둔자는 우듬지 아래에서 고요한 삶을 살기에 사람들 눈에는 거의 띄지 않지만 존재감이 강하다. 대사제 아부네 아브라함Abune Abraham은 수년간 은둔자로 살아왔으나 현재는 바히르다르시 외곽에 자리한 자신의 정교회 교구 숲 전체를 복원하고 종교 시설 공동체를 만들고 있다. 아부네 대사제는 진정한 선의의 표현으로, 내가 그곳에 자주 방문할 수 있도록 작은 석조 오두막을 지어주겠다고 했다. 침묵을 중요하게 여기는 사제들을 보면서 어릴 적 수줍음을 탔던 성향이 그리 나쁘지 않았을 수 있겠다고 생각한다. 나는 거실에 외로이 서 있는 느릅나무를 안전하게 보호하는 석조 오두막을 지으신 할아버지를 종종 떠올린다. 할아버지가 에티오피아 나무를 지키려고 돌담을 쌓는 나를 자랑스러워하며 천국에서 웃고 계신다고 상상한다.

아프리카벚나무

Prunus africana

예전에 에티오피아를 방문했을 때, 데브레타보르 교회 숲의 사제가 내 손을 잡고 농부들이 귀리를 심는 인근 들판으로 데려갔다. 진흙투성이 들판 한가운데에 나무 한 그루가 홀로 서 있었다. 언어는 달랐지만 메시지는 분명했다. 사제는 외롭게 서 있는 아프리카벚나무를 가리키며 본래 그 나무는 신성한 숲 경계 안에 있었다고 몸짓으로 설명했다. 지역 농부들은 가족을 배불리 먹이기 위해 영적 기반까지 침해해가며 과도하게 농작물을 수확했다. 사제는 많은 농부가 교회 숲 경계로 지나치게 가까이 접근해 밭을 경작하는 탓에 그동안 숲 가장자리 나무가 줄기 껍질에 상처를 입고 죽었다며 안타까워했다. 데브레타보르로 돌아올 때마다 아프리카벚나무는 단일 재배되는 농작물에 둘러싸인 채 농지에 홀로 우뚝 서서 나를 맞이하며, 이는 남아 있는 교회 숲을 보전하는 일이 얼마나 중요한지를 절실히 일깨운다.

아프리카벚나무는 상투메, 그랑드코모르, 마다가스카르의 섬과 아프리카 중남부 산지에 분포한다. 장미과에 속하는 이 우듬지 나무는 프루누스속 나무 중 키가 가장 크며, 높이가 45미터에 달한다. 1861년 유럽 식물학자 구스타프 만Gustav Mann과 그가 이끄는 연구팀은 카메룬에서 실시한 첫 탐사에서 식물을 수집한 뒤에 큐 왕립식물원Kew Garden으로 보내고 분류했다. 런던으로 돌아온 식물학자 윌리엄 잭슨 후커William Jackson Hooker는 어느 식물의 열매가 사람의 엉덩이와 닮은 것을 관찰하고 피게움 아프리카눔*Pygeum africanum*이라 이름 붙였다('피게움'은 그리스어로 엉덩이라는 뜻이다—옮긴이). 그로부터 거의 100년 뒤인 1965년 식물학자 코넬리스 칼크먼Cornelis Kalkman은 분자 분지학을 활용해 피게움이 버찌임을 알아내고, 그 식물을 피게움속에서 프루누스속으로 옮겨야 한다고 주장했다. 오늘날 프루누스 아프리카나는 다양한 일반명으로 불리는데, 아프리카벚나무, 피게움, 철나무iron wood, 붉은쥐목, 아프리카플럼, 아프리카프룬, 비터 아몬드 등 영어 이름뿐 아니라 아프리카어 이름도 수없이 가지고 있다.

아프리카벚나무는 나무껍질이 독특하다. 검은 갈색을 띠며 표면에 깊게 패인 골이 직각으로 교차한다. 잎차례는 어긋나기이고, 잎자루에 타원형 잎이 1장씩 돋는 홑잎이며, 잎 끝이 뭉툭하고, 잎몸이나 꽃받침 표면에 털이 없으며, 잎 가장자리는 부드러운 톱니 모양이고, 잎 윗면은 진녹색이지만 아랫면은 연녹색이다. 잎자루는 분홍색 또는 빨간색이고, 10월에서 5월 사이에 꽃이 피며, 향기가 나는 흰색 또는 담황색 꽃을 곤충이 수분한다. 9~11월에는 붉은빛이나 보랏빛이 도는 갈색 열매가 맺히는데 형태나 구조가 버찌와 비슷해 사람은 물론 새, 원숭이, 다람쥐도 열매를 먹는다. 프루누스속에 포함되는 다른 종처럼 아프리카벚나무에도 화외밀선extrafloral nectary이 있는데, 잎 가장자리에 배열된 화외밀선이 화밀을 분비하면 특정 곤충이 다른 초식곤충으로부터 잎을 보호하고 화밀을 보상으로 받는다. 이런 식물—동물 관계가 대부분 아프리카 나무에서는 제대로 연구되지 않았기에 우리는 어느 생물종이 아프리카벚나무 우듬지를 자주 찾는지 아직 모른다. 동물학자 다이앤 포시Dian Fossey는 르완다의 마운틴고릴라가 아프리카벚나무 열매를 좋아한다고 보고했다.

아프리카벚나무는 의학적 용도로 다양하게 쓰이고 있으며, 그런 까닭에 멸종 위기에 처한 야생 동식물종의 국제 거래에 관한 협약Convention on International Trade in Endangered Species, CITES 부속서 II에 근거해 법적으로 보호하지 않으면 과도하게 채집될 가능성이 높다. 현지에서 아프리카벚나무 껍질은 말라리아, 외상, 화살독, 복통, 신장병, 임질, 정신 이상, 열병 등 다양한 증상을 치료할 때 쓴다. 나무껍질을 무자비하게 채집한 결과, 고사하는 나무는 늘고 나무 분포 면적은 줄었다. 그런데 전립선암에 효능이 있다고 널리 알려지자 현재 아프리카 다수 지역에서 아프리카벚나무를 의약품 생산용으로 재배하고 있다. 이 나무껍질에서 추출한 물질로 만든 약은 1966년 특허 출원되었고, 이 약의 시장 가치는 연간 2억 달러 이상으로 추정된다. 아프리카벚나무는 의약품 외에 도끼 자루, 나무 수레, 건물 바닥재, 다리 바닥판, 가구, 식기를 만들 때도 쓰인다. 유럽이나 북아메리카에 자생하는 프루누스종과 달리 아프리카벚나무는 폭넓게 연구되지 않았으며 이 나무의 생태를 다루는 출판물은 거의 발표되지 않았다. 미래의 식물 연구는 이 중요한 에티오피아 토착 나무는 물론 거의 대부분 아프리카 나무종을 관리하는 데 중요한 자양분이 될 것이다.

11장
자연은 모든 생명에게 공평하다

초등학생들이 내게 가장 자주 던지는 질문은 다음과 같다. "우듬지에 사는 제일 흔한 종은 무엇인가요?" 안타깝게도 정답을 알아내기에는 나무탐험가가 여전히 부족하다. 감히 추측한다면 나는 보통 물곰이나 이끼 새끼돼지moss piglet라 불리는 완보동물이라고 대답할 것이다. 그러면 다수의 사람은 "완, 뭐라고요?"라고 되묻는다. 상대적으로 알려지지 않은 문門인 완보동물은 '느리게 걷는 자'를 뜻한다. 이 작은 느림보 생물은 실제로 걷는 게 아니라 물방울 안에 둥둥 떠 있다. 완보동물은 대개 담수나 염수로 축축한 조건에서 번성하며, 폭우가 이따금 쏟아지는 건조한 사막, 습한 열대림, 심지어 온천이나 남극 얼음 절벽 같은 극단적인 환경에서도 잘 산다. 이끼나 지의류, 나무껍질, 나뭇잎 표면의 수분은 완보동물의 작은 원통형 몸과 네 쌍의 짧은 다리, 그리고 다리에 달린 발톱 및 흡착판을 수분 막으로 덮는다. 습윤한 서식지가 건조해지면 완보동물은 휴면 상태에 들어가 비가 오기를 수십 년간 기다리거나 나무 꼭대기보다 높이 떠올라 공기 중을 떠다니며 축축한 새 서식지를 찾는다. 가뭄도 홍수도 극한 기온도 완보동물을 죽이지 못할 것이다. 두 아들은 어릴 때 인기 텔레비전 채널 '애니멀 플래닛'이 내보내는 방송에서 이 동물에 대해 배웠는데, 방송에서는 척박한 물리 조건도 견디는 능력을 지녔다는 점에서 완보동물을 호극성 생물extremophile이라 지칭했다. 길이는 약 0.2~0.5밀리미터(먼지 한 톨 크기)로 선충, 톡토기collembola, 윤형동물rotifer, 응애 같은 작은 생물들과 더불어 토양, 나뭇잎, 물방울로 이루어진 릴리퍼트 왕국(걸리버 여행기에 나오는 소인국—옮긴이)을 지배한다. 과학소설에 등장하는 외계인 침공처럼 느껴지지만 우리가 자는 동안 교외 잔디밭과 관목 숲에서는 곰을 닮은 조그마한 생물들이 수없이 많이 기어 다닌다.

과학자, 탐험가 또는 이 세상을 살아가는 평범한 사람으로서 여러분은 무엇이 훗날의 다음 발견으로 자신을 인도할지 결코 알 수 없다. 내 삶으로 완보동물이 들어온 계기는 소외계층 청소년에게 현장 생물학을 접할 기회를 제공하기로 결심하면서였다. 나는 수십 년간 열정적으로 과학의 포괄성을 추구했는데, 이는 내가 과학을 지배하는 백인—남성 집단으로부터 늘 환영받지 못한다고 느꼈기 때문일 것이다. 젊은 여성을 비롯한 소수 집단 과학자들이 나와 같은 경험을 하지 않도록 도와야겠다고 다짐했다. 열한 살 때 나는 걸을 수 없어서 병상에 누워 지내는 아이를 친구로 둔 새의 모험 이야기로 첫 번째 책 『밀화부리 거트루드와 함께한 1년』*Through the Year with Gertrude*

*Grosbeak*을 썼다.(그런데 60세가 다 되어서 이 책을 출간했다!) 이 책을 읽고 감명받은 한 학생을 만난 뒤, 나는 현장 생물학의 포괄성 문제를 어떻게 해결해야 하는지 거의 평생 고민해왔음을 떠올렸다. 그 학생은 휠체어 사용자로, 내가 쓴 동화의 롤모델과 가까웠다. 성인이 된 이후 나는 가정 형편이 어려운 소녀를 대상으로 여름 캠프에서 나무 등반을 가르치고, 인도 정글에서 전통 복장을 걸친 여성 나무탐험가를 훈련하고, 조직 내 관리자 자리에 소수 집단 출신인 적임자를 고용하고, 소외 계층의 소녀 소년에게 장학금과 연구 기회를 제공하고, 대학 교수였을 때는 소수민족 학생에게 조언하는 등 과학 분야에서 소수 집단 구성원들과 함께 일하는 것이 나의 임무라 여겼다. 교수 시절을 돌아보면 내게는 싱글맘으로서 자녀 양육과 교수 업무를 오가며 분투한다는 꼬리표가 달렸고, 그 덕분에 나와 비슷한 어려움을 겪는 학생들이 다른 교수보다 나를 더욱 편안하게 대했던 것 같다.

현장 생물학에서 끊임없이 간과되는 한 그룹은 이동에 제약을 받는 학생들이다. 『사이언스』가 발표한 2019년 보고에 따르면, 미국인 약 25퍼센트가 장애를 지니고 살지만 장애인은 과학계 노동자의 9퍼센트, 이공계 박사의 7퍼센트에 불과하다. 미국 장애복지법 Americans with Disabilities Act, ADA은 포괄성을 좀더 폭넓게 보장하기 위해 1990년에 제정되었으나 내 경력을 통틀어 신체장애를 지닌 학생이 현장 생물학 분야에서 진로를 모색하도록 장려하는 프로그램을 접한 적은 없다. 휠체어를 사용하는 학생은 보통 실험실이나 사무실 근무로 밀려난다. 식물원장으로 일하던 당시 나는 휠체어를 탄 젊은 이와 유모차를 미는 엄마, 보행기를 사용하는 노인들이 흙바닥을 불편해하며 다니는 모습을 볼 때면 특히 괴로웠다. 소외 계층에 관심을 기울이고 나서 그들이 숲우듬지뿐 아니라 울퉁불퉁한 삼림지 오솔길을 거니는 일조차 즐길 수 없다는 사실을 깨달았다. 그리고 이때의 깨달음을 발판으로 북미 최초로 신체장애가 있는 사람들도 오를 수 있는 우듬지 통로를 건설했다. ADA 10주년 기념식에 플로리다 대표로 참석한 팸 도워스Pam Dorwarth는 휠체어에 앉아 리본을 자르며 미국 최초로 ADA를 준수한 식물원 우듬지 통로의 개통을 공식적으로 알렸다. 나무 꼭대기를 체험하기 위해 휠체어 탄 사람들이 무리 지어 완만한 경사로를 오르자 도워스는 눈물을 흘렸다. 그러나 ADA 친화적인 통로로는 충분하지 않았다. 나는 생태학자로서, 이동에는 제약이 있지만 현장 연구하며 새로운 종을 발견하길 꿈꾸는 학생에게 멘토가 되어주고 싶었다. 학생이라면 성별과 관계없이 누구나 밧줄을 움켜쥐고 나무에 오를 수 있다고 확신했다. 나는 스타는 아니지만 세계에서 탁월한 나무탐험가 가운데 한 사람이라는 명성을 얻었다. 우듬지 접근을 돕는 장비가 발전한 덕분에 사실상 누구나 조금만 힘들이면 밧줄을 타고 나무 꼭대기로 올라갈 수 있게 되었다. 내 친구 패티는 소아마비를 앓았지만 세계 최대 레크리에이션 등반 단체인 '트리 클라이머 인터내셔널'Tree Climbers International의 전무이사가 되었다. 팸과 패티는 나무 등반이 모든 사람을 위한 활동임을 몸소 증명하며 내게 영감을 선사했고, 이동이 불편한 학생을 대상으로 우듬지 프로그램을 만드는 과정에 믿음이 가는 조력자가 되어주었다.

새로운 종 발견 이외에 학생들이 현장 생물학에 흥미를 느끼게 할 만한 더 좋은 방법에는 무엇이 있을까? 온대림에 서식하는 덩치 큰 새나 딱정벌레는 대부분 문헌에 기록되어 새로운 종이 발견될 가능성은 그리 크지 않으니 물곰은 어떨까? 내 아들 제임스는 어렸을 때 물곰에 완전히 푹 빠졌다. 고등학생 시절에는 추운 지역에 사는 물곰을 연구하기 위해 학생 남극 탐험대에 참가하기로 마음먹었다. 그래서 우선 노스캐롤라이나 주립대학교의 세계적인 전문가 한 사람에게 그 작은 생물을 어떻게 표본으로 만드는지 배웠고, 그 전문가는 제임스가 합법적으로 물곰을 수집해 다른 대륙으로 가져올 수 있도록 허가증을 공유했다. 다음으로 제임스는 남극 탐사에 드는 큰 비용을 직접 모았다. 아들은 과학적 발견을 공유하며 감동을 나누길 바라는 친구와 이웃들에게 물곰 탐사 주식을 팔았다. 그리고 모든 주주에게 엽서를 보내고, 탐사를 마치고 돌아와서는 과학 강연을 열고 발견한 내용을 공유했다. 물곰과 함께 일하는 것은 우리 집안 내력인 듯하다.

그런 까닭에 나는 완보동물 분류학자이자 이동에 제약이 있는 랜디 밀러(일명 물곰 박사)와 협력하게 되었다. 현장 생물학의 세계는 좁아서, 우리는 30년 전 서로 다른 연구 과제를 수행하고 있었지만 호주의 같은 실험실에서 같은 지도교수와 연구하며 처음 만나게 되었다. 최근에는 내가 그에게 연락해 말레이시아 바이오블리츠 프로젝트에 초청하면서 보조금을 지원했고, 그는 말레이시아 열대림에서 새로운 완보동물종을 발견했다. 나의 우듬지 접근 기술과 랜디의 완보동물 전문지식을 토대로 우리는 멋진 팀을 결성했다. 이처럼 현장 생물학에서는 예상치 못한 경로로 협업이 이루어진다. 분야가 너무 달라 학술대회에서도 만난 적 없지만 상대방의 전문성과 명성은 익히 알고 있었기에 우리는 상호 신뢰하는 동반자 관계를 구축할 수 있었다.

랜디는 온대 나무에 물곰이 흔하다는 가설을 세웠으나 그가 소속된 베이커 대학교가 설립된 지역이기도 한 캔자스주에서 우듬지로 올라가 물곰을 조사한 사람은 아무도 없었다. 나와 랜디는 학생에게 나무 등반과 완보동물 수집법을 훈련시키면 새로운 발견을 할 수 있으리라 예상하며 이동에 제약이 있는 학생을 선발하면 어떨지 고민했다. 우리는 '학부생 연구 참여'Research Experiences for Undergraduates, REU라는 프로그램으로 국립과학재단에 연구 보조금을 신청했는데, 이 프로그램은 특히 과학 분야에서 연구 경력을 쌓고자 하는 대학생에게 기회를 제공한다. 3년간 노력한 끝에 우리는 국립과학재단에서 보조금을 유치할 수 있었다. 우리가 추진한 프로젝트의 공식 명칭은 '북미 숲우듬지의 3차원 초식성과 완보동물 다양성: 신체장애가 있는 학생을 현장 생물학의 세계로 이끌다'였지만 학생들은 프로젝트에 '우듬지의 휠체어와 물곰'이라는 애칭을 붙였다. 나무 꼭대기에서 완보동물문을 탐구한다는 목표를 세우면서 우리는 탐사를 통한 성취감을 보증하는 성공률 높은 프로그램을 마련하게 되었다.

우리가 마주친 첫 번째 심각한 문제는 놀랍게도 그 보조금을 받을 자격이 있는 학생을 찾는 일이었다. 미국 대학 캠퍼스에는 휠체어 사용자의 이메일 주소를 취합한 목록이 없어 우리는 ADA에서 발표하는 여러 출판물과 과학 협회를 통해 프로젝트를 알렸다. 그리고 이동에 제약이 있는 학부생과 그렇지 않은 학부생을 모두 유치해 팀을 구성하고, 상대의 장단점을 파악하는 시간을 보낸다는 계획도 세웠다. 국립과학재단의 조언처럼 우리 두 교수가 다양한 장애를 고려해 현장 연구법을 안전하게 설계하기는 쉽지 않으므로 이동 제약에만 초점을 맞추기로 했다. 발달장애, 시각장애, 청각장애, 그 외 다른 장애가 있는 학생에게도 연구에 참여할 동등한 자격이 있으나 양질의 연구 경험을 제공한다고 보증하려면 각 학생에게 알맞은 현장 연구법이 준비되어야 한다. 연구 예산 범위 안에서 학생 팀에게 보조금을 지원하다 보면 늘 어려운 상황에 부딪히곤 하는데, 여기에서 말하는 보조금에는 학생이 캔자스로 오는 데 필요한 이동 경비와 주거 경비 그리고 일일 경비까지 포함된다. 게다가 우리가 유치한 소액 연구 보조금으로 등반 장비와 실험실 장비를 준비하고, 휠체어가 실리는 차량까지 대여해야 했다.(우리 두 사람이 열심히 수소문하고 여러 자동차 회사에서도 광고를 냈으나 휠체어가 실리는 렌트용 승합차는 찾지 못했고, 결국 우리가 장애 학생을 직접 좌석에 앉혔다 내려주었다.) 베이커 대학교는 기숙사 숙박비를 학생 1인당 하룻밤에 10달러라는 합리적인 가격으로 책정했다.(당시 내가 근무했던 샌프란시스코의 하루 숙박비는 100달러가 넘었다.) 따라서 예산 문제도 있었고, 어느 나무에서나 완보동물을 발견할 수 있다는 장점도 있었기에 우리는 프로젝트의 베이스캠프를 캔자스에 꾸렸다. 그리고 무덥고 습한 6월 저녁, 앞으로 대학생들과 매년 여름 맞이할 다섯 번의 물곰 탐사 가운데 첫 번째 탐사가 시작되고 나서야 나는 방수 커버를 씌운 기숙사 침대에서 자는 느낌을 떠올렸다. 외딴 정글과 같은 탐사지 숙소와 비교하면 호사스러웠다. 특히 수세식 화장실이 있어서 정말 기뻤다!

탐사 첫 주 우리는 하네스, 슬링샷, 밧줄을 사용하는 독창적이고 신뢰성이 높은 싱글 로프 기술을 바탕으로 학생들에게 나무 등반을 가르쳤다. 나는 싱글 로프 기술을 30년 넘게 활용해왔기에 이 기술이 학생의 이동 제약과 관계없이 잘 작동한다고 확신했다. 더군다나 하네스에 쿠션을 보강하고, 매끈한 알루미늄 슬링샷(비록 나무탐험가용이 아니라 사냥꾼용이긴 했지만!)을 쓰고, 레크리에이션 전문가가 안전성을 신중하게 시험한 등반 장비를 활용하는 등 기술이 향상했다. 모든 장비를 집에서 만들어 썼던 시절과 비교하면 놀라운 발전이었다. 휠체어를 타는 학생에게 밧줄을 타고 우듬지로 올라가는 기술을 가르치기가 제법 고됐지만 한편으로는 무척 보람 있기도 했다. 우리는 이동이 불편한 학생과 그렇지 않은 학생이 한팀으로 움직이는 체계를 만들고, 캔자스시티 레크리에이션 등반 클럽에 학생들을 가입시킨 다음, 고도로 훈련된 나무 등반가가 모든 상황을 주시하는 환경에서 학생 팀을 이틀간 훈련했다.

밧줄에 익숙해지고 매듭을 익히는 일이 첫 번째 과제였다. 우리는 매듭을 묶었다가 풀기를 반복했다. 프루직Prusik 매듭, 8자 고정 매듭, 클로브 히치clove hitch 매듭, 고리 매듭 등은 다양한 목적에 쓰이는 유용한 매듭법이며, 내가 늘 학생들에게 말하듯 매듭법은 무인도에 고립되면 특히 쓸모가 있다! 밧줄에 매달릴 때면 안전함을 느끼는 것이 중요하고, 특히 매듭을 올바르게 묶었다는 확신이 들어야 한다. 각양각색의 장비를 다양한 매듭으로 연결하고, 샘플링에 쓰이는 장비도 매듭이나 카라비너로 허리띠에 묶곤 했다. 두 번째 과제는 풀, 흙, 뿌리 위로 휠체어 타이어를 움직여 나무 밑에 도달하는 일이었다. 첫 번째 등반 훈련은 캠퍼스 잔디밭에서 열렸는데, 지면이 상당히 평탄했다. 세 번째 과제이자 아마도 휠체어를 탄 학생에게 가장 어려웠을 단계는 하네스 착용이다. 일어서기 힘든 몸으로는 각 발을 밀어서 등자에 넣은 다음 허리띠를 위로 당기기가 쉽지 않다. 그러나 팀 단위로 움직였기에 모든 사람이 장비 착용을 마칠 수 있었다. 마지막이자 가장 흥미로운 단계는 나무 등반가가 튼튼한 나뭇가지에 신중히 설치해둔 밧줄에 주마를 클립으로 고정하고(첫 주 동안 학생들은 밧줄 설치를 제외하고서도 상당히 힘든 시간을 겪었다), 자벌레처럼 매끄럽게 밧줄을 타고 오르기 시작하는 일이었다. 정말 멋진 풍경이었다. 학생 세 명이 동시에 휠체어에서 일어나 나무에 오르기 시작했다. 위로, 위로, 더 멀리. 다들 끙끙 앓고 땀을 흘렸지만 높이 9미터 우듬지에서 학생들이 지상에 남은 사람들에게 손을 흔드는 모습을 지켜보면서 우리는 그들의 마음에 엄청난 자부심과 열정이 솟구치고 있음을 눈치챘다. 이후 등반에서 모든 학생이 밧줄을 매끄럽게 오르며 주마를 사용하는 데 익숙해졌는데, 이 장치는 위쪽으로 이빨이 나 있어서 위로 올라가지만 아래로 내려가지는 못하게 막는다. 주마를 사용해 나무를 등반할 때는 강한 근육 대신 밧줄을 타고 올라가며 장비를 다루는 부드러운 몸놀림과 자전거를 타는 듯한 자연스러운 움직임이 필요하다. 훈련 첫날이 지나자 근육에 힘을 주고 밧줄과 나무줄기를 움켜쥔 탓에 모든 학생이 지독한 근육통을 느꼈다. 그러나 물리적으로 근육에 힘을 줄 필요는 없으므로, 나중에는 모두 거의 힘들이지 않고 나무에 오르는 방법을 익히게 되었다. 여름을 다섯 번 맞이하는 사이 우리 교육법이 나아지면서 훈련 효과도 덩달아 좋아졌다. 그러나 모든 나무 등반가가 그렇듯 학생들은 늘 숨을 헐떡였다!

두 번째 주 훈련에는 나무 등반에 더해 물곰 샘플링까지 도전했다. 눈에 보이지 않는 대상을 찾으려면 어떻게 해야 할까? 대상이 있을 만한 장소 예측하는 법을 배우고, 내부에 물곰이 행복하게 떠 있기를 바라며 표본을 모은다! 학생 팀은 숲속 완보동물 분포에 관한 질문에 훌륭한 답을 제시하기 위해 나무 전체에 기준선을 긋고 이끼, 지의류, 나뭇잎, 나무껍질처럼 표면이 촉촉한 샘플을 얻었다. 생태학에서는 개체군 전체를 수집할 시간도, 그럴 필요도 없다. 편견을 피하면서 정확하게 샘플을 얻는 것이 중요하므로 여름 물곰 탐사에는 현장 샘플링 기법을 명확하게 이해하고 통계를 배우는 과정이 상당 부분 포함되어 있었다. 나뭇잎을 연구한 내 과거 경험은 물곰 연구에도 든든한 배경지식이 되었는데, 두 연구 모두 시간과 공간을 기준으로 샘플링을 설계하기 때문이다. 개별 잎, 나뭇가지, 높이, 나무 전체, 궁극적으로 숲 전체와 같은 공간의 범위를 고려해 포괄적으로 샘플을 얻는 일이 중요했다. 시간을 기준으로 한 샘플링도 마찬가지이다. 일, 월, 년, 심지어 세기와 같은 시간 기준은 현장 생물학적 질문을 해결하는 과정에 커다란 영향을 준다. 물곰의 경우 공간 또는 시간 변수를 기준으로 연구했던 사례가 존재하지 않았다. 완보동물은 특정 높이의 우듬지에서 서식할까? 한 나무종이 다른 나무종보다 선호도가 높을까? 이끼, 나무껍질, 나뭇잎도 선호도가 다를까? 우리는 아주 작은 생물을 볼 수 없으므로 최선을 다해 물곰이 있을 만한 장소를 추정하는 동시에 모든 것을 운에 맡기고 적당한 서식지 중에서 무작위로 샘플링했다. 각 높이에서 나무줄기 샘플을 추출하고, 나뭇가지에 달린 나뭇잎과 이끼를 얻고, 다양한 나무종에서 샘플을 수집했다. 대략 한 테이블스푼 정도 되는 크기로 얻은 샘플에서 나무껍질이나 나뭇잎을 조심스럽게 떼어내 날짜, 채집위치, 높이, 나무종, 서식지를 꼼꼼히 표시한 작은 종이봉투에 넣었다. 학생들은 샘플링을 재현하고 편견을 피하는 방법을 배웠는데, 여기에는 녹색 이끼가 회색 이끼보다 더 예뻐 보여 자기도 모르게 선호하게 되는 등 단순 발생하는 편견도 포함된다. 여름을 다섯 번 보내는 사이 여러 학생 팀이 각 높이, 나무종, 숲, 낮, 밤, 계절에 따라 샘플을 수집하고 또 수집해 여러 세트를 완성했다. 잎 측정과 마찬가지로 물곰의 분포에 대한 답을 찾는 과정에도 시간과 공간은 중요한 요소였다. 더욱 중요한 것은 바람직한 샘플링 체계를 구축해 시간과 노력을 절약했다는 점인데, 정확한 통계적 설계가 뒷받침되면 물곰을 일일이 세는 대신 나무 수관 일부를 서브샘플링해도 간단하게 물곰 개체 수를 예측할 수 있다.

현장 연구를 어렴풋이 파악한 뒤 학생들은 실험실로 돌아와 현미경 사용법, 슬라이드 만드는 법, 종 구별법, 물곰과 서식지가 같은 다른 생물 구분법 등을 배웠다. 샘플은 종이봉투에 담아 공기로 건조한 다음, 바닥이 격자무늬인 작은 용기에 담고 증류수를 투입해 다시 물에 적신다. 학생들은 40배율 실체 현미경을 사용한 덕분에 물속에서 부유하는 물곰을 쉽게 발견할 수 있었다. 그래서인지 관찰 첫날, 현미경 렌즈 아래에서 부유하는 통통한 덩어리를 찾기 위해 눈을 단련하는 동안에도 "찾았다!"라며 비명과 감탄사를 내질렀다. 다음에는 물곰 샘플을 유리 슬라이드로 옮겨 안전하게 보관하다 200~400배율 광학현미경으로 관찰해 속屬을 확인했다. 한 학생이 캔자스 대학교에 설치된 전자 현미경으로 찍은 샘플 사진은 생물종 식별 정확성을 높여 논문 출간에도 도움이 되었다. 우리는 나무를 등반하고 실험실에서 수많은 연구를 수행해 결과를 발표했다. 발표한 15편 이상의 논문에는 우리가 수집한 2만 5,000마리 넘는 물곰이 실렸고, 여기에는 일반적인 온대 나무에서 발견된 새로운 종 8가지도 포함되었다. 이 연구는 포괄성은 물론 연구 성과 면에서도 인정받았으며, 국립과학재단이 연구 보조금을 지원한 프로젝트 가운데 모범 사례로 꼽혔다. 학생 팀 구성원은 신체장애인, 이동 제약이 있는 사람, 지역 전문대학 출신, 참전 용사, 아이 엄마, 흑인, 백인, 라틴인, 아시아인, 대학 신입생 등으로 다양했다.

물곰은 주택가 뒷마당 어디에나 살고 있을 정도로 흔하지만 가장 덜 알려진 생물군이기도 하다. 곤충과 관련이 있으나 생명의 나무에서 선충(회충)과 절지동물(갑각류, 곤충, 진드기, 응애) 사이에 완보동물문이 놓인 만큼 곤충과 거리가 멀다. 물곰은 과학 문헌에 1,000종 넘게 기술되었으며 모든 대륙에 서식하지만 세계적인 전문가가 드물어 여태껏 우듬지에서는 연구된 적이 없었다. 고등동물처럼 소화, 배설, 근육 구조, 신경계를 지니지만 하등동물처럼 호흡기와 순환계가 없고, 대신 피부로 호흡한다. 어떤 완보동물종은 채식주의자이고, 또 어떤 종은 육식주의자로 박테리아, 조류藻類, 토양에 사는 미생물, 때로는 동족을 잡아먹기도 한다. 완보동물은 잎 표면에 달라

붙어 있다가 사슴이나 소 같은 초식동물에게 먹힌다. 샐러드나 채소를 먹는 인간에게도 분명히 소량 먹히지만 맨눈으로 보이지는 않는다. 완보동물은 현미경으로 보면 작은 곰처럼 생겼으며, 솔직히 말해 정말 귀엽다! 휴면 상태에서 생존하는 완보동물의 독특한 습성은 언젠가 의학 연구나 우주여행에 중요한 단서를 제공할지도 모른다.

엄밀히 말해 애니멀 플래닛 채널에서 완보동물을 호극성 생물이라 부르는 것은 옳지 않다. 완보동물은 극한 환경을 견뎌내는 '극내성'extremotolerant 생물로 분류되기 때문이다. 가뭄이 들면 완보동물은 크립토바이오시스cryptobiosis라 부르는 휴면기에 접어들며, 툰tun이라는 작고 건조한 공으로 변한다. 그리고 극한 환경이 이어지는 동안 풍선처럼 부푼 채 대기를 부유하면서 과학 용어로는 무산소생활anoxybiosis, 일반 용어로는 완보동물 빗물tardigrade rain 상태를 유지하며 살기에 더욱 적합한 환경을 찾아다닌다. 채집한 지 100년도 넘은 식물 표본 속의 툰에 물을 한 방울 떨어뜨려보니 완보동물로 다시 살아났다! 냉동실에서 30년 넘게 보관한 남극 이끼 샘플 속의 툰도 되살아났다. 완보동물은 NASA 우주선에 실험동물로 탑승해 비행에서 생존했을 뿐 아니라 우주에서 번식도 했다. 2019년 이스라엘 탐사선 베레시트Beresheet는 민간 우주선 최초로 달 착륙에 도전했으나 우주 비행 관제센터와 통신이 두절되면서 추락했다. 탐사 관계자는 베레시트가 폭발해 우주로 화물이 튕겨 나온 순간에도 작은 물곰 수천 마리가 살아남았을 것이라 추정한다. 이 같은 생각은 평범한 포유류에겐 가혹한 환경이지만 지구 상 가장 거친 동물에겐 생존 가능한 조건을 갖춘 달에서 완보동물이 툰 상태로 여전히 존재할 수 있음을 뜻한다. 완보동물이 군집을 형성하려면 대기와 물이 필요하지만 오랜 시간 툰 상태로 머무를 수도 있다. 미래에 과학자는 달에서 물을 찾을까? 그럴 가능성도 있겠지만 물이 달 어딘가에 존재한다면 최초 발견자는 물곰일 것이다.

우리 학생들은 과학에 새로운 질문을 던졌다. 다양한 우듬지에 서식하는 물곰의 밀도는 얼마나 될까? 나무 한 그루당 물곰이 수백 마리씩 있을까? 아니면 수백만 마리? 한 나무에 있는 물곰은 같은 종일까, 아니면 다른 종일까? 다섯 번의 여름을 맞이하면서 우리는 4개 주에서 해발고도 0~1,370미터에 조성된 숲 58곳을 방문해 높이 0~61미터에 달하는 나무 37종에 등반해 샘플 2만 8,384개를 채취했다. 학생들은 나무 492그루의 수관에 올라 새로운 물곰을 8종 발견했고, 물곰 26종의 분포도를 기록했다. 특히 놀라웠던 점(현장 생물학에서 '와우 요인'OH WOW factor이라고도 불린다)은 채집한 지의류, 이끼, 나무껍질, 나뭇잎 표본의 80퍼센트에 물곰이 적어도 1마리씩 포함되어 있다는 사실이었다! 나머지 20퍼센트에도 물곰이 있었을 것이다. 하지만 아마추어의 눈으로 물곰을 찾기에 우리가 보유한 현미경은 그리 정교하지 않았다. 샘플을 분석하려면 노동력을 집중적으로 투입해야 하는 까닭에 우리는 제기한 대부분 질문에 답을 얻지 못했다. 샘플을 충분히 분석해 평균적으로 얼마나 많은 완보동물이 우듬지에 서식하는지 밝히려면 아마도 몇 년은 소요될 것이다. 그러나 초기 단계의 발견에 근거하면 완보동물은 숲 10에이커당 10억 마리 넘게 존재할 것이다. 여름이 다섯 번 넘게 찾아오는 동안 우리는 캔자스주에 서식하는 나무에 집중했는데, 그래야만 한정된 연구 보조금을 효율적으로 사용할 수 있었기 때문이다. 매년 여름 미 전역의 현장 탐사 시설이나 국유림을 방문할 때면 우리는 궁금증에 휩싸였다. 전국 곳곳에 조성된 숲, 이를테면 매사추세츠주의 참나무, 단풍나무 혼합림과 오리건주의 원시 침엽수림에서 측정되는 물곰 밀도는 차이가 있을까? 이에 관한 답을 찾기 위해 미 전역의 생태 현장 탐사 시설을 여러 곳 방문해 샘플을 수집했다. 초기 단계의 조사 결과에 따르면 매사추세츠주 온대림은 캔자스주, 플로리다주, 오리건주의 숲보다 물곰이 더 많이 서식하지만 모든 생태학적 연구와 마찬가지로 한 해 여름에 수집한 샘플로는 결론을 내리지 못한다. 캔자스주를 포함한 모든 지역에서 공통적으로 발견된 한 가지 사실은 물곰이 하목층보다 나무 꼭대기에 더 높은 밀도로 서식한다는 점이다. 그러나 현장 생물학의 다양한 분야가 그렇듯 생물 다양성 연구에도 자금과 노동력이 충분히 뒷받침되지 않는 탓에 샘플 분석은 더디게 진행된다.

샘플링하면서 가장 고생했던 지역은 태평양 북서부로, 다 자란 서부 침엽수의 평균 높이가 약 61미터에 달한다. 학생들은 캔자스에 자생하는 높이 15미터 참나무와 물푸레나무는 능숙하게 등반했지만, 4배나 더 키가 큰 나무를 오르면서는 땀을 뻘뻘 흘렸다. 안전을 완벽하게 보장하기 위해 우리는 특별히 키 큰 나무에 등반 장비를 설치하는 자격을 갖춘 나무 등반가를 섭외했다. 캔자스주에서 캘리포니아주 샌프란시스코까지 비행기를 타고 날아간 우리는 무어우즈 국립공원 미국삼나무coastal redwood, *Sequoia sempervirens* 숲에 건설된

ADA 순수 우듬지 통로를 거닐면서 서부 답사 일정을 시작했다. 그날 저녁 나는 학생들에게 세계에서 가장 높은 나무를 처음 보고 느낀 점을 일기에 적어보라고 했다. 한 학생은 "이 나무들의 큰 키와 굵은 줄기 둘레를 보면 내가 세상에서, 특히 우주에서 얼마나 조그마한지 실감하게 된다"라고 썼다. 정확하다. 태평양 북서부에는 세계에서 가장 키가 큰 나무종들이 서식하고 있지만 미국삼나무를 본 적 있는 미국인은 10퍼센트도 되지 않는다. 미국삼나무보다 에베레스트산에 오른 사람이 많을 정도다! 과학 분야가 발전한 정도를 따져보면 세계에서 손꼽히는 지역인데도 태평양 북서부 우듬지는 알려진 바가 거의 없다. 이 지역 나무는 키가 큰 데다 밧줄을 걸 만한 곁가지가 없어 등반하기 까다롭다. 태평양 북서부에 조성된 침엽수림은 거삼나무giant sequoia, *Sequoia gigantea*, 이엽솔송나무western hemlock, *Tsuga heterophylla*, 더글러스전나무Douglas fir, *Pseudotsuga menziesii*, 서양붉은삼나무western red cedar, *Thuja plicata*, 노블전나무noble fir, *Abies procera*, 태평양은빛전나무Pacific silver fir, *Abies amabilis* 등 높아서 오르기 힘든 나무들로 구성된다. 성능 좋은 슬링샷과 착용감 편안한 하네스가 등장하면서 이제 숲과학자들은 나무 수관의 상층부에서도 안전하게 탐사할 수 있다. 학생들은 몇몇 나무의 수관에서 샘플을 추출하고 일주일 뒤 연구실에서 그 촉촉한 우듬지가 물곰에게 최적의 서식지임을 알아냈는데, 특히 필라토이부스 오쿨라투스*Pilatoibus oculatus*가 수집한 샘플의 52퍼센트를 차지하며 완보동물 우점종으로 밝혀졌다. 삼나무는 이따금 안개에 둘러싸이며, 안개에서 비롯한 습기는 의심할 여지 없이 물곰이 살기에 적합한 환경을 구축한다. 삼나무 수관은 뿌리에서 물을 끌어올리는 전통적인 방식으로 햇빛에서 에너지를 수확하며 때로는 잎의 기공을 통해 직접 안개를 흡수하는 간단한 방식으로 에너지를 생산한다. 지난 10년간 캘리포니아 대학교 버클리 캠퍼스 소속 식물학자 토드 도슨Todd Dawson과 그의 제자들은 안개가 광합성을 돕는 독특한 지름길을 발견하고, 이 나무들이 태평양 연안의 안개 낀 해안 지역에서 번성하는 이유를 설명했다. 안개는 침엽에 직접 물을 공급할 뿐 아니라 수관을 둘러싸고 수분 증발량을 낮춰 삼나무를 비롯한 주변 식물의 물 이용 효율을 높인다. 이 지역의 키 큰 나무들은 안개에서 잎으로 물을 직접 흡수하고, 그와 더불어 물관 세포로 구성된 광대한 연결망을 활용해 뿌리부터 잎까지 기존 방식으로 물을 빨아들인다. 물관 조직은 밀크셰이크에 꽂은 빨대처럼 흡입관으로 작용해 광합성의 주요 재료인 물이 나뭇잎까지 도달하게 한다. 물을 위로 끌어올리는 키 큰 삼나무는 하나의 거대한 빨대와 같다.

현재 기후변화모델에 따르면 캘리포니아 해안은 갈수록 안개가 줄어들고 가뭄이 잦을 것이다. 애리조나 주립대학교 생물학자 그렉 애스너Greg Asner는 2014년부터 2016년까지 극심한 가뭄 전후로 항공사진을 찍어 숲을 조사하고 연구원 앤서니 앰브로즈Anthony Ambrose, 웬디 백스터Wendy Baxter와 함께 나무 위로 올라가 면밀하게 조사하고 근접 사진을 찍어 지상 실측 결과를 얻었다. 우듬지 내부 조사와 원거리 조사를 반복한 끝에 그렉, 앤서니, 웬디는 매일 각 나무의 우듬지에서 물이 500~800리터 발생한다는 사실을 알아냈다. 이 엄청난 수치는 지상 실측 결과를 바탕으로 추정한 값보다 훨씬 컸다. 이후 세 연구원은 비행기를 타고 다니면서 레이저 분광법과 위성 기반 모델을 활용해 캘리포니아 북부 숲의 수분 손실량을 측정하며 가뭄의 영향을 모니터링하고 있다. 측정 결과 키 큰 나무 대략 5800만 그루로 구성된 숲 100만 헥타르 가운데 30퍼센트 넘는 면적에서 말라 죽은 수관과 심각한 수분 손실이 발견되었다. 기후변화가 진행될수록 강우량과 안개 패턴도 극단적으로 바뀌며, 그로 인한 수분량의 변동은 적응력이 떨어지는 키다리 나무의 건강에 치명적인 위협을 가할 것이다.

나처럼 초식성을 연구하는 과학자가 보기에 놀랄 만큼 풍성하게 차려진 샐러드바인 삼나무에 찾아와 잎을 먹는 초식곤충이 거의 없다는 점은 곤혹스럽다. 사실상 곤충 1마리가 식물의 모든 종을 고사시키도록 진화하는 생태계에서 삼나무는 독특하게도 1,000년에 걸친 시간 동안 포식 곤충으로부터 벗어났다. 캘리포니아 대학교 버클리 캠퍼스 생물학자 폴 파인Paul Fine은 삼나무가 오랜 시간 동안 어떻게 곤충의 공격을 막아왔는지 알아내기 위해 삼나무 잎과 나무껍질이 함유한 독성 물질을 연구하고 있다. 역사에 기록된 일부 관찰 사례에 따르면 솔방울 나방과 하늘소 유충은 삼나무 솔방울과 씨앗을 공격하고, 진딧물과 깍지벌레, 가루깍지벌레와 잎벌레 등은 잎을 갉거나 즙액을 빨아 먹고, 나무좀과 나뭇가지천공충은 삼나무 가지를 공격하며, 팁나방은 새순을 갉아먹고, 곰은 이따금 삼나무 껍질을 벗긴다. 2020년, 안타깝게도 캘리포니아 세쿼이아 국립공원에서 곤충의 공격을 받아 고사한 거삼나무가 최초로 보고되었다. 이 나무는 수령이 2,000년 이상이며, 이웃 나무들은 최근 가뭄과 화재로 죽어 남아 있는 개체들은 환경에 더욱 취약해졌다. 나무좀이 상층부 나뭇가지를 침범하며 거삼나무가 해충의 공격을 받아 죽었다고 기록되었는데, 이는 아마도 극단적인 기후로 인해 나무가 유난히 취약한 상태였기 때문일 것이다. 슬프게도 그와 비슷한 죽음이 해당 지역 전역에 서식하는 다른 침엽수에서도 일어나고 있다. 킹스 캐넌 국립공원과 거삼나무 숲을 관리하는 크리스티 브리검Christy Brigham 박사는 『더 가디언』*The Guardian*에서 "이것은 거삼나무 한 그루의 죽음이 아닙니다. 저 숲은 향후 500년간 죽어갈 겁니다"라고 인정했다. 기후가 극단적으로 변화하면서 지구에서 가장 크고 오래 사는 거인 나무에까지 영향을 미치기 시작했다.

세계에서 가장 키 큰 나무의 우듬지를 연구하기란 쉽지 않다. 정확한 과학 정보를 안전하게 얻기 힘든 것은 캘리포니아 삼나무뿐 아니라 말레이시아의 딥테로카르푸스과, 아마존의 케이폭나무, 아프리카의 이롬바나무도 마찬가지이다. 밧줄과 슬링샷은 나무 최상층에 오르기에는 효과적이지 않으며, 우듬지 통로를 언제나 설치할 수 있는 것도 아니다. 나무탐험가로서 태평양 북서부 나무를 비롯해 키 큰 나무 수관의 최상층을 탐사하면서 사용한 네 번째 등반 도구는 건설용 크레인이었다. 보수가 높은 전문 운전사를 고용해야 해서 운영비는 많이 들지만 나무보다 높이 뻗은 크레인의 팔을 이용하면 나무 수관의 최상층으로 쉽게 반복 접근할 수 있다. 크레인 한 대를 구입해 설치하려면 100만 달러(보통 건설업체에서 중고로 구입함)가 들고, 여기에 운영비가 추가된다. 확인 결과 크레인 운영비는 수십억 달러가 투입되는 입자 가속기나 NASA 운영비와 비교하면 소소하지만, 현장 생물학에 책정되는 예산은 기본적으로 우주 탐사나 물리학 연구 예산보다 현저히 적다. 윈드리버Wind River 우듬지 크레인은 20세기 후반 워싱턴 대학교가 태평양 북서부에서 운영한 장비로, 세계에서 가장 높은 몇몇 나무에 독특한 방식으로 접근하게 해주었다. 나는 운 좋게도 윈드리버 크레인을 연구에 사용한 몇 안 되는 나무탐험가였다. 우리 팀은 더글라스전나무, 이엽솔송나무, 태평양주목나무, 서양붉은삼나무의 꼭대기에서 곤충이 먹은 나뭇잎을 샘플링했다. 그리고 3차원 컴퓨터 모델을 활용해 우듬지에 101개 지점을 무작위로 생성하고, 정교하고 정확한 샘플링 체계를 구축한 다음 일주일간 크레인에 연결된 곤돌라 안에서 각 샘플 추출 지점에 접근해 곤충이 손상시킨 나뭇잎을 반복 측정했다. 그 결과 태평양 북서부의 나뭇잎 손실률은 평균적으로 잎 면적의 0.3퍼센트였으며, 이는 세계 어느 숲보다 낮은 수치였다. 특히 호주와 아마존에서는 잎 손실률이 평균적으로 잎 면적의 15~30퍼센트에 달한다는 점을 고려하면 지극히 낮은 결괏값이었다. 샘플 채취 지점의 절반에서 침엽수 잎들은 초식곤충에게 먹힌 흔적이 전혀 발견되지 않았고, 따라서 세계에서 가장 저항력이 강한 나뭇잎이 되었다. 이 침엽수들은 효과적인 방어 물질을 함유하는데, 그런 방어 물질에 대한 곤충의 신속한 적응보다 침엽수가 한 발 더 앞서는 듯 보인다. 오래된 더글라스전나무 한 그루에 매달린 잎은 100만 개를 훌쩍 넘으므로, 서브샘플링을 올바르게 수행해 초식성을 측정하는 것이 정확한 결과를 얻는 열쇠였다.

윈드리버 크레인은 처음 나무 등반을 시도해 높이 45미터 위로 오르지 못한 중학생들과 나무 꼭대기를 공유하기에 제격이었다. 제이슨 프로젝트 탐사 시리즈의 일부로, 나는 6학년 학생 10명과 함께 거대한 윈드리버 크레인 곤돌라를 타고 짧은 탐사를 떠나 세계에서 가장 높은 위치에 매달린 잎을 조사했다. 브롱크스에서 온 어린이는 곤돌라가 상승하자 나뭇가지에 붙은 바나나민달팽이를 발견하고는 놀라서 헉 소리를 냈다가 입꼬리가 귀에 닿을 정도로 활짝 웃었다. 우듬지 크레인은 파나마에 두 대, 중국에 여러 대, 호주에 한 대, 유럽 온대림에 여러 대 설치되었고, 모두 합치면 전 세계에 대략 열 대 존재하며 설치 계획 중인 크레인도 몇 대 있다. 그런데 불행하게도 태평양 북서부의 윈드리버 크레인은 예산 삭감, 그리고 벌목업자와 환경운동가 사이의 정치적 충돌로 인해 운영이 중단되었다. 이제는 중국이 크레인 세 대로 선두를 달리고 있으며, 독일에는 우듬지 연구에만 사용하는 크레인이 두 대 있다.

나는 파나마 열대림에 초식성을 조사하러 갔을 때 크레인을 처음 작동해보았다. 가로세로 1.2미터 크레인 작업대에 서서 나무 수관을 오가며 하루에 양지 잎 수백 장을 채취하다 스와르치아 심플렉스 *Swartzia simplex* 수관의 상층부 나뭇가지에 누워 일광욕을 즐기는 커다란 이구아나 무리 가까이 다가갔던 경험(초식성은 나중에 10.1퍼센트로 계산되었다)은 영원히 잊지 못할 만큼 즐거웠다. 싱글 로프 기술과 비교하면 크레인 작업대에서 연구를 수행하기는 쉽다. 파나마에서 내가 직면한 가장 어려운 도전 과제는 워키토키로 크레인 운전자와 스페인어로 더듬더듬 대화하는 법 배우기였다. 다른 대부분의 나뭇잎 연구에서도 그랬듯 나는 나뭇가지와 부딪히거나 나뭇잎을 찢지 않으려 신경을 곤두세웠고, 운전사에게 크레인을 섬세하게 움직여

달라고 끊임없이 요청했다. 크레인에 타면 땀은 거의 흘리지 않지만 현장 탐사 팀 운영에 감당하기 힘들 만큼 비용이 많이 들고, 크레인 암이 도달하는 거리로 샘플링 범위가 제한된다. 반면 우듬지 통로는 기둥과 통로 바닥을 비교적 낮은 비용으로 옮기거나 확장할 수 있어 크레인보다 다양한 방식으로 우듬지에 접근하게 해주고, 24시간 동안 전문 운전사를 고용하는 비용을 들이지 않고도 사용할 수 있다. 그러나 크레인은 파나마와 독일뿐 아니라 태평양 북서부 지역에서 수행된 우듬지 연구에도 영감을 불어넣었다.

우리는 샘플 채집을 목적으로 크레인을 타지는 않았으나 태평양 북서부의 키 큰 나무에서 최초로 완보동물문을 발견했으며, 발견한 완보동물을 완벽하게 분석하기까지는 10년이 걸릴 수도 있다. 분류 속도나 연구 결과 발표와는 관계없이 이동 제약이 있는 우리 팀 학생들은 자부심을 느끼기에 충분한 성과를 도출했으며, 앞으로도 한 명 이상의 팀원이 현장 생물학 분야에서 경력을 이어나가길 바란다! 리베카라는 우수한 학생은 수줍음을 많이 타서 거울에 비친 내 모습을 보는 듯했고, 나중에 나와 함께 아마존 정글로 떠나 열대 나무를 연구했다. 작은 카누에 휠체어를 싣고 내리기가 쉽지는 않았지만 그 여행으로 리베카는 아마존 우림을 경험하고 싶다는 평생의 꿈을 이루었다. 그리고 이제 노련한 나무탐험가가 되었다! 이동에 제약이 있고 말수도 적은 어린 여성이 우듬지 연구자와 함께 일하는 것은 나쁘지 않은데, 그 연구자는 성인이 되어서도 간혹 수줍음쟁이로 돌변하기 때문이다.

미국삼나무

Sequoia sempervirens

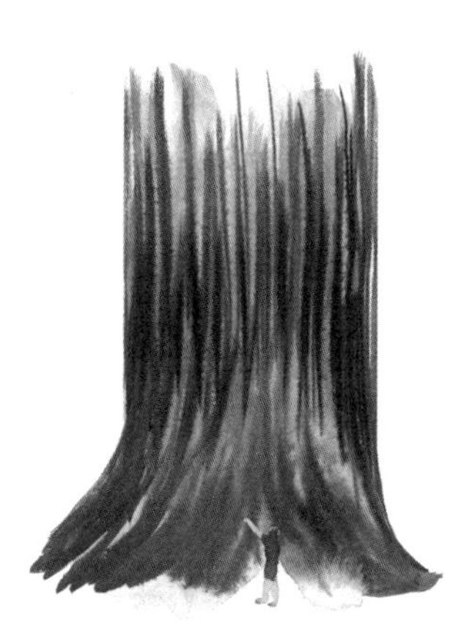

프란치스코회 선교사 프레이 후안 크레스피Fray Juan Crespí는 1769년 10월 10일 캘리포니아주 몬터레이만 근처에서 삼나무에 대한 최초의 기록을 일기에 남겼다. 초기 탐험가 팀이 고생대 지층과 중생대 바위 경사지로 이루어져 위험한 북부 캘리포니아 지형을 뚫고 용감하게 진격하려고 분투하다 거대한 붉은색 나무가 늘어선 계곡으로 들어가게 되었다고 상상해보자. 크레스피는 프란치스코회 수도사 중 유일하게 바하 캘리포니아에서 오늘날의 샌프란시스코까지 북쪽으로 탐험했으며, 탐험대에서 일지 작성을 맡아 다음과 같이 기록했다. "키가 매우 크고 색이 붉으며 우리는 잘 알지 못하는 나무들이 있다. (…) 주변에 이 나무가 무척 많지만 탐험대원 가운데 이 나무의 정체를 아는 사람은 아무도 없기에 색에서 유래한 이름으로 레드우드라 부른다." 겸손한 선교사 크레스피는 일지를 간단히 작성하며 미국에서 가장 키가 크고 상징적인 종의 이름을 지었다.

지질학에서 삼나무는 고고유종paleoendemic species, 古固有種이라 불리는데, 이런 종은 현재의 분포 영역이 화석 기록으로 남은 과거의 분포 영역을 나타낸다. 즉, 어떤 의미에서는 살아 있는 화석이다. 약 1억 5000만 년 전부터 2억 년 전 사이의 중생대 화석 중에서 처음으로 기록된 삼나무는 극지방 일대와 광범위한 중위도 지역에 분포하며 미국 서부, 캐나다, 유럽, 그린란드, 중국 전역에서 흔했다. 대략 200만 년 전 신생대 제4기에 기후가 서늘하고 건조해지자 숲 면적이 줄어들며 현재처럼 북아메리카 태평양 연안을 따라 분포하게 되었다. 2019년 설립 100주년을 맞이한 삼나무 보호 연맹Save the Redwoods League에 따르면, 남아 있던 삼나무 숲은 19세기에 자행된 대규모 벌목으로 인해 12만 에이커(4만 8,562제곱미터)로 줄었다고 한다.

초기에 삼나무를 연구한 과학자들은 주로 목재에 관심을 가졌다. 다수의 삼림학 문헌이 다양한 원시림에서 목재 부피를 산출하고, 숲 구조와 숲을 구성하는 생물종의 다양성을 언급했다. 1934년 삼림학자 W. 할린W. Hallin이 발표한 문헌에는 단위 면적당 생산되는 목재 부피의 최곳값이 기록되었다. 그 최곳값은 1헥타르당 8,300세제곱미터인데, 나무줄기로 따지면 178개이다.(2011년 한 가구당 평균 목재 소요량이 2,480보드풋이므로 188가구가 쓰기에 충분하다!) 20세기에 수행된 또 다른 연구에서는 삼나무가 그토록 높이 자랄 수 있는 이유를 이해하기 위해 삼나무 숲과 주위 환경 사이의 연결고리를 밝혔다.

거대한 삼나무 수확에 대한 관심도가 상승하는 한편, 삼나무의 생물학을 궁금해하는 호기심과 삼나무를 보전하려는 윤리 의식도 증가했다. 지난 수십 년간 삼나무 숲 지역의 미기후, 삼나무의 광합성 기작機作, 삼나무 가지 위에 형성된 토양층, 삼나무가 요구하는 빛의 양, 삼나무 우듬지 생물 다양성 등이 화두가 되었으나 초기 연구는 대개 지상 관측으로 한정되었다.

삼나무와 관련된 최신 발견은 물의 압력과 관련 있다. 나뭇잎은 대부분 표면의 기공이라는 구멍으로 이산화탄소를 흡수하고, 증산 작용을 통해 물을 밖으로 내보낸다. 증산 작용은 뿌리에서 흡수된 물 분자가 나무줄기의 물관 세포로 이루어진 수로를 거쳐 위로 이동하도록 만드는 원동력이다. 요약하자면 나무는 대기에서 이산화탄소만 흡수해 산소로 교환하므로, 우리가 들이마시는 숨은 나무가 내뱉은 숨인 셈이다. 광합성이란 나무가 빛 에너지를 이용해 이산화탄소와 물로 화학 에너지를 생성하는 과정으로, 특히 삼나무는 윗가지의 나뭇잎도 밑가지의 나뭇잎과 동시에 광합성을 할 수 있을 만큼 광합성 능력이 뛰어나다. 삼나무의 엽면적 지수는 14.2로 측정되었는데, 이는 숲 바닥 0.8제곱미터마다 머리 위로 나뭇잎 0.8제곱미터가 14.2층씩 쌓여 있다는 뜻이다. 누군가가 우듬지 꼭대기에 줄을 매달아놓는다면 삼나무 바늘잎이 그 줄을 14.2번 가로막을 것이다. 이처럼 삼나무는 잎이 많이 달려 광합성도 활발하다.(이 통곗값은 엽면적 지수가 약 4~6인 뉴잉글랜드 낙엽림과 대조되는데, 이 낙엽림에서는 우듬지에 줄을 매달면 잎이 가로막는 횟수가 4~6번에 불과하다.) 삼나무 수관이 물을 얻는 기발한 전략에는 앞에서 언급했듯 잎의 기공으로 안개를 직접 흡수하는 방식이 포함된다.

삼나무 과학은 우듬지 접근 기술이 등장한 이후 획기적으로 발전했다. 나무 위로 오르는 새로운 기술을 활용해, 훔볼트 주립대학교 식물학자 스티브 실렛Steve Sillett과 동료들은 삼나무 우듬지에 사는 다양한 생물을 최초로 기록했다. 연구진은 나무 아홉 그루의 수관에서 착생식물 282종, 지의류 183종, 선태류(이끼) 50종, 관다발식물 49종을 발견했다. 이 결과, 온대림에서 발견된 생물종 기록이 경신되었다! 높이 60미터가 넘는 나무 꼭대기에 보인 연구진의 집념은 용기가 얼마나 위대한지 일깨우는 동시에 숲 생태학에 새로운 장을 열었다. 스티브는 등반 기술을 연구에 도입해 나무 위의 수수께끼를 파헤쳤다. 그토록 높은 나무 꼭대기까지 물은 어떻게 도달할 수 있을까? 연구진은 물이 빨대에 빨려들 듯 뿌리털에서 흡수된 물 분자가 헛물관이라 불리는 물관 세포의 미세한 연결망을 거쳐 지상 수백 미터 높이의 바늘잎까지 도달하는 놀라운 현상을 최초로 측정했다. 더욱 신기한 것은 물이 나무 안에서 고요히 흐른다는 점이다. 숲길을 걷는 사이에 미세 조정된 기계에서 졸졸 물 흐르는 소리가 들려오지는 않는다. 이처럼 나무에서 물이 효율적으로 이동할 수 있는 비결은 상층부 잎이 하층부 잎보다 작고 두꺼워서 강한 바람이나 폭풍이 덮쳐도 살아남을 뿐 아니라 뿌리로부터 나무 꼭대기까지 물을 끌어 올리는 강한 장력을 견딜 수 있기 때문이다. 물이 나무줄기에서 잎까지 솟구치도록 돕는 특별한 장력이 일으키는 현상은 모세관 현상이라고도 불린다. 과학자들은 삼나무의 경우 이처럼 효율적인 상수도 시설을 갖춘 성숙한 나무가 어린나무보다 목재를 많이 생성하면서 시간이 흐를수록 점점 더 거대한 탄소 저장고로 성장한다는 점을 밝혔다. 나이를 먹을수록 성장률이 감소하는 포유류와 반대되는 패턴이다. 이는 새삼 놀라운 현상은 아닌데, 나이 많은 나무는 어린 나무와 비교하면 나뭇잎도 더 많이 지니므로 끊임없이 증가하는 이산화탄소를 흡수해 목재로 전환하며 고효율로 성장할 수 있기 때문이다. 나무탐험가가 발견한 마지막 흥밋거리는 삼나무의 복잡한 수관과 관련 있다. 거센 바람이나 폭풍우가 나무줄기를 휩쓸고 지나가면 우듬지 최상단에서는 어린 나뭇가지가 새롭게 자라난다. 기상 조건이 반복될수록 그런 현상이 거듭되면서 새로 돋아난 어린 나뭇가지들이 죽거나 살아서 무리를 지어 복잡한 구조를 이루고, 나무 가랑이에는 죽은 나뭇가지가 대규모로 쌓이며 작은 군집이 형성된다. J.R.R. 톨킨J.R.R. Tolkien의 소설 『호빗』*The Hobbit*과 『반지의 제왕』*The Lord of the Rings* 속 등장인물의 이름을 따서 일루바타르Ilúvatar라 불리는 나무 한 그루는 서로 다른 나무줄기 220개가 가지를 뻗어 수관을 이루는데, 화재와 바람의 공격을 받은 뒤 재건되었으며 목재의 부피가 2만 8,288세제곱미터 이상이다. 스티브 실렛과 동료가 측정한 일루바타르 나무는 지구에서 가장 복잡한 생물로 손꼽히며, 나무 우듬지로 올라가야만 그 경이로운 구조를 발견할 수 있다.

삼나무는 물리적으로는 물론 유전학적으로도 독특하게 복잡하다. 최근 연구에서는 염색체가 불과 20~24개인 다른 대부분 침엽수와 달리 삼나무에는 염색체가 66개나 있다는 사실이 드러났다. 이에 비해 우리 인간에게는 염색체가 46개뿐이다. 삼나무는 각 염색체가 사본을 6개씩 가지는 6배체hexaploid이며, 이 변칙적 특성을 알면 삼나무가 어떤 방식으로 다채롭게 유전적 변이를 일으키는지 이해하게 된다. 태평양 북서부에는 귀중한 삼나무 일차림이 10만 에이커 남아 있는데, 이는 인간 활동으로 그 거대한 나무들이 파괴되기 이전 면적의 5퍼센트도 되지 않는다. 과학자는 기후변화로 안개 끼는 날이 줄고 가뭄이 빈번해지면 삼나무를 비롯한 태평양 북서부 침엽수들이 더욱 위험해지리라 예상한다. 삼나무 보호 연맹은 삼나무 보전에 필요한 새로운 통찰을 제시하는 우듬지 탐사에 막대한 자금을 투자한다. 미국삼나무는 세계에서 가장 거대한 나무가 아니다. 가장 거대한 나무라는 영예는 삼나무와 국적이 같은 사촌인 거삼나무에게 돌아간다. 하지만 미국삼나무는 높이가 115미터로 세계에서 키가 가장 크다. 자유의 여신상 옆에 미국삼나무가 싹을 틔웠다면 여신이 치켜든 횃불보다 더 높이 자랐을 것이다. 하지만 나이테를 연구하는 연륜연대학자의 말마따나 삼나무가 그만큼 자라려면 적어도 2,000년은 필요하다.

우듬지 과학이 삼나무를 구할 수 있을까? 그럴 수 없다. 하지만 이 멋진 나무의 가치에 관심을 기울이면 나무를 구하는 일에 보탬이 된다. 아마도 우리 인간은 아주 오래된 거인 나무에게서 배울 점이 있을 것이다. 이 나무는 인류에게 적응과 생존을 가르쳐준다. 삼나무는 저항력과 회복력을 모두 갖췄는데, 이 둘은 변화하는 환경에서 살아가려면 꼭 필요한 속성이다. 삼나무는 인내심이 강하고 자연을 경외하는 마음을 갖게 하는 상징적인 종이라는 점에서 식물계의 호랑이이다.

12장
한 사람의 힘

> 돈을 벌기 위해 열대우림과 종 다양성이 풍부한 생태계를 파괴하는 것은 저녁밥을 짓기 위해 루브르 박물관에 걸린 그림을 전부 땔감으로 쓰는 일과 같다.
>
> —하버드 대학교 생물학과 명예교수 E. O. 윌슨

2020년 비극적인 화재로 아마존, 호주, 인도네시아, 캘리포니아를 비롯한 여러 지역의 수백만 에이커가 불에 타고 난 뒤 나는 BBC와 인터뷰했다. 내게 던져진 질문은 단 하나였다. 세계의 모든 숲이 사라진다면 무슨 일이 일어날까? 나는 간단하고 단호하게 대답했다. 인류는 살아남지 못할 것이다. 끝이다! 나무는 생명 유지에 꼭 필요한 요소를 생물에게 제공하므로 효율적인 에너지 공장(일명 나뭇잎)을 보유한 녹색 기계가 사라지면 지구 상 어느 생물도 살 수 없다.

나는 나무탐험가로서 나무가 얼마나 중요한지, 그리고 나무가 어떻게 전 인류를 포함한 지구 생태계를 건강하게 유지하는지 끊임없이 강조한다. 특히 큰 나무가 중요하다! 숲은 심지어 우리가 자는 동안에도 생태계에 혜택을 준다. 그 내용을 10가지로 간략히 정리하면 다음과 같다.

1. 담수
2. 기후 조절
3. 의약품
4. 건축 자재
5. 탄소 저장
6. 에너지 생산
7. 식량
8. 수많은 생물종의 유전자 도서관
9. 토양 보전
10. 영적 장소

나무뿌리가 사라져 토양이 유실되고, 우듬지가 자취를 감추면서 담수가 더는 순환하거나 정화되지 못하고, 다양한 육상생물 중 절반 이상이 살 곳을 잃고, 가장 거대한 탄소 저장고가 소멸하고, 나무 그늘이 드리워진 시원한 쉼터가 없어진 행성에서 인류는 생존할 수 없다. 2020년 호주에서 발생한 파괴적인 산불로, 6대에 걸쳐 내려온 우리 가족 목장은 소실되었다. 과거 '행운의 나라'를 덮친 기록적인 더위와 가뭄으로 대략 10억 마리의 동물이 불길에 휩싸여 희생되었으며, 과학자들은 이 같은 지구의 기온 상승이 인간 활동과 직접적으로 연관되었다고 본다. 화재 이후 묘목을 심어 호주 생태계를 회복하려면 앞으로 몇 계절은 지나야 할 테고, 코알라와 캥거루와 커러웡이 살아갈 우듬지를 제대로 복원하려면 적어도 100년은 걸릴 것이다.

왕립통계학회Royal Statistical Society는 지난 10년간 세계에 일어난 가장 긴급한 사안을 상징하는 '2010~2019년 통계 수치'를 선정했고, 명예인지 불명예인지는 애매모호하지만 '지난 10년간 벌채된 아마존 면적이 축구장 840만 개'(이는 미식축구 경기장 1030만 개 또는 6만 2,160제곱킬로미터에 해당한다)가 선정되며 지구 숲이 곧 맞이할 암울한 미래를 드러냈다. 왕립통계학회가 애써서 이 같은 위기 상황을 강조하고 있는데도 삼림벌채는 시간이 흐를수록 가속도가 붙는다. 3대 주요 열대 우림으로 불리는 동남아시아와 아마존, 콩고 분지는 전부 인간 활동의 영향을 받아 면적이 급격히 줄고 있다. 게다가 러시아 북부, 중국, 캐나다의 온대 지역에 분포한 주요 삼림지에서도 최근 비극적 화재와 과도한 개간이 발생했다. 중요한 것은 단순히 숲 면적이 아니라 생물 다양성과 나무의 수령·둘레·높이이며, 궁극적으로 넓은 지역에 걸쳐 형성된 일차림(원시림)이 가장 귀중하다. 한 번 더 강조하자면 우리는 키가 큰 나무 우듬지를 구해야 한다! 지구에는 나무가 대략 6만 65종 서식하고 그중 절반 이상이 한 나라에서만 발견되는 고유종인데, 이는 해당 지역의 삼림이 파괴되면 고유종이 멸종 위기에 처한다는 사실을 의미한다. 식물은 생물량이 탄소 450기가톤으로 다른 어느 생물계보다 많으며 절지동물은 1기가톤, 인간은 0.06기가톤, 야생 새는 0.002기가톤에 불과하다.(정신이 번쩍 드는 사실은, 야생 포유류는 생물량이 0.007기가톤이지만 가축은 이보다 20배 많다는 점이다.) 인간이 지구를 지배한 이후 숲이 점차 개간되면서 식물의 생물량은 절반으로 줄어들어 450기가톤이 되었다. 잎은 인간이 대기로 과잉 방출하는 이산화탄소를 흡수해 나무에 저장하므로 큰 나무는 탁월한 탄소 저장고 역할을 한다. 아직 남아 있는 파편화된 열대 우림은 20년 전보다 탄소 저장량이 적은데, 인간이 오래된 나무를 베어내고 나서 고온 건조한 개간지에 묘목을 심기 때문이다. 1990년대 아마존 숲은 이산화탄소 460억 톤을 흡수했지만 2010년대에는 그 수치가 250억 톤으로 감소했다. 더욱이 남아 있는 아마존 숲은 인류가 촉발한 기후변화의 영향으로 화재, 가뭄, 폭염, 곤충 창궐이 거듭 발생해 이산화탄소 흡수량이 감소하는 추세이며, 기후 모델을 연구하는 과학자들은 2035년 무렵 아마존이 탄소 흡수원이 아닌 탄소 공급원이 되리라 예상한다.

큰 나무들은 탄소를 저장할 뿐 아니라 토양에 그늘을 드리워 지구 기온을 온화하게 유지한다. 브라질 연구 팀은 브라질 대서양 연안의 우림을 다양한 면적으로 가상 개간하는 실험을 진행해 『플로스 원』*PLOS One*(2020년)에 결과를 발표했는데, 우림을 완전히 개간하면 기온이 섭씨 4도 상승하고 25퍼센트 개간하면 섭씨 1도 상승했다. 중국 아열대숲을 연구한 결과는 다양성이 낮은 임분보다 높은 임분이 가뭄에 잘 대처할 수 있다고 밝혔다. 2050년이면 세계 인구의 66퍼센트가 도시에 거주하리라 전망하므로 도시에도 가치가 높은 나무종을 우선 심는 것이 바람직하다. 미국산림청은 텍사스주 오스틴 시내에 서식하는 나무 우듬지가 생태계에 제공하는 경제적 가치가 연간 3400만 달러에 달한다고 계산했다. 하지만 도시 나무는 평균 수령은 줄어들고 있으며, 특히 새 도로를 놓거나 도로를 확장하는 동안 베여나가 9년을 넘기기 어렵다.

열대림은 이산화탄소를 저장하고 산소를 방출하며 강우 패턴을 유지하는 등 지구 전체의 기후 조절 중추로 기능할 뿐 아니라 지구 육지의 10퍼센트를 차지함에도 생물 다양성을 가장 풍부하게 보유하며 육지 생물종 3분의 2 가까이에 서식지를 제공한다. 나는 열대 나무 꼭대기에서 생물 다양성을 탐구하며 경력 대부분을 쌓았고, 나무탐험가로 활동하면서는 육지 생물종의 50퍼센트가 나무의 상층부에 살며 그중 약 90퍼센트가 과학적으로 분류되지 않았다는 놀라운 추정값을 도출했다. 요약하자면 우리는 질병 저항력을 주는 식물, 무화과나무의 꽃가루를 옮기는 독특한 매개자, 간헐적인 더위와 가뭄에 잘 적응한 나무 우듬지 등을 발견하기도 전에 파괴하고 있다. E. O. 윌슨은 에티오피아의 교회 숲, 인도의 서고츠산맥, 캘리포니아 삼나무 숲, 동남아시아, 아마존 분지 등 내가 우선순위를 두고 연구한 지역을 포함해 17개 숲을 주요 보전 지역으로 꼽는다. 그가 엄선한 숲 목록을 청사진 삼아, 나는 지구 상에서 가장 생물 다양성이 높은 우듬지 살리기에 우선 집중한다는 목표로 미션 그린Mission Green이라는 새로운 프로젝트를 시작했다. 미션 블루Mission Blue를 운영하는 유명 해양학자 실비아 얼의 지원을 받아, 건강한 해수와 높은 생물 다양성으로 정의되는 바다 '핵심지'를 찾는다는 미션 블루의 목표를 미션 그린에도 반영할 것이다. 나는 전 세계 우듬지에서 생물 다양성이 높은 '핵심지'를 파악하고 우듬지 통로를 만들어 현지인들이 벌목 대신 생태관광에 종사하면서 지속 가능한 소득을 얻도록 경제적 혜택을 제공할 계획이다. 미션 그린은 자금 유치와 계획 실행이 절반쯤 진행된 상태로 말레이시아, 미국 플로리다주, 페루 아마존, 르완다에서 공중 통로를 운영하며 모잠비크와 미국 캘리포니아주 삼나무 숲에 새 공중 통로를 건설할 예정이다. 마다가스카르, 인도의 서고츠, 파푸아 뉴기니, 콩고 등 다른 지역에서는 숲이 너무 심하게 훼손되기 전에 하루빨리 통로를 건설해야 한다. 트리 파운데이션은 먼저 원주민(특히 여성)이 일할 우듬지 통로가 설치된 다음, 우듬지 핵심지에서 생물 다양성을 연구하고 우리의 머리 위에 사는 알려지지 않은 생물 90퍼센트를 계속해서 기록하는 학생에게 지급할 장학금이 유치되기를 기대한다.

최근 발생한 화재와 과도하게 진행된 삼림 벌채가 남긴 유일한 희망은, 그런 재난이 전 세계 숲과 나무의 파괴를 선명하게 부각시킨 덕분에 수많은 시민이 직접 나서서 지구 복구를 돕는다는 점이다. 에티오피아는 2019년 12시간 동안 묘목 3억 5200만 그루를 심어 기네스북에 올랐다. 그로부터 한 달도 지나지 않아 인도의 우타르프라데시 지역은 하루에 묘목 2억 2000만 그루를 심었으며, 이는 해당 주에 사는 모든 주민이 나무를 한 그루씩 심은 셈이다. 에티오피아와 인도의 시민들도 구멍을 파고 묘목에 물을 주는 등 이 대규모 나무 심기 행사에 동참했다. 스위스 연방 공과대학교가 발표한 보고서에 따르면, 현재 지구에서 활용도가 낮은 토지나 숲 개간지를 활용하면 22억 에이커(890만 3,084제곱킬로미터)의 땅에 추가로 우듬지를 조성할 수 있다고 한다. 그리고 그 땅에 새롭게 심은 나무들은 수십 년간 자란 뒤에 산업혁명 이후 인류가 대기로 내뿜은 탄소 3300억 톤 가운데 약 3분의 2를 제거할 수 있다고 추산했다. 지구 상의 모든 나무를 헤아릴 때는 항공 사진에 근거하는데, 여전히 지구에는 나무가 대략 3조(3,000,000,000,000이다!) 그루 남았으며 러시아가 약 6,420억 그루로 1위, 그 뒤는 캐나다와 브라질이 뒤쫓으며, 미국은 2,280억 그루로 4위를 차지한다. 일부 과학자는 이런 관측 결과와 나무 심기 행사에서 발표한 나무 숫자에 의문을 제기하지만 우듬지는 분명 우리 행성의 건강에 꼭 필요한 요소로 널리 인식되고 있다. 큰 나무를 구하는 활동은 묘목 심기와 더불어 지속 가능한 방식으로 천연자원을 관리하는 최선의 선택지로 남았다. 결국 어린 식물은 생존을 심각하게 위협받는다. 다른 식물과의 경쟁, 동물 이동으로 인한 훼손, 햇빛과 물 경쟁, 포식자, 거기에 더해 인간이 초래한 화재, 가뭄, 지구 기온 상승, 과도한 개간이라는 장애물에 직면한다. 제아무리 튼튼한 묘목이라도 성목이 될 가능성은 적지만 어떻게든 수십 년간 자라 성목이 되어야만 생물 다양성을 수용하고 수 톤의 탄소를 저장하며 건강한 숲 생태계를 조성할 수 있다. 하지만 이는 어디까지나 커다란 가정에 불과하다. 본래의 생물 다양성이 이미 대부분 사라졌을지 모르기 때문이다.

지구에는 아직 숲이 많이 남아 있고, 사람들이 계속해서 묘목을 심고 있지만 나무는 매년 150억 그루 넘게 벌채된다.(벌채한 나무와 식재한 묘목의 수는 비교 대상이 아니다. 그 수가 매년 급격히 변화하며, 성목과 묘목이 지닌 생태학적·경제학적 가치가 동등하지 않기 때문이다.) 베이비붐 세대 대부분이 태어난 이후, 전 세계 일차림(원시림)의 절반가량이 완전히 파괴되었다. 당연하게도 원시림은 에티오피아나 인도의 거친 토양에서 살아남으려 고군분투하는 묘목보다 훨씬 많은 탄소를 흡수하고, 전 세계 탄소 대부분을 저장한다. 큰 나무를 베어낸 대가로 작은 나무 몇 그루를 심는 전략은 바람직하지 않다. 그러므로 기후변화에 대응하기 위해 탄소 저장법을 탐색하는 단순한 사고에서 벗어나 탄소 배출을 줄이는 장기적 해결책을 마련하는 방향으로 전환할 필요가 있다. 다시 한 번 강조하자면, 큰 나무는 지구가 가진 막대한 자산이다. 200년 전 미국은 기존 숲의 95퍼센트 넘게 개간했지만 온대 지방은 열대 지방보다 숲을 복원하기 쉬우며, 급성장한 미국 경제는 숲 재건에 필요한 비용을 수월하게 감당할 수 있었다. 그러나 북아메리카 삼림지나 유럽 온대 지방과 비교해 브라질, 마다가스카르, 콩고는 복잡한 열대 우듬지를 완벽히 복구하는 과정에 수백 년이 걸리며 훨씬 막대한 비용이 들 것이다.

그럼 현재 우리 행성이 가진 최고의 자산으로 거론되는 숲을 보존하려면 무엇을 해야 할까?

첫째, 모든 인간은 나무에 경외심을 갖는 기회를 얻어야 한다. 나는 부모들이 자녀를 롤러코스터가 아닌 우듬지 통로로 데려가길 권한다. 가족과 시민은 우듬지를 경험하면서 그 녹색 보물에 깃든 놀라운 복잡성과 마법을 배우고, 그런 우듬지를 보호해야 한다는 동기를 부여받는다.

둘째, 우리가 (아마도 무심코) 지출하는 내역이 어떤 식으로 삼림 벌채에 기여하는지 유념해야 한다. 특히 산업화된 국가에서 구매력을 조정해야 한다. 아마존 삼림 벌채는 주로 열대 나무의 목재(이따금 불법으로 수입된다), 콩, 열대 과일, 쇠고기, 야자유를 구입하는 온대 지역 소비자들이 주도한다. 구매력이 큰 소비자들이 커피나 콩의 세부 원산지를 제품에 표시하도록 정부에 주장하고, 숲 보전에 성공하는 방향으로 지갑을 열면 될 것이다. 벌목이 이루어져 탁 트인 하늘에서 햇살을 받으며 재배된 커피가 아니라 우림 우듬지 그늘 아래에서 수확된 커피를 주문하길 바란다. 그리고 야자유가 포함되지 않은 제품을 구입하고 싶다고 주장하자(일부 제조업체는 소비자를 속이려는 목적으로 야자유에 20가지가 넘는 별칭을 붙이므로 주의해야 한다). 열대 국가에서 생산한 목재, 콩, 쇠고기를 사지 않으며, 식료품점에 식품 정보를 정확히 표기해달라고 요청한다. 세부 원산지 정보와 더불어, 제품이 생산되어 소비자 손에 들어오는 동안 찍히는 에너지 발자국도 제품에 표기해달라는 내용으로 정치인에게 편지를 보내자.

셋째, 시민 과학자가 되자. 지구 감시단 탐사대, 지역의 바이오블리츠, 도시 우듬지 설문조사 등에 참여해 나무 지식 발전에 기여하자. 나 같은 현장 생물학자는 벌레를 세거나 나뭇잎을 측정하는 대중의 도움을 환영하며, 눈과 손이 더 많이 투입될수록 더 좋은 연구 결과가 도출될 것이다. 여러분이 사는 집의 뒷마당이나 근처 공원에서 다른 가족과 함께 바이오블리츠를 개최하는 것은 어떨까? 아이들도 그런 행사를 즐거워할 것이며, 거주 지역의 나무탐험가는 물론 지방 정부도 여러분이 얻은 바이오블리츠 결과를 참고할 것이다.

넷째, 숲을 다루는 읽을거리를 전부 읽고 거기에서 얻은 지식을 가족, 친구, 선생님, 학교, 스포츠 팀, 지역 사회 단체에 공유하자. 수목학 아마추어 전문가가 되어 주위 사람들에게 나무 지식을 전파하면 어떨까? 지식이 없으면 동기는 부여되지 않는다.

다섯째, 말하지 못하는 나무를 대신해 목소리를 내자(닥터 수스의 책 『로렉스』*The Lorax* 내용처럼). 지역 사회에서 나무의 편에 서서 쇼핑몰과 건물, 도로가 건설되는 도중 나이 많은 녹색 거인들이 암살당하며 '발전'의 희생양이 되지 않아야 한다고 주장하자. 오늘날의 건축가들이 피라미드나 마추픽추를 짓는다면 진보한 기술을 활용해 거대한 시멘트 구조물 안에 큰 나무 몇 그루를 포함할 것이다. 묘목도 좋지만 물을 여과하고 산소를 생산하는 측면에서 울창하고 성숙한 우듬지를 대신할 만한 것은 없다. 그러면 그런 공동체 안의 모든 생명체는 서식지를 지켜주어 고맙다고 할 것이다. 큰 나무는 다음 세대를 위한 생명보험이다.

이 책에서 나는 유년 시절 야외에서 즐겼던 취미에서 출발해서 현장 생물학자로 성장해 생물 다양성을 연구하기까지 과학자로 살아온 삶을 서술했다. 현장 생물학자가 일하는 전통적인 방식은 다음과 같다. 읽는다. 관찰한다. 질문을 던진다. 학술지를 참고한다. 현장 조사를 나간다. 실험실에서 후속 실험을 한다. 통계 정확도를 고려해 샘플링한다. 방대한 데이터베이스를 수집한다. 논문을 제출한다. 결과를 수정한다. 논문을 다시 제출한다. 외부 변수를 완벽히 제어하도록 실험을 설계한다. 논문을 발표한다. 연구 보조금 지원서를 작성한다. 보조금 지원서를 재작성한다. 일련의 데이터를 더 많이 수집한다. 종신 교수직을 두고 경쟁한다. 연구 보조금 지원서를 다시 작성한다. 더 많은 데이터를 수집한다. '논문을 내지 않으면 도태된다'라는 말은 오랫동안 직업 과학자를 성공으로 이끄는 만트라로 여겨졌다. 하지만 중견 과학자가 되었을 때 나는 새로운 행동에 나서기 위해 방향을 수정했다. 과학자들이 연구하는 숲을 구하려면 서둘러야 하는 일이 있기 때문이다. 즉, 어린이에게 숲을 교육한다. 대중에게 생태학을 설명한다. 학술지뿐 아니라 주류 미디어에도 글을 쓴다. 숲 보전에 도움이 되는 직접적인 활동을 모색한다. 크게 목소리를 낸다. 차세대 보전 생물학자를 양성한다. 여성을 지속 가능한 환경 관리에 참여시킨다. 성직자, 기업 지도자를 비롯한 공동체 이해관계자와 협력 관계를 구축한다. 생태계에 관해 이야기를 나눈다. 과학에 관심이 있는 소녀에게 조언한다. 데이터를 수집한다. 시민 과학자와 협력한다. 숲을 살리는 통로를 건설한다. 그에 관해 글을 쓴다. 예비 연구에 연구 보조금이 전혀 지원되지 않는 숲을 연구한다. 원주민 아이들에게 나무에 관한 책을 선물한다. 학생들이 미래의 인재로 성장하도록 교육한다. 그에 관해 이야기한다. 귀를 기울이는 사람과 아이디어를 공유한다. 손주들이 내가 발표한 논문이나 25쪽에 달하는 내 이력서 내용을 이해하지 못할 수도 있지만 에티오피아 토착 숲의 가치를 알아보고 플로리다주와 버몬트주, 호주와 말레이시아에 건설된 우듬지 통로에서 경치를 감상하며 경이로움을 느끼기를 바란다.

나는 60년에 가까운 평생의 열정을 식물에 바쳤다. 권총이 아닌 암술, 비틀스가 아닌 딱정벌레의 팬이었다. 비디오게임보다 울새의 지저귐을 좋아해 자연미치광이라는 꼬리표가 붙은 청년의 마음에

울림을 일으키고 싶다는 생각으로, 나는 나뭇잎과 슬링샷에 얽힌 내 이야기를 이 책에 털어놓았다. 어쩌면 나로 인해 각계각층의 독자가 나무 꼭대기를 제각기 다른 시선으로 바라보거나 현장 생물학자의 나무 꼭대기 연구법을 복잡하게 이해하게 되었는지도 모른다. 심지어 나는 동네 은행에서 별난 고객으로 손꼽히는데, 허리케인이 불어닥치면 다이아몬드가 아니라 곤충 샘플 병을 금고로 가져가기 때문이다. 두 아들은 숲 보전의 세계가 고요하지만 예측 불가하다는 점에서 나무탐험가arbornaut를 나무미치광이arbornut로 바꿔 부르며 나를 놀린다. 하지만 한 사람의 힘을 과소평가해서는 안 된다. 나는 한 명의 나무미치광이일 뿐이지만 정말 많은 일을 해낼 수 있다. 그럼에도 세계는 숲 생태계 작동을 탐구하고 경탄할 시민 과학자, 누구보다 존경받을 자격이 있는 커다란 나무를 구할 공동체, 탐사 진행 중인 지역에 전문 지식을 공유할 나무탐험가, 그리고 보전을 외치는 다양한 목소리를 수용하는 포용력을 필요로 한다. 내 생각이 옳다면, 우리 모두 함께한다는 믿음을 갖고 열심히 일하는 사이에 큰 행운 또한 따른다면, 한 명의 나무미치광이는 사랑하는 나무를 구하기 위해 당당하게 나설 준비가 된 시민 과학자들의 숲에 씨앗을 뿌릴 수 있다.

무엇보다 가장 중요한 활동은 모든 아이에게 생명의 근원인 숲을 가르치는 것이다. 그럼, 나무 타기부터 시작할까?

용어 설명

가설 추가 조사를 시작하는 출발점으로, 한정된 증거에 기반해 어떤 사실을 가정해 설명한 것.

고유종 특정 지역에만 분포하는 종.

곤충학 곤충과 거미, 응애 등 근연종을 연구하는 학문.

과일 식성 과일을 먹는 성질.

관다발 나무껍질 바로 아래에 있는 조직으로, 물관부와 체관부를 포함한다.

관다발식물 양치식물, 속씨식물, 겉씨식물처럼 물과 양분을 수송하는 관다발 조직을 가지는 식물. 이끼는 이에 해당하지 않는다.

광반 상층부 우듬지를 통과한 햇빛이 하층부 나뭇잎이나 숲 바닥을 비추는 좁은 영역.

광합성 식물이 빛 에너지를 사용해 이산화탄소와 물을 당분과 산소로 전환하는 과정.

교살자 무화과나무의 한 형태로, 착생식물로서 다른 숙주 나무의 우듬지에서 자라다 나중에 땅에 뿌리를 내리고 숙주 나무 주위에 줄기를 뻗어 그 나무를 질식시킨다.

균근 식물의 뿌리와 땅속 균류가 맺는 공생 관계로, 균근을 형성한 식물은 토양에서 추가로 물과 영양소를 섭취해 경쟁 우위를 점한다.

기공 잎 표면에 있는 구멍으로, 기체 교환이 일어난다.

꽃받침 꽃부리의 아래쪽에서 바깥으로 돌려난 꽃받침 조각들이 모인 구조.

꽃받침 조각 보통 녹색으로 형태가 잎과 비슷하며 꽃받침 전체를 구성하는 각각의 조각.

꽃부리 꽃받침 위쪽 구조로, 꽃에서 둥글게 돌려나고 알록달록한 꽃잎의 집합.

꽃잎 씨방과 암술 주위를 둘러싼 구조로, 꽃에서 알록달록한 부분.

나무탐험가 나무 꼭대기를 탐험하는 사람.

낙엽성 수많은 나무와 관목이 보이는, 매년 잎을 떨구는 성질.

다육성 과육과 즙액이 풍부한 성질.

단일 우점종 특정 숲 전체에서 다른 종보다 높은 비율을 차지하는 단일 나무종.

도장지 나무줄기나 밑동에서 자라난 작은 가지로, 나무의 스트레스 반응으로 싹이 튼 결과이기에 건강하지 않다.

돌출목 다른 나무들보다 키가 커서 주위 나무들 위로 우듬지가 돌출된 나무.

떡갈나무 씨 뿌리기 나무가 열매를 생산하는 방식으로 가변성이 큰 편이며, 매년 혹은 10년에 한 번씩 대규모로 열매를 맺는다.

라이다 고해상도 수치표고모델을 만드는 레이저 영상 시스템.

목질부(물관부) 뿌리에서 잎으로 물과 물에 녹은 영양소를 전달하는 식물 관다발 조직.

바이오블리츠 팀 단위로 정해진 시간 안에 생물 다양성을 조사하는 활동.

반착생식물 일생의 절반은 착생식물로, 나머지 절반은 땅에 뿌리를 내리고 사는 식물.

벌레혹 곤충의 유충이나 응애, 균류의 존재에 반응해 식물이 비정상적으로 성장한 구조.

복엽 잎이 여러 장의 조각 잎으로 나뉘어 잎자루 하나에 매달린 형태.

부벽뿌리 나무줄기에서 뻗어 나와 뿌리 역할을 하며 나무를 지지하는 납작한 구조.

분류군 과, 속, 종 등의 단위로 묶일 수 있는 생물의 무리.

분류학 생물을 분류하고 그 생물에 이름을 붙이는 과학 분야.

분해자 죽은 물질을 분해해 생태계에서 순환하도록 돕는 생물.

브로멜리아드 단단하고 때로는 가시 돋힌 여러 장의 잎이 서로 겹쳐져 방사형을 띄는 열대·아열대 식물. 일부는 착생식물이다.

삼림농업 동일한 경지에서 농작물을 재배하는 동시에 토착 나무도 키우는 토지 사용 실천 방안.

상록성 1년 내내 푸른 잎을 유지하는 성질.

생물 다양성 특정 생태계 또는 서식지에서 발견되는 종의 다양한 정도.

생물량 살아 있는 유기체 한 종, 또는 하나의 개체나 군집의 총 중량.

생태계 상호작용하는 생물 군집과 그런 군집이 접하는 물리적인 환경이 어우러진 집합체.

생태관광 원시 그대로의 자연 지역이나 보호 지역을 방문하는 지속 가능한 관광으로, 자연환경에 미치는 영향이 낮다.

속(屬) 학명에서 첫 번째 단어로, 여러 종의 분류한 범주를 가리킨다.

손바닥형 5~7갈래로 나뉘어 손바닥 형태를 띤 잎.

수꽃 수술은 있지만 암술은 없는 꽃.

수술 꽃의 남성 생식 기관으로 줄기 또는 수술대, 그리고 꽃가루를 생산하는 꽃밥으로 이루어져 있다.

숙주 특이성 한 종의 식물만 먹는 곤충 특성.

시민 과학자 조직적인 연구에 참여하는 아마추어 자원 봉사자.

식물 표본집 건조 압착 식물 표본에 이름과 채취 장소, 채취일을 기재한 수집품.

신착 자료 박물관 수집품 목록에 새로 추가된 표본.

싹 기존 식물 구조에서 새로 돋아나는 부분.

씨방 꽃에서 열매가 되는 부분.

암꽃 암술은 지녔으나 제 기능을 하는 수술이 없는 꽃.

암술 꽃가루 매개자가 식물의 번식을 위해 꽃가루를 가져갈 수 있도록 돌출된 식물의 생식 기관.

암술머리 암술의 끈적한 부분으로 둥근 기둥 형태의 꽃턱 최상단에 자리하며, 꽃가루가 달라붙어 식물 내부로 들어가 발생이 시작된다.

암초 모래나 산호석으로 이루어진 작은 섬.

애벌레 나비와 나방이 성충으로 자라기 이전 단계.

에피필리 잎 표면에서 자라며 맨눈에 보이지 않을 정도로 작은 식물층. 주로 이끼나 지의류로 구성된다.

열대 우림 강우량이 많아 습도가 높고 적도 가까운 지역에 위치한 활엽수림으로, 보통 생물 다양성이 높지만 늘 그런 것은 아니다.

엽록소 광합성을 하는 모든 생물에서 발견되는 물질로, 빛을 흡수해 화학 에너지로 전환하는 녹색 색소.

엽록체 광합성이 일어나는 엽록소를 포함한 세포.

엽선(葉先) 잎의 끝부분.

예두(銳頭) 뾰족한 형태를 띤 나뭇잎의 끝부분.

온대림 열대 지역과 한대 지역 사이에 자리해 기후가 온화하며 일반적으로 사계절이 관찰되는 숲.

완보동물 완보동물문에 속하는 아주 작은 생물로, 축축한 표면에 서식하며 절지동물과 관련이 있다. 물곰이라고도 불린다.

우듬지 나무나 삼림 생태계의 상층부. 이끼의 우듬지는 지면에서 높이 3센티미터 지점에 있지만 일부 열대 나무의 우듬지는 높이 90미터 지점에 있다.

웨일즈테일 밧줄을 타고 등반했다가 내려올 때 필요한 장비.

유주 지하에서 자라는 단일 뿌리로, 물과 영양소를 저장하는 단위이다.

유충 알과 번데기 사이의 미성숙 단계. 애벌레, 굼벵이grub, 구더기maggot라고도 부른다.

유충기 곤충의 성장 단계에서 각 탈피기 사이에 해당하는 시기.

육생 땅에서 자라는.

육식동물 다른 동물만을 먹이로 삼는 동물.

이차 식생 일차 식생(원식생)을 대체하는 식생.
일차림 인간 활동에 비교적 영향을 받지 않은 자연 그대로의 오염되지 않은 숲.
잎 식물의 군엽foliage을 구성하는 요소.
잎몸 잎에서 납작하고 녹색을 띠는 부분.
잎속살이애벌레 잎의 윗면과 아랫면 사이에 존재하는 세포를 먹고 사는 곤충.
잎자루 잎에서 가늘고 단면이 둥근 줄기 부분.
자웅동주 암수 생식 기관을 한몸에 가진 개체.
조란학 조류의 알을 연구하는 학문.
조류학 조류를 연구하는 학문.
종(種) 학명에서 두 번째 단어로, 유전적, 구조적 특징을 공유하는 단일 집단을 가리킴.
주마 밧줄에 고정하는 죔쇠로, 무게가 실리면 밧줄에 걸렸다가 무게가 실리지 않으면 밧줄에서 풀려난다.
줄기 식물에서 생장이 일어나고 싹이 돋는 중심축.
진딧물 몸이 작고 부드러우며, 식물의 줄기와 잎에서 즙액을 빨아먹는 초식곤충.
착생식물 다른 식물에서 자라지만 기생하지는 않는 식물.
천이 한 유형의 군집이 다른 군집으로 대체됨.
체관부 식물의 관다발 조직으로, 잎에서 뿌리까지 당분과 그 외 물질대사반응에서 나온 생성물이 수송됨.
초식성 식물이 소비되는 것(초식동물은 식물성 먹이만 소비하는 동물이다).
치아상 잎 가장자리가 치아처럼 뾰족한 형태.
침입종 토착종과의 경쟁에서 앞서거나 자연 생태계를 교란하는 비토착종.
침형 창 형태로, 밑동의 직경이 가장 넓고 위쪽 끝으로 갈수록 좁아진다.
카라비너 동굴 탐사나 나무 등반에 쓰이는 금속 클립.
콜리플로리 나뭇가지 끝이 아닌 나무줄기나 오래된 가지에 꽃과 열매를 맺는 식물.
콩과 식물 콩깍지와 비슷한 열매를 맺는 식물로 콩과Fabaceae에 속한다.
타닌 쓴맛이 나는 물질로, 나무껍질을 비롯한 다양한 식물 조직에서 생성되어 곤충의 공격을 방어한다.
타원형 길쭉한 잎처럼 넓이보다 길이가 긴 형태.
평활 잎 표면에 털이 없고 반들반들한 성질.
포엽 잎과 비슷하지만 크기가 작은 비늘 같은 구조.
프라스 곤충이 배출한 가루 형태의 배설물.

피쿨네우스 무화과나무속 식물 군집과 비슷하거나 유사한.

하목층 숲의 층상 구조에서 우듬지 아래에 해당하는 층.

호극성 생물 극한의 온도, 산성도, 압력, 알칼리도 또는 화학 물질 농도 조건에서 사는 미생물.

홑잎 나뉘어 있지 않은 한 장의 잎이 잎자루에 매달린 형태.

화외밀선 잎 가장자리 등 꽃 바깥에서 발견되는 구조로 화밀을 분비해 개미를 유인하면 그 개미가 초식동물로부터 잎을 보호한다.

회청색 녹색 또는 청색이 회색과 섞인 칙칙한 색.

흡인기 초파리, 톡토기, 개미, 매미충 등 작은 곤충을 빨아들여 모으는 장치.

6배체 상동 염색체를 6세트 가지는 세포 또는 핵.

옮긴이 김주희
서강대학교 화학과와 동 대학원 석사과정을 졸업하고 SK이노베이션에서 근무했다. 글밥아카데미 수료 뒤 바른번역 소속 번역가로 활동하고 있으며, 옮긴 책으로 『이기적 유인원』 『10대를 위한 나의 첫 공학 수업』 『간추린 서양 의학사』 『원소 이야기』 등이 있다.

우리가 초록을 내일이라 부를 때
40년 동안 숲우듬지에 오른 여성 과학자 이야기

초판 1쇄 발행 2022년 10월 4일
초판 2쇄 발행 2022년 11월 7일

지은이 마거릿 D. 로우먼
옮긴이 김주희
펴낸이 유정연

이사 김귀분
책임편집 심설아 **기획편집** 신성식 조현주 유리슬아 이가람 서옥수 **디자인** 안수진 기경란
마케팅 이승헌 반지영 박중혁 김예은 **제작** 임정호 **경영지원** 박소영

펴낸곳 흐름출판(주) **출판등록** 제313-2003-199호(2003년 5월 28일)
주소 서울시 마포구 월드컵북로5길 48-9(서교동)
전화 (02)325-4944 **팩스** (02)325-4945 **이메일** book@hbooks.co.kr
홈페이지 http://www.hbooks.co.kr **블로그** blog.naver.com/nextwave7
출력·인쇄·제본 (주)상지사 **용지** 월드페이퍼(주) **후가공** (주)이지앤비(특허 제10-1081185호)

ISBN 978-89-6596-533-6 03400